고래가 가는 곳

고래가 가는 곳

리베카 긱스

배동근 옮김

바닷속 우리의 동족
고래가 품은 지구의 비밀

바다출판사

리앤과 토니에게 바칩니다

볼즈헤드

뉴포트 해안

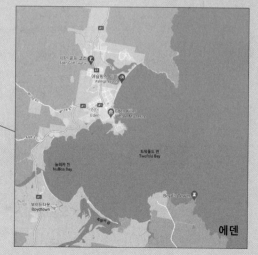

에덴

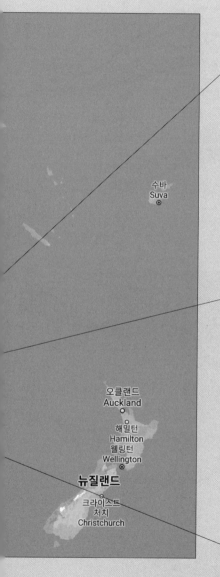

수바
Suva
◉

오클랜드
Auckland
◉

해밀턴
Hamilton
웰링턴
Wellington
◉

뉴질랜드

크라이스트
처치
Christchurch

흰고래
Beluga

흑등고래
Humback

참고래
Fin Whale

외뿔고래
Narwhal

대왕고래
Blue Whale

돌고래
Dolphins

향고래
Sperm Whale

북극고래
Bowhead Whale

남방긴수염고래
Southern Right Whale

범고래
Orca (Kileer Whale)

차례

프롤로그 낙하하는 고래의 몸 13

1장 천년의 암각화
51

2장 가까이 가되 만지지 마시오
103

3장 이토록 경이로운 뼈대
155

4장 동물의 카리스마
189

5장 고래 사운드
241

6장 포크와 나이프 사이
291

7장 키치스러운 내부
339

8장 미지의 표본들
375

에필로그 고래를 보러 온 사람들 419

감사의 말 445

참고문헌 448

옮긴이의 말 487

찾아보기 490

일러두기

도서는 《 》, 작품 및 언론, 논문 등은 〈 〉로 묶었습니다.

옮긴이주는 괄호( ) 안에 넣고 '옮긴이'라고 표시했습니다.

일부 화폐와 단위는 원화 및 한국식 도량형으로 갈음했습니다.

대부분의 고래 일반명 표기는 국립수산과학원 고래연구센터 보고서를 참고했습니다.

원제: 패덤 FATHOM

1. 시대착오. 1.8미터의 깊이 또는 너비, 원래는 손끝에서 손끝까지의 길이, (또는 '양팔 너비') 밧줄, 케이블, 천 따위의 두루마리를 세는 단위; 물기둥 깊이 측정 단위.

2. 이해하려는 시도. 미지의 세상을 이해하려는 노력에 대한 은유.

셰익스피어의 《폭풍우》(1610~1611년)에서 에어리얼의 노래는 다음과 같이 시작된다. '다섯 길 바다 밑에 누워 계신 아버지, 뼈는 산호로, 눈은 진주로 변했도다.' 학자들은 이 구절을 돌이킬 수 없는 운명, 관점, 상황의 급변을 뜻하는 'sea-change'라는 표현의 기원으로 파악했다.

낙하하는 고래의 몸

어떤 고래의 죽음

몇 년 전, 나는 해변으로 떠밀려 온 혹등고래를 바다로 돌려보내는 일에 자원했다. 가까스로 바다로 밀어낸 고래는 다시 밀려왔고, 나는 그 고래가 해변에서 제 무게에 짓눌려 죽는 모습을 지켜봤다. 그가 죽어가는 사흘 동안 구경꾼이 몰려왔다. 동네 사람들은 아이를 데려왔다. 외지인들도 왔다. 어른들은 사라지는 신화의 흔적이라도 잡으려는 듯 파도 속에서 파스텔 색 옷을 입은 아이를 고래 너머로 들어 올려 흔들었다. 고래는 칠흑 같은 검은색이었고, 아직 어려서 지느러미 안쪽은 분홍색을 띠었다. 파도가 부딪혀 고래의 등짝 너머로 물보라를 날린다. 몇 분 간격으로 고래는 젖은 모랫바닥에 꼬리를 내리치며 숨을 몰아쉬었다—화풀이를 하는지, 안간힘을 쓰는지 가늠이 안 된다. 파도가 밀려 나가면 처졌던 부드러운 가슴에 주름이 잔뜩 잡혔다.

　처음에는 축제 분위기였다. 고래가 파도를 맞아 버둥거릴 때마다 사람들이 환호를 보냈고, 조류의 힘까지 더해져서 오전 중에 고래를 모래사장 밖으로 밀어낼 수 있었다. 하지만 금세 다시 밀려 들어왔고, 이번에는 더 깊이 들어왔다. 아무래도 불길하다. 그러나 사람들은 이 경이로운 생물에 놀라는 한편 매료되어서 기약 없는 희망을 접지 않았다. 고래가 일상에서 맛볼 수 없는 경이로운 감정을 일으켰기 때문이다. 모두 고래 얘기뿐이다, 버스에서도 길모퉁이 가게에서도. 모래사장에서는 견주들이 목줄을 잡아채며 고래에 돌진하는 개를 통제했고, 버둥거리던 개는 꼬리로 모래 위에 부채꼴을 그려 놓았다. 몇 마리는 목덜미를 세워 으르렁댔다. 왜 그랬을까? 고래가 자신의 포식자, 아니면 먹잇감, 어쩌면 먼 동족이라 여겨서였을까? 알 수 없는 일이다. 개의 호기심이 동했다는 건 분명하다. 해 질 무렵 사람들에게 생선튀김과 감자칩이 제공되었다. 지역 인명 구조대는 지퍼가 달린 후드 재킷을 나눠 주었다. 낮 동안 밀려드는 인파에 무뚝뚝하고 사무적이었던 야생 동물 관리국 요원들도 긴장을 풀고 사람들에게 고래의 생태에 관해 자신들의 지식을 풀어놓았다.

"고래도 인간들처럼 포유류입니다." 그들이 설명했다. 모든 해양 생물은 어류일 거라 지레짐작했던 사람들은 놀란 눈을 했다. 눈썹을 치켜세웠다가 고개를 주억거린다. 고래, 돌고래, 그리고 쇠돌고래 따위의 포유류를 뜻하는 고래목cetacea이란 단어는 희랍어 케토스kētos에서 비롯해 라틴어 세투스cetus를 거쳐 만들어졌다. "고래의 피부를 벗기면 그 속에는 블러버blubber라 불리는 피하 지방층이 고래를 감싸고 있습니다." 손을 모아쥐며 관리국 요원이 말했다. 블러버의 특징을 생각해 보려 하니 한국 슈퍼에서 파는 양갱을 떠올릴 수 있을 뿐이다. 탁한 색에 칼로리가 높고 보기보다 단단한 촉감을 주는. 바닷속에서 블러버는 방수와 체온 유지를 돕지만, 바다 밖에서는 고래를 질식시킨다.

야생 동물 관리국 요원이 말했다. "고래에게는 저체온증과는 정반대의 문제가 생깁니다." 우리는 떨고 있었지만 겨우 몇 미터 떨어진 곳에서 고래는 산 채로 냄비 속에서 끓고 있는 셈이다.

그날 저녁, 우리 일행은 흰 모래 위에 쉼표와 물음표 꼴로 줄지어 누워 얕은 잠에 들었다. 자면서도 우리의 마음은 모래 언덕 너머에서 가쁜 숨을 쉬고 있는 고래를 향했다. 갑자기 흐릿한 물체가 보였다. 새벽부터 서핑을 하러 온 사람들이다. 그들은 해변까지 달려가더니 가만히 서서 뭔가를 지켜보고 있다. 나는 결국 일어나 볼과 어깨, 허벅지 한쪽에 잔뜩 묻은 모래를 털어내며 해변을 바라보았다. 만조로 오른 해수면을 따라 고래를 습격하러 상어가 들이닥치기라도 한 걸까? 잘 모르겠다. 하지만 고래는 상어가 접근하기에는 육지 쪽으로 깊이 들어와 있었다.

달빛에 씻겨 사방이 확연히 모습을 드러냈다. 모래 능선. 칼을 한 아름 품은 듯한 풀. 날씨는 찼다. 고래가 아니라 우리에게 찼다.

아침이 되니 고래의 몸 안에 있어야 할 것이 밖으로 나와 있었다. 게거품에 덮인 푸른빛의 주름투성이 소화 기관이었다. 고래는 당구공만 한 눈을 머리 쪽으로 뒤집고는, 거친 숨을 몰아쉬었다. 상어는 보이지 않았다. 공연한 걱정이었다. 해변에 피도 보이지 않는다. 그럼에도 사람들은 물가에서 물러섰다. 얕은 파도가 비스듬히 들고 나기를 반복하며 해변을 어루만졌다. 나는 흔한 조개껍데기 하나를 가만히 쥐고 있었다. 나중에 그 조개는 내 방 창턱에 수개월간 먼지에 쌓여 있다가 사라졌다. 경계선이 쳐졌다. 갈매기가 날아와 고래 등을 쪼아서 그들만의 상형 문자를 새겨 넣었다. 그걸 보고 훨씬 더 많은 갈매기들이 날아들어 더욱 깊이 상처를 파고들었다. 쪼일 때마다 고래는 움찔거리며 강렬한 삶의 의지를 드러냈다.

갈매기가 쪼는 꼴을 더 이상 볼 수가 없어 무작정 해변을 따라 걷던 중에, 해변 저쪽에 웅크리고 있는 야생 동물 관리국 요원 한 사람과 마주쳤다. 다부진 체격에 입은 굳게 다물고 있었고 선글라스가 번득였다. 그는 고래의 중추 신경계는 너무 크고 복잡해서 말이나 소처럼 고래를 안락사시키는 것은 불가능하다고 설명해 주었다. 뇌에 전기 충격을 가해 봤자 충격이 심장까지 전달되는 데 너무 오래 걸린다. 심장에 같은 충격을 가하면 그 순간 심장은 멎겠지만 뇌는 멎지 않는다. 동맥을 끊어 피를 흘려 죽게 하는 방법도 여러 시간이 걸린다. 만 하루가 걸릴지도 모른다. 엄청난 피가 쏟아져 나와 해변을 피로 물들일 것이다. 비유적으로 말하자면 그렇다는 말이다.

이 말을 듣고 나니 고래의 몸은 각각의 기관이 서로 다른 속도로 죽도록 설정되었다는 생각이 들었다. 거대한 동물은 즉시 죽지 않는다. 우선 일부만 죽는다. 혹등고래의 죽음은 전격적이지 않다. 차라리 '살천도殺千刀' 즉 천 번의 칼질을 가해 서서히 죽는 형벌을 받는 것과 비슷하다. 고래는 얼굴을—눈은 머리통의 양쪽에 달려 있고, 콧구멍은 정수리에 있는 그것을 얼굴이라고 할 수 있을지 모르겠지만—일그러뜨리지도, 찌푸리지도, 혹은 움찔거리지도 않았다. 고통에 겨워 울지도 않았다. 해변의 군중들은 고래의 이런 태도를 위엄 있는 금욕주의처럼 여겼지만, 고통에 대한 인간 중심적 관점을 투사한 것일 뿐이다. 시간이 지나서야 나는 고래가 해양 환경에 최적화된 생명체이고, 그런 거대한 몸뚱이를 보유했기에 그가, 당시에는 내가 거의 몰랐던, 자신만의 감각으로 자신만의 고통을 겪었다는 사실을 깨닫게 되었다.

관리국 요원은 고래에 다이너마이트를 매달아 폭사시키는 것이 가장 인간적 선택이 되는 순간이 올지도 모른다고 말했다. 사후 처리 비용—고래가 유명 해수욕장에 표류했다면 위생상 철저히 처리해야 하니까—은 비싸다. (얼마나 들까? 나중에 시간이 날 때 찾아보았다. 사건이 있고 얼마 후, 멀지 않은 곳에서 사체로 발견된 다른 고래를 처리하는 데 약 1억 6천만 원이 들었단다. 모래에서 걸러 낸 오염 물질은 소각했고, 고래를 처리하기 위해 사용했던 밧줄, 체인, 크레인에 달았던 끈과 방수포 또한 모두 버렸다. 지방 정부와 해양수산부는 비용 처리 문제로 옥신각신했다. 다양한 재앙에 대해 그들의 책임 소재는 서로 얽혀 있었다. "고래는 물고기가 아니라 포유류이기 때문에 자신들 관할 밖이라는 거예요"라며 시장이 투덜댔다.)

자비로운 안락사

공원 관리국 요원과 나는 수평선을 바라보았다. 파도에 신발이 젖었다. 그리고는 그의 차로 함께 갔다. 그는 나에게 보여 주고 싶은 게 있다고 했다. 그에게 남은 최후의 자비로운 수단이라고 했다. 주사액이었다.

"그린 드림이라고 불러요." 그가 말했다.

주삿바늘의 길이는 한 뼘 반 정도였고 굵기는 자동차 안테나만 했다. 고무 튜브가 펌프 용기에 연결되어 있었다. 살충제 살포기를 연상시킨다. 플라스틱 용기 속에서 형광 녹색 액체가 꿀렁거렸다. 패어리 합성 세제와 니켈로디언(미국의 어린이 전문 TV채널—옮긴이) 슬라임의 상징적 색깔이다. 그는 고래가 아직 어린 한 살배기라 이 정도 양으로 안락사가 가능할 수도 있다고 말했다. 하지만 적정량을 정확히 파악해야 한다고 강조했다.

주사액으로 안락사를 시키면, 치명적 독극물이 혹등고래가 죽은 후에도 오랫동안 남아서, 고래를 해체하고 뼈까지 발라내어 영양을 섭취하는 자연의 사체 청소부들인 스캐빈저(구더기, 까마귀, 하이에나 등 동물의 사체를 먹이로 삼는 동물들─옮긴이)들 또한 위험에 처하게 된다. 슬금슬금 모여드는 가시투성이 뱅에돔과 가자미 그리고 숲에서 살금 살금 다가오는 야생의 사체 처리반도 있다. 기록에 따르면, 호주산 셰퍼드 한 마리가 땅을 파다, 죽은 지 23일 된 고래의 블러버 조각을 발견했는데 그걸 먹고 혼수상태에 빠졌다고 한다. 고래 안락사를 위해 주입하는 바르비투르산염의 독성이 얼마나 오래가는지 보여 주는 사례다.

명심해야 할 일은 한 생명체를 향한 인간의 본능적 동정이, 우리가 떠난 후 해변에 남아 있는 작은 생명체와 그보다 더 작은 생명체에는 해로울지도 모른다는 사실이다.

그 요원은 나에게 그런 드림을 잠깐 쥐어 볼 기회를 주었다. 이 소름 끼치는 장비는 보기보단 무거웠다. 그런데 '드림'이라니 과연 누구를 위한 꿈이란 말인가, 그게 궁금했다. 나는 고래가 가진 무수한 정맥과 동맥을 실처럼 풀 수 있다면, 해변 저 끝까지 뻗어질 광경을 그려 보았다─멀어질수록 고래 핏줄은 가늘어져, 박살 난 온도계에서 흘러나온 미세하고 붉은 메틸알코올처럼, 실핏줄이 되었다.

나는 '결정권자는 당신이 아닌가요?'라고 물었다. 나는 그가 독극물 말고 총을 사용할지도 모른다고 생각했다. 고래의 고통을 줄여 주기 위해 그에게 발포를 명령할 권한이 있다고 들었기 때문이다. 갱단이

버려진 폐차를 향해 기관총 사격을 하듯이 고래를 죽이겠단 말인가?

그는 한쪽 손 손가락을 벌린 채 젖은 모래 위를 짚고서 아무 말도 하지 않았다. 고래가 힘없이 꼬리를 들더니 다시 떨어뜨린다.

죽고 나면 어떻게 처리되나요. 나는 그 과정을 상세히 알고 싶다고 했다. 관리국 요원은 한숨을 내쉬었다. 그는 두 대의 굴삭기를 동원해 사체를 처리하는 과정을 설명해 주었다. 그는 이 과정을 비치 앤 번들(해변으로 끌어 올려 짐을 꾸리기—옮긴이)이라 불렀다. 고래를 전기톱으로 우선 반 토막 내고, 한 번 더 썰어 반의반 토막을 낸 다음 트럭에 실어 공원 쓰레기 매립장에 버린다. 나는 속으로 고래가 생활 쓰레기 더미 속에서 대형 가전 폐기물과 쓰레기봉투와 함께 뒤섞여 있는 모습을 그려 봤다. 고래의 해골은 다른 폐기물이 들어찬 뒤집힌 여물통처럼 보일 텐데. 죽고 난 고래는 부패하면서 더 많은 열을 뿜으며, 뼈는 눌어붙어 버리고, 팽팽해진 창자에 꽉 끼어 버린 장기들은 까매진다. 만약 고래 사체를 더 절단해서 개방하지 않으면 폭발해 버릴 것이다. 실제로 그랬던 적이 있었다. 가스가 차서 사체 내부의 빈 공간이 부풀었고, 지방층은 비치볼처럼 팽창했다. 지방 의회는 고래 사체를 얕은 바다 너머로 잘못 버렸다가, 혹시라도 깊은 물에 있던 환도상어와 귀상어를 불러내어, 사람들이 수영하는 곳 주변으로 올까 봐 매립지 유기를 선택했을까? 비록 치사량의 독극물로 고래가 안락사당하는 꼴은 면했다 하더라도 도대체 쓰레기장에 버려질 이유가 무엇이었을까 생각하니 혼란스럽기만 했다.

'고래가 영양실조 상태였어요.' 묻지도 않았는데 그가 말했다. '고래가 왜 표류했는지 잘 모르겠어요. 아팠을지도 모르고, 어미가 새끼를 잘 먹이지 못해서일지도 몰라요. 아니면 뭘 잘못 먹었거나, 아니면 기생충이 붙었거나, 그것도 아니면 너무 아프거나 지쳐서 표류했을지도 모르지요.' 그는 선글라스를 벗어서 소금기를 닦아 냈다. 그의 눈가에는 피곤에 찌든 주름이 잡혀 있었다. 그가 계속 말했다. '범고래는 허약한 새끼를 솎아 내거든요.'

당장의 문제는—이제 해변으로 떠밀려 온 고래에게 최대 위협은—중력이다. 그 요원은 나에게 속이 훤히 비치는 고래를 상상해 보라고 했다. 그러면 고래 최상부에서 크고 육중한 척추와 그것과 만나는 곳에서 가장 굵어지는 갈빗대가 동시에 고래를 내리누르는 것이 보일 거라고 말했다. 고래의 이런 골격은 바다에 떠 있는 상태라면 문제 될 것이 없다. 심지어 다이빙을 할 때 큰 압력을 받더라도 체중을 분산시키기 때문에 문제가 없다. 하지만 육지에서는 가장 큰 뼈대가 부드러운 내부를 짓누르고 으깨며 겉으로는 확인되지 않는 상처를 낸다. 그는 '흉벽이 함몰됩니다'라고 말을 시작하고는 차마 맺지 못한다. 바다가 아닌 육지에서 자신의 무게에 짓눌려 옴짝달싹 못하는 고래에게 바다 거품이 밀려왔다. 그가 마지막으로 한마디를 덧붙였다. '생태 보존적 관점에서 도태된 고래를 바다로 돌려보내지 말아야 한다는 주장도 있어요.'

고래가 표류하는 이유

내 어머니 리안 여사는 호주 남서쪽 해변 마을에서 자랐다. 매년 작은 고래 종들이 해변으로 밀려오는 대규모 표류 사건으로 유명한 곳이었다. 우리 가족은 어머니가 어린 시절을 보냈던, 구름 낀 하얀 백사장에서 종종 이모님, 숙부님들과 함께 휴일을 보냈다. 그곳은 긴지느러미 들쇠고래와 들쇠고래pilot whale 무리가 표류하는 곳으로 알려져 있었다. 2018년에는 무려 150여 마리가 하멜린만의 해변에 표류했는데, 여섯 마리만 빼고 모두 죽었다. 가족 채팅방에 사촌이 올린 동영상으로 혹등고래의 절반만 한 고래들이 발버둥을 치다 뻣뻣해지는 장면을 보았다. 좌절감에 사로잡힌 모습이었다. 소리는 없었던 그 동영상에서 무려 십여 마리가 내 손바닥 안에 들어올 정도로 작아져 있었다. 그 시꺼먼 모습은 전과 기록지 위에 찍힌 까만 지문을 떠오르게 했다.

'들쇠고래'라는 이름은 한 마리의 리더가 이끌고 다닌다고 붙여진 이름(들쇠고래의 영어 일반명에는 리더pilot란 뜻이 있다—옮긴이)이라 하지만 확실하게 입증된 사실은 아니다. 들쇠고래는, 다른 고래처럼 계절에 따라 이동하지 않고, 호주 인근 바다를 떠돌아다닌다. 누구도 그들이 왜 특정한 해변에만 고립되는지 모른다. 같은 장소에서 2009년에 여든 마리의 들쇠고래가 발이 묶였다. 그들을 바다로 되돌아가게 해 보려고 몇 마리를 물에 적신 슬링(크레인으로 무거운 짐을 옮기는 인양 용구—옮긴이)에 매달아 인근의 만으로 옮겼다. 하지만 최소 그중의 3분의 1이 즉시 모래사장으로 돌아와 죽음을 맞았다. 1996년에는 무려 320마리가 해변에 밀려들었지만 마침 만조였고 일단의 자원봉사자들이 재빨리 바다로 밀어내서 80퍼센트 이상이 살아남았다.

320마리라니 엄청나지 않은가? 산 제물을 바치는 제의나 불길한 징조로 보이지 않는가. 오랜 세월 대대로 전해지며 흉흉한 소문이 되어 사람들을 불안에 빠뜨렸던 악의적인 저주 같지 않은가? 고래의 대규모 표류는 타락한 세상을 묘사한 르네상스 시대 프레스코화를 떠오르게 한다. 〈아담의 타락〉(미켈란젤로가 그린 시스티나 성당 벽화의 일부—

옮긴이) 말이다.

무슨 이유로 고래는 표류하는가? 호주 남서쪽 해안에서 상당수의 고래가 몸뚱이를 뭍으로 밀고 올라오는 현상에 대한 이유를 아직은 모른다. 어떤 해에는 있다가도 또 어떤 해에는 없기도 한다. 이 많은 고래들은 바로 죽거나 혹은 운명적으로 죽음을 받아들이는 듯한 태도로 죽을 때까지 거듭 올라온다. 어떤 고래는 바다로 조금만 밀어 넣어 주면 먼바다를 향해 애써 나아간다. 생물학자들은 생존을 위해 애쓰는 고래와 포기하고 죽음을 택하는 고래 사이에 의미 있는 차이를 파악하지 못했다.

퍼스Perth 해안의 화창한 하늘 아래서 해변의 사람들은 표류한 고래 앞에서 사진을 찍느라 포즈를 취하고 있었다. 한 어머니는 짜증 부리는 아기의 이중 턱 아래로 챙 모자의 끈을 늘여 주었다. '목에 로션 좀 발라 줘.' 허벅지에 로션을 바르느라 정신 팔린 친구에게 한 소녀가 말했다. 한 무리의 십대들은 해초와 분홍색 야생화로 만든 화관을 들고 모래 언덕을 내려와 고래 이마에 놓았다.

구경꾼들이 왜 어린 혹등고래가 해변에 표류했는지를 놓고서 나름의 해석을 내놓았다. 지난주에 로트네스트 아일랜드 너머로 별똥별이 밤하늘을 가르며 지나가지 않았어? 유성의 잔해가 골드필즈 너머로 산산이 쏟아졌다던데. 많은 사람이 혜성과 유성을 고래 표류와 관계가 있다고 믿는다. 누구도 이유를 알지는 못한다—별이 떨어지면 고래가 밤을 낮으로 착각해서, 혹은 별자리의 위치가 바뀌면 고래가 육지까지 거리를 측정하는 데 착오가 생겨서 그럴지도 모른다고도 한다. 도대체 저 바닷속에서 무슨 일이 벌어지고 있는 거지? 요즘 날씨가 늘 심상치 않아—그건 부정할 수 없는 사실이잖아? '심각'해 보이는 한 여성의 남동생이 근해에서 은밀히 벌어지는 해군의 작전을 언급했다. 군사용 음파 탐지기가 고래를 미치게 한대요. 그럼 안 되지, 그건 **치명적**이야. 초저주파 잡음에 노출되면 고래 귀에서는 피가 날 정도다. (혹등고래에 귀가 있다고? 해변의 구경꾼들은 누구도 귀가 어디 있는지 모른다.) 다음 화제는 일본의 포경 행위에 대한 신랄한 비난으로 향했다. 일본은 고래를 보호하자는 국제적 합의를 비웃으며 여전히 고래 사냥에 나서고 있다. 사람들의 눈이 미치지 못하는 곳에서 매년 수천 마리의 고래가 도살당한다. 혹등고래가 일본의 포경 지역 안에서 여름을 나기 때문에, 어미 고래가 도살당했거나 아니면 도피 중에 어미와 헤어져서, 고래가 표류한 것일 수도 있다는 추측도 나왔다. (두 여행객이 일본 포경선은 혹등고래보다 더 작은 고래를 쫓는다는 이유로 그 생각에 이의를 제기했다.) 그건 그렇고, 호주의 고대 눙아족 전설에서는 혹등고래를 중요하게 생각하지 않나요? 서식처를 잃은 한 살배기 고래를 어른 고래들이 걱정하는 건 당연하지요. 정상적인 일이 아니죠. 이 지역으로서는 불길한 일이예요.

나 또한 멀리서 나타난 고래 때문에 불편한 마음으로 온갖 추측을 하면서도 사람들의 이런저런 주장에 대해서는 회의적이었다. 솔직히 말하면 이런 설명들은 음모론적이었다. 보다 논리적인 물음을 던지면 이유를 못 밝히는 과학과 야생 동물 관리국의 권위를 약화시킬 수 있다는 생각이 깔려 있다. 고래 표류 가설에 대한 공식적 해명은 대중들의 기대에 미치지 못했다. 사람들은 차라리 입증 불가능한 본능과 괴담, 주술과 음모론에 기대었다. 고래가 해변에 등장한 것 자체가 현실에서는 해석 불가능한 차원의 일이라고 믿는 것이다. 그럴 수도 있겠다고 생각할 즈음 해는 중천에 떠 있었다.

고래는 간헐적으로 거친 숨을 내뿜었다. 막힌 곳을 억지로 뚫고 나오는 메마르고 씨근덕대는, 그런 소리였다. 듣기 괴로운 소리다. 주변 사람들 마음도 찢어졌다. 몇몇 가족은 고개를 돌렸다. 서퍼들이 고래 앞에 참회를 위해 곁을 떠나지 않겠다는 뜻으로 무릎을 꿇었다. 웨트슈트를 반쯤 벗은 자리에 자신들이 좋아하는 문구와 별자리를 새긴 문신이 보인다. 머리 뒤로 머리칼이 찰랑거린다. 한 여성이 갑자기 자기 머리 위에서 시들고 있는 화관을 움켜쥐고 고래를 향해 성큼성큼 다가갔다. 그녀가 노래를 불렀다. 청아한 소리다. 햇볕에 잘 태운 피부다. 보호국 요원 세 명이 발버둥 치는 그녀를 고래에게서 억지로 떼어냈다. 그녀는 자신의 영적 힘으로 고래를 도울 수 있다고 했다. 그녀는 분노로 이글거렸다. 분노만 있고 위엄은 없었다. 열의만 앞세울 일이 아닌데 말이다. 고래는 젖은 화관을 쓰지 않았다.

배 속의 쓰레기

당시 나는 그 고래의 죽음을 거창하게 별의 운행과 연관시키거나 또는 극악한 음모론을 염두에 두는 것에서 모두 거리를 두었지만, 그런 해명을 내놓은 사람들의 논리에는 중요한 시사점이 있었다. 그렇게 거대하고 신비한 생명의 생사는 그에 걸맞은 신비한 힘에 통제되어야 한다는 것 말이다. 그에 걸맞은, 아니 이보다 더 적절한 단어는 '(그렇게 큰 몸뚱이에) 비례하는' 것일지도 모른다. 미지의 심해로부터 와서 우리 앞에 버티고 선 이 생명체 앞에서 우리 중 누가 바다에서 거대하고 불가사의한 힘이 작동하고 있다는 사실을 자신 있게 부인할 수 있겠는가? 졸지에 죽음을 맞이한 혹등고래가 인간의 능력을 넘어서는 현상의 존재를 말없이 보여 주는 것이다. 그러나 온라인으로 관련 자료를 검색하면서 고래가 죽는 가장 중요한 이유가 별자리의 움직임 같은 불가사의한 현상도 포경선의 야만적 동기도 아님을 알게 되었다. 어떤 특별한 이유도, 어떤 은밀한 까닭도 없었다. 일상의 편의를 도모하는 것들, 생각 없이 버린 폐기물들 때문이었다. 정크 메일처럼 잡다하고 시시한, 안중에도 없었던 물건들 말이다.

검색을 통해 맨 처음 스페인 해안으로 밀려와 죽은 향고래에 대해 알게 되었다. 그의 배 속에는 비닐하우스 한 채가 고스란히 들어 있었다. 스페인 알메리아에서 수경 재배 농부들이 쓰던 것이었다. 방수포, 호스와 밧줄, 화분, 스프레이 통, 합성 포대 자루 조각들이었다. 한때 영국으로 수출하기 위해 키웠던 제철 아닌 토마토 농사용이었다. 강풍이 불어 하우스를 무너뜨리고는 바다로 몰아낸 것이다. 유럽의 '샐러드 볼(유럽 전역에서 소비되는 채소의 50퍼센트가 생산되기 때문에 붙여진 별칭이다—옮긴이)'이라 불리는 이 지역으로 예기치 못한 사나운 돌발적 홍수나 태풍이 몰아치는 빈도가 점점 증가하고 있었다. 고래 배 속에는 그것 말고도 소화할 수 없는 물건이 그득했다. 놀랍게도 편의와 여가를 위해 쓰이는 것이었다. 향고래는 비닐하우스만으로도 부족해 매트리스 조각, 옷걸이 몇 개, 음식 찌꺼기 거름망, 아이스크림 통도 삼켰다. 배 속의 그 내용물들은 예언자나 조난자의 칩거 공간에서 나왔다고 해도 이상할 게 없었고, 고래 배 속에서 살아남았다던 옛이야기 속 인물들을 상기시켜 주었다. 누구든 한 번은 들어 보았을 그 이야기에서 그런 물건은 생존의 근거가 되었지만, 여기서 그 폐기물 더미는 사망의 이유가 되었다. 이런 관점에서 가정용품은 위험하다는 인식이 생기기 시작했다. 가사용 물건의 평범함이 그것들을 버린 후에 생길 섬뜩한 위험을 상상할 수 없게 한다. 오래전부터 버려진 어업 도구들은—그물, 주낙(줄 한 가닥에 일정한 간격으로 달린 가짓줄에 미끼를 다는 낚시 도구—옮긴이), 통발, 그리고 굴 양식 선반—바다 생물에게 위험하다고 이미 알려졌다. 그러나 아무도 고래가 매트리스 조각이나 부엌용품을 먹을지도 모른다고 생각하지는 않았다.

검색을 계속하면서 21세기 초반부 내내 다양한 형태의 소비재로부터 육상 농업 쓰레기에 이르기까지 해양 폐기물 종류가 증가했다는 것을 알게 되었다. 고래를 분석하면서 그 규모를 짐작할 수 있게 된 것이다. 스스로를 두터운 블러버 층으로 에워싼 고래는, 농약과 비료에 든 중금속, 살충제와 비료의 원료인 무기 화합물, 그리고 바다에 마구잡이로 방출되는 다른 오염원을 삼키면서 스스로 지용성 독극물의 저장고가 된다. 고래의 몸은 이런 화합물의 증폭기가 된다. 고래가 오래 살기 때문이고, 대부분의 고래가 그들이 삼키는 어류 속에 있는 독성 화합물을 그대로 축적하기 때문이다. 또한 고래는 육상 포유류들과 달리, 경작지에서 흘러나와 생물의 조직에 축적되는, 살충제 성분인 저농도 유기인산염을 중화시킬 항산화제 역할을 하는 유전자가 부족하다—그리고 어떤 바닷새들처럼, 유해 화합물을 깃털로 보내서 털갈이를 통해 처리해 버리지도 못한다. 조금씩 노출된다 하더라도 오랜 세월 축적하기 때문에 어떤 고래는 자신이 사는 곳의 환경보다 더 오염된 처지가 되기도 한다. 통상적으로 오염이라는 것이 생명체는 깨끗하지만 그것이 숨 쉬는 대기와 활동하는 서식처가 악화되어 해로운 상태를 말한다면, 이 오염은 그것과는 완전히 다르다. 생명체 자체를 오염원으로 보는 것은 우려스럽고 유례없는 현상이다.

캐나다의 흰고래는 너무나 심하게 중독이 되어서 그 사체는 유독성 폐기물로 분류되었다. 과학자들은 워싱턴주 퓨젓사운드만에 서식하는 범고래를 세상에서 가장 오염된 생명체로 선언했다—이곳의 불가사리는 사방으로 뻗어 있는 팔이 스스로 기어서 몸뚱이(체반)에서 찢겨 나가는 병이 났다. ('몇몇 지역에서는 불가사리가 완전히 멸종했다') 러시아 동부의 추코츠키 자치구에서는 '고약한 냄새'가 나는 고래 때문에 골머리를 앓았다. 전통적 방식으로 잡아 올린 귀신고래를 자르고 토막 내었더니 고약한 냄새가 났고, 고기를 먹은 사람의 몸이 마비되는 일이 발생했다. 십중팔구 생물독bio-toxin 때문이었다. 베링 해협 근처에서 잡히는 이들 귀신고래가 해저의 해초와 부패한 물고기까지 먹기 시작한 것이 그 원인으로 보인다. 고래의 전통적 먹잇감인 단각류—물속을 발레리나처럼 유연하고 날쌔게 유영하는 뒤영벌(몸길이 1.8~2.2센티미터 정도인 꿀벌과의 벌—옮긴이) 크기의 갑각류—의 개체 수가 지구 온난화로 줄었기 때문이다. (알래스카 유전의 유정과 저장 탱크에서 유출된 기름이 고래 고기에서 풍기는 고약한 냄새의 원인일지도 모른다고 지적하는 과학자도 있었다.) '약국에 들어갔을 때처럼 요오드 같은 의약품 냄새가 고래에게서 납니다. 물론 고래에서 나는 냄새가 훨씬 독합니다.' 국제 포경 위원회 러시아 부대표가 그렇게 보고했다.

고래의 몸에서 발견되는 독성 물질은 바닷물과 먹잇감에서 나온 농업 화합물 성분이 전부가 아니다. 고래는 수면에 코를 내놓고 호흡하기 때문에 전 세계의 정유 공장과 크롬 도금 공장에서 방출되어 공기 중으로 부유하는 카드뮴, 크롬, 니켈 같은 발암 물질도 흡입한다. 가장 큰 고래는 가장 거대한 폐로 가장 깊이 숨을 들이마신다. 때때로 숨을 참기도 하는데 한 시간은 보통이고 최대 두 시간 이상을 참았다는 기록도 있다. 바다 깊은 곳에서 물의 압력이 높아지면 엄청난 양의 산소가 허파 밖으로 밀려 나와 전신 근육으로 퍼져 나간다. 그래서 대기 오염 물질이 고래 몸속에 그렇게 잘 쌓이는 것이다. 멸종 위기종인 북대서양 긴수염고래에게서 측정된 크롬 수치는 크롬 담그는 일을 하는 노동자와 비슷한 정도였다.

이런 사실을 알기 전에 나는 큰 동물이 작은 동물보다 오염에 강할 거라고 지레짐작했다. 유독성 가스는 대개 감지되지 않기 때문에 그 영향도 약하리라 생각했다. 나는 어떤 동물에 미치는 오염의 규모는 전적으로 그 동물이 사는 환경 속 화학 성분의 분포에 달려 있다고 믿었다. (그것의 몸에 독성 화합물을 흡수하고 축적하는 방식이 아니라.) 이제야 이런 생각이 틀렸음을 알게 되었다. 생리적 상태와 서식처의 환경뿐 아니라 생명체의 크기가 그것을 위험에 빠뜨린다는 사실이 드러난 것이다.

심오한 역사적 아이러니

얼마나 많아야 해로울 정도의 양이라고 할 수 있을까? 오염 물질이 고래에 미치는 영향이 다른 포유류나 해양 생물에 미치는 영향보다 확연한가? 의견이 분분하다. 그나마 다행인 것은 (숨 쉬면서, 삼키면서, 소화시키면서 축적한) 오염 물질이 그것만 제외하면 건강한 고래의 블러버 속에 있을 때는 '신진대사적 관점에서 비활성 상태'에 있다는 점이다. 유독성 물질들이 장기를 통해 신진대사와 영양소의 순환에 참여할 수 없기 때문에 아무런 해를 끼치지 못한다. 그러나 먹잇감이 없어서 고래의 몸이 영양 부족이 되어 에너지를 보충하기 위해 지방 덩어리인 블러버를 분해하는 케토시스 상태로 돌입하면 문제가 발생한다. 축적된 상태로 동면 중이던 오염 물질이 활성화되면서 혈관 속으로 돌아온다.

호주의 해안에서 볼 수 있는 혹등고래는 산업 시설이 집중된 항구와 배가 분주히 오가는 뱃길 주변에서 내내 살아가는 고래에 비해서 합성 화합물의 축적도가 낮다. 그러나 혹등고래가 남극해로부터 호주의 해안으로 이동할 때 단식에 들어가면 사막을 건널 때 낙타가 혹에 있는 영양분으로 지탱하듯 블러버에서 영양을 취하는데, 그 순간 그동안 축적했던 오염 물질에 다시 노출된다. 정기적으로 스스로 독을 주입하는 꼴이다. 뭍으로 밀려온 고래 또한 케토시스 상태에 당면한다. 치사량에 못 미치는 낮은 수준의 산업 폐기물이 고래의 건강과 행동에 어떤 영향을 미치는지는 연구가 부족해 파악하기 어렵다.

유럽에서 지중해 서쪽과 이베리아 반도 남서쪽과 다른 여러 곳에서 극독성 화합물이 다량 축적된 고래가 발견되었고 그 독은 치명적이라고 알려졌다. 한때 냉각제, 콘크리트, 페인트, 백열등과 전자 축전기에 사용되었던 폴리염화 바이페닐은 빗물과 폐기물을 통해 바다로 유입된 후, 그것이 무해한 분자로 분해되는 데 오랜 세월이 걸리는 잔류성 화합물이다. 비록 1970년대와 1980년대에 각국 정부의 노력으로 점진적으로 폴리염화 바이페닐을 퇴출했지만 생태계 안에는 여전히 남아 있다. 하지만 검은 바탕에 배가 흰, 먹이 사슬의 정점에 있는 압도적인 포식자, 오르카라는 이름으로도 불리는 범고래의 몸속에서 이 성분은 증폭하고 있다. 2018년에 발표된 분석 모형은 폴리염화 바이페닐을 사용했던 나라의 인근 해역에 서식하는 모든 범고래가 30~50

년 안에 멸종될 것이며 오직 북극과 공해(통상적으로 어떠한 국가의 영해 또는 내수에도 포함되지 않는 해양의 모든 부분—옮긴이)상의 일부 지역에서만 살아남을 것이라고 예측했다.

폴리염화 바이페닐과 다른 벤젠 고리 화학 구조를 가진 방향족 화합물을 상세히 설명하는 논문을 통해, 나는 마침내 석탄의 콜타르에서 대규모로 추출했던 이 인공 화합물의 최초 생산은 화학자들이 정제시켜 얻은 고래기름이었다는 사실을 알게 되었다. 그 시절에 고래는 세계적인 인기를 누리는 상품이었고 최초의 에너지 산업이었다. 고래잡이들이 고래의 블러버를 베어 내고 정제하고 나면, 그것은 램프를 밝히고, 기계를 매끄럽게 돌리고, 섬유 제품도 처리하면서 산업 혁명 최종 단계의 동력으로 활약했다. 얼마나 잔인하고 심오한 역사적 아이러니인가. 고래의 몸에서 폴리염화 바이페닐의 선조 격이었던 물질을 추출·정제하여 얻었는데, 이제 오랜 세월이 지나서 이것의 후손 격인 폴리염화 바이페닐이 살아 있는 고래 몸뚱이 안에서 머무르며 쌓이고 있다니.

나는 쓰레기 매립지에 버려진 혹등고래를 떠올렸다. 매립지의 고래라니, 이 시대에 대한 은유이자 잔인한 현실이다.

암컷 고래가 축적한 독성 물질을 새끼가 물려받는다. 임신 중에는 태반을 통해, 태어난 후에는 부드러운 젖을 통해. 첫 새끼는 대부분의 경우 어미가 평생 쌓은 것에 그대로 노출되어 미량이지만 산업 폐기물을 물려받아 태어난다. 나중 새끼들은 마치 격리 조치라도 당한 것처럼 독극물을 물려받지 않는다. 그러나 오래전에 각국 정부가 이 잔류성 오염 물질, 폴리염화 바이페닐의 생산을 중단하기로 결정했을 때, 태어나기는커녕 심지어 배태되지도 않았던 대부분의 범고래들이 지금 스코틀랜드, 지브롤터(이베리아반도 남서쪽―옮긴이), 브라질, 일본, 그리고 태평양 북동부 인근 바다에서 죽어 가고 있다. 바다는 법규와 기술이 개선된 후에도, 혹은 더 효율적이고 덜 해로운 생산 방식으로 산업이 이행한 후에도 과거의 배출물들을 쌓아 두고 있다. 호주, 미국, 그리고 부유한 유럽의 나라에서 제조가 불법이 되었거나, 무해한 대체물에 밀려난 오염 물질이 여전히 어딘가에서 생산되고 있다. 제조 과정에 대한 특허를 포함해 공장 설비와 법적 자산과 같은 고정 자본은 투자한 후에 소득을 창출하기까지 지체 시간이 생기기 때문이다. 이런 식으로 과거는 미래만큼이나 불공평하게 분배된다.

어떻게 그리고 왜 고래가 죽어 가는지 답을 구하려고 시작한 조사에서 한 가지는 명확해졌다. 오염에 대한 나의 정의가 완전히 잘못되었다는 것이다. 해골과 엇갈린 뼈가 아로새겨진 독성 오염물이 여전히 대량으로 팔리고 있고, 공장 굴뚝은 그것을 안개처럼 뿜고 있다. 또 어떤 것은 도시 설비로 곳곳에 들어갔다. (천장 절연재로 들어간 폴리염화 바이페닐과 코팅된 전선 등.) 의식하기 힘들 정도로 천지에 널려 있는 유해물이 먼바다에 있는 고래 몸에 스며든 것이 놀라운 정도라면, 물통과 호스와 옷걸이 같은 가정용품이 고래 몸속에서 발견된 것은 충격적이다. 그것들은 화학 처리 과정의 부산물이 아니라, 그냥 완제품이다. 소모품이며, 위생적이며, 내구성 있고, 쓰고 버리는 것이다. 오랫동안 플라스틱 제품은 안전을 뜻했다. 안전할 뿐 아니라 값도 싸다는 인식이 퍼지면서 플라스틱은 교외의 가정집 내부를 채워 나갔다. 아기 침대, 승용차의 내부, 부엌 용품 따위로. 비록 플라스틱을 가정용품의 총아로 만든 그 특질은 변한 것이 없지만, 그것이 소비된 후에는 쓰레기로 세상을 굴러다니면서 오염물이라는 오명으로 재범주화되었다. 소모품에서 분해되지 않는 것으로. 안전한 것에서 치명적인 것으로. 미래에 가련한 처지가 될 가게 진열대의 일상적 제품은 그것이 우리에게는 아무리 무해하다고 하더라도 제조 과정에서 환경 오염을 통해 만들어졌다는 사실뿐만 아니라, 미래에 오염 물질이 될 운명에 처해 있다는 사실까지 생각해 볼 것을 요구한다. 심지어 슈퍼마켓 야채 상자에 들어 있는, 유기물로 분해되는 농산물조차 그것을 수확하기까지는 플라스틱이 사용된다. 비닐이 너풀거리는 비닐하우스와 덩굴 과일이 잘 익으라고 씌우는 봉지, 관개용 호스, 포장용 쿠션제 등등. 그것이 다 어디로 가겠는가? 겨울에 먹고 싶어 키운 토마토가 향고래의 죽음에 연루되어 있다는 명백한 사실이 나에게는 당황스럽고 섬뜩했다.

고래 속에서 발견된 플라스틱과 유독성 화합물들은 결국 산업화의 산물이다. 그러나 러시아 귀신고래에게서 풍기는 역겨운 냄새는 그보다 더 오래된 인간의 죄과를 들추어낸다. 고래가 이상한 생물학적 독성 물질에 오염된 부패한 물고기나 수초를 먹는다는 것은 먹이사슬의 변화를 암시한다. 인간의 행위 또한 좀 더 간접적인 방법으로 책임이 있지는 않았을까? (기후 변화로 또는 다른 방식으로 고래의 자연적 먹잇감인 단각류의 개체 수를 감소시킨다든지 하는 식으로) 생태계 내에서 원래 자리를 이탈하거나 잘못 처리되면, 유기물조차도 오염물에 의해 악화되는 건 아닐까? 왜 갑자기 고래가 온갖 이상한 것을 먹기 시작했을까?

무엇이 오염원인지 나의 이해에 오류가 있었던 것과 마찬가지로, 어떻게 오염이 확산했는지에 대한 나의 지식도 오류투성이였다. 오랫동안 노출된 몇 가지 화합물은 시간이 지나서 사라지기는커녕 그것이 처리되었던 곳에서 멀리 떨어진 곳으로 가서 축적되었다가 외부 접촉이 전혀 없었던, 태어나지도 않은 새끼에게 전해진다. (이것은 세대를 건너 전해지는 저주이다.) 눈도 떠보지 못한 채로 숨도 쉬어본 적이 없었음에도 이 태아 동물은 인간이 육상에서 남겼던 흔적을 낙인처럼 품고 있다―심지어 오염이 생겼던 시대에 그것에 노출되었던 어미 고래보다 더 선명하게. 나는 이제 오염의 외부 효과도 의심한다. 원초적인 자연적 환경에서도 생물과 서식처 사이에서 유독성 물질이 재방출될 수 있기 때문이다. 고래 태아를 감싸고 있는 블러버를 생각해 보라. 어디서 오염이 비롯했는가, 그리고 얼마나 많은 오염 물질이 배출되었는가, 그뿐만 아니라, 어떤 생명체가 그것을 습득했으며, 그것이 어떻게 전해지는가, 또한 중요하다.

어떤 생명체에게 무슨 일이 생길지는 그것의 고유한 신체적 특징이 결정한다. 그때는 몰랐던 사실이지만 육지로 떠밀려 오는 것은 고래를 과열시켜 죽일지도 모른다. 자연 현상이다. 자연을 거슬러 존재하게 된 것들이 동물의 몸으로 스며든다. 환경 오염의 총체적 규모를 이해하려면 우리는 다른 생물의 입장에서 오염이 입힌 손상을 생각할 필요가 있다―그것도 동물의 감각 중추 내부에서부터 시작해야 한다.

고래가 오염의 희생양이 되었다. 그러나 자연의 순환은 때로 오염의 흐름도 역전시킨다. 버려 버린, 잊어버린, 금지해 버린 오염 물질을 고래를 먹는 인간의 몸속에 되돌려 준다. 전통적으로 그리고 주기적으로 고래 고기, 껍질, 지방을 섭취해 왔던 그린란드의 이누이트 여성들에게는 임신 중에 흰고래를 먹지 말라는, 그리고 모유 수유를 완전히 중단하라는 강력한 경고가 전해졌다. 유방에 고래 속 오염물이 축적되기 때문이다. 부드럽고 흡수성 좋은 해면질로 되어 있고 에스트로겐 수용체가 풍부한 유방은 다양한 종류의 화합물이 잔류하기에 최적의 조건을 갖추고 있다. 이누이트 여성은 지구에서 가장 외딴곳에 그리고 가장 산업화의 영향이 미치지 않은 곳에 살고 있지만, 고래를 주식으로 삼았기 때문에 그들의 몸은 오염의 종착지가 되어 버렸다. BBC의 다큐멘터리 〈살아 있는 지구: 지구의 미래〉에 따르면, '만약 그녀의 젖을 유방이 아니라 다른 용기에 담았다 하더라도 그녀가 국경을 넘는 것은 허용받지 못했을 것이다.' 검사를 받은 거의 모든 이누이트 여성들에게서 세계 보건 기구WHO 허용 기준치 이상의 수은과 유기염소가 잔류한다는 것이 확인되었기 때문이다. 그 수치는 중국과 남아메리카의 금광 하류에 사는 사람들과 비슷한 수준이었다.

내가 점점 조사에 몰입하면서, 고래는 이전에 나에게 보이지 않았던 것을 보이게 해 주었다. 인간의 삶이 어떤 식으로 꼬박꼬박 야생의 생태에 전가되는가, 그리고 어떤 식으로 야생은 우리에게 망각의 증거물을 갖고 되돌아오는가를 말이다. 그리고 고래가 지울 수 없는 인간의 과거와 그것의 예기치 못했던 결과를 상기시켜 주었다는 것을 자각한 순간 내 마음속에 더욱 형언하기 힘든 질문이 둥실 떠올랐다. 고래는 자신의 비극을 바탕으로 우리에게 변화의 가능성을 찾아보라고 충고하고 있지는 않은가?

이제는 없는 바다

퍼스에서 혹등고래 표류 사건을 겪은 뒤, 나는 우울하지만 떨쳐 버리기도 힘든 생각에 몰두하게 되었다. 이제는 정말 비상 상황이 아닌가—우리 모두 뉴스로 접하고 있지 않은가. 평년보다 더운 날씨를 보이는 지역을 강타한 초대형 사이클론. 연례행사가 된 역대급 태풍, 특정 생물의 급격한 소멸, 데드 존(해수 중 산소 농도가 극히 적은 해역으로 물고기의 생존과 재생산이 불가능하다―옮긴이), 그리고 낡은 지폐 색깔로 썩어 버린 산호초. 심해의 해구 속 실트(입자 지름이 0.002~0.02밀리미터인 토양 입자―옮긴이)를 비춘 잠수정의 스포트라이트에 포착된 깡통을 보며 누구에게든 암울한 생각이 들지 않겠는가? 떠다니는 면봉을 붙들고 있는 해마는? 황금시대의 화가들을 매료시켰던 바다 풍경, 그리고 한때 인간의 심리 상태를 극적으로 드러낸 장엄한 바다는 이발소 그림 같은 헛된 것이 되었다. 백남준의 혼합 매체 프로젝트 같은 것, 휘젓다 발견된 예기치 못한 물건 같은 것. 모든 것이 자신이 태어난 곳에서 이방인이 되어 버렸다. 영원히 그대로일 것 같았던 바다, 곰곰이 생각해 보니 이제는 그런 바다를 찾을 수 없다.

바닷물이 산성화되었다는 소식이 들렸다. 너무나 미묘해서 그 변화를 맛볼 수도, 맡을 수도, 만질 수도 없지만 이산화탄소 농도의 증가에 발맞춰 바다 전역에서 벌어지고 있다. 바다가 공기로부터 더 많은 이산화탄소를 흡수하면서 바다의 화학적 구성도 변했다. 해양 산성화는 오래된 걱정이 사실이었음을 입증했다. 비록 다가오고 있는 것이 거대하고 파국적인 대격변을 몰고 오겠지만, 현재 그것은 너무나 미세하게 지각할 수 없는 규모로 펼쳐지고 있다는 것. 바다가 영원한 순환을 멈추었을 때, 그래서 돌이킬 수 없게 된 그때를, 우리가 과연 그때를 알아낼 수 있을까?

내 마음은 표류했던 고래로 돌아갔다. 나는 평생 고래의 역사를 승리의 이야기로 들어 왔다. 세상의 손가락질을 받았던 일본 포경선, 혹은 캐나다 선주민 지역의 몇 안 되는 합법적 사냥꾼들이 고래 사냥을 했음에도 불구하고, 이 생명체를 남획으로부터 구출했다는 일화는 해피 엔딩이었다. 30여 년 전에 빛바랜 차량 범퍼 스티커를 보라. '고래를 구하자.' 보라, 드라이 독(바다에 면한 입구에 있는 선박의 건조 및 수리를 하는 독—옮긴이)으로 끌어올린 포경선, 망가뜨린 작살. 그리고 고래는 늘어났다. 혹등고래와 향고래는 멸종 위기종 목록에서 벗어났다. 많은 곳에서 고래목 개체 수가 상승 추세를 보였다. 멸종 위기를 가까스로 벗어난 고래는 상업적 고래잡이가 끝장났음을, 환경 보호 집단의 승리를 입증했다. 고래는 심장을 두근거리게 한다. 고래는 경외감의 원천이다. 우리는 얼마나 그것에 목말랐는가! 그들은 자연의 거대함에 비하면 우리가 얼마나 보잘것없는지를 상기시켜 준다. 그들은 자연의 우월함과 복원력을 입증했다. 고래는 정부가 국가의 이해관계를 넘어 호의적일 수 있어야 하며, 기업은 때로 통제되어야 한다는 것을, 경이로운 자연을 보호하는 것이 지구 전체가 공유해야 할 가치라는 것에 대해 인간이 돌이켜 볼 기회를 주었다. 고래를 볼 때 먼저 그 거대한 생물체의 모습에 고개 숙이는 겸허한 마음이 생기지만, 동시에 고래 멸종을 저지하여 복원으로 돌아서게 했다는 사실은 우리에게 고래를 지켰다는 자부심을 일으킨다.

고래를 통해 서구의 환경 운동가들은 처음으로 세계라는 총체적 관점으로 사고하는 방식을 습득했다. 1980년대의 고래 사냥 반대 캠페인은 고래가 인류의 유산이라는 인식, 미래의 후손들이 국적과 무관하게 고래가 멸종되지 않은 지구에서 살 권리가 있다는 생각을 기반으로 성립했다. 그러나 이제 바다가 온갖 유해 물질의 온상이 되면서 사람들은 고래를 더 이상 과거처럼 시민운동의 승리 또는 야생과의 짜릿한 만남으로 여길 수 없게 되었다. 이제 고래의 개체 수만을 중시하는 관점을 벗어나 다음과 같은 긴급한 질문을 던질 때가 되었다고 생각한다. 고래는 어디에서 사는가, 어떻게 살아가는가, 그리고 어떻게 죽는가? 환경 운동의 본보기가 된 이 고래가 산업 폐기물, 플라스틱, 그리고 농약 따위를 품고 우리에게 나타난 사건은 암울할 정도로 징후적이다. 그것이 직접 고래 장기에 손상을 준다는 사실은 차치하더라도, 고래가 가진 본보기적 상징성까지 통째로 훼손시켰다. 희망의 근거까지 오염된 것이다. 이제 고래는 새로운 생각을 요구하고 있다. 비록 그동안의 성공 서사가 지구 전체적 사고를 가능하게 했다 하더라도 이제는 그것을 넘어서는 서사를 쓰라고 요구하고 있다.

인간의 역사를 통틀어 고래는 엄청난 존재감으로 다가왔다. 고래는 보기만 해도 얼어붙는다—놀람 때문이든 탄식 때문이든. 그것이 나타나는 것도 또 사라지는 것도 예사로운 일이 아니었다. 해변에 고래 한 마리가 갑작스레 육중한 몸뚱이로 모래사장을 내리누르며 등장한 것이 '세계적' 문제로 보이지는 않는다. 그러나 시야를 조금만 넓히면 오늘날 고래의 죽음은 전 세계적이다. 배 속이 비닐, 밧줄, 화분 그리고 호스 등으로 가득 찬 향고래의 죽음은, 지난 몇십 년간 전 지구적 규모로, 온 바다로 확산된 환경적 위협이다. 우리의 통제와 감각적 인식이 미치는 범위를 벗어나 버린 문명과 산업화의 유산이 이제는, 더욱 걱정스럽게도, 그 심각성을 측량하기도 불가능한 지경임을 고래의 몸뚱이가 증거하고 있지 않은가. 우리는 우리가 미친 영향의 규모를 파악하려 애쓰고 있었다. 그러나 여기 동굴 같은 고래 내부에 이런 것이 다 들어 있었다. 오염, 기후 변화, 동물 복지, 야생, 상업, 미래, 그리고 과거. 고래 안에 그 세상의 전모가 있다.

고래 낙하의 의의

그날 해변에서 내가 들었던 다른 이야기가 있다. 아마도 늙어서 혹은 배에 부딪혀 먼바다에서 죽는 고래 이야기였다. 해변에서 돌아와 오랜 시간이 흘렀는데도 그 어떤 설명보다 이 이야기에 사로잡혔다. 하지만 그 이유를 알기까지 오랜 시간이 걸렸다.

이야기는 다음과 같았다. 만약 바다에서 죽은 고래가 바람과 조류에 밀려 뭍으로 오지 않는다면, 그 거대한 몸은 마침내 가라앉을 것이다. 그리고 가라앉는 도중에 부패할 것이다. 이런 과정을 고래 낙하whalefall라 부른다. 처음에는 둥둥 떠다니던 사체 냄새를 맡고 찾아온 바닷새, 물고기, 꽃게 그리고 상어가 쪼고 씹고 할퀴고 뜯어 먹는다. 사체 처리 동물은 주로 아래쪽 썩은 부위를 처리한다. 맑은 날 잔물결이 일면 이 스캐빈저들의 끔찍한 노역이 보일 수도 있는데 마치 죽은 고래가 꿈틀거린다는 착각이 든다. 이런 일이 몇 주고 몇 달이고 계속된다. 석양이 깔리고 교대 시간이 오면, 낮 동안 배를 채운 동물들이 다른 생물에게 먹잇감을 넘긴다. 어떤 고래 종은 다른 종보다 더 잘 뜬다. 죽은 향고래는 비록 가장 크고 무거운 고래에 속하지만, 그것의 거대하고 뭉툭한 머릿속에 있는 기름으로 가득 찬 작은 공간 때문에 가장 오래 떠 있다. 그러나 어느 정도 시간이 지나면 모든 고래는 해저 끝까지 내려간다.

죽은 고래는 표해수대(해수 표면으로부터 약 200미터 아래 해역. 광합성이 가능해 해양 속 대부분의 유기물이 생산된다—옮긴이)의 생물체가 먹이를 취하는 깊이 아래로 내려간다. 고래의 흐늘흐늘한 몸뚱이가 떨어지는 속도를 늦춘다, 그리고 압력이 극심해지면 고래의 부드러운 조직 안에서 부패로 생긴 가스가 차오른다. 고래는 이제 통상적 물고기와는 딴판으로 생긴 물고기를 지나간다. 마지막으로 심해 원양성(해수 표면으로부터 약 6천 미터 아래의 해역―옮긴이)으로 진입한다. 바닷물이 사라지지 않는 한, 빛 한 점 들지 않는 곳이다. 영원한 어둠 속으로 들어서면서 고래는 낮 시간을 경험할 수 없는 영역으로 들어섰다. 반쯤 눈먼 먹장어가 살금살금 다닌다. 턱이 없고, 다른 생물에게서 이탈한 내부 장기처럼 창백하다. 해파리는 스스로를 꼬아서 매듭 모양이 된다. 유일한 소리가 있다면 눈으로는 안 보이는 거미불가사리류가 서로를 산 채로 먹어 치우느라 내는 우두둑 소리다. 서서히 춥다. 지구상에서 펼쳐지는 극한 지옥이다. 먹장어가 떼올라 고래의 사체 안으로 점액을 분비해서 매끄럽게 통로를 만들어 뚫고 들어간다. 먹장어는 피부를 통해 영양소를 바로 흡수한다.

고래의 사체가 뼈의 중력으로만 살덩이와 장기의 부력을 억누를 수 있는 지점까지 왔다. 메탄가스가 미세한 기포로 방출된다. 거대한 기구처럼 부풀어 오른 몸뚱이에서 피부와 흐물거리는 살집이 흩어져 떨어진다, 그 몸뚱이 위로 하얀 벌레가 자라나서 융단처럼 뒤덮어 하늘을 향해 나부낀다, 무덤의 잔디처럼. 이따금 고래의 뼈대가 부풀어 있는 몸을 갑자기 뚫고 나온다. 잠시 뼈대는 근육에 걸려서 낙하산에 매달린 것처럼 대롱거리다가, 섬뜩한 꼭두각시 인형처럼 조류가 조금만 바뀌어도 휙 비틀린다. 결국 추락한다. 벌레들의 사체가 벨벳처럼 펼쳐진 바닥으로 빠르게 떨어진다. 돌풍이 몰아친 듯 실트가 소용돌이치며 일어난다. 고래 내부의 물러터진 부분을 감싸고 있던 외피가 그 위로 내려앉는다. 빛이 차단된 이곳에 정체불명의 곱게 빻은 가루 같은 것들이 눈 내리듯 끊임없이 떨어진다. 고래가 살아서는 도달할 수 없었던 깊은 곳에 비로소 도달했다.

꼬리민태, 옆새우, 다모류의 환형동물과 동가시치 등이 난데없이 나타난다. 문어가 고래의 갈빗대 부분을 머리로 받는다. 눈은 멀고 구레나룻을 기른 혈거인들, 생강처럼 생긴 것들이 지방과 기름으로 까매진 고래 침전물 속으로 파고든다. 양 사방에서 빨간 띠처럼 생긴 것들이 펄럭이며 다가든다. 창백한 게들이 폭식한다. 온갖 놈들이 달라붙는다. 마치 어린이들 앞에 종합 선물 세트를 풀어놓은 것 같다. 동전 크기의 담치, 대합조개, 삿갓조개 등 황산염을 섭취하는 것들이 고래 몸뚱이에 모여 있다. 200종 이상의 생물체가 고래 사체 하나를 공동으로 점유한다. 라틴어로 '뼈 폭식자'라는 뜻의 오세닥스Osedax(이빨, 눈, 입이 없지만 고래의 뼈를 녹여 먹는 심해 생물로, 2002년에 처음 발견된 환형동물인데 '좀비 벌레'라고도 불린다—옮긴이)는 분홍빛을 띤 가는 관들을 산발한 머리처럼 흔들며 고래 뼈에 뿌리 박는다. 입도 없고 내장도 없지만 오세닥스의 식성은 끝이 없다. 그것은 발을 통해 먹는데, 그 발은 나무뿌리가 자라듯 골수 속으로 파고든다.

낙하한 고래에서 살아가는 유기체를 '망명종fugitive species'이라 부른다. 그들은 죽은 고래에서만 살고, 그중 몇은 단 한 마리의 고래 사체에서만 대대로 산다. 다른 종들은 해저 열수공이나 냉수 분출공 주변에서도 종종 발견된다—이론적으로 보면 가스가 풍부한 이곳의 물에 사는 다양한 미세 생물로부터 지구 최초의 생명이 시작되었다. 고래의 부드러운 조직과 연골을 다 먹어 치우고 나면 이 유기체는 자신의 유충을 흩뿌려서 동면 상태로 표류시킨다. 거의 보이지 않을 정도로 작지만 다른 죽은 고래를 발견하겠다는 희망을 안고 (유충이 그런 희망을 품을 수 있을까마는) 떠다닌다. 이들 흩뿌려진 유충들에게 고래는 신의 선물이다. 그리고 유전자 교환을 위한 기회이다. 이런 극한성 생물의 생존을 그저 혹독함을 견디는 생명력이 있어 가능한 것이라고 단정해 버리는 것은 그들이 얼마나 힘들게 고래 사체에서 진화의 동력을 얻고, 산소가 부족한 엄혹한 환경에서 얼마나 애써 고래를 다음 이주를 위한 발판으로 삼는지를 몰라서 그런 것이다. 고래가 없었다면 많은 잔사식생물(생물체의 유기물 조각을 먹고 사는 생물―옮긴이)이 새로운 서식처를 조성하는 데 실패했을 것이다. 열수공도 냉수 분출공도 고갈되면 잔사식생물도 멸종할 것이다. 그들은 살아남았고 진화했다. 고래 낙하 덕분이다. 고래는 심해로 내려와 쌓이고 요동치고 비틀리며 분해되는, 덧없이 해체되는 생태계이다.

고래 낙하에 대한 연구는 1977년 산타 카탈리나섬의 서쪽, 깊이 1200미터 아래 심해에서 잠수 훈련 중이던 미 해군 병사들이 바다 진흙 위에 자리 잡은 귀신고래 해골을 발견하면서 시작되었다. 그 후 과학자들은 고래의 사체를 일부러 가라앉혀서 어떤 식으로 생명 공동체가 그 안팎에서 이루어지는지 관찰했다. 한 추정치에 따르면 지금 이 순간에도 약 69만 마리의 고래 낙하가 발생하고 있다고 한다. 그런 엄청난 숫자의 고래 사체가 심해로 가라앉고 그것을 계기로 또 생명이 북적대는 것이다.

심해의 바닥에 남은 고래의 뼈는 뜯기고 뚫린다. 그리고 마침내 은백색의 박테리아가 뼈를 에워싸고 주름을 잡듯 보풀을 일으키는데, 마치 푹신한 수건으로 뼈를 감싸 놓은 것 같다. 마지막으로 남은 것을 미생물이 조금씩 갉아먹는다. 수십 년이 흐르고, 심지어 백 년이 흐르기도 한다. 마침내 아무것도 남지 않는다―오직 주변의 어둠보다 더 어두운 움푹한 흔적만 남는다.

(우리에게 익숙한 계절적 관점으로는) 계절이 존재하지 않는 해저에서, 고래 낙하는 봄에 해당된다―생명의 약동, 찬란함 그리고 향연. 야생의 고래는 죽은 지 한참 뒤에도 활기찬 에너지를 제공하면서 지구를 풍요롭게 한다. 고래의 죽음은 뭍에 사는 우리에게는 납득 가지 않는 일이라 해도, 심해의 기생 생물에게는 중요한 의미가 있음이 분명하다. 고래 낙하는 나에게 다분히 감상적으로 다가왔다. 고래의 죽음이 수많은 심해 생명체의 생존과 번식을 약속해 준다는 사실은 그 죽음에 대한 상실감을 상쇄하고도 남았다. 고래가 죽어 그 거대한 몸이 해체되면서, 다른 유기체를 번성시키는 거름이 된다는 사실은 내가 지금껏 들었던 혹은 막연하게 상상했던 어떤 이야기보다도 더 환상적이고 기이한 것이었다. 나는 고래가 그런 역할을 하도록 관장하는 자연에 대해서 우리가 얼마나 아는 것이 없는지 그리고 인간이 없더라도 아무 지장 없이 돌아가도록 지구가 얼마나 잘 설계되어 있는지를 비로소 알게 되었다.

그러나 그런 깊은 바다에 가 본 적도 없는 우리가 이 이야기로부터 어떤 교훈을 얻을 수 있을까―그 핵심은 무엇일까? 내 결론은 이것이다. 모든 생명의 죽음은 그것이 새 생명의 잉태에 기여하도록 설계되어 있다. 죽음이 죽음으로 끝나는 경우는 없다. 퍼스 해변에 떠밀려 온 혹등고래와의 조우가 결과적으로 그랬듯이 고래의 죽음은 비극이 아니라 전환점이었다.

친밀감이라고 믿는 것

썰물이 오며 죽음도 다가왔다. 몇 무리의 사람들만 남아 있었다. 나는 힘없이 다가가 고래의 가쁜 숨소리를 들었다. 고래는 의식으로 숨을 쉬는 생명체다. 숨을 쉰 기억을 되살려 숨 쉰다. 눈—한밤중, 아니 깊은 바다처럼 깜깜한—은 속눈썹도 없고, 보호국 요원의 설명에 따르면 눈물길, 즉 누관도 없다. (바다의 그 짠물 속에서 운다는 것이 무슨 의미가 있겠는가?) 나는 그가 어디를 보는지 알 수 없었다. 자신이 어디에 있는지 알고 있을까? 자신에게 닥친 운명을 파악했을까. 풍요로운 대양의 암흑이 아니라 쓰레기장을 향할 신세란 것을? 고래는 비교 불가할 정도로 거대하면서도 인간과 닮은 것이 있다. 사회적 동물이다. 새끼를 사랑스럽게 돌본다. 추상적 사고가 가능하고 선천적으로 시간과 자아를 의식할 정도로 복잡한 뇌를 갖고 있다고도 한다. 그렇다면 죽음도 의식하지 않았을까?

고래가 아픔을 느낄 수 있는지 파악하기가 어렵다면, 그가 자신의 고통을 설명할 수 있는지, 만약 그렇다면 어떤 식으로 가능한지를 상상하기란 더욱 어렵다—죽음의 순간을 예측할 수 있어서 자신이 입은 상처가 죽음의 전조임을 알아차렸을까? 두려웠을까? 운명의 급변에 고통으로 몸부림쳤을까? 자신에게 더 이상의 미래가 없음을 알고 괴로워했을까? 알 수 없는 일이다. 나는 그가 사태를 인식하고 구조를 요청하는 긴급 호출 신호를 보내지는 않는지 계속 지켜보았다. 그러나 고래는 사람들이 와 있다는 것, 우리가 슬퍼하며 그를 구하기 위해 애쓰고 있다는 것을 알고 있다는 어떤 신호도 보여 주지 않았다.

그 순간 중요한 것은 사태가 끝날 때까지 끝까지 지켜보는 것뿐이란 생각이 들었다. 고래를 혼자 내버려 두지 말자는 공감대는 생겼다. 신뢰, 우정, 아니 그보다 더한 것. 같은 생명이라는 친밀감, 우리가 보여 준 것은 그것이었다. 하지만 그것이 차량 속에 있는 바르비투르산염 주사 한 방보다 더 낫다는 보장이 어디 있는가? 야생 동물 보호국 요원은 독극물 주사 혹은 그의 권한이 허용하는 다른 어떤 소름 끼치는 방법도 안 쓰겠다고 했다. 아무도 라이플에 총탄을 장전하지도 폭약을 점검하지도 않았다. 나는 적대감과 친밀감 사이의 아슬아슬한 경계선을 감지했다. 그 선은 가까스로 유지되고 있었다. 자연스럽게 죽도록 내버려 두자, 자연의 뜻에 맡기자. 그것이 우리가 믿는 것이었다. 고래 주변을 지키던 사람들이 오가면서 손짓으로 눈짓으로 그 생각을 서로 주고받았다. 우리는 그 선을 단단히 지키면서, 우리가 인간이기에 다른 동물은 할 수 없는 가능한 한 더 인간적인 방식은 없는지 고민했다.

고래를 지켜봤던 그 모든 과정에서 나는 퍼스 해변에서 넘쳐 났던 의무감의 정체가 궁금했다. 그리고 그 의무감이 누구—그 고래 한 마리, 고래 전체, 혹은 고래의 생태계(아니면 우리의 생태계)—를 향한 것인지 궁금했다. 그 불편한 의문은 그 후에도 떠나지 않았고, 그것은 독극물로 안락사를 시키는 관대함과 의도한 건 아니지만 향고래의 배 속에 비닐하우스를 넣은 잔인함 사이의 팽팽한 긴장으로 모습을 드러냈다. 우리는 고래와 좀 더 거리를 두어야 하는가, 아니면 더 개입해야 하는가? 그리고 이 문장 속의 '우리'는 누구인가? 적어도 나와 경이로움에 이끌려 해변으로 왔던 그 군중들은 포함된다고 생각했다. 경이로운 것은 보살펴야 한다는 책임감이 수반되지 않는가? 그렇지 않은가?

고래 안은 점점 뜨거워졌다. 하지만 왜 그런 것인지 우리가 상상하기란 어렵다. 우리에게 죽음은 열기를 차츰 잃는 것이다. 온몸의 열기가 빨려 나간다. 양초 심지가 촛농을 빨아들이듯 빠져나간다. 거주지에서 내쫓긴 인간의 몸은 싸늘하게 식는다. 고래는 다르다. 타오른다. 하지만 그 불길은 우리에게 보이지 않는다. 고래에게 말을 건네 보았다. 따뜻한 말도, 시시한 얘기도 건넸다. 고래 몸을 식히려 갖고 온 강가의 돌처럼 둥글고 시원한 얘기가 되기를 원했다. 하지만 그는 내 얘기를 어떻게 들었을까? 편안하고 친근한 소리로, 아니면 그냥 잡음, 주변에서 나는 재잘거리는 소리라 생각했을까. 나무를 스치는 바람이 하는 말로서, 주인이 당기는 목줄에 버티며 개가 짖는 소리로서. 고래의 소리가 우리에게 경이로운 것으로 여겨지듯, 고래도 우리의 소리를 그렇게 들을까? 혹시 귓속을 바늘로 찌르는 것처럼 고래를 괴롭히는 소리는 아닐까?

나는 고래의 몸에 잠시 손을 대고 그의 미약해진 심장 박동을 느껴 보았다. 굳게 닫힌 냉장 트럭에서 전기가 돌아가며 웅웅거리는 소리 같았다. 나는 고래의 몸을 살짝 두드리며 속삭이고 싶은 충동이 일었다. **'고래야, 너 거기 있니? 친구야, 내 말 들리니?'** 그런 거대한 포유류는 생소하면서도 친숙했다. 외계 생명처럼 보이기도 했고, 함께 사는 생명으로 보이기도 했다. 내부의 이방인 같은 존재. 그를 바라보고 있기가 괴로웠다.

종종 불던 세찬 바람이 뜸해졌다. 작은 만으로 파도가 속삭이듯 밀려왔다.

왜 우리는 동물에게 다가가는가, 그리고 그들이 우리에게 뭘 줄 수 있다고 믿는가. 최근 들어 이런 질문들이 큰 관심을 끌고 있다. 고래를 만나면 경외감이 쇄도하면서 우리 앞에 감춰졌던 고귀한 세상의 모습이 드러난다. 동물은 자연 속에서 우리가 갖지 못한 능력을 갖추고는, 우리가 잘 모르는 충동으로 움직이며 우리와는 다른 방식으로 살아간다. 인간의 상상력의 한계가 다른 지각 있는 생명체와 눈이 마주치는 순간보다 더 명확한 경우는 없다. 그 동물은 왜 그런 행동을 하는가? 동물들이 무슨 생각을 하는가에 대해 우리가 아는 것은 미약하다. 그들이 이 행성에 적응하면서 얻은 다양한 지능과 창의성을 파악하려 애쓰면서, 인간은 이 세상에서 그동안 자신이 충분히 이해해왔던 것보다 더 다양한 차원이 있다는 사실과 그 세상을 경험하는 더 생생한 방식이 있다는 것을 확인하고 그 사실에 매료되었다. 고래가 죽어서 바다 밑으로 자신의 몸뚱이를 떨어뜨려 해저의 낯선 생명이 꽃피우도록 한다는 것은 경이로움의 원형이다. 자연은 우리의 존재를 키워 준다. 자연은 신비에 대한 우리의 감각에 활력을 불어넣는다.

수치스러운 익숙함

우리가 오랫동안 함께하기를 바라는 동물과 조우했을 때 경외와 경이 같은 감정만 느끼는 것은 아니다. 어떤 다른 것이 우리 사이에 생겨난다. 오늘날 야생 동물들은 귀신에 홀린 듯한 상태에 있다. 환경 변화가 불러온 유령이다. 고대인은 동물의 몸속에, 인간에게 도덕적 지침을 주는, 다른 세계에서 온 혼령이 있을 것이라 믿고 그것과 의사소통했다. 오늘날 동물에 대해서 가장 궁금한 것은 야생의 서식처와 거기 사는 생물에게 우리가 미친 영향의 크기이다. 피해 파악을 위한 능력이 가해를 위한 능력과 겹치는 것도 문제다. 우리는 여전히 우리가 이해하지 못하는 우리 행위의 결과물 위에 서 있다. 동물의 마음속에 있는 무엇이 동물의 행동을 유발하는지는 언젠가 드러나게 될 것이고 더 이상 신비가 아니게 될지라도, 그 대신 우리가 저지른 수치스러운 익숙함이 자리할 것이다. (여전히 상표를 드러낸) 폐허가 된 상가의 잡석 더미, 혹은 오염된 공기. 그러면서도 우리는 동물 속에서 움직이는 보이지 않는 유령이 우리의 것은 아닌가 두려워한다. 과거와 마찬가지로 동물은 인간에게 도덕적 문제를 제기하기 때문이다. 우리는 동물을 통해 물질문명이 오지에까지 미친 충격을 파악해야 하고 우리의 공감이 가장 먼 곳까지 닿도록 해야 한다. 다가올 세상에서 어떻게 살아남을 것인지 그리고 거기서 어떻게 다른 생명과 공생할 수 있을지를 알기 위해 동물에게 물어보아야 한다.

이 책은 장소의 오염뿐 아니라 생명체의 오염도 다룬다. 그리고 단지 생명체뿐만이 아니라 존재를 다룰 것이다. 우리가 상상 속에서 중요한 역할을 맡겼던 존재 말이다―고래, 그에게 우리는 인간적 자질을 투사했고 인격을 부여했다. 그러나 고래는 또한 사교적이고 인지적으로 똑똑한 생명체이며 심지어 그들의 사회 내에서 우리와의 관계를 설정할 수 있을 정도이다. 그래서 이 책은 단순히 동물을 보호한다는 차원을 넘어서 동물에 대한 의무를 다룰 것이다. 동물이 처한 어떤 현실이나, 야생에서 어떤 생명체를 우리가 보호할 것인지와 같은 것 말이다. 이 책은 여행과 미디어를 통한 고래와의 접촉이 어떤 식으로 자연에 대한 사람들의 불안감을 치유해 주는지 알아볼 것이며, 접촉이 오히려 동물에게 피해를 주는 시대에 접촉한다는 것이 어떤 의미가 있는지를 물어볼 것이다. 이 책은 과학적 소양에 바탕한 상상력으로 우리가 다른 생명체의 감각을 더 잘 이해할 수 있도록 만들어 보고자 한다. 또 인간의 관점을 벗어나 정확히 어떤 규모로 환경이 변화하고 있는지를 조사해 보려 한다. 그러나 이 책은 또한 오늘날 우리가 어디에서 희망을 찾을 것인지를, 어떻게 우리를 자제시킬 것인지를, 어디서부터 과거와 그리고 서로 다른 문화와의 소통 지점을 찾을 수 있을지를, 그리고 어떤 식으로 오지에 있는 미지의 것과 공감적 관계를 유지할 것인지를 알아보려 한다.

이 책을 쓰는 과정 중에 미술관의 고상한 예술품부터 대중들의 마구잡이 셀카에 이르기까지 다양한 고래 묘사를 섭렵했다. 암반에 새겨진 고래, 천체 카메라로 극단적으로 상세하게 찍은 고래, 고대 지도에 손으로 그린 고래를 닮지 않은 고래 등등. 진짜 고래도 만났다. 나는 번창하고 있는 종, 개체 감소 중인 종, 위기종, 기생종, 잡종, 그리고 진화 중인 종에 대해서 배웠고, 본 적도 없는데 사라져 버린 종의 멸종을 우리가 어떤 식으로 촉진시키는지 배웠다. 나는 결코 본 적이 없는 고래에 대해, 그리고 왜 그것을 볼 수 없었던 지 알게 되었다. 나는 이름 없는 고래를, 목소리가 두 개인 고래를, 각각의 눈에 두 개의 동공이 있는 고래를, 그리고 태양 폭풍에 의해 조종받는 고래를 알게 되었다. 고래가 요리와 음모의 제물이 되었다는 것도, 그들이 괴물의 거처가 되며 여전히 그러하다는 것도 알게 되었다. 우리가 소음을 내지 않는 곳에서조차 우리가 고래의 소리를 바꾼다는 것을, 혹등고래가 대중가요를 내장하고 있다는 것을, 흰고래가 인간 언어를 시도했다는 것을 알게 되었다. 고래의 시각, 음파 탐지 장치인 바이오소나(박쥐 따위의 동물들이 스스로 내는 음파의 반사를 이용하여 방향이나 거리를 감지하는 능력―옮긴이), 그리고 기억에 대해 알게 되었다. 더불어 인간의 슬픔, 인간의 사랑, 그리고 종과 종 간의 인식도 배우게 되었다. 나는 고래에 대해 내가 아는 지식과 변화 중인 바다에 대한 과학적 성과와 나 자신 사이의 연관성을 알고 싶어 이 일을 시작했다. 작업이 막바지로 갈 즈음 나는 이 연관성이 조금도 비밀스러운 관심사가 아니라 명백한 것임을 이해하게 되었다. 그리고 고래가 우리 본성에 더 선한 의지를 심어 줄 수 있으며, 그가 불러일으키는 경이로움은 자연에 대한 우리의 태도와 우리의 영향력을 재고하게 한다는 것도 알게 되었다.

1장
천년의 암각화

고대에서 이어진 고래잡이

바이킹의 체스 말

고래 뼈로 만든 주거지

울산의 반구대

고래기름으로 만든 세상

비누와 마가린과 폭탄

고래 배설물의 공기 정화

성게 불모지

야부라라족의 문양

동물을 그리려는 욕구

언제부터 인간과 고래가 관계를 맺었을까? 고래와 인간 사이의 교류에 대해서, 또 인간과 고래 사이에 무엇이 끼어들 수 있을지 궁금해질 때, 나는 맨 먼저 시드니 항과 아주 가까운 볼즈헤드Balls Head에 이미 수천 년 동안 유영하고 있는 혹등고래가 보고 싶어진다.

그는 암각화 고래이다─조개껍질로 만든 새김칼과 단단한 돌조각으로 암석을 쪼아 고래를 새겼다. 고래에 관한 가장 오래된 이야기는 문자가 아니라 미술로 전해졌다. 바위는 가장 오래된 도화지이다. 암각화는 문자 이전으로 거슬러 간다. 그때 이 대륙 전체가 수많은 언어로 수다스러웠지만 '오스트레일리아'라는 이름으로 불리지는 않았다. 암각화는 바위에 그린 그림 같은 것이다. 하지만 엄밀히 말하면 입체감이 있으니 조각이라고 보아야 한다. 손톱 깊이로 땅에 새긴 예술이다. 쪼고 긁고 호弧를 그리면서 그림을 시작했다. 공동으로 작업했고 고래가 포착될 만한 지점에서 마무리했다. 소형 버스만 한 고래 속에는 작은 형상이 있다. 머리가 없는 사람의 형상. 희미하지만 고래의 오른쪽 옆구리 쪽에 작은 말 같기도 하고 개 같기도 한 세 번째 형상이 보인다. 낙엽이 휘돌며 고래를 가로지른다. 어딘가에 철망 펜스가 날카로운 금속성 소리를 낸다. 고래는 에오라 부족 국가에 속하는 카메레이갈 종족의 작품이었다.

지금까지 알려진 바로는 동물을 그리고자 하는 욕구는 인간에게서만 발견된다. 현재까지 인간 아닌 동물이 만든 인간 형상의 조각품이 나온 적은 없다. 어떤 짐승의 동굴에서 인간을 벽에 그려 놓은 것도 발견된 적 없다. 다른 생명체를 형상화시키기 시작했다는 것은 인간이 굶주림을 해결하고자 먹잇감을 찾고, 포식자가 무서워 쫓겨 다니는 다급한 생존 문제를 넘어서 주변 생물체들에 대한 상상적·정서적 유대감을 가지게 되었음을 암시한다. 카메레이갈 조각가들의 예술혼을 불러일으킨 것이 무엇이었는지는 알 길이 없지만 바다 너머로 고래가 꼬리를 철썩이면 잠시 도구를 놓고 귀 기울이지는 않았을까? 돌칼과 더 예리한 조개껍질 철필, 자귀(나무를 쪼거나 홈을 파내는 데 사용하는 연장—옮긴이), 그리고 송곳 따위의 도구가 나란히 놓인 작업대에서는 흑연 냄새가 주변을 떠나지 않았을 것이다. 암각화 제작은 뜨거운 여름과 눈 쌓인 겨울을 다 지내야 끝나는 기나긴 과정이었을 것이다. 저 높이 하늘에 별이 박혀 있고, 바위는 도구가 마찰을 일으킬 때마다 소리를 내고, 어느 순간 진짜 고래가 암각화 고래를 지나쳐 갈 때 이 조각가들이 경외감에 얼어붙지는 않았을까?

동물이 그려진 암각화들은 시드니 유역의 사암 파식대(침식으로 형성된 평평한 해안 지형—옮긴이)에서 많이 발견된다. 국립 공원으로부터, 해변, 그리고 도시 내부에 이르기까지 다양한 지층 노출지(노두)에서

에뮤, 뱀, 캥거루, 주머니쥐 등을 새긴 수백 개의 조각을 볼 수 있다. 암각화의 다수가 신성시되었고, 일부는 비밀스러웠는데 이는 선주민의 인식 체계에 중요한 것이었다. 이들 암각화는 절벽 꼭대기 위, 수풀 속, 교외의 빌딩 사이, 골프 코스, 강과 도로, 그리고 해안가 곳곳에 드러나 있다. 뉴사우스웨일스주 전역에서 발견되는 야생 동물 암각화 갤러리에 묘사된 가장 큰 동물인 고래는 가장 중요한 모티프이기도 했다.

토템에서 공예품까지

혹등고래, 긴수염고래, 향고래, 그리고 범고래는 음식으로서, 그리고 토템 신앙의 대상으로서 선주민들의 삶에 다양한 가치가 있었다. 고대인들은 식량과 원료로 쓰기 위해 늘 고래를 원했다. 고래 고기를 날것 그대로 혹은 절여서 선물하거나 다른 것과 교환했다. 에오라 부족국가에서 전해 오는 이야기에 따르면 선조들이 발을 뒤틀면서 고운 모래 언덕을 파고 들어가 일종의 거대한 확성기로 만들어 고래를 부르는 소리를 냈다고 한다. 사냥이라기보다는 계략을 쓴 것인데, 아프거나 상처 입은 고래를 꾀어서 뭍으로 유인하는 방편이었다─그러나 흉내 소리에 홀려 고래가 얕은 물로 오든 우연이었든 간에 해변에 떠밀려온 고래는 늘 기꺼운 뜻밖의 횡재였다. 비극이 아니라 은혜였다. 고래는 겨울 동안에 늘 부족했던 지방과 비타민의 보고였다.

전 세계적으로 고래를 사냥하는 관습과 고래에게서 얻은 여러 부위의 쓰임새는 지역에 따라 다양했다. 그레이트 오스트레일리아만에는 고래 갈빗대를 밧줄로 엮어서 만든, 원형 오두막을 닮은 벌집 모양의 구조물이 남아 있다. 솔로몬 제도諸島에서는 통나무로 만든 카누를 이용해 돌고래를 육지로 몰았다. 거기서 돌고래 이빨은 신부 값(매매혼 사회에서 신랑 측이 처가에 제공하는 귀중품·식료품—옮긴이) 등으로 인기가 있었다. 흙집에서 살던 시절 아프리카 동해안의 잔지바르 섬사람들은 작살을 이용해 향고래를 잡았다. 북서 태평양 지역에서는 종족 내 고래 사냥꾼들은 반드시 잠든 고래 꿈을 꾸어야 했고, 톱날 모양으로 깎은 홍합 껍데기와 엘크의 뿔로 날을 세운 창을 무기로 사용했다. 그래서 그곳에서 잡힌 고래에는 다른 동물의 뼈나 껍질 조각이 박혀 있었다. 알래스카주 남부 코디액섬 주민들은 아코니툼꽃의 뿌리에서 추출한 치명적 독액을 묻힌 창으로 긴수염고래를 서서히 죽게 했다. 캐나다의 누차눌스 선주민은 사냥에 나서기 전에 금욕을 맹세하고 목욕 의례를 거쳐야 했다. 초기 아이슬란드와 노르웨이 고래잡이들은 죽거나 부패한 동물의 괴사한 조직으로 감싼 '죽음의 화살'로 밍크고래를 사냥했다. 고래는 패혈증으로 죽었다. 알류샨 열도의 알류트족은 주술적 이유로 그들의 사냥용 창에 (축치인이 그랬던 것처럼) 월경혈을 발랐고, 중앙에 고래 동공이 그려진 부적을 소지하면 고래를 끌어들일 것이라 믿었다. 그린란드 북서부 툴레의 유적에서는 어린 북극고래의 해골이 발견되었다. (그들이 썼던 돌 미늘 창은 작은 고래만을 잡을 수 있을 정도였다.) 그리고 상대적으로 드물게, 사냥꾼으로 보이는 인간의 해골이 또한 발굴되기도 했는데, 고래 턱뼈 사이에 파묻혀 있었다. 일종의 의식용 행위로 보인다.

고래와의 조우를 묘사한 조각 중에 많은 것이 고래를 어떻게 잡을지, 잡고 난 후 뭍으로 끌어내기 위해 무엇을 해야 하는지를 설명하고 있었다. 러시아 동부의 자치관구 추코츠키에서 발견된 3천 년 전 바다코끼리의 송곳니에는 동물 가죽으로 만든 우미악(바다코끼리 등의 가죽을 덮어씌운 에스키모의 나무 배―옮긴이)을 타고서 고래를 쫓고 있는 인물을 작게 새겨 놓았다. 고고학자들은 송곳니 공예품이 발견된 곳에서 멀지 않은 해변에 여전히 고래가 나타난다고 했다. 옆구리에 붙은 삿갓조개를 자갈에 비벼 떼어 내기 위해서다. (일종의 도구 사용이다.)

최초의 고래잡이 기록은 8천 년 전 신석기 후기, 한국의 울산 반구대로 거슬러 간다. 대곡천을 따라 드러난 절벽에는 거룻배 위에 선 인물이 올가미 밧줄로 고래를 포획한 모습이 새겨져 있다. 이미 잡힌 다른 고래는 뗏목에 실려 있고, 고래 등짝은 도축장에 걸린 부위별 도표처럼 절단을 위한 점선이 그어져 있다. 고래의 주둥이와 주름 잡힌 뱃살도 보인다. 반구대 벽화는 수백 마리의 생명으로 북적댄다. 고래 무리 양쪽으로 거북과 쇠돌고래가 도열해 있고 그 주위로 늑대, 사슴, 돼지, 그리고 어살(물속에 둘러 꽂은 낚시용 나무 울타리―옮긴이)이 새겨져 있다. 세월이 흘러 많이 낡았음에도 대부분의 고래가 한국인들이 그 색깔이 귀신 같다고 부르는 '귀신고래'임을 알 수 있다. 검정색과 하얀색 중간쯤이어서 영어로는 '회색고래grey whale'라 한다. 귀신고래는 한반도 주변에서 사라졌지만 뒤늦게 귀신고래가 제철이 되면 이주해 오던 해역을 고래 보호 구역으로 지정해 놓았다. 사라진 것의 피난처이니 희망의 피난처인 셈이다. 한국에서는 1977년 이후로 목격되지 않았지만, 지난 200년 동안 나타나지 않았던 이스라엘이나 나미비아에서 귀신고래의 출몰 소식을 들은 사람들은 고래 귀환에 대한 희망의 끈을 놓지 않고 있다.

호주의 몇몇 암각화는 시기적으로 울산의 반구대 유적과 가깝다.

하지만 고래 사냥의 모습을 구체적으로 그려 놓은 것은 없다. 원주민 관리자와 인류학자 들의 말에 따르면 최초에 암각화를 새겼던 이유는 물리적 세계를 있는 그대로 관찰하기 위함도, 창의력을 발산하기 위함도 아니었다고 한다. 그것보다는 변화를 이끌어 내려는 의도가 담겨 있었다. 암각화는 미래 지향적이었다. 집중적으로 암각화가 새겨진 곳은 대부분 '짐승 출몰 지역'이었다. 그곳에서 숨어 있는 먹잇감을 꾀어 함정 또는 매복하고 있는 곳으로 유인하고자 동물 몰이 의식을 거행했을 것이다. 하지만 이런 해석은 암각화의 취지에 대한 표면적인 해석일 뿐이다. 동물을 부르던 사람과 그와 소통을 했던 동물 사이의 유기적 관련성을 놓치고 있다. 어떤 암각화는 부족이 동물과 결연을 맺고 서로 의무를 지고 호혜를 주고받는 관계였음을 보여 준다. 또 다른 암각화는 별자리 배열을 보여 준다. 동물의 형태로 표현한 밤하늘의 별자리는 여행자들에게 항해의 길잡이 역할을 했다. 암각화를 새긴 주체와 그들의 공동체와 후손들은 반복해서 암각화를 계속 수정했다. 지금도 그러고 있을지도 모른다.

암각화의 주제가 고래 사냥이건, 고래 관찰이건, 인간과의 토템 신앙적 결연이건, 혹은 별자리 지도이건, 무엇이건 간에 이 고대 조각의 의미를 신성한 과거의 유물로만 치부할 수는 없다. 볼즈헤드곶의 고래 암각화는 여러 상징적 층위를 가진다. 그것은 최근에 인간과 고래가 만난 역사 또한 기록하고 있다. 암각화는 처음 선주민들이 예로우빈이라 불렀던 곳에서 새겨졌다. (예로우빈은 1788년 오스트레일리아에 온 최초의 수인囚人들을 실은 배들의 지휘관 헨리 리지버드 볼 중위의 이름을 따서 '볼즈헤드'로 바뀌었다.) 조각은 변함없이 자리를 지켰지만, 많지 않은 선주민 고래 사냥꾼들은 어느 순간 고래잡이 함대와 경쟁해야 했고, 게걸스럽게 사냥하는 뜨내기 고래잡이들까지 설쳐 대면서 연안 바다의 고래 개체 수가 급감했다. 연안의 고래가 고갈되어 고래잡이 배 무리가 공해를 넘어 극지방까지 도달했을 때에도, 여전히 태양은 볼즈헤드 고래의 등을 구릿빛으로 비추었다. 해상에서 고래를 해체하는 방법이 생겨 더 이상 고래 처리를 위해 항구로 돌아올 필요가 없게 되었을 때, 그리고 고래잡이가 전 세계적 산업이 되었을 때, 고래와 함께 있는 두 동반자—인간 그리고 말 혹은 개—가 추가로 새겨졌다. 그리고는 덮였다가 다시 노출되었다. 도로가 들어서는 바람에 페인트칠 당하는 수모도 겪었지만 다시 옛 모습을 찾았다. 이제 볼즈헤드 암각화 고래는 생태 운동 단체가 설치한 펜스 안에 누워 있다.

볼즈헤드 암각화 고래가 살아온 오랜 세월 동안 바닷속 진짜 고래는 돌도끼부터 화약으로 발사되는 작살, 선회포, 작은 폭탄, 그리고 수중 음파 탐지기, 리모콘으로 조종하는 전기 충격 창에 이르기까지 온갖 무기에 사냥당했다. 그래도 볼즈헤드 암각화는 바위에 새겨진 채 상업적 고래 사냥의 절정기 두 차례를 모두 견뎠다. 첫 번째는 19세기, 그리고 두 번째는 분명 더 잔인한 시대였는데, 화석 연료와 냉전을 거친 시대이자 제2차 세계대전이 끝난 후에 정점을 찍은 시대였다. 비록 눈이 새겨져 있지는 않지만 볼즈헤드 암각화 고래가 증언자로서 자격이 충분한 것은, 그것이 인류가 한 종에게 가한 최대의 학살을 목도했기 때문이다. 암각화 주변의 세상은 멋대로 생겨났다 바뀌었다를 반복했다. 그리고 그 고래는 자리에 가만히 있었지만, 세상의 변덕으로 보이다 안 보이다를 거듭하며 끊임없이 수정되었다.

아주 오래된 고래잡이

저 멀리 8세기 때부터, 바이킹족은 고래 뼈를 거래했고, 사미족(노르웨이, 스웨덴, 핀란드 북쪽 지역에 살던 선주민—옮긴이)도 그 거래에 가세했다고 한다. (증거. 북유럽의 체스 말은 고래 뼈로 만들었다.) 그러나 본격적인 고래 무역은 16세기에 바스크족 고래잡이들이 북대서양 긴수염고래를 잡아서 보존 처리한 고기와 다른 제품을 팔면서 시작되었다. 북스페인과 남프랑스 사이 비스케이만에 사업체를 두고 산업화된 선박을 앞세워 고래 무역에 나선 바스크족은 포경을 대양을 넘나드는 규모로 키웠다. 바스크족은 그 후 100년 이상 고래잡이를 주도했다.

고대의 고래 사냥 도구들을 보면 알 수 있듯이, 무역이 아닌 생존을 위한 고래 사냥은 사는 곳의 형편에 따라 행해졌다. 해변에 키 큰 나무가 자라면 그 나무를 깎아서 창날을 세웠다. 그런 나무가 없는 북극 같은 곳에서는 돌을 쳐서 잎사귀 모양의 날카로운 세석기로 날을 세웠다. 보트는 동물 가죽으로 감쌌다. 행운과 전략, 그리고 금기가 공동체에서 어떤 고래를 사냥할 것인지 결정했다. 무리를 이탈해 만이나 강어귀로 정처 없이 들어온 고래가 표적이 되었다. 그러나 원칙적으로 일단 정해진 고래 사냥 기간을 준수했고, 부족의 원칙에 의해 사냥이 금지된 종이나 특정 발육 기간에 있는 고래는 제외했다. 근접 거리에서 치명타를 날리는 것은 쇠돌고래, 흰고래, 그리고 새끼 고래에만 가능했다. 더 큰 고래를 해안을 따라 사냥할 때면—드물게는 빙붕(남극 대륙과 이어져 바다에 떠 있는 300~900미터 두께의 얼음 덩어리—옮긴이)에서 사냥하기도 했다—밤낮을 가리지 않고 며칠을 괴롭혀야 했다. 보트를 탄 사냥꾼들이 창과 곤봉으로 고래를 찌르고 강타했다. 그리고 이따금 고래의 탈출을 늦추고 잠수를 방해하는 부표를 고래에 매달기도 했다. 이누이트족은 이를 위해 물개를 잡아 내장을 파내고 눈과 다른 구멍을 꿰맨 다음 풍선처럼 부풀려서 물개 풍선을 만들었다. 그들은 고래를 지치게 하고 반복적으로 상처를 입혀 서서히 죽이는 작전을 구사했다. 그러고 나서 고래를 물개 풍선에 매달아 가라앉지 않도록 조처했다.

고래 한 마리를 잡기 위해서는 많은 장비를 동원해야 했는데, 무기는 대단하지 않은 데다 추격을 위해 쓰는 작은 배는 보잘것없었다. 고래는 신화적 존재로 거대하게 다가왔고 흔히 적대적 존재로 혹은 영웅적 면모를 구현하는 존재로 여겨졌다. 고래 사냥꾼은 거친 파도를 무릅쓰고 무시무시한 괴수와 맞서는 중책을 진다고 여겼기 때문에 정중한 대접을 받았다. 자연과 초자연을 양분하는 자민족 중심주의적 오류를 고집하지만 않는다면, 이런 맥락에서 고래를 '초자연적'이라 칭하는 것은 설득력이 있다―하지만 자연과 초자연 사이에 광범위한 소통이 일어나 서로의 영역을 분리하는 게 의미가 없는 환경이라면 고래는 초자연적일 수 없다. 고래의 눈을 직시하여 그의 움직임을 예측하고 죽음을 재촉시킬 책임을 진 몇 명의 사냥꾼은 고래 마스크를 만들었다. 한 동물의 얼굴을 다른 동물에게 씌우는 행위는 속임수 같지만 강력한 주술이었다. 고래 춤도, 고래 기도도 있었다. 고래 샤먼은, 언덕 높이 올라서, 고래 대신 고통스러워했다. 사냥의 규범 중에 고래에 관해서―비록 고래만 그런 것은 아니었지만―특히 많은 의식이 있었다. 그러나 전통적 고래잡이 문화가 고래의 이주 경로를 따라 퍼져 나가면서 특이한 전통이 통합되고 일원화되기 시작했고, 특정 문화에서 나타나던 고래 사냥꾼과 고래의 지역적 특징이 많은 곳에 흡수되었다.

1600년대 초반 무렵, 고래 사냥이 상업적 관심을 끌게 되었다. 고래는 표류한 횡재 또는 무시무시한 먹잇감에서 돈 되는 상품으로 완전히 탈바꿈했다. 늘 착취당하던 그 짐승은 가까이 있고 획득하기 쉬운 것으로부터 최고의 경제적 가치를 약속해 주는 것으로 변했다. 고래잡이는 기술자가 되었다. 이제 그들의 기술은 고래의 신비스럽고 특이한 습성을 잘 이해하는 것이 아니라 새로운 금속 무기를 능숙하게 다루는 것이 되었다. '작살'이란 단어는 '빨리 죽이다'란 뜻의 바스크 언어 알포이에서 왔지만 원래의 뜻과는 반대로 질질 끌며 고통스럽게 죽였다. 바스크족은 끝에 쇠로 된 양날을 세운 작살을 날렸다. 작살에는 재빨리 풀리도록 밧줄이 매여 있었다. 작살이 블러버를 뚫고 꽂히기 때문에 고래가 그걸 떼어 놓기란 불가능했다. 또 예리한 날이 나팔꽃 모양으로 벌어지기 때문에, 뒤에서 잡아당기면 상처는 더 깊어지고 작살은 더 단단히 박혔다. 하지만 고래의 중요한 장기를 뚫을 만큼 강력하지는 않아서 치명상을 가하지 못했지만 그 효과는 대단했다. 고래는 포경선에 매달린 채로 계속 부딪히면서 끌려가다가, 갈수록 커지는 상처와 그로 인한 과다 출혈로 결국 죽는다.

바스크족 고래 산업은 해변에서 시작되었다. 비스케이만 주변의 망루를 지키던 당번이 짚을 태우거나 다채로운 깃발을 흔들어서 고래가 떴다고 신호를 보낸다. 동화에서처럼 이끼투성이에 눈비가 몰아치는 망루에서 보낸 신호는 포경선의 돛대 위 망대지기에게 전해지고 그가 고래 출몰 지점을 정확히 포착해 낼 때쯤 만의 이곳저곳에서 포경선이 서둘러 바다로 나온다. 20세기에 수중 음파 탐지기가 발명되기 전까지 바다에서 움직이는 물체의 사정을 가장 잘 보는 방법은 돛대 위에서 보는 것이었다. 배는 점점 커졌고 사람도 더 많아지면서 원양 고래잡이가 성행했다. 돈이 된다니 사람이 몰렸다. 고래 고기와 기름은 수지맞는 상품이었고 필수품이었다. 1530년에서 1610년 사이에만 바스크 고래잡이들이 4만 마리의 긴수염고래를 잡았다. (그중 많은 것은 느릿하게 움직이는 임신한 어미 고래였다.) 연안의 고래 씨를 말렸고, 어린 고래가 양육되던 공간에 고래가 없어졌다.

바스크족 고래잡이는 노르웨이, 캐나다의 뉴펀들랜드, 래브라도 등을 포함해 북대서양의 끝까지 진출했고, 남대서양까지 뻗쳤다. 바스크인은 이국의 정박지에 고래 사체 속 지방을 제거하는 공장을 세웠다. 비수기가 되면 공장의 벽돌 오븐에는 잡초가 자랐다. 제련된 장비에는 바람 스치는 소리만 났다. 바스크 항해의 전초 기지는 공동묘지, 폐허가 되었다. 때로는 현지의 풍습과 사정을 익히라는 지시를 해 두고 선실 사환만을 남겨 두고 떠나기도 했다. 바스크 뱃사람들은 지역의 고래잡이와 선주민 들과의 접촉을 통해 선원을 보충하고, 거래를 위해 만든 피진어(서로 다른 두 언어의 화자가 만나 의사소통을 위해 자연스레 형성한 혼성어—옮긴이)를 통해 물건을 교환했다. 요즘 사람들에게도 요령부득인 그들이 남긴 관용어와 농담—'안녕하시오? 성직자만큼 안녕하지는 않구려!'—은 성직자가 현지인에게는 이해하기 힘든 개념임에도 불구하고 귀에서 입으로, 입에서 귀로 전해지고 전해졌다.

잉크가 리넨에 번지듯 고래잡이는 항구 정착지를 따라, 또 정착지밖으로 조금씩 확대되었다. 고래가 출몰하는 곳 가까이에 마을이 생겼다. 토양이 척박하고 날씨가 매서운 곳에는 고래잡이로 번 돈이 흘러가 도로를 놓고, 집과 교회와 시장을 우후죽순으로 세워 올렸다. 이것은 전례 없었던 일이다. 불굴의 북극 선주민들을 제외하고는, 영속적 거주지는 원래 있었던 것이든 새로 개발한 것이든 항구적인 기초 자원을 필요로 했기 때문이다. 시간이 지나면서 바스크족의 고용인으로 일했던 사람들이 네덜란드, 덴마크 그리고 영국의 기업체로 이직하며 그들의 다양한 기술을 전했다. 얼어붙은 그린란드의 에이프런(항구의 계류 시설과 창고 사이의 빈터—옮긴이)으로 가서 북극고래—거대하고 느린 고래, 그것의 분수공을 미국 작가 배리 로페즈는 '분화구 같다'고 했다—를 쫓아 그것이 해빙 속의 틈에서 숨을 쉬기 위해 떠오르게 했다. 18세기 후반에 고래의 습성과 신체 구조를 더 잘 알게 되면서 이 포경선들은 남아프리카와 뉴질랜드의 바다까지 진출해 혹등고래와 긴수염고래를 쫓았다.

포경은 북아메리카의 동쪽 해역에서 번성했기 때문에 미국의 독립 전쟁이 터질 무렵 식민지에서 모국으로 공급하는 고래의 양이 영국 선단이 그린란드에서 잡은 것보다 네 배가 많았다. 몽톡과 시네콕 사람들은 사냥을 도와 옷과 블러버를 획득했다. 낸터킷으로부터 고래잡이들은 향고래—거대하고 깊이 잠수하는데, 당시에는 열대 지역에서 많이 발견되었다—를 쫓기 시작해서 공해로 나아갔다. 연안 고래잡이는 성수기와 비수기가 있었지만, 원양 고래잡이는 항해의 모든 기간에 이동 중인 고래를 만나는 족족 종을 가리지 않고 잡았다. 그러면서 고래 산업은 때와 장소를 가리지 않고 돌아갔다. (그 쉼 없음은 앞으로 닥칠 모든 자본의 특징을 보여 주는 징후였다). 미국 고래잡이들은 어깨에 얹어 갈고랑쇠를 달고 화약으로 발사되는 작살을 채택하면서 고래에 치명상을 입히는 거리를 연장했다. 또한 고래를 갑판에서 바로 해체하는 방법을 개발했다. 고래를 상품으로 바꾸기 위해 육지로 귀환할 필요가 없어졌다. 고래가 대양을 유랑하듯이 고래 상품도 이동

가능해졌다. 잡은 지점에서 바로 수입품 시장의 최고 입찰자에게 선점되었다. 고래잡이 경쟁이 더 치열해졌다.

1842년 열아홉 살의 흑인 선원 제이콥 앤더슨은 미국의 코네티컷호에서 하선해 웨스턴 로즈마리섬의 능선을 올랐다. 호주 서부 대륙으로부터 갈라져 나온 댐피어 제도의 섬이었다. 일찍이 지역의 야부라라 선주민들이 현무암에 파 놓은 격자형 문양 위에다, 앤더슨은 송곳과 괭이를 써서 자신의 이름, 날짜, 선장의 이름, 배의 이름과 출발지 등을 새겨 놓았다.

뉴 런던발 코네티컷호의 제이콥 앤더슨

미국, 영국, 프랑스 그리고 식민지 시대의 호주 포경선들이 분주히 드나들던, 고래잡이에게는 '뉴 홀란드 그라운드'로 알려진 이 작은 섬에는 260여 개의 벽화 또는 바위 낙서가 있다. 19세기 중엽 즈음 고래잡이는 세계적 사업이 되었고, 이 지역 바닷가에 선주민들이 새겨 놓은 벽화는 수천 킬로 밖에서 온 이들 북아메리카의 포경선과 고래잡이들의 이름으로 덧칠이 되었다. 원양 포경은 당시 미국에서 다섯 째 가는 산업이었고 매년 7만 명의 선원을 고용했으며 700척 이상의 포경선이 수명이 다할 때까지 고래를 잡았다. (뉴베드퍼드의 한 대장장이는 연평균 1463개의 작살 날을 만들어 팔았다.) 미국 고래잡이 여섯 명 중 한 명은 흑인이었다.

그때까지 서호주의 북쪽은 진주 채취꾼, 양치기 그리고 경찰 들에게 침입당하지 않은 상태였다. 하지만 다가올 수십 년 안에 이들은 야부라라족에게 끔찍한 폭력을 저지르게 된다. 대표적인 사례가 플라잉 폼 학살인데 오인에서 촉발된 보복 행위로 60명이 넘는 야부라라 족 사람들이 살해당했고 학살의 후유증은 이십여 년이나 더 이어졌 다. 고래잡이는 야부라라족이 만난 바다를 건너온 최초의 외부인이었 을 것이다. 하지만 이곳을 발견한 최초의 항해자들은 아니다. 고래잡 이와의 만남이 호의적이었는지 적대적이었는지 알려진 바는 없다. 그 들은 야간에 야부라라족 캠프의 모닥불을 보았을 것이고, 낮에는 선 주민이 카누를 저어 섬 사이를 오가는 것을 보았을 것이다. 포경선 선 원 제이콥 앤더슨이 자신의 이름을 덧칠했던 격자무늬는 가늘고 곧은 평행선으로 이루어져 있어 그물을 연상시켰다. 그 평행선의 수학적인 상징성은 의도된 것이다. 그 문양이 기하학적이어서 이것을 자연적인 부식이나 칼날을 갈아 내는 등의 실용적인 의도에서 생긴 자국으로 오해할 수가 없었다. 야부라라족은 철 따라 포경선이 오고 가는 것을 유심히 살폈을 것이고 제이콥 앤더슨이 새긴 글자도 보았을 것이다.

잠깐만 물러서서, 상상해 보라. 바닷새가 나타난다, 떠나는 배가 회색 지평선 위로 희미해진다. 어떤 사람이 나타나 자신의 엄지로 떠 난 사람들이 남긴 문자를 모양을 따라 그어 본다. 살짝 패인 세로로 그어진 선들, 어지러운 '배ship'의 S자, **CONNECT-I-CUT**이 그들의 엄지 아래서 느껴지고 그들은 그 단어가 뭘까 궁금하다. 그 감촉으로 어떤 느낌을 받는다. 어떤 감촉, 어떤 새김, 어떤 생동감. 원래는 '긴 강이 흐르는 땅'이란 뜻의 퀸네흐터곳이었던 코네티컷은 그 단어의 주인인 알곤킨족의 경계를 넘어 영어화된 모습으로 조용히 상륙했다. 시험적 탐험이 남긴 흔적. 이 영어 문자를 보고 야부라라족이 무슨 생 각을 했는지는 전해지지 않는다. 시간이 흘러서 혹은 기억이 희미해 져서 그런 것이 아니라 종족 학살과 그로 인한 후유증 때문이다. 현미경 분석이 그 반대라고 밝혀 주기 전까지 연구자들은 야부라라족이 새긴 그물 무늬가 고래잡이의 글자를 지우려던 시도라고 추측했다. 선주민의 조각을 고작 지우기 위한 행위로 본 것이다. 나중에야 그 반대가 사실이라는 점이 밝혀졌지만 야부라라족에게는 놀랄 일도 아니었다.

코네티컷호는 남반구의 붉은 바윗덩이에 이름을 새긴 지 일 년이 채 못 되어 뉴런던 항으로 귀환했고 약 28만 6천 리터의 고래기름을 싣고 와서 큰돈을 벌었다. 고작 배 한 척이 벌어들인 것이 이 정도이다. 백 년 남짓 여러 나라의 포경선들이 고래의 이동 경로를 따라 다니며 대략 23만 6천 마리를 잡아 올렸다. 1856년에 고래기름은 약 3.8리터당 1.77달러였다. 고래잡이들은 향고래를 바다의 금맥이라 말했다. 적절한 비유다. 고래가 값비싸기도 하지만 그것이 마치 광맥처럼 유한한 자원이었기 때문이다. 이 정도 규모의 고래 사냥은 고래의 생식 능력을 훨씬 초과했다. 고래의 개체 수가 전 대양에서 조금씩 줄어들기 시작했다. 고래잡이 경쟁이 치열했던 몇몇 곳에서는 고래가 완전히 사라져 버렸다. 고래잡이들이 놓쳐 버린 고래에게 있어 자기 종족의 감소는 배우자를 만나기가 더욱 힘들어졌다는 것을 의미했다. 교제의 가능성이 줄어들면서 먼바다에서 들리던 고래의 노랫소리도 줄어들었다. 고래가 안 보이는 지역이 점점 늘어났다. 만약 고래가 그것을 알거나 느꼈다면, 마치 낙하하지 않는데도 심연으로 떨어지고 있는 기분이 들었을 것이다.

볼즈헤드 암각화 고래가 누운 곳에 망치 소리가 울려 퍼졌다. 톱이 부지런히 움직였다. 시드니 항의 모든 곳에서 노동자들이 땀을 뚝뚝 흘리며 갑판에 판자를 덧대어 두께를 배가시켰다. 바다에서 블러버를 액화시키는 무쇠솥의 무게를 견디게 하기 위해서다.

고래기름과 소비문화

19세기의 인간들은—계급과 직업과 나이를 막론하고—고래를 원료로
삼은 것으로 입었고, 누워 잠을 청했고, 꿈을 꾸었다. 그것으로 요리
를 했고, 놀이를 했고, 욕망했고, 예술품을 만들었고, 보았고, 치료하
고, 탐험하고, 훈육받았고, 함께 훈련했고, 점占도 쳤다. 일상생활에서
사람들은 마치 오늘날의 인간들이 플라스틱 제품과 떼려야 뗄 수 없
는 것처럼 끊임없이 고래에서 얻은 것으로 만든 상품을 썼다. 고래가
사는 바다로 상품 쓰레기를 쏟아 버리는 현대인의 쇼핑과는 반대되는
상황이다. 19세기의 선조들은 고래가 제공해 준 세상에서 살았다.
　바스크족 고래잡이들은 처음에 고래 고기를 팔았다. 가톨릭 교회
가 육상 동물을 금지했던 금요일과 사순절에 고래 고기는 허용했기
때문이다. 그러나 블러버를 끓여서 추출한 기름이야말로 돈이 된다는
것이 드러났다. 고래기름은 종류와 저장 방식에 따라 담황색에서 불
그스레한 찻빛까지 다양한 색을 냈다. 원래의 냄새에다 화재로 불타
버린 정어리 통조림 공장 같은 냄새가 함께 풍겼다. 고래기름은 지금
의 식물성 기름보다 점성이 낮아 다양한 쓸모가 있었다. 섬유 공장과
금속 공장의 톱니바퀴가 부드럽게 돌아가게 했고, 양모 세척과 가죽
무두질을 용이하게 해 주었다. 고래기름은 연기를 피우지 않으면서
가로등을 밝혀 주었고, 공장과 가게를 밝히면서 업무 시간을 늘렸고,
상가의 영업 시간을 밤까지 늘렸다. (그래서 야간의 공공적 공간에 대한 개

념을 바꾸었고, 심지어 어떤 사람은 고래기름이 범죄를 줄여 주었다고 주장하기도 했다.) 포경은 산업 생산과 상업을 현대적 모습으로 탈바꿈시켰다—고래기름은 자동화를 이끌었고, 반복적인 목표 달성을 요구하는 작업 과정을 가속화시켰고, 작업 시간을 연장시켰다. 그것은 더 빠르고 철저한 작업 일정을 요구하던 수많은 기업들의 필요를 충족시키면서 그로 인한 자연 훼손을 예고했다. 농업에서 혹등고래 기름은 살충제 세척제의 원료가 되었으며, 캘리포니아 과일나무와 프랑스 포도나무의 잎에 광택이 나게 했다. 정물화 속 멜론에서 나는 광택도 미량의 고래기름이 낸 효과일지도 모른다. 고래는 문화 산업의 원료로도 쓸모가 있었다. 인쇄 잉크는 고래기름으로 유화시켰다. 거대한 저택의 도서에는 고래기름으로 정제된 철자가 찍혀 있었다.

향고래는 블러버가 아니라 머릿속 지방인 경뇌유 때문에 특별한 사냥감이 되었다. 일종의 천연 왁스인 경뇌유는 응고된 코코넛 크림을 닮았다. 순도가 높고 오래 타며 부패하지 않는 물질인 경뇌유는 베틀, 열차, 대포와 총 같은 쇠로 만든 물건에 광택제로 특별히 귀한 취급을 받았다. 경뇌유는 태울 때 나는 환한 빛 덕분에 최고급 양초로 인기를 얻었고, 고래 사냥의 중심지인 미국의 뉴베드퍼드는 '세계를 밝히는 도시'라 불렸다. 그러나 향고래는 적도 부근에서만 잡혔고, 유통에 어려움이 있었다. 북극고래 같은 경우 그걸 잡아서 그린란드의 고래 처리장으로 수송하는 동안 부패할 걱정이 없었지만, 따뜻한 기후에서 죽은 고래는 쉽게 고약한 냄새를 풍겼다. 그래서 고래기름과 경뇌유를 쉽게 경량화, 소형화하기 위해 양키 포경선에서는 고래를 잡은 즉시 갑판에서 처리하는 방법을 개발했다. 줄지어 설치된 도르래와 난로, 가마솥을 써서 바다 한복판에서 고래를 해체했다.

고래를 해체하는 것은 고된 노동을 요구했다. 죽은 고래는 쇠사슬로 묶어 배 옆구리에 매달았다. 그다음 낫처럼 생긴 초승달 모양의 칼로 고래의 지방을 5~6미터 길이로 얇게 베어 냈다. 최초의 칼질은 배를 지휘하는 역할을 맡은 자들이 고래에 걸터앉아서 했다. 바로 아래 바다는 얼어붙을 정도로 찼고 해빙이 넘실거렸고 상어가 득실댔다. 때때로 고래를 배의 선체에 붙인 채 도르래를 이용해 조금씩 돌리면서 오렌지 껍질을 벗겨 내듯이 나선 꼴로 블러버를 베어 냈다. 베어 낸 블러버 '담요 조각'은 갈고리를 써서 갑판으로 올렸다.

배 위에서 1톤에 달하는 담요 크기의 조각은 배의 움직임에 따라 갑판의 한쪽에서 다른 한쪽으로 미끌미끌 왕복하면서 비누 거품 같은 것을 만들어 사람들을 미끄러지게 했다. 다음에는 삽을 써서 갑판 아래 '블러버 방'으로 블러버 조각을 밀어 넣었다. 방에는 목수의 작업대처럼 생긴 소위 '말고기 다짐대'가 있었고 그 위에 블러버를 놓고 '말 조각'만큼 크게 잘라 냈다. 그리고 그 조각의 껍데기 쪽을 바닥을 향하게 놓고 안쪽을 완전히 잘라 내는 것이 아니라 그냥 길게 홈을 파듯 소위 '성경 종이'라 불린 정방형 자국을 내었다. 배에서 가장 고약한 냄새가 나는 방에서 웃통을 드러내고 일하던 사내는 배 옆구리에 매달린 블러버가 벗겨진 고래를 뜯어먹겠다고 몰려든 해양의 포식자들이 배에 부딪히는 소리를 들었을 것이다. (북극의 해빙 사이에서 북극곰이 배를 향해 돌진해 오면 선원들은 고래를 묶은 사슬을 풀어 버리고 꽁무니를 뺐다.) 블러버 방 작업대의 마지막 부분을 맡은 사람은 푸주한의 칼처럼 생긴 도구로 지방에 붙은 살을 발라냈다—안 그러면 그것이 기름을 부패시켜서 탁해지게 만들었기 때문이다. 절단하고, 새김눈을 내고, 그리고 살을 제거한 이 블러버 덩어리들은 '책'으로 불렸다.

자신의 집까지 지팡이 없이 걸어서 돌아갔다고 한다. 1896년에 〈뉴욕 타임스〉는 호주의 고래 목욕자들에 대해서 다음과 같이 썼다.

> 고래가 잡혔다는 소식이 오면, 환자들이 줄지어 보트를 타고 경유 정제소로 간다. 고래잡이들이 고래 몸뚱이 여기저기에 무덤 파듯 구덩이를 파면, 환자들이 거기에 들어가 증기탕에서처럼 두 시간 정도를 보낸다. 부패하는 고래의 블러버가 환자의 몸을 에워싸면서 거대한 습포 같은 효과를 발휘한다. 고래잡이들은 몸을 데우는 것에 대한 비용을 따로 받지 않는다. 그들은 환자가 블러버에 몸을 담그고 있는 동안 고래 몸뚱이의 다른 부분으로 가서 자신의 할 일을 한다.

일종의 **비좁은 무덤** 같다. 고래의 의미와 고래에 대해 남긴 기록을 보면 이 세상에 대해 우리가 가진 태도를 보여 준다. 고래는 무덤도 되고 치유도 되는 두 가지 모순적 가능성을 모두 갖고 있다. 심해의 고래 낙하는 죽음의 과정이었지만, 또한 생명을 약동시킨다. 고래는 그들의 몸 안에 인간이 일으킨 산업의 결과물을 집어삼켰지만 우리에게는 야생에 대한 경이의 원천이었고, 한때 에덴의 환자들에게 건강을 되찾아 주는 치유의 경험을 제공했다.

문학에서 고래 배 속은 처벌의 공간이자 정화의 공간이기도 했다. 신학으로까지 승격된 이야기이다. 고래에게 삼켜진 사람에 대한 이야기는 대체로 도덕적 함의를 가진 이야기들이었다. 구속과 구원은 고래 이야기의 중요한 주제였다. 구약 《성경》에 나오는 고래, 레비아탄은 처음에는 분노한 폭풍이 닥쳤을 때 예언자 요나의 복종을 이끌도

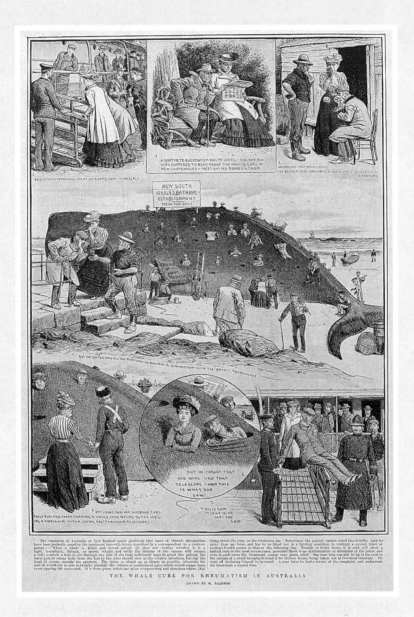

호주의 일간지 〈더 그래픽〉에 실렸던 고래 목욕 삽화. (윌리엄 레슬턴William Ralston, 1902년)

록 의도된 피신처였다―그러나 수많은 개작을 통해 피신처였던 고래 배 속이 깊은 심연, 감방, 법정, 악덕, 무덤 따위의 다양한 의미를 갖게 되었다. 프로테스탄트의 캘빈(유럽 근대 초기의 종교개혁가―옮긴이)은 고래 배 속을 치유의 공간으로 생각했으나, 킹제임스 성경에서 예언자 요나에게 고래 배 속이란 고통에 찬 강요의 장소였다. 그가 예언을 거부하고 소명으로부터 도망치면서 시작된 일이다. 요나는 거대하지만 사악한 아시리아의 도시 니네베가 폐허가 될 것임을 예언하라는 신의 명을 받지만, 예언을 들은 후 니네베 인들이 회개하고 신이 그들을 용서해 주어 예언이 없었던 일이 될까 봐 염려했다. 그래서 요나는 니네베와는 반대 방향으로 가는 배를 타고 도망친다. 요나가 탄 배는 신의 힘이 일으킨 거센 폭풍을 만난다. 뱃사람들이 재앙을 몰고 온 요나를 바다로 던지고 '거대한 물고기'가 그를 삼킨다. 고래의 배 속에서 살아남은 요나는 엉터리 예언자라 낙인찍힐 각오를 하고 우선 구원을 요청하는 기도를 올렸다. 마침내 고래가 요나를 육지에 토해 냈고 요나는 니네베로 가서 예언을 전했다. 아니나 다를까 니네베인들은 단식을 하고 기도를 드리고 거친 자루 천을 걸친 뒤, 잿더미 가운데 앉았다. 결국 그들은 구원되었다. 엉터리 예언자가 된 요나는 조롱받았다. 신의 징벌이 니네베를 덮치지 않은 것이다. 고래 목욕자들에게도 요나의 이야기와 비슷한 면이 있다. 그들도 질병에서 구원받기 위해 요나처럼 조롱받을 위험을 무릅쓰면서 더 많은 고통을 견딜 필요가 있다고 믿었는지도 모른다.

볼즈헤드 암각화 고래와 함께 있는 형상은―고래 속 인간과 오른쪽의 다리 달린 생물―고래보다 나중에 만들어졌다. 아마도 19세기에나 새겨졌을 것이다. 그때 고래기름은 전 세계에 유통되고 있었고, 수

많은 작업장과 가정에서 필수품이 되었고 에덴의 고래 입욕자들은 치료를 위해 고래 몸에 파묻혀 고역을 견디고 있었다. 고래 오른쪽 생물이 무엇인지는 확실치 않다. 만약 그것이 말이라면 호주에 말이 유입되었던 1788년 유럽인의 침공 이후에 새겨졌다고 봐야 한다. 하지만 그것이 토착 늑대인 딩고일 가능성도 적지 않다. 왜 인간은 고래 속에 있는가? 왜 머리는 없는가? 그는 그림 속 묘사처럼 진짜 평발이었을까? 또 그와 오른쪽 생물은 어떤 관계였을까? 혹시 그 동물은 말이고 그는 그 말에서 떨어져 다친 것일까? 늑대라면 그가 늑대에 물려서 그의 발이 감염으로 부어올랐는가? 그 암각화는 병 속에 넣어 바다로 던져 넣은 메시지 같기도 하다. 볼즈헤드 암각화 위로 드리워진 나무에서 잎사귀가 팔락인다.

카메레이갈 종족은 늘 볼즈헤드의 고래가 속이 훤히 보인다고 생각했을까, 아니면 그들이 고래 속에 인간을 새겨 넣은 후부터 그렇게 보인다고 생각했을까? 어느 것인지에 따라 논쟁의 소지가 생긴다. 조각가에게 고래는 영물이었을까? 고래가 남획되면서 볼즈헤드 근처로 오는 고래는 점점 줄어들었다. 게다가 늘어나기만 하는 식민지 개척자들이 한때 카메레이갈족의 수확물이었던 항구의 해산물과 식용 식물을 싹쓸이했다. 인류학자들은 고래 안에 사람을 새겨 넣은 것은 고래로부터 질병을 치유하는 힘을 요청하기 위해서일지도 모른다고 추측했다. 고래 내부를 치유의 장소로 여긴 것이다. 선주민 연구자 데니스 폴리 교수는 사람이 고래 내부에 있는 것이 아니라 고래를 타고 있는 것이며, 에오라족에게 기근이 닥쳤을 때 그가 파도를 타고 이 거대한 생물을 해변으로 몰고 와 뭇사람을 배불리 먹이는 잔치를 벌였음을 보여 주는 것이란 의견을 제시했다. 고래를 치유의 존재로 여겼든 굶주림을 해소해 줄 존재로 여겼던 고래는 새 생명을 가져다주는 동물이었다.

멸종 이후에도 관계는 남아

이에 대해 호주의 철학자이자 윤리학자인 톰 반 두랜은 설득력 있는 의견을 제시했다. 생물이 멸종되더라도 그 생물의 존재를 가능하게 했던 문화적 생태적 관계는 떠나지 않고 거듭 출몰한다는 것이다. 반 두랜은 멸종 위기와 멸종에 수반되는 끈질긴 과정을 연구했다. 주로 새에 집중했던 그는 취약한 동물 종이 단번에 사라지는 것이 아니라, 멸종 후에도 인간 사회에서 그리고 서로 의존하던 유기체들 사이에서 다양한 종류의 끈질긴 애도를 통해 그들이 계속 존재함을 드러낸다고 주장했다. 한 생명체가 사라지면 그것의 중요성은 오히려 커질 수도 있다는 것이 그의 현장 연구의 전제였다. 나는 반 두란이 '거듭 출몰한다'는 말을 한 것은 그 생물체가 멸종된 뒤에도 이어지는 물리적, 상징적 고리를 말한 것이라 생각한다. 예를 들면 어떤 꽃의 화려한 꽃부리 모양은 꽃가루 수분을 담당하는데, 지금은 멸종해 없어진 박쥐의 리본처럼 길쭉한 혀와 함께 진화했다. 혀가 긴 박쥐가 멸종한 뒤 그 꽃부리는 과도하고 무의미한 것으로 보이면서 괴이한 느낌을 자아낸다. 꽃의 그런 특징이 꽃을 멸종의 길로 이끌지 않는다면 (다른 꽃가루 매개자가 여전히 그 꽃을 번식시킨다면) 희미하나마 과거의 흔적으로 남아 있을 것이다. 이제는 실제로 볼 수 없는 존재와 실질적 소통을 한 흔적. 환상적인 아이디어 아닌가. 꽃의 잉여성이 세상에서 사라지고 없는 결핍을 상기시킨다니.

또한 반 두랜은 한 생물에 상징적 자질을 부여했던 공동체를 연구했고, 그런 생물의 개체 수가 감소하거나 희귀해지고 특이해지거나 혹은 사라져 버리거나 했을 때 어떤 식으로 공동체의 문화적 서사에 영향을 주는지 연구했다. 후이아의 예를 들어 보겠다. 뻣뻣찌르레기라고도 불리는 이 새는 20세기 초반 뉴질랜드에서 박제사와 모자 상인에게서 인기를 얻으면서 멸종되었다. 하지만 멸종된 지 한참 후에 마오리족 사냥꾼의 현장 녹음테이프에 후이아 소리가 들어 있었다. 후이아는 사라졌지만 마오리족은 사냥감 추적 의식에 후이아 흉내 소리를 포함시켜 대대로 전승한 것이다. 그래서 새가 사라진 후에도 사람들은 후이아 소리로 숲을 채웠다. 음향 화석이라 할 만하다. 어린 시절에 단종된 브랜드처럼 이 흉내 소리는 새의 멸종에 대한 애도의 뜻을 꾸준히 이어 가고 있다. 그러나 후이아 소리가 여전히 울리고 있는 것이 새에 대한 추모를 이어 가자는 것인지, 아니면 그 소리의 원천으로부터 유리되어 그냥 인간이 내는 소음이 돼 버린 것인지는 분명치 않다. 오늘날 다양한 언어에서 멸종된 새 소리에서 비롯된 어휘를 찾아볼 수 있다. 예를 들면 영어에서는 '도도새'가 흉내어가 이름이 된 경우로 여겨진다. 도우-도우. 도도의 울음소리다. 멸종된 새의 소리가 우리의 입을 통해 나오는 것이다.

20세기가 시작될 무렵, 베링해 근처 시베리아의 코랴크족은 북극 고래 사냥을 중단했다. 태평양 북동부 해안을 따라 이어지는 해역에서 마카족도 귀신고래 사냥을 그만두었다. 더 이상 잡을 고래도 없었다. 세인트로렌스섬의 유피크족이 고래잡이를 할 수 없게 되자 섬에 기근이 닥쳤는데, 장로교 선교사들이 순록을 들여와 큰 굶주림은 면했다. 솔로몬 제도 내 말라이타섬의 파나레이 마을 사람은 돌고래 사냥을 잠정 중단했다. 기독교로 개종한 사람들이 다른 이에게 개종을 권하면서 결혼 풍습도 바꾸도록 호소했기 때문이다. (파나레이 마을 사람들은 중요한 행사에서 지위와 능력을 상징하는 돌고래 이빨로 된 장식을 온몸에 걸쳤다—옮긴이) 선주민의 고래 사냥이 잠시 중단되었다. 그러나 사냥으로 생겼던 문화적 관행은 그 본래의 대상이 사라져 의미가 퇴색되었다 하더라도 사라지지는 않았다. 고래 마스크는 고래를 본 적 없는 사람에게 훨씬 더 괴물처럼 보였을 것이다. 고래에 관한 꿈 역시, 그 형상을 암시할 진짜 고래가 사라진다 하더라도 그 동물의 미래가 아니라 과거의 그 선조들로부터 전해져 온 명령으로 수용될 것이다. 그러나 고래가 아무리 초현실적 혹은 신화적 존재가 된다 하더라도 고래 자체가 잊힐 수는 없을 것이다.

약탈하는 먹이 사슬

포경선단에 의해 멸종된 고래 종은 없다. 그러나 어떤 특정 지역에서 부분적 개체 수가 격감한 것과 해양에서 대규모로 고래를 남획한 것은 지속적 충격을 미쳤다. 최근까지도 이런 상황을 설명할 단어가 거의 없었지만, 드디어 유용한 단어가 생겼다. 개체 감소라는 단어다. '어떤 장소 내에서 동물의 완전 소멸'을 뜻하기 위해 브루크 자비스 기자가 만든 용어이다. 개체 감소는 종의 멸종에만 초점을 맞추는 것이 아니라, 동물 개체 수의 감소로 인해 그 동물과 그들이 속한 생태계, 나아가 그들을 양분 삼아 지속하는 환경에 미치는 영향에 주목하게 만들었다.

19세기에 태평양에서 행해진 포경은 해양에서 고래 개체 감소를 초래했을 뿐만 아니라 지역적 생태계의 구성도 또한 바꿨다. 배의 일지를 근거로 한 연구에 따르면 1840~1899년 사이에 48회에 달한 미국 포경선의 항해에서 고래 고기를 제외하고도 최소 240만 킬로그램의 고기가 뱃사람들의 배 속으로 들어가서 더 많은 고래를 잡기 위한 에너지를 제공했다. 북반구를 항해할 때는 해마, 오리, 사슴, 물고기로 배를 채웠다. 남반구에서는 캥거루, 돌고래, 개복치, 그리고 물개를 소위 '강제 수단'이라는 곤봉으로 때려잡았다. 연구자들에 따르면 1800년대 중반 수십 년 동안 79척의 미국 포경선에서만 1만 3천 마리의 갈라파고스 거북을 잡아먹었다고 한다. 시간이 흐를수록 고래 사냥권 안에 살았던 많은 식용 가능한 동물의 개체 수가 줄어들었다. 러시아 동부의 추코츠키 자치관구 운넨넨 지역에 살았던 옛사람들은 바다코끼리의 엄니를 캔버스로 삼아서 그림을 그렸다. 그러나 19세기 동안 북극해 여러 곳의 바다코끼리 집단이 멸종되었거나 남획으로 복구 불가능한 상태에 처했다.

이러한 해안과 섬의 생태계에 대한 약탈의 연쇄 효과를 정확히 측정하기란 어렵다. 하지만 거꾸로 생물 자원이 육지로 흘러 들어가기도 했다. 쥐가 포경선을 벗어나 온대 그리고 열대 기후 속으로 들어가서, 설치류의 공격에 맞설 준비가 안 된 토착 동물의 새끼와 알을 먹어 치웠다. 뱃사람들이 하선해서는 숲속에 새로운 살림터를 건설하고 정착했다. 어쩌다 배에서 내린 돼지는 그 지역에서 또 다른 피해를 입혔다. 단지 주변 해역에 고래가 있었다는 이유만으로 간접적으로 사라진 모든 생물—조류, 파충류, 양서류, 곤충, 식물—의 종류를 파악하는 것은 불가능하다. 일부 지역의 몇몇 고유한 종은 발견되기도 전에 사라졌을 것이다. 그래서 고래로 인해 발생한 외래 생명체의 침입과 그 결과로 초래된 야생 동물과 식물의 재편에 의해 먹이 사슬, 식물의 구성, 숲의 밀도 그리고 숲이 만드는 얼룩얼룩한 그늘 따위가 우리가 파악하기 힘든 방식으로 변했을 것이다.

항해 도중 아무 섬이나 혹은 항해가 끝난 곳에서 버렸던 고래 뼈와 내장은 척박한 곳에서 끈질긴 삶을 사는 종의 영양 수준을 높여서 그들을 이롭게 했다. 바위투성이 환초와 같이 거센 날씨로 시달리는 곳에서 고래 폐기물이 등장하면 갑자기 게, 갈매기 같은 스캐빈저가 폭발적으로 증가한다. 그러고 나면 게와 갈매기의 포식자가 등장한다. 지구상에서 얼음으로 뒤덮힌 몇몇 곳에서 고고학자들은 공중에서 식물의 분포를 조사해서 전통적 고래잡이 공동체의 정착지를 추적할 수 있었다. 식물이 우거진 곳은 과거에 고래 뼈가 묻혀서 비옥해진 곳이었다. 습지를 연구하는 육수陸水학자들은 캐나다 북극 지역의 서머싯섬 연못의 침전층을 조사해서 죽은 고래의 영양분이 연못으로 들어올 때 조류(해조류를 포함하는 물속 식물분류군―옮긴이)와 미세 식물들이 번창했음을 확인했다. 그곳에서 마지막으로 고래 사체의 지방을 벗겨낸 지 400년이나 지났는데도 고래의 연골에서는 여전히 조류가 만발한다.

비록 포경을 통해 해저의 생태계를 약탈하고 수십만 마리의 고래를 죽였지만 고래잡이들과 포경선의 이동은 육지의 생태계에 다른 연쇄 반응을 초래했고 새로운 자원의 유입과 진화적 변화를 이끌었다. 포경은 고래 해체로 상품을 만들고, 상품으로 이윤을 낳고, 무역을 통해 사람과 사람을 연결하는 경제적 현상만이 아니었다. 포경은 또한 생태적 힘이었다. 원래는 서로 무관한 상태로 유지되었을 생명체들이 포경 때문에 바다 너머로까지 이동하면서 다른 유기체들과 긴밀히 연결되었다. 포경은 섬과 섬를 연결하는 수송 수단이기도 했던 것이다.

암각화 사이의 생동감

볼즈헤드 암각화 고래는 맨눈으로 쉽게 식별되지 않는 자리에 있다. 그 고래는 해변을 따라 보이는 그리고 시드니 만의 파랑벽개(층층 무늬가 톱날처럼 배열된 해암 지대―옮긴이)와 바닷가 주변에서 발견되는 다른 해양 생물 암각화들과 함께 시드니 항을 삼각형으로 나누고 있다. 배리 아일랜드 보호 구역, 매켄지 포인트, 본디 골프장, 쿠링가이의 카원강, 로열 국립 공원 내 지본헤드의 암각화들이 그것이다. 이 암각화들을 각각 보면 영국 옥스퍼드주의 언덕 사면을 따라 청동기 시대에 새긴 어핑턴의 백마나 페루의 나즈카 사막에서 발견된 동물 조각들만큼 거대하지는 않지만, 그것들이 대부분 서로 연관을 맺고 있어서 그 전체적 규모가 결코 작지 않다―어쩌면 더 클지도 모른다. 암각화는 인간의 시야를 확장해서 밖을 향하게 만들어 더 거대한 자연을 의식하게 하고 동물끼리 이어져 있음을 일깨운다. 움푹 들어간 곳, 불쑥 나온 곳 혹은 평탄한 곳에 새겨진 고래 암각화는 다른 생명체 무리와 무관한 것처럼 보인다. 적어도 단체 여행자들이나 무심한 구경꾼에게는 그렇게 보일 것이다. 홀로 서 있고 다른 생물과 무관한 존재. 그러나 실은 거기서 고작 몇 킬로미터 떨어진 불쑥 튀어나온 곳╫에 새겨진 상어 암각화로부터 그 고래가 달아나고 있다는 사실을 간파하지 못해서 생긴 오해일 뿐이다.

이 암각화 사이에 생동하는 그물망처럼 연결된 생각을 총체적으로 감지하는 것은 선주민의 사고방식을 이해하는 소수의 사람에게만 가능하다. 암각화를 이해하기 힘든 것은 그것의 역사적 기원이 까마득하기 때문만이 아니라 바위에 새겨진 이야기를 둘러싼 문화를 잘 파악하지 못하기 때문이다. 그런 이야기를 이해하기는 쉽지 않지만 1920년대 초반에 시드니의 명물 하버브리지의 기둥을 놓을 터를 닦겠다고 근처에 있는 거대한 향고래 암각화를 다이너마이트로 폭파한 것이 볼즈헤드의 의미를 파손했다는 것을 이해하기는 쉽다. 밀슨스 포인트의 항구를 따라 다이너마이트가 터졌을 때, 그 엄청난 충격은 이 거대한 문화적 그물망을 이루는 각각의 암각화에도 빠짐없이 전달되었을 것이다.

세상이 간과하는 진실. 과거로부터 지워 버린 것은, 살아남은 것만큼이나 끈질기게 현재에 영향을 미친다는 사실이다.

1920년대부터 1980년대 중반까지 볼즈헤드 암각화 고래는 묻히고 감춰졌다. 암각화는 석탄 적재 창고의 첫 번째 출구 가까이에 있었다. 사회 기반 시설 건설은 화석 연료 시대의 도래를 상징하는 것이었다. (시드니브리지에 들어갈 철을 제련하기 위해 그리고 시멘트를 만들기 위해 18만 톤의 석탄이 소모되었다.) 어떤 이는 훼손을 염려한 뜻있는 일꾼들이 큰길을 지나 적재 창고로 오기 전에 암각화를 흙과 자갈로 일부러 감춰 버렸다고 말한다―어떤 이는 물 건너편에서 자매처럼 지내던 고래 조각이 폭파되고 나자 자신도 그 꼴이 날까 봐 고래 스스로 숨은 것이라고도 한다. 건설 기간에 암각화를 소중히 하자는 주장은 배척되었다. 지렁이가 벗 삼아 찾아오고 난초 뿌리가 간지럽히는 와중에 석탄 트력이 붕붕거리며 지나갈 때마다 볼즈헤드 고래는 몹시 몸을 떨었다.

사냥의 황금기를 보내며

손으로 가로등을 켜고 응접실에서 손님을 맞고 놀라며 후염(향기를 첨가한 탄산암모늄―옮긴이)을 킁킁거리던 시대에 고래 산업은 당연한 것이었다. 그러나 고도화된 도시의 탄생을 뒷받침해 주었던 이 산업을 현대인이 제대로 상상하려면 매우 노력해야 한다. (포경을 우주 시대와 함께 상상하는 것은 더욱 가당치 않다.) 포경은 과학이 몰아낸 빅토리아 시대의 미신 행위였던 거실 강령회(영매와 여러 사람이 망자와 영혼의 강림을 시도하는 회합―옮긴이)나 의료용 거머리와 함께 사라졌어야 했다. 하지만 20세기 전체를 통틀어 삼백만 마리의 고래가 포획되어 바다에서 사라졌다. 그 이전 모든 시대에 잡힌 것보다 더 많은 수치이다. 과학자들은 남극 주변의 바다에서 발견되는 수염고래의 바이오매스 biomass(특정 시점에 특정 공간 내에 존재하는 생물체의 총량―옮긴이)가 85퍼센트나 감소했다고 추정한다. 1960년대에 고래는 삼만 달러를 기록하며 지구상에서 가장 비싼 동물임을 입증했다. (오늘날 화폐 가치로는 약 2억 9천만 원 정도이다.) 값싼 야채유, 강철 스프링과 열가소성 플라스틱을 포함한 석유 화학 제품으로 만든 대체재가 그전에는 고래만을 원료로 했던 물건보다 더 값쌌는데도 이 정도 가격을 받은 것이다. 왜 포경은 가격 경쟁력의 저하에 따라 서서히 몰락의 길을 걷지 않았을까? 아니 왜 고래 사냥은 20세기 들어 오히려 더 증가했을까?

포경의 부흥에는 두 가지 요인이 있다. 기술적 요인, 그리고 지정학적 요인. 간단히 말해서, 새 기술의 등장으로 고래 상품에 대한 대체품이 제공되었지만—그것으로 포경이 점점 감소될 것이 예상되었는데—혁신을 통해 고래기름에 대한 새 시장이 열리면서 남반구 먼바다에 손대지 않고 있던 고래까지 잡게 되었다. 게다가 국제적 경쟁이 치열해지고 청결과 다이어트의 기준이 까다로워지면서 고래기름에 기반한 상품의 수요가 급증했다. 마지막으로 고래 산업은 로비를 통해 사치품과 전문적 상품을 다루는 이차 시장에서 성공적으로 단기적 발판을 마련했다. 특히 포경 산업을 수송, 국방, 건강에 연계시킨 시장에서 그랬다.

1800년대 중반 최초의 고래잡이 황금기에는 미국 선단이 바다를 주름잡았고, 영국과 프랑스, 그리고 다른 유럽의 나라들이 뒤를 이었다. 그러나 20세기에 들어서 미국의 포경 산업은 기술적 우위를 상실하면서, 몇 군데의 전초 기지를 제외하면 거의 사양 산업이 되었다. 두 번째 전성기에 접어들었을 때 포경 산업의 투자 구조는 더 복잡해졌는데, (노르웨이 선원을 고용하거나 그냥 투자만 하는) 노르웨이의 거대 복합 기업이 주도했고, 그다음은 영국 기업이, 일본과 소련이 그 뒤를 이었다. 제2차 세계대전 전까지 영국, 네덜란드, 노르웨이, 독일, 그리고 일본의 선단들이, 그리고 그보단 미약하지만 칠레와 아르헨티나의 남미 포경선들이 공해상에서 고래를 쫓는 것이 포착되었다. 그리고 (앞의 나라들이 중복적으로 참여하기도 했지만) 호주, 뉴질랜드, 한국, 남아프리카공화국, 캐나다, 그리고 페루의 연안에서 고래잡이가 행해졌다. 대부분의 포경 회사는 초국적 투자가들이 참여했다. 그래서 노르웨이의 포경선단에 영국과 독일의 자본이 투자하거나, 남아메리카의 선단에 노르웨이 자본이 투자하거나 하는 식이었다. 전쟁이 끝나고 나서는 고기를 얻기 위한 고래잡이와 기름을 위한 고래잡이로 뚜렷이 이원화되었다. 전자는 일본이 주도했고, 후자의 주도권은 소련이 쥐었다. 냉전을 거치면서 경제성 있는 사업으로서의 포경은 끝났다. 대신 철저히 정치적인 비즈니스로 탈바꿈했다.

돛으로 가는 배로만 고래를 쫓았다면 저 멀리 추운 곳에 사는, 크고 빠른 고래는 결코 사냥당하지 않았을 것이다. 그러나 화석 연료의 시대가 열리면서 석탄을 때 움직이는 빠른 증기선이 등장했고, 이어서 디젤 포경선이 나타났다. 두 번째 전성기에는 이전에는 지나쳤던 고래도 잡기 시작했다—대왕고래, 참고래, 보리고래, 그리고 작지만 빠른 밍크고래까지. 배가 빨라지면서 배만 화석 연료의 도움을 받은 것이 아니었다. 선상의 장비도 또한 디젤, 가솔린 그리고 전기의 힘으로 돌아가는 것으로 교체되었다—압축 공기의 힘으로 작동하는 꼬리 집게, (소위 '고래 갈고리'라 불리는) 유압식 인양기인 윈치, 압력솥, 환풍기, 그리고 고래 지방 보존 냉장고 등. 1913년이 되면 남극해에서만 거대한 이동 도축장인 공장식 포경선이 21척이 있었고, 거기에 더해 여섯 개의 부두가 설치되어 있었다. 남극 대륙의 남빙양에서 어떤 고래 종은 남획으로 인해 그 개체 수가 겨우 수백 마리밖에 남지 않았다.

작살 제작 기술도 미국 고래잡이들의 형태에서 진일보했다. 노르웨이인들이 개발한 기계화된 작살은 활에 탑재하는 것이었다. 어떤 것은 작살 끝에 폭발물을 심어 놓았고, 어떤 것은 세열 폭탄을 터뜨려 살상률을 높였다. 또 어떤 작살은 고래에게 전기 충격을 주었다. 최대 발사 거리도 연장되었다. 배의 소음이 대단해서, 청각이 예민해 '듣는 사냥감'이라 불렸던 고래는 먼 거리에서도 포경선의 소리를 듣고 꼬리를 돌려 멀리 깊이 달아났다. 이에 대한 대응도 마련되었다. 제2차 세계대전에서 사용되었던 레이더는 배의 소음에 고래가 아직 놀라지 않을 정도로 먼 거리에서 고래 위치를 파악할 수 있게 했다. 정찰기가 선봉에 서서 배를 이끌었다. 이 정찰기가 고래의 위치를 특정하면, 고래가 포경선을 피해 더 빨리 더 깊이 달아날 가능성은 희박했다.

비누와 마가린이 연 시장

고래기름값이 처음으로 약 3.8리터당 1896년의 40센트에서 1905년에 31센트로 곤두박질쳤을 때, 고래업자들은 더 많이 잡고 더 빨리 처리하는 것으로 대응했다. 1920년대에 고래 블러버를 처리하는 데 한 시간이 채 걸리지 않았다. 그러나 고래 상품에 대한 수요의 증가 없이 공급만 증가시키는 것은 아무 소용없는 일이었다. 고래기름은 제1차 세계대전 때에 폭발물의 원료 니트로글리세린의 원료인 글리세롤을 얻기 위한 필수 요소였고, 병사들이 참호족염으로 발이 썩는 것을 막아 주기도 했다. 영국의 일개 대대 병력의 고래기름 하루 소비량은 약 38리터였던 것으로 추정되었다. 고래기름은 국익과 동일시되었다, 그래서 유럽의 몇몇 나라는 제1차 세계대전 기간에 고래 산업에 보조금을 주어서 기업이 고래를 쫓고 잡고 처리하는 비용의 일부를 부담했다. 그럼에도 불구하고 전쟁 동안에 고래 사업은 불경기에 들어섰고, 많은 포경선들이 운반하기 어려운 초대형 군사 장비를 수송하는 화물 선박으로 용도 변경되었다. 그러나 그 기간은 고래 개체 수가 복원되기에는 너무 짧았고, 게다가 수중 지뢰로 많은 고래가 폭사했다.

고래기름은 노동자 계층의 두 가지 필수 품목으로 용도를 확장했다. 비누와 마가린이다. 1900년대 초반, 세균 원인설로 위생 관념이 높아지고 생활 수준도 향상되면서 비누 시장이 만들어졌다. 1920년대에 수소화 기술의 진전으로 고래기름이 들어간 마가린의 맛을 좋게 했고, 버터보다 더 싸고 건강에도 좋다고 각광받았다. 마가린으로 인해 고래기름은 독일과 스칸디나비아, 그리고 영국의 식단에서 빠지지 않는 품목이 되었다. 세계에서 가장 큰 생물이 녹아서 토스트 속으로 들어갔다는 것, 혹은 무지갯빛 비누 거품으로 변했다는 것은 거의 기적적인 변환이라 할 만했다.

제2차 세계대전이 끝나자 고래 상품은 역설적이게도 더 사사로워졌고 더 고도화되었다. 고래 산업은 립스틱, 향수, 그리고 염색된 가죽 장갑과 같은 상품에서 틈새시장을 찾아냈다. 제약 산업의 생물 자원 탐사로 고래 뇌 뒤쪽에서 발견된 호르몬선은 관절염 치료제의 핵심 원료가 되었다. (에덴에서 고래 목욕을 치료를 목적으로 사용한 것은 비록 입욕자들이 엉뚱한 고래 부위를 이용했지만 선견지명이라 할 만하다.) 고래 간에서 추출한 비타민 A는 영양 보충제로 선을 보였고, 고래기름은 페니실린 배양과 연고 제조를 위한 원료로 사용되었다. 한편 경뇌유는 대륙 간 미사일과 특화된 조그마한 기계 장치, 예를 들면 러시아와 중국 상공을 정찰하던 코로나 위성의 카메라 셔터에 사용되었다. 제너럴 모터스는 1972년에 미국이 멸종 위기종 보호법을 발효시키기 전까지 경뇌유를 트랜스미션 오일에 사용했다. 고래기름 옹호자들은 그것을 건강과 같은 공익에 부합하는 산업, 혹은 우주 탐험과 같은 기술적 발전의 선봉에 있는 산업과 연관시키면서 기름의 용도를 현대화하기 위해 애썼다. 고래기름의 사용처가 성층권을 넘어간 적이 거의 없다는 것은 사실이 아니다. 1960년대에 접어들면, 고래기름은 일상적인 버터의 대체품부터 우주 개발 경쟁의 일부 역할까지 담당하게 된다.

그런데 고래가, 그나마 여전히 발견되는 모든 곳에서 멸종 위기에 빠졌다. 1960년에 보고된 한 독립적 생물학 연구 집단의 조사는 그 암울한 현실을 확인해 주었다. 살아남은 대왕고래가 천 마리에 못 미치는 것으로 보인다고 했다. 혹등고래의 피해는 앞으로 80년 안에는 원래 상태를 회복할 수 없을 정도로 심각하다고도 했다. 한편 고래기름의 가치는 1968년의 톤당 118달러에서 1977년에는 460달러로 급등했다. 더 희귀한 경뇌유는 같은 해 850달러를 기록했다.

1946년 워싱턴 DC에 설립된 국제 포경 위원회는 영해 밖에서 고래 포획량을 규제할 권한을 부여받았지만, 고래잡이를 지속 가능한 어업으로 만들어 보겠다는 위원회의 노력은 처음부터 난항을 거듭했다. 계절적 할당이 '대왕고래 단위blue whale units, BWU'를 기준으로 정해졌다. 할당을 지키기 위해 고래잡이들은 크고 산출량이 높은 고래를 더 적게 잡거나, 아니면 작고 산출량이 낮은 고래를 더 많이 잡아야 했다. 대왕고래 한 마리―1 BWU―는 참고래 두 마리, 혹등고래 두 마리 반, 보리고래 여섯 마리 반의 가치가 있었다. 그 할당은 IWC에 가입한 모든 회원국에 적용되었다. 그래서 매년 11월에서 3월 남극에 고래 사냥 시즌이 시작되면 고래잡이들은 서둘러 나서서 작은 고래 종을 집중 사냥했다―그러나 그중 많은 종이 거대종만큼이나 멸종 위기에 처해 있었다.

선상에서 고래 처리 방식이 크게 개선되었지만, 치열한 경쟁은 엄청난 낭비를 초래했다. 작살에 꽂힌 고래를, 만약 그것이 하필 그때 포착된 다른 고래보다 덜 통통해 보이면 그냥 버리기도 했다. 또 고래잡이들은 남빙양 안에서만 할당을 준수했고 돌아오는 항해 중에는 규정을 무시하고 이동 경로를 따라 계속 사냥했다. 작은 새끼와 아직 덜 자란 고래는 보고에서 누락되기 일쑤였다. (소위 선박왕 아리스토텔레스 오나시스는 아직 이빨도 나지 않은 향고래 새끼까지 잡는 것으로 악명을 떨쳤다.) 할당이 더 줄어들 것을, 혹은 고래 종이 완전히 고갈될 것을 걱정한 몇몇 고래잡이들은 서둘러 가능한 한 많은 고래를 잡겠다고 나섰다. 시간이 지나 더 강력한 규제가 발동되면 자신들이 확보한 고래기름을 더 비싼 가격에 팔 수 있을 것이라 믿었기 때문이다. 하지만 포경은 사양길로 들어서기 시작했다. 규제 때문이 아니라 고래 사업이 조금씩 '상업적 멸종' 단계로 들어섰기 때문이었다. 고래 한 마리 당 수익률이 체감하면서 남극까지 포경선을 보내서 얻는 경제적 이득도 줄어들었다. 게다가 남위 60도 이남에서 모든 고래 개체 수가 붕괴 조짐을 보이고 있었다.

소련과 일본은 서로 다른 근거로 고래잡이를 지속했다. 제2차 세계대전 후에 일본의 포경은 자족과 자립의 상징이 되었다. 1960년대에 들어서 일본은 전시 공급망과 농업 부문의 붕괴로 인한 식량 위기를 겪었다. 일본 사람들은 굶주렸고 비타민 부족으로 불구가 되었다. 초등학생, 중학생 들에게 배급되었던 고래 고기는 전후 복구의 상징이 되었다. 일본은 주로 밍크고래를 잡았는데 고기에 수포가 생기고 질겨져서 맛이 없다는 이유로 전기 충격 작살은 쓰지 않았다. 국가적 차원의 복구에 공헌했다는 상징을 획득하면서 일본의 고래 산업은 오늘날까지도 정부 보조금을 받고 있다.

1993년에 러시아 연방이 글라스노스트(고르바초프의 개방 정책—옮긴이) 이후에 공개한 20세기 고래 포획 기록에 따르면 소련은 국제 고래잡이 통계청에 보고했던 것보다 더 많은 18만 마리의 고래를 잡았던 것으로 드러났다. 소련의 고래 포획은 1930년대가 되어서야 시작되었지만 제2차 세계대전 후에 그리고 냉전을 거치면서 급등했다. 소련은 군사적 목적을 위해 경뇌유가 필요했다. 경뇌유의 합성 대체품을 서방 정부들이 금수 조치했기 때문이었다. 그리고 러시아 연방에서 고래 고기에 대한 선호가 적지 않게 있었다. 그러나 공급이 수요를 크게 초과한 것에는 다른 이유가 있었다. 국익 우선의 민족주의적 동기 때문이었다. 소련은 유럽 제국과 미국이 그동안 잡았던 것만큼의 고래를 잡아야 할 권리가 있다고 생각했고, 냉전적 관점에 사로잡힌 소련 관리들은 다른 나라의 규모와 능력을 넘어서는 해양 산업을 키우기를 갈망했다. 포경 산업의 지속성 따위는 무시해 버리고 1950년대에서 70년대까지 소련 정부의 5개년 계획에서 설정한 국내 할당치는 고래 상품의 국내 수요를 훨씬 상회했다. 그래서 국가적 목표치를 달성하려면 국제 포경 위원회의 규정을 위반할 수밖에 없었고, 소련의 국내 시장은 블러버, 통조림 고기, 그리고 비료·사료용 골분으로 넘쳐났다.

소련의 공장식 선박의 고래 처리 속도가 할당을 채울 수 없을 정도로 느렸기 때문에, 그들은 많은 고래를 대충 블러버만 급히 벗겨 낸 뒤 바다로 버렸다. 1959년에서 1962년까지 세 번의 여름 동안 남빙양의 한 구간에서만 2만 2천 마리의 혹등고래가 남획되었다. 포경선이 귀환했을 때 고래 사체는 사람이 먹을 수 없을 정도로 부패해서 모피 동물 사육장에 팔렸다. 북극여우, 친칠라, 밍크, 그리고 검은담비는 고래를 먹어 털에 윤기가 흘렀고, 도살되어 모피 제품이 되었다. 나는 가끔 중고 옷가게에서 손으로 옷걸이를 훑을 때 이 시기에 러시아에서 수입된, 공장식 축산 농장에서 밍크고래 고기를 먹인 밍크로 만든 여성 모피코트나 머프에 숨어 있는 도덕적 죄과를 생각하게 된다. 온실 재배 토마토 속에 엄청난 양의 보이지 않는 플라스틱이 숨어 있는 것처럼, 모피 제품의 주름 속에는 고래가 스며 있다. 그것은 19세기에 고래수염 코르셋 속에 고래가 숨어 있었던 것과 별반 다르지 않다.

그때 사람들은 바다가 더 이상 무한하지 않다는 것을 눈치챘을까? 포경 금지 운동이 세계적 호응을 얻기 시작한 것은 1970년대 말이지만, 그보다 몇십 년 전에 벌써 고래 개체 수는 급감했다. 고래는 종을 가리지 않고 장소와 기후도 가리지 않고 포획되고 있었다. 이는 포경을 산업적 관점에서 환경 보존 윤리의 관점으로 전환하는 데 전례 없는 성공을 거둔 요인이 되었다. 그러나 그 전환이 고래가 희귀해지기 전에 이루어졌더라면 더 크게 성공했을 것이다. 운동가들은 고래가 귀해지면서 고래에 대한 경외심이 커진 것이 연관성이 있다고 생각한다. 고래에 대한 대중의 매료는 고래가 멸종의 문턱에 들어섰을 때 일어났다.

그러나, 태도의 변화는 어마어마했다. 포경 금지를 위한 연합은 목표 실현을 위해서 다양한 영역을 아우르는, 지금까지 유례가 없을 정도로 수준이 높은, 국가적 이해마저 초월하는 노력을 요구했다. 많은 사람들에게 포경 반대 행진에 참여하는 것은 이전까지는 상상할 수 없었던 초국적 환경 세계의 시민이 되었음을 선포하는 것이었다. 그들은 지금껏 생각지 못했던 주장을 했다. 국가적 차원이 아니라 전 지구적 차원의 상징물에 대해 책임을 지겠다고 나선 것이다. 고래를 보호하자는 것은 미래 자원의 활용을 위해 혹은 그 동물만을 위해 보호하자는 차원을 넘어섰다. 고래가 살아남는 것이 더 광범위한 차원에서 자연과 만날 때 일어나는, 경외, 겸손, 경이와 같은 감정의 원천을 지키는 일이 되었다. 지정학적 그리고 생태적 상황이 변하면서 20세기 포경 산업이 붕괴했을지도 모른다. 하지만 우리가 지금 한 마리의 혹등고래가 표류한 사건을 맞아 동정심을 발휘해, 어떤 식으로 이 존재가 고통스럽지 않게 떠나도록 도울지를 토론하고 있었다는 사실은 우리에게 믿기 힘들 정도로 거대한 사고의 전환이 있었음을 말해 준다.

19세기에 흔히 금과 비교되었던 것과는 반대로 고래는 재생 가능한 자원이다. 유한하지만, 우리가 하기에 따라 다양하게 번식시킬 수 있다. 경제적 이해와 문화적 가치가 충돌하는 대상으로서 20세기의 포경을 살펴보면 이 현상은 21세기에 적절한 문제를 제기한다. 생태적 관점에서 더 이상 용납할 수 없는 산업인 포경은 고래의 대체품이 지속적 인기를 끌면서 보이지 않는 손에 의해 자연스럽게 위축되지 않았고, 경제적 효용이라는 관점에서도 오래전에 사양길에 들었어야 했으나 끈질기게 버텨 왔다. 포경 산업의 역사를 돌이켜 보면, 재생 에너지가 화석 연료를 자연스럽게 대체하리라는 우리의 기대는 편의적인 관점에서 보더라도 너무 순진한 발상임을 말해 준다.

온실가스를 흡수하는 것

동굴 벽화는 보태는 작업이다. 바위 위로 색소를 바른다. 그러나 암각화는 덜어 내는 일이다. 조금씩 암석 조각을 깎아 내기 때문이다. 근본적으로 암각화는 깎아서 사라진 빈 공간으로 이루어진다. 암각화가 동물의 육체적 형상을 상기시키는 효과—즉 **있음**을 인식하도록 만드는 효과—는 정신적 성취이다. 왜냐면 암각화는 없음으로부터 만들어진 예술이기 때문이다.

무언가를 깎아 버렸을 때 어떤 있음이 남는가? 포경은 경제적 가치로 판단되기 전에 먼저 문화를 형성했다. 포경이 끝장난 후에도 그것의 생태적 후유증은 여전히 축적되고 있다. 그리고 포경 이야기는 여전히 의미가 있고, 낡은 뉴스가 되지도 않았다. 산업적 포경이 지구의 해양 환경에 가한 피해 규모는 여전히 생물학자들이 계산 중이며 그것의 여파도 증가 일로에 있다. 알래스카 남서부 연안의 다시마 숲은 육지의 숲처럼 하늘로 솟구쳐 있는데, 현재 게걸스러운 식성을 가진 초식성 성게 때문에 크게 훼손되고 있다. 산업적 남획으로 고래가 감소했고, 먹을 것이 없어진 범고래가 해달을 잡아먹고 있기 때문이다. (한 연구자는 고래가 해달을 '털복숭이 팝콘처럼' 먹어 치운다고 했다.) 그렇지 않았다면 성게의 몇 안 되는 천적인 해달이 게걸스러운 성게의 개체 수를 크게 줄였을 것이다.

이것은 예상치 못했던 결과다. 베링해에서 북극고래와 향고래가 줄어들자 성게가 늘어났다. 그렇게 늘어나 버린 성게 무리는 재앙이 된다. 이들 무리는 바다 식물을 남김없이 먹어 치우면서 해저를 사막화한다. 이렇게 변해 버린 해저 환경을 '성게 불모지'라고 부른다. 비록 그 뒤로도 얼마 동안은 더 작은 스캐빈저 성게들이 마치 구두점으로만 구성된 전위 문학처럼 그 불모지를 돌아다니기는 하겠지만, 어떤 회복 가능성을 보이지는 못한다. 성게 불모지는 인간의 개입이 없으면 통통한 거대 해조류의 숲으로, 그리고 볼락, 소라, 물개의 서식처로 복구되지 않는다. 상업적 포경이 끝난 지 수십 년이 지나도록 고래잡이가 남긴 후유증은 이 동그란 가시투성이 생물의 게걸스러움으로 조금씩 늘고 있는 불모지와 함께 지속되고 있다. 포경선단이 해저 먹이 사슬에 미친 영향은 결코 정확히 파악될 수 없을 테지만, 그것으로 초래된 생태적 불안정은 언젠가는 줄어들고 재안정화될 것이다.

포경의 후유증은 육상과 수상 환경에 큰 변화를 불러왔다. 그런데 이제 우리는 그것이 지구의 대기도 바꿔 놓았음을 알게 되었다. 2010년대 중반에 호주 플린더스 대학의 과학자들이 놀라운 조사 결과를 발표했다. 그들은 깊이 잠수할 수 있어서 서식 반경이 심해까지 미치는 향고래 같은 고래의 활동이 전 세계 대기질의 구성에 크게 영향을 미친다는 사실을 입증했다고 했다. 후속 연구에서는 혹등고래도 그러하다고 밝혔다.

연구자들이 그 이유를 밝혔다. 고래는 심해에서 오징어와 크릴을 먹고 배설을 해서 영양 '펌프' 구실을 한다. 얕은 바다로 올라와 오렌지 색깔의 길고 북슬북슬한 배설물을 굴뚝 연기처럼 뿜어낸다. 이런 방식으로 거대 고래는 심해에서 정체되어 있거나 느리게 이동하는 수많은 유기 물질을 더 빠르게 유동하는 유광층(광합성이 가능한 수심 150~200미터의 표층수. 식물 플랑크톤이 살 수 있는 곳이다—옮긴이) 위로 이동시킨다. (고래는 높은 압력 때문에 신체 기능 일부를 차단해야 하므로 심해에서는 배설을 않는 것으로 보인다.) 철분이 고갈된 차가운 바닷물에서는 먹이 사슬의 하부에 있는 단세포 유기체와 작은 식물이 먹을 영양소가 부족하다. 그런 곳에서 고래의 배설물은 특히 플랑크톤 번성의 결정적 기폭제가 된다. 고래의 수직 하강과 상승도, 성운을 통과하는 다크 에너지가 그 꼬리에 우주 먼지를 달고 다니듯, 심해 유기물을 휘저어 요란하게 이동시킨다. 그런 요동을 전문 용어로 밀도 간 혼합이라 한다. 이 과정에서 더 많은 식물이 더 많은 빛에 노출되고 더 많은 광합성과 성장이 가능해진다.

이 플랑크톤들은 지구적 규모로 이산화탄소를 흡수하고 산소를 배출한다. 동물성 플랑크톤과 물고기 애벌레가 이 플랑크톤들을 먹고 배설하면 그것이 미세하게 분해되어 해저로 눈 내리듯 흩뿌려져 가라앉는다. (그래서 바다눈이라 한다.) 플랑크톤의 유해는 대기 중 탄소를 끌고 가서 바다 바닥에 안착한다. 그 위로 더 많은 침전물 부스러기가 쌓이면 실트가 되어 그 아래에 묻힌 탄소를 압착하여 오랜 세월 봉쇄한다. 이런 플랑크톤 순환의 메커니즘이 화석 연료를 태워 배출된 이산화탄소 총량의 절반가량을 흡수하여 처리하는 것으로 여겨진다. 열대 우림과 모든 육상의 식물이 흡수량을 합한 것보다 더 크다. 고래 낙하도 이와 비슷하게 탄소를 바다 아래로 끌고 간다. 40톤의 고래 사체는 평균적으로 2톤 정도의 탄소를 해저로 옮긴다. 그 정도의 탄소를 다른 방식으로 해저에 쌓으려면 2천 년이 걸린다. 숲이 기후 조절의 역할을 한다는 것은 잘 알려져 있다. 이제 동물도 그럴 수 있음이 드러났다. 고래 한 마리는 탄소 흡수에서 1천 그루 이상의 나무보다 더 큰 역할을 하는 것으로 확인되었다. 〈가디언〉의 조지 몬비오는 고래를 '부작용 없는 탄소 포집기'라고 불렀다.

지상의 인간 소비를 위해 해양 생태계로부터 그렇게 많은 고래를 앗아간 것이 대기 중의 화학적 구성에 영향을 미쳤다는 것은 명백하다. '한 세기 동안 잡은 고래를 환경적 영향으로 환산하면 약 856억 평의 숲을 태운 것에 해당한다'고 한 과학자가 언론에 전했다. 이런 연구를 종합해 보면 고래는 환경 변화로 유발된 위기에서 수동적인 단순 국외자거나 희생자가 아니었고 그 존재 또는 부재로 인해 이산화탄소 농도 변화에 끊임없이 관여하고 있었다. 더욱 놀랍게도 학자들은 고래의 숫자가 증가하면 할수록 더 많은 상당한 양의 이산화탄소 배출량을 상쇄할지도 모른다고 추정한다. 보존 생물학자이자 온실가스 흡수원으로서의 고래에 대한 주도적인 연구자인 조 로만은 알래스카 라디오 인터뷰에서 이렇게 말했다. '고래의 개체 수 회복이 기후변화를 약화시키는 방법이 될 수 있습니다.' 국제 통화 기금IMF 역량 개발 협회의 연구는 식물 플랑크톤이 1퍼센트만 증가해도 20억 그루의 다 자란 나무가 갑자기 생기는 것과 맞먹는 효과를 낸다고 밝혔다.

나는 고래를 매립지로 보내겠다는 발상, 즉 고래를 일종의 유해 산업 폐기물처럼 취급하는 발상에 충격받았다. 하지만 많은 연구들은 고래를 대기 오염의 최악의 결과물로서가 아니라 그것을 치유하는 메커니즘으로, 공기를 정화하는 수단으로 새롭게 정의한다. 고래를 온실의 정원사로 규정한 것이다. 안도의 숨을 쉬면서 나는 그 사실을 받아들였다.

볼즈헤드의 고래 암각화에 최근에 추가로 새겨진 형상은 없다. 하지만 더 이상 새기지 않았다고 암각화가 전하는 이야기가 세상과 무관해졌다는 것은 아니다. 관계가 있다. 여전히 중요하다. 고래의 윤곽선 위로 그늘이 드리우는 것, 빗물이 수로를 따라 선회하는 것, 혹은 그 물이 넘쳐 달빛 속에 금속을 녹여 부은 것 같은 물웅덩이를 만드는 것, 이 모든 것이 중요하다. 이유는 모르지만 그 윤곽선을 따라 석양이 지는 것, 그리고 계절에 따라 이쪽으로 혹은 저쪽으로 석양의 마지막 빛줄기가 가만히 사라지는 것, 이런 것은 중요하다. 세월은 흐르고 선은 마모되어 점점 흐릿해지고 있고, 언젠가는 고래가 요동치며 바위 위로 튀어 오르는 날이 올지도 모른다. 이끼가 피어 고래의 머리에 점묘화를 그려 놓았다. 지자체의 노무자는 고래의 윤곽을 더 선명히 보이게 하려고 페인트로 칠했다. 2008년에 그 페인트는 지웠지만, 정방형의 구멍은 여전히 남아 있다. 한때 바위를 뚫어 핑크빛 나무 기둥을 박고 펜스를 쳐서, 구경꾼들이 암각화를 밟고 다니지는 못하게 했지만 정작 고래가 삼엄한 직사각형의 우리에 갇힌 꼴이 된 적이 있었음을 전해 준다. 오늘 웬 공공 기물 파손자가 고래에 낙서를 했다. 유성 펜으로 작은 사각형을 그리고 몇 개의 탤리 마크(세로 빗금 네 개에 가로선 한 개를 그어 5배수로 숫자를 표현한 기호—옮긴이)를 표시해 놓았다. 나중에 야광 조끼를 입은 노무자가 걸레와 시너를 들고 나타나서는 그 마크를 지울지도 모른다.

　보통 원시 예술은 접근하기 힘든 곳에 보존된 경우가 많다. 구아노(새의 배설물이 쌓여 굳은 덩어리—옮긴이)가 쌓여 역한 냄새가 코를 찌르는 오지의 바다 동굴, 그리고 구름을 뚫고 어지럼증을 일으키는 높이에 있는, 건조하고 바람 한 점 없는 동굴 은신처 같은 곳 말이다. 그러나 호주의 암각화가 도시 지역까지 뻗어 있다는 사실이—그리고 암각화가 지하 동굴이 아니라 야외의 너른 공간에 새겨져 있다고 해서—그것들이 모두 눈에 잘 띈다는 뜻은 아니다. 바다와 땅이 만나는 곳에서 조류가 밀려들어 침전물로 암각화를 덮어 버리고는 적절한 때에 물이 빠지면서 윤곽선에 흰 모래를 남길 때에서야 그 모습이 드러난다. 이런 소문도 떠돈다. 어떤 호화 주택의 비밀 문 뒤에 혹은 지하 바닥에 유리 패널이 깔린 곳 아래로 동물이 새겨진 주춧돌을 볼 수 있다고. 혹은 가뭄이 한창일 때 잔디가 시들면 푸른 잔디가 가렸던 암각화가 설핏 그 모습을 드러내어 부자의 인간적 양심에 호소하며 자신을 풀어 달라고 간청할지도 모른다.

　어느 날 나는 볼즈헤드의 암각화 고래를 방문했다가 예기치 못한 선물 같은 광경을 보았다. 무지갯빛 초록 딱정벌레 하나가 트랙에 있는 경주용 장난감 차처럼 고래 윤곽선의 홈을 따라 붕붕대며 움직이고 있었다. 믿을 수 없을 정도로 눈부신 색깔의 곤충은 새겨진 홈을 따라 돌고 돌다가, 붕붕대며 가다가, 멈췄다가 또 가곤 했다. 한 생물의 이미지 속에 갇힌 다른 생물. 미풍이 불어 딱정벌레를 살짝 밀어주니 그만 날아가 버렸다.

2장

가까이 가되 만지지 마시오

물 뿜기인가 숨 쉬기인가

고래의 재채기

여백 없는 지도에서

국경을 초월한 재앙

버터 맛 고래 젖

생태 관광업 후손들

해파리 오직 얼굴뿐인 존재

창자로 점을 치다

비를 먹는 고래

포식자의 시선

에덴 지역의 파수꾼

산호빛 주황색으로 밝아오는 새벽에, 나는 살아 있는 고래를 보러 갔다.

내가 블라인드를 올렸을 때 창문을 채운 그 아담한 산은 에덴의 임레이산이다. 산 너머로 햇빛이 뚫고 들어온다. 열대 양치류인 나무 고사리 따위가 무성한 계곡 사이로, 나방을 실컷 잡아먹고 꽃가루를 잔뜩 덮어쓴 박쥐가 재빨리 동굴로 귀환 중이다. 식물들이 층층이 높이를 겨루고 있다. 시드니에서 차로 일곱 시간 거리에 위치한 에덴은 내륙으로 향하는 고속도로의 매연과는 무관한 낙원의 모습을 간직하고 있다. 하지만 에덴이란 이름은 낙원 판타지가 아니라 영국 휘그당 소속 식민지 개척자 조지 에덴을 기리는 이름이다.

지난 이틀간 오후 내내, 에덴 주도로의 끝에서 반대 방향으로 펼쳐진 남태평양으로 고래가 만드는 물보라를 포착할 수 있었다. 꼬리를 철썩이자 하늘 높이 오르는 물줄기―혹등고래다. 나는 마을 끝에서 손으로 해를 가리고 눈은 가늘게 뜬 채 고래가 하늘로 꼬리를 솟구치는 기미를 쫓았다. 어느 순간 고래가 하늘로 몸뚱이를 틀어 솟구치더라도 겨우 벌레처럼 작고 까맣게 보일 뿐이지만. 해변에서 모래를 발목까지 파묻고 서 있으면 고래 소리가 들린다. 정확히 말하면 고래가 숨 쉬는 소리다. 어떻게 그 소리가 파도 소리를 넘어 전해질 수 있는지 나는 모른다. 고래가 재채기를 하면 깜짝 놀란다. 셔터 문이 닫히는 소리 같다.

에덴의 고래 요법 호텔은 오래전에 사라졌다. 1800년대 말에 끝난 호텔의 황금기에 투폴드만에는 만반의 준비를 끝낸 27척의 포경선이 대기하고 있었고 고래 파수꾼이 '서둘러Rush O'(셜리 배럿의 소설《Rush Oh!》의 배경도 바로 이 포경 마을 에덴이다—옮긴이)라고 외치면 200여 명의 고래잡이들이 배로 달려가 꼬아 놓은 밧줄을 바로 풀고 바다로 나아갔다. 혹등고래, 남방긴수염고래, 들쇠고래, 고양이고래 따위가 여기서 잡혔다. 에덴의 고래 산업이 절정기였을 때, 키아인렛 고래기름 정제소를 비롯한 육지의 고래 처리장 여덟 개는 호주, 미국, 유럽, 그리고 중국의 구매자들에게 공급할 기름을 추출하느라 늘 부글거리는 소리가 났고 역한 냄새로 코를 찔렀다. 숲을 지날 때 고래잡이는 노란빛이 나는 고래 등뼈로 깔아 놓은 길을 통과했다. 그러나 고래 사업은 대공황 전에 끝장났다. 현재 에덴의 연안으로 돌아오는 그 시절 혹등고래의 후손 고래들은 이 지역 생태 관광 사업의 밑천이다. 전날 식료품 가게를 들렀다가 안내 책자 하나를 뽑아서 읽었다. "매혹적인 혹등고래. 감탄과 경이를 경험하세요. 경외감과 감동이 밀려옵니다." 육지를 향해 부는 바람이 오기 전에 떠나야 하므로 고래 관찰 쌍동선(동일한 선체 두 개를 나란히 연결한 배—옮긴이)이 일찍 출발한다고 했다.

부두에 모여든 참석자에게 환영 인사말이 울려 퍼진다. 지금은 10

월 말, 숄더 시즌(성수기를 전후한 시기─옮긴이)이다. 그래서 관광객들은 은퇴자이거나 고래에 관심이 많은 사람이다. 몇몇 젊은 가족들. 아이들은 구명조끼를 걸치고 투덜대면서 돌아다닌다. 한 여성이 딸의 팔에 자외선 차단제를 발라 준다. 뱃멀미와 그 대책에 대해서 사람들이 하는 말이 들려왔다. '구리 팔찌' '멀미약' '키미테 패치' 그리고 '정 안 되면 구석에 가서 토해, 하지만 틀니를 먼저 빼놓아야 해.' 참석자들이 재킷을 걸치고, 백팩의 끈을 조절하고 줄을 당겨 본다. 갑자기 바람이 불어 선글라스가 날아갈까 봐 걱정되어, 다들 긁힌 자국이 있거나 하는 허드레 선글라스를 챙겨 왔다.

이런 표지판이 붙어 있다. "바다를 보면서 고작 나무 보트에 몸을 싣고 불굴의 용기로 바다로 나섰던 뱃사람들을 돌이켜 보라!"

배에 오르기 전에 한 안내자의 간단한 설명이 있었다. 고래를 발견하면 300미터 정도에서부터 속도를 줄이고 살살 다가갈 것이다. 최대 100미터까지만 접근할 수 있고, 그 후에는 엔진을 끄고 기다리며 고래의 처분에 맡겨야 한다. 그가 우리에게 호기심을 느끼고 다가오면 좋겠다. 절대로 음식을 주거나 접촉을 시도하면 안 된다. 설사 가까이 왔다 해도 절대로 만지면 안 된다. 갑판에 있으면서 어떻게 고래를 만지는 것이 가능한지는 모르겠으나 '절대로'라고 하는 걸 보면 고래가 그 정도로 가까이 올 수 있으며, 언젠가 어떤 사람이 규정을 무시하고 고래를 만진 적이 있었나 보다. 고래가 팔 뻗으면 닿을 거리에 올 수도 있다고? 짜릿한 기대감으로 사람들이 몸을 떤다. 에덴의 베테랑 여행업 종사자들 사이에는 이런 얘기가 있다. '혹등고래는 배를 색깔과 모양으로 구별할 수 있어' '그게 다가 아냐, 특정 배를 기억할 뿐 아니라 어떤 배에 대해서는 다른 배보다 더 많은 관심을 보이고 심지어 애정 표현까지 해.' 고래가 자발적으로 접근하는 것을 여행업자들 사이에서는 '머깅(동사 mug의 '뒤에서 덤벼들어 목을 조르다, 습격하다'란 뜻에서 유래했다. 고래가 다가오는 기쁨을 역설적으로 표현한 것이다—옮긴이)'이라 한다.

참석자들은 시린 발을 구르며 부두에서 대기했다. 마침내 마지막 참석 예약자가 지각해서 미안한 표정을 지으며 달려왔다. 그의 손에는 구식 놋쇠 망원경이 쥐어져 있다. 해적들의 필수품. 하지만 어른에게 물려받은 것일 테다. 트랩을 지나 배에 올랐다. 사람들은 자리에 앉거나 난간을 잡고 섰다. 배가 힘을 받아 파도를 가르고 달린다. 뒤를 보니 콘크리트 제방에는 펠리칸이 기지개를 켜고 햇빛에 몸을 녹이고 있다. 앞을 보니 바다는 사과 속 같은 베이지 그린 빛이 난다. 기대감에 가슴이 뛴다. 고래야 어딨니?

크릴을 먹는 혹등고래

호주인들에게 고래를 그려 보라고 하면 대부분 그냥 혹등고래를 그릴 것이다. 혹등고래의 학명은 Mega·ptera novae·angliae이다. 거대한 mega- 날개ptera가 달린 뉴novae잉글랜드인angliae이란 뜻인데, 일정 간격으로 홈이 패인 단단한 널빤지 같은 가슴지느러미를 거대한 날개로 표현한 것이다. 다 자란 혹등고래는 리무진 크기만 하다. 머리는 모루처럼 뾰족하다. 온몸에 따개비를 덕지덕지 붙이고 다니는 혹등고래는 고래 종의 특징인 방어피음countershading(혹등고래를 비롯한 많은 생물이 몸의 윗부분은 어두운색이고, 아랫부분은 밝은색을 띠면서 일종의 보호색을 만드는 현상—옮긴이)을 보여 준다. 배 부분은 얼룩진 흰색이고 태양을 향하는 등 부분은 어둡고 짙은 푸른빛을 띤다. 등의 짙은 색은 햇빛으로 인한 화상을 막아 주고, 배의 밝은색은 바다 생물이 아래로부터 바다를 볼 때 고래를 위장해 주는 역할을 한다.

혹등고래는 미국 동북부의 뉴잉글랜드를 비롯해 다양한 해상 공간을 서식처로 삼고 있는 적응력이 좋은 광분포종(둘 이상의 대륙에 걸쳐 분포하는 종—옮긴이)이다. 하와이와 브라질, 한반도 동해와 지중해, 영국과 노르웨이의 해역, 베링해, 코스타리카와 버뮤다 연안, 대만의 동쪽 해안 등 다양한 곳에서 포착된다. 아라비아해에서 발견되는 예외적인 종을 제외하고는 거의 모든 혹등고래가 철 따라 이동한다. 따뜻할 때는 극지방 근처에 모였다가 추워지면 고래는 해안을 따라 해저산(해저 화산 활동의 결과로 생긴 원뿔꼴의 산—옮긴이)을 지나 밝고 맑지만 먹이는 빈약한 해역으로 들어서서 적도 쪽으로 이동한다. 몇몇 고래 종은 평생 혈연으로 맺은 무리에서 살아가기도 하지만, 대부분의 혹등고래는 상황에 따라 또는 시기에 따라 무리를 이루다가 이주할 때가 오면 혼자서, 또는 짝을 지어, 혹은 드물게 셋이서 움직인다.

호주 지협(양쪽에 해양 등이 접근하여 극단적으로 좁아진 지형—옮긴이)과 헤드랜드(굴곡이 심한 해안에서 튀어나온 곳. 곶串, 또는 갑岬이라고도 한다—옮긴이)를 지나쳐 가는 혹등고래는 남쪽의 저위도 지역에서 삶의 오랜 기간을 머문다. 그곳에서 혹등고래는 크릴을 빨아들인다. 크릴은 성냥개비 크기에 새우처럼 생긴 갑각류이며, 투명한 바탕에 녹인 유리 방울 같은 붉은 오렌지빛이 점점이 박혀 있다. 혹등고래가 꿈틀대는 크릴을 덮쳐 물과 함께 삼키면 고래의 목구멍은 팽창하면서 아코디언의 바람통 같은 거대한 주름이 잡힌다. 곧 고래가 물을 배출하지만, 크릴은 안쪽으로 휘어진 수염판(고래수염)에 걸러진다. 무리 지어 사냥을 하는 혹등고래는 때때로 분수공을 통해 물 위로 거품형 기포를 연속으로 쏘아올려 둥그런 기포 장막을 만든 다음 그 속에 크릴 떼를 가두고, 아가리를 벌리고 상승하면서 장막 속에 포획된 크릴을 마음껏 삼킨다. 가끔 그들이 달리 트랙(레일 위로 카메라를 이동시키기 위해 설치하는 트랙─옮긴이)에 오른 것처럼 해저를 나란히 미끄러지듯 유영하면서 그들 사이로 크릴을 몰아넣는 것이 목격되기도 했다. 전자 추적 장치를 통해 혹등고래가 사냥감을 먹어 치울 때 어떤 고래는 왼쪽을 어떤 고래는 오른쪽을 선호한다는 것도 알게 되었다. 고래도 우리처럼 오른손잡이, 왼손잡이가 있는 것이다.

어원에 대한 일치된 결론은 없지만 '크릴'은 의성어에서 비롯되었다고 한다. 크릴이 개별적으로는 소리를 낼 만해 보이지는 않지만, 바닷속에서 수백만 개의 '헤엄다리'를 자박거리며 내는 소리는 **크릴**krill이라고 할 만하다. 바다 표면 아래로 위로 수많은 크릴이 다리를 재빨리 움직여 미끄러지듯 미뉴에트 춤을 춘다. 웨들해로부터 남극반도까지 유빙 주위로 반짝거리며 (크릴의 머리 부근, 눈자루는 발광성이다) 거대한 버섯구름 모양을 이루어 몰려다닌다. 때때로 둥근 소용돌이 모양으로 소용돌이치듯 굽이쳐 먼바다로 이동하기도 한다. 바다에서 휘몰아치는 모래 폭풍 같다. 이렇게 움직일 때 크릴 무리는 바다를 적갈색으로 바꿔 놓는다. 때로 엄청난 덩어리를 만드는데 공중에서도 보일 정도다. 어떤 식으로 크릴이 무리를 이루는지는 여전히 미스터리다. 생물학자들이 크릴 무리 속에 위계가 있음을 보여 주는 단서를 발견했다는 소식이 있었다.

생태적으로 크릴은 가장 중요한 생물 자원이며 극지방 먹이 사슬의 바탕이 된다. 크릴은 400조 마리로 추정되며 지구상에서 가장 숫자가 많은 생물이다. 종일 몰려다니며 엄청난 양의 식물 플랑크톤을 부지런히 먹어 치운다. 바다의 채소라 할 만한 해조류도 대량으로 먹어 없앤다. 바닷속 빙판 아래에 거꾸로 펼쳐진, 두께가 손가락 마디만 한 해조류 초원에서 크릴은 자신의 애벌레와 함께 옹기종기 모여서 맘껏 바다의 풀을 뜯어 먹는다. 해조류가 물리면 플랑크톤을 먹는다. 그들은 올라가면서 플랑크톤을 먹어 치우고, 내려가면서 칵테일 잔에 담긴 우산처럼 몸을 까불거리며 바로 소화시킨다. 이런 움직임이 바닷속 조류를 만들어 낸다.

남극의 봄과 여름 내내, 크릴의 먹이인 미세 식물과 플랑크톤이 번성한다. 까불대는 크릴도 함께 한창이다. 계절이 바뀌고 지구에서 가장 혹독한 겨울이 엄습하면서 얼음은 더 넓게 더 깊이 얼어붙는다. 해가 머무는 시간이 줄면서 광합성 기회도 줄어든다. 바다 아래에서 얼음은 동굴과 처마도리를 그리고 테라스 모양을 만들며 움푹해진다. 해조류는 그곳의 천장에 붙어서 두터워진 얼음을 뚫고 가까스로 도달하는 햇빛을 받아서 겨우 생명을 유지한다. 그때쯤 크릴은 죽는다고 한다. 죽지 않으면 얼음의 귀퉁이에 붙어서 식물성 삶을 산다. 크릴이 굶주리면 (끝없는 밤만 이어지는 남극의 겨울에는 모두 굶주린다) 쭈그러들지만 눈의 크기는 그대로여서 봄이 다시 돌아왔을 때 그들은 눈만 휘둥그레 튀어나온 몰골을 하고 있다.

물속에서 들리는 소리

밤이 대부분인 바다를 가로질러 하얀 색깔만 있는 얼음 직소 퍼즐이 하나하나 맞춰지며 거대한 얼음덩어리가 될 때, 혹등고래는 남극 환류(남극 주위를 시계 방향으로 흐르는 지구상 가장 거대한 해류—옮긴이)를 헤치고 불모지가 된 남극해를 떠나 북쪽으로 이주한다. 그들은 매년 1만 킬로미터를 여행한다. 어떤 곳에서는 훨씬 더 많이 이동하여, 무려 1만 6천 킬로미터(아프리카 대륙을 남북으로 두 번 오가는 거리다)를 주파하기도 한다. 이주 경로는 어른이 새끼에게 전한다—어떻게 가능한지는 아직 모른다—그러나 고래가 홀로 대양에서 방향을 잡는 것은 여전히 개별 고래의 엄청난 항해술을 필요로 한다. 해저에 있을지도 모르는 몇 안 되는 길잡이 지표조차 깊은 바닷속에 숨어 있다. 남극해는 대략 7킬로미터의 깊이로 흐른다. 이 바다를 끝까지 가 본 사람의 수는 달 착륙자의 수보다 적다. 고래의 전뇌 속, 혹은 눈 속 세포 안에, 어떤 입자들이 있고 그것이 지자기장에 이끌려 방향을 잡는다고 추측한다. 그것은 시각적이거나 촉각적인 감각은 아니지만 어떤 감각인 것은 분명하며 그것이 고래의 이동을 도와준다. 혹등고래의 경로는 북극에서 약해진 바람이 몰려올 때쯤, 낡은 밧줄처럼 갈라진다. 고래는 호주 대륙의 양쪽을 따라 나뉘어 순항한다. 서쪽 항로를 잡은 고래들은 레베크곶까지 도달하고, 동쪽을 향한 무리는 리본리프와 케언스까지 간다. 고래는 이곳에서 겨울을 나면서 연안의 바다에서 새끼를 낳고 기른다. 만약 남극이라면 먹이가 거의 고갈된 상태이고 그나마도 더 넓어지고 깊어진 빙판 아래서는 구하기도 힘들 때이다. 고래가 겨울을 피한 곳이 육상의 척추동물인 우리에게는 여전히 추운 곳이지만, 고래가 피해 온 남극은 더 무자비하게 추운 곳이다.

암컷 혹등고래는 다섯 살에서 일곱 살 사이에 어른이 된다. 그 후 암컷은 대략 3년에 새끼 한 마리를 밸 수 있다. 임신 기간은 11개월이다. 새끼 고래가 태어났을 때 지느러미와 꼬리는 말랑말랑하다. 그렇지만 바로 수면으로 올라가 숨을 쉬고 물 위로 솟구칠 수도 있다. 고래 양육과 관련해서 특이한 사실. 혹등고래는 새끼에게 분홍빛 우유를 먹인다. 장밋빛 크릴을 먹어서 생긴 결과다. 하루 400리터가량 나오는 우유는 지방이 50퍼센트나 함유되어서 매우 끈적끈적하다. (Q. 고래 젖은 어떤 맛일까? A. 대략 버터 맛에 가깝다) 혹등고래는 입술이 없어서―입에 단단한 테두리가 있을 뿐이다―새끼는 길고 깔때기처럼 생긴 것 속으로 혀를 말아 넣어서 우유를 섭취한다. 남극으로 돌아가는 길에, 많은 새끼들은 어미의 뒤에서 떨어지지 않으려다 자꾸 부딪쳐서 주둥이가 거칠어지고 통통 부어오른다. 새끼는 6개월에서 10개월 안에 젖을 뗀다. 그리고 일 년이 지나면 어미에게서 독립한다.

남극해에서 크릴을 실컷 먹고 두툼한 지방층을 키웠기 때문에, 어른 혹등고래는 이주하는 동안에 거의 아무것도 먹지 않는다. 드물게 먹고 싶은 마음이 동할 때 고래는 호주 해역의 얕은 바다에서 작은 물고기를 쫓아서 먹어 치운다. 13세기 북반구에서 옛 스칸디나비아의 뱃사람들은 고래가 덧없는 어둠과 대서양에 떨어지는 빗물만 먹더라고 전한다. 적어도 남극해에서 멀어지면 혹등고래도 어둠과 빗물만을 먹는 것처럼 보인다. 귀환하는 동안에는 점점 야위어서 뼈만 남을 정도가 된다. 마침내 그들이 굶주린 채 도착했을 때 그 몸뚱이는 원래 체중의 3분의 1 정도밖에 안 된다.

고래 투어 배가 넓은 바다로 들어섰을 때, 해파리가 보였다. 마치

하늘 높이에서 갑자기 떨어진 것처럼 온 사방에서 철벅거렸다. 해파리는 원시 시대부터 존재했다. 너무 부드러워서 배의 선체와 부딪혀도 아무 탈이 없는 그들은 찻빛을 띠고 있다. 해파리는 지구 생명체의 최초의 눈에 속하는, 빛만 인식할 뿐 다른 것은 거의 인식 못 하는 안점ocelli을 갖고 있다. '그걸 눈이라 생각하면 해파리는 오직 얼굴뿐인 존재군.' 이런 생각을 하면서 나는 미용 마스크팩같이 하늘거리는 해파리가 주르륵 배를 지나치는 것을 보았다. 이것은 소위 '해파리 대증식' 현상(남획 혹은 어류 감소, 부영양화로 인한 이동으로 먹이 경쟁에서 우위에 서게 된 해파리가 갑자기 폭발적인 증식한 현상—옮긴이)인가 아니면 그냥 자연스레 떼로 모인 것인가? 해파리가 우리에게서 안 보이는 곳으로 흘러가면서 나의 질문도 사라졌다. 아직 고래는 보이지 않았다.

에덴의 혹등고래는 우리 투어의 안내자 로스 버트의 목소리를 알아듣는다고 한다. 마을 사람들은 나에게 그녀가 휘파람을 불면 마치 개가 다가오듯 고래가 온다고 말해 주었다. 그녀는 그 주장에 대해 부인하지 않았다, 하지만 내가 그게 사실인지 직접 물었더니 시인도 부인도 하지 않았다. 부쎌즈 브랜드의 차 박스를 뜯으면서 '두고 보면 알겠지요'라고 대답했다. 그녀는 남편과 함께 캣발루Cat Balou를 28년이나 몰았다. 캣Cat은 쌍동선catamaran을 말하고, 발루Balou는 고대 불어로 '맑은 물'이란 뜻이다.

대략 30명이 탄 우리 배는 한 시간은 족히 달린 후에 속도를 늦추었다. 새는 날아가고 새가 앉았던 그네만 흔들리고 있는 새장처럼 내 몸이 요동쳤다. 바다의 소리와 바람의 소리와 웅웅거리는 배의 엔진 소리가 뒤죽박죽 서로 다투었다. 바다 저쪽에서는 아직 어떤 조짐도 보이지 않는다, 그러나 근처에 있는 배가 고래를 보았다는 소식은 들리는 듯했다. (투어 배와 지역 어선들은 단파 라디오를 통해 서로 연락을 주고 받았다.) 물속의 소리를 엿듣기 위해 배 아래로 수중 청음기를 설치했다. 한동안 잡음이 나더니, 떨리는 듯한 소리가 들렸다. 선상의 스피커를 통해 높은 음조의 꿀렁이는 소리가 났다. 미소가 돌고 고개를 끄덕인다, 기대감이 솟는다. 참새우 무리의 소리일 뿐이라는 방송이 나왔다. 모두 맥이 빠진다. '이이이이' 소리를 끌면서 참새우 떼가 사라진다ー그들의 몸뚱이는 그들의 소리를 활자화시킨 모음 e와 잘 어울린다. 다시 고래 소리에 집중해 본다. 안 들린다. 해류가 바닥을 쓸어갈 때 들리는 모래와 자갈이 부딪히는 소음뿐이다.

물속 수중 청음기가 회수되었다. 그런 다음 로스 씨는 우리에게 '흔적'을 찾아보라는 말을 했다ー고래가 물표면 아래에서 꼬리를 치면 바다 표면에 파도 주름이 사라지는데 그 부분을 흔적이라 한다. 그는 또 이동 중인 고래는 분수공에서 뿜어내는 물줄기로 확인할 수 있다고 말했다. (그냥 물줄기가 아니라, 숨 속에 섞인 수증기에 가깝다. 고래의 폐에서 가열된 숨이 응축된 것이다.) 남방긴수염고래는 숨구멍에서 직각으로 두 갈래의 숨 기둥을 분출시키기 때문에 V자형의 증기를 뿜는다. 뿜어져 나온 증기는 마치 말 없는 말풍선처럼 한동안 공중에 머문다. 이곳 해역에서 발견되지는 않지만, 귀신고래는 '사랑의 하트를 내보내는' 것으로 알려져 있다. 귀여운 숨으로 만든 사랑의 징표. 우리는 혹등고래를 만날 가능성이 가장 높다. 그들이 3미터 높이로 숨 기둥을 분출하면 바람이 즉시 쓸어 버린다. 혹등고래가 숨 내쉬는 걸 보면 마치 짓궂은 신이 팔을 뻗어 지구라는 풍선을 핀으로 푹푹 찌르는 것 같다.

몇몇 사람들이 기대감을 감추지 못하고 쌍안경으로 주시한다. 조금 전에 망원경을 갖고 온 그 남자가 그것을 후추 그라인더를 돌리듯 만지며 요란을 떨더니, 지금은 집게손가락으로 배 난간을 두드린다. 벌써 지겨워진 걸까. 한 노인이 손녀에게 후드 모자를 씌워 올려 주더니 자신도 후드 모자를 쓰고는 무릎 자세로 앉아서 손녀와 무슨 소리를 주고받는다. 여기저기서 들리던 소리가 잦아든다. 바다는 대리석 색상으로 빛나고 있다.

동물을 만나려는 사람들

남극의 심해보다 우리의 집단적 상상력으로부터 더 많이 차단된 곳이 있을까? 전원이 꺼진 오디오 기기 같은 곳, 너무 먼 곳. 백색 소음, 움직이는 얼음 덩어리, 크릴이 움직이는 소리. 투명 물고기 살파, 기이한 해면 동물, 그리고 다른 수수께끼 같은 생명체들이 제각각 돌아다니고 있는 남극의 해저는 어둠에 잠겨 촉각과 시각으로는 범접하기 어렵다. 정확한 언어를 쓰는 작가라면 그곳을 묘사하기 위해 '지형' 같은 단어를 쓸 생각은 하지 않을 것이다. 심연. 남극의 바다는 거대한 암흑이다. 우주의 반타블랙(빛을 99.96퍼센트 흡수할 수 있어 세상에서 가장 진한 검은색을 내는 신물질─옮긴이)만큼 짙은 암흑이다.

　하지만 사람들은 이곳으로 이끌린다. 고래의 아찔한 출현이 주는 매력. 그것이 우리가 투어 배를 타기로 마음먹은 이유일 것이다. 우리는 인간의 영향력까지는 아니더라도 인간의 주거 공간이라도 벗어나 거대한 세계와 만나고 싶었던 것이다. 인간 세상 밖의 야생과 접하길 갈망한 것이다.

바버라 에런라이크가 〈더 베플러〉에 기고한 글에 따르면 현재의 야생 체험 투어는 '사람들이 명상, 단식 그리고 기도를 통해 추구하던' 것을 파는 것이며 '미국의 시드니로부터 멕시코의 바하 칼리포르니아에 이르는 고래 관찰 투어 회사들은 고래를 매개로 그런 '영적 경험'을 판다고 했다. 환경 파괴로 인간들 사이에 불안이 널리 퍼지면서 외딴 서식처에 사는 동물을 만나려는 사람이 늘어나는 것은 현대인의 어떤 열망을 극적으로 드러낸다. 그것은 주체적이며 풍요롭고 활력 있는 자연 그대로의 야생에 노출되어 인간의 왜소함을 새삼 느끼고 자연의 신비함에 빠져 보고 싶은 갈망이다. 이 갈망이 설사 에런라이크가 말하는 그런 영적 굶주림까지는 아니더라도 심리적인 공허함에는 해당한다. 우리는 인간 세상의 한계를 절감하면서 고통을 느끼는 것이며 잠시라도 그것을 잊고 싶어 한다.

눈을 들어 밖을 보고 역사를 돌이켜 보라. 고대의 인간들은 바다가 무시무시한 존재적 공허로 채워진 곳이라 생각했다. 사람은 없고, 막힘 없이 터진 곳. 과거의 지도 제작자들은 바다 쪽 경계를 기이한 그림 드롤러리(중세의 사본 속 괴이한 동물 그림―옮긴이)로 채웠다. 손으로 정교하게 그린, 고래와 바다뱀을 혼성 교배시킨 듯한 괴물. 비늘로 덮인 온몸에 나뭇가지 같은 깃털이 난, 사슴뿔이 솟아 있고 날카로운 송곳니를 드러낸 괴수. 바다가 텅텅 빈 곳이란 아리스토텔레스식의 공포(고대 희랍인은 바다가 하늘처럼 끝이 없다고 믿었다)를 물려받은 중세의 지도 제작자들은 알려진 세계의 경계에 드롤러리를 그려 넣어 표시했고 그 너머가 항해 기술이 닿지 못하는 신화의 세계임을 인식시켰다. 이런 신화의 영역에서는 사실과 소문을 넘나들면서 고래가 말처럼 껑충거린다고 해도 이상한 일이 아니었다. 모든 육상 생물에 대해 도립상(상하좌우가 실제 물체와 거꾸로 된 상―옮긴이)에 해당하는 물속 쌍둥이 동물이 존재할 것이라는 확신 때문에 해상 동물은 늘 육상 동물을 대비시켜 묘사했다―예를 들어 뾰족한 뿔을 뽐내는 한 무리의 외뿔고래 narwhal는 수영하는 거대한 산미치광이(몸과 꼬리 윗부분이 가시털로 덮혀 있는 야행성 동물―옮긴이)를 연상시킨다. 고래가 자연의 생물체인지 아니면 환상 속의 괴수인지 누구도 입증할 수 없었다. 고대인이 가진 인식의 한계를 넘어 존재했던 고래의 모습은 멋대로 바뀌고 공격당하고 도전받았다. 고래에 대한 인간의 지식은 늘 부족해서, 1950년대가 되어서도 레이철 카슨의 글에서 고래가 연안의 조류를 타고 나타났는데 '아무도 그것이 어떤 경로를 통해서, 어디서 왔는지 모른다'고 적혀 있을 정도다.

그러나 현재 우리는 과거의 지도 제작자들과는 정반대의 이유로 두려워하고 있다. 우리는 비어 있는 곳이, 더 이상 손대지 않은 곳이 없을까 봐 두려워한다. 이런 두려움은, 수많은 어처구니없는 사태들 중에서도, 심해의 폐기물 지대에서 플라스틱 쇼핑백을 줄줄이 끌고 나오는, 벼룩 크기에 빛깔이 창백해서 송장 파먹는 귀신 같은 단각류에 관한 얘기를 들었을 때 증폭된다. 강력하고도 등골이 오싹한 공포. 우리는 본능적으로 이제 지도에 표시된 영역 너머에 존재하는 것이 더 이상 기이한 괴물도 거대하고 매혹적인 야생 동물도 아니라, 우리가 처리하는 일상의 쓰레기라는 것을 알게 된 것이다. 아무도 살지 않는 귀신 씐 집이지만, 우리 손으로 지은 집이다. 이런 야생의 상실은 우리가 자연을 바라보는 관점과 우리 자신에 대한 인식까지 혼돈에 빠뜨렸다. 역사적으로 인간이 저지른 짓이 고작 자연의 영역을 멋대로 침입하고 훼손하여 그 독자적인 공간을 무너뜨린 것이란 말인가?

남극에서 고래잡이가 금지된 이후, 이주 중인 혹등고래가 포착된 것은 희망의 근거가 되었다. 자연이 회복될 수 있다는 가능성을 본 것이다. 이런 꿈같은 희망 속에서도 우리는 남극해를 너무나 먼 곳에 있어서 인간의 일상이 더럽힐 수 없는 불가해한 **미지의 바다**로 보는 경향이 있었다. 남극은 우리가 익히 들어온 뚤뚤 뭉쳐진 쓰레기 더미가 발견되는 바다와는 격이 다른 곳이었다. 기름 유출로 인한 잠재적 피해를 숨기고 있는 바다와는 달리 청정함을 유지하고 있었다. 그곳에는 오염의 징후를 보여 주는 성게 무리의 행진도 없었다. 남극해는 최근에 와서야 더욱 광범위한 재앙인 기후 변화를 입증하는 최악의 무대로서, 새로이 대중의 주목을 받게 되었다. 그 하얀 결정 덩어리로 이루어진 최후의 변방, 그곳의 빙하가 검은 바닷물 속으로 사라지고 있다. 남극해의 빙하가 무너져 내리는 것은 지구 온난화를 극적으로 보여 주는 장면이 되었다.

고래를 만나 우리가 경험하고자 하는 것이 인간세계와 동떨어진, 거대하고 독자적인 자연을 체험하는 것일까. 그렇다면 인간의 개입으로 혹등고래가 가장 오지인 남극의 환경도 변화시킬 수 있음을 인식시켜 준 시기에, 고래 관찰이 고래가 일 년의 절반을 머무는 곳을 바뀌게 하는 계기가 될 수 있을까? 고래가 우리로 하여금 인간이 상상도 하기 힘들고 직접 가 보기는 더욱 힘든, 그렇게 엄혹하고 원초적인 장소에 대해 우리가 얼마나 큰 영향을 줄 수 있는지 깨닫게 할 수 있을까?

캣발루 호의 뒷전에 서서 안내인 로스 씨가 포경에 대해 개인적 경험을 말하는 걸 들었다. 고래잡이가 절정이었던 20세기에 호주 동부로 이주하는 혹등고래의 숫자는 250마리 정도로 격감했고 이곳 해안에서 한 마리라도 목격한다면 그건 기적에 가까운 일이었다. 국제적 협력체가 미래 세대를 위해 고래를 보호하자며 힘을 합친 것은 최근 몇십 년 사이의 일이다. 요즘은 이천 마리가 넘는 혹등고래가 나타난다. 로스 씨는 환한 얼굴로 관광객들에게 비록 해안에서 멀리 떨어진 곳에 산다 하더라도 전 세계에서 고래를 모르는 사람은 없다고 말해 주었다. 고래는 세계 최대의 해외 이주자이다. 아이들의 첫 철자책 'W'자의 대표 단어이다. 어떤 나라도 고래에 대한 독점권을 주장하지는 못한다. 고래는 세계 시민이 보존에 관심을 기울이는 공동의 공간에 속해 있다. 그는 국가가 그어 놓은 해양의 경계를 넘어 인간을 결속시켜 주었다.

우리는 고래를 사랑하는가

호주에서 (호주가 세계 최고의 포유류 멸종률을 기록한 동시에 최대의 고유 토착 동물을 보유하고 있다는 사실은 서로 연관이 있다) 혹등고래의 개체 수가 거의 멸종의 단계에서 뚜렷한 회복의 단계로 들어섰다는 사실이, 사람들이 고래 관찰에 참여할 주요한 동기를 부여했다. 고래 자체가 거의 전설이 될 뻔했다는 아찔한 사실이 고래 관광의 핵심이자 그 매력의 근원이다. 로스 씨의 설명이 계속되는 동안 나는 뒤로 돌아서 멀어지는 에덴의 해변을 보았다. 해변의 나무가 아스파라거스 끄트머리만 해졌다. 고래 투어는 고래가 멸종할 뻔했기에 여행 상품이 되었다. 유령이 되었을지도 모를 존재를 보고 싶다는 생각이 여행으로 이끌었다. 우리가 지켜 낸 것을 보고 싶은 것이다. 생태 여행 기획자들은 고래와의 만남을 두 가지의 경이로운 경험을 할 기회로 묶어 냈다. 그들의 해양 서식처를 침해하지 않고도 거대한 생물체를 목격하는 황홀감과 인간이라는 종이 환경 보전을 위해 절제력을 발휘할 수도 있다는 것을 생각해 볼 기회를 함께 결합한 것이다. 고래 한 마리 한 마리는 인간의 배려와 자연의 복원력을 둘 다 보여 주는 증거물이다. 고래를 포착하는 것은 복원의 서사를 상기시켜 준다. 인간의 개과천선을 반추하게 한다. 그들을 멸종의 순간까지 몰고 간 우리의 통제되지 않았던 힘에 놀라면서도, 통제력을 되찾아 낸 우리의 능력에 또한 놀라게 되는 것이다.

하지만 그렇게 오랫동안 고래잡이에 열중했던 인간이 어떻게 고래를 사랑하게 되었을까? 그리고 어떻게 그 사랑의 본질적인 요소가 보편성을 띠게 되었을까?

1972년에 유엔 인간 환경 회의는 '고래를 인류 공동의 유산으로 선언'하면서 고래잡이 금지를 추진했다. 그러나 국제 포경 위원회가 그런 금지 조처를 실행에 옮긴 것은 거의 10년이 더 지나서야 가능했다. 그 10년 동안 반포경 압력 단체들은 과거의 고래잡이 국가들과 함께, 포경을 안 하는 나라들―그중 몇 나라는 육지로 둘러싸인 나라였다―에 금융적 지원을 통해 위원회 회원 자격을 바꾸게 했고 그들이 회원국이 되도록 도왔다. 1980년에 오만과 스위스가 회원국이 되었다. 이어서 자메이카, 세인트루시아, 도미니카, 코스타리카, 우루과이, 인도, 그리고 필리핀이 가입했다; 다음에는 세네갈, 케냐, 이집트, 벨리즈, 앤티가바부다, 그리고 모나코가 신입 회원국이 되었다. 중국도 가입했는데 세계 자연 기금이 중국의 판다 보호를 위해 백만 달러를 지원하겠다는 약속을 하고서야 국제 포경 위원회 회원국이 되었다는 뒷소문이 있었다. (고래잡이 금지를 놓고 토론에 몰두해 있는 동안에 몇 종류의 다른 멸종 위기종에 대한 논의도 동시에 진행하고 있었다.)

고래잡이 국가들로부터의 국제 포경 위원회의 재원 조달 의존도가 하락하면서 위원회 과학 위원회 소속 생물학자들은 더 과감하게 환경 보전을 향한 입장을 취하게 되었다. 그러나 과학적 관심사에 대해 대중들의 참여를 이끌어 내는 데는 가수와 영화 감독, 그리고 작가들의 역할이 컸다. 영국 그린피스는 자신들의 방식을 '이데올로기라기보다는 이마골로기(이미지와 이데올로기를 결합한 조어로 밀란 쿤데라가 《불멸》에서 언급했다. 논리적인 체계가 아닌 이미지와 슬로건 같은 감성적인 것의 지배를 받는 체계다—옮긴이)'라 불렀다. 법이 미치지 못하는 공해에서 작살의 위험을 무릅쓰며 고래 앞에서 용감하게 버티는 고무보트를 탄 사람들의 동영상은 많은 이들의 공감을 얻었다. 런던에서 적게 잡아도 1만 5천 명이 모인 집회가 전 세계에 중계되었는가 하면, 팔리 모왓의 소설 《죽이기 위한 고래》는 강의 도서 목록에 오르기 시작했다. 팔리는 노르웨이의 포경을 '현대적 몰록(성경에 등장하는 셈족의 신으로 어린이를 제물로 바친다—옮긴이)'이라 불렀다. 편지 쓰기 캠페인에는 어린이들이 참가했다. 뉴욕에서 부에노스아이레스까지, 캔버라에서 아테네까지, 십대와 젊은이들은 열렬하게 '미래로부터 온 목소리'라는 말로 편지를 끝맺었다.

수중 음향 녹음 덕분에 고래가 전자 시대의 아이콘으로 각광받은 것도 큰 도움이 되었다. 1950년대에 처음 녹음되었던 고래의 노래는 녹음 기술이 바다 끝까지 확장되었음을 입증했고, (고래 소리는 군사적 정찰을 위해 최초로 녹음되었다) 우리 내부에 있던 새로운 종류의 탄성이 터졌다. 멸종 위기에 처한 고래 소리를 미지의 땅에서 현장 녹음해서 고래끼리의 은밀한 의사소통 망을 밝혀냈다. 그들만의 비밀은 우리 안에 숨겨져 있었던 것을 드러내는 데에도 사용되었다―고래 소리는 샤먼적 명상, 채널링(영매가 영적 존재의 메시지를 전하는 행위―옮긴이), 정신 분석, 전생 여행, 제3의 눈을 열기, 그리고 석영으로 영적 기운을 다루는 데 사용되는 천연 사운드트랙이 되었다. 고래는 범신론적 교의를 수용한 교외 거주인들의 영적 동물로 간택되었다. 로저 페인이라는 생물학자가 제작한 음반 〈혹등고래의 노래〉(1970)는 수백 만장이 팔렸다. 그 앨범은 결국 천만 장까지 발매되면서 지금까지 한 번에 최대로 제작된 싱글 엘피판으로 남았다.

1977년에 시민 단체의 압력으로 호주는 고래잡이를 멈췄다. 호주는 영어권 국가 중에서 상업적 포경을 지속한 마지막 국가였지만, 또한 공식적 반포경 논리를 미래의 재사냥을 위한 것이 아니라, 고래가 '특별하며' '지능이 있는' 존재라는 생각에 기초하도록 바꾼 첫 번째 국가이기도 하다. 1980년에 제정한 호주 고래 보호 법안은 전 세계에서 국내법으로 고래를 다룬 최초의 사례가 되었다. 연이어 1985년까지 3년의 유예 기간을 두고서 지구 전역에서 상업적 포경을 금지하는 조치가 1982년에 의결되었다. 그러나 시행 보류를 신청했던 아이슬란드는 오늘날까지도 포경을 계속하고 있다. 노르웨이는 더 심한 경우인데 의결의 순간까지도 반대를 했다는 이유로 자신들이 이 조치의 구속을 받지 않는다고 여긴다. 러시아도 반대 대열에 섰으나 포경은 중단했다. 일본의 경우 법안의 과학 연구 예외 조항을 이용해 규모는 줄였지만 포경을 계속하다가 2019년이 되자 국제 포경 위원회를 탈퇴하고는 노골적으로 동물성 단백질 공급을 위한 포경을 개시했다.

전통적으로 고래잡이를 해 온 문화권에 속하는 집단에게는, 한 이

누피아크(알래스카, 캐나다, 그린란드에 분포하는 알래스카 선주민의 한 종족—옮긴이) 대표의 노력이 주효하여, 수량이 제한된 고래잡이를 허용하는 것이 금지 조치의 면제 조항으로 들어갔다. 그래서 알래스카와 캐나다 지역의 이누이트족, 대서양 세인트빈센트와 그레나딘 제도의 섬 지역과 러시아 연방에 사는 축치족, 인도네시아의 렘바타섬과 솔러섬을 비롯한 여러 섬에 사는 라마래란즈족과 여타 부족들은 여전히 고래를 사냥할 수 있게 된 것이다. 미국 본토 워싱턴주 북서쪽 첨단에 사는 마카족도 일 년에 한 마리에서 세 마리의 고래를 잡았던 그들의 전통을 되돌릴 수 있도록 예외를 허용해 달라고 요청한 것으로 보아 다시 귀신고래를 사냥하기로 마음을 굳힌 것으로 보인다.

시드니 대학의 국제관계학 교수 샬럿 엡스타인은 1982년의 포경 금지 조치가 '전 지구적 자연 자원에 대한 상업적 착취를 선제적으로 중단'시킨 최초의 사례라고 의미를 부여했다. 그러나 그 조치는 생명을 보존할 권리가 있는 존재로서 동물을 보호해야 한다는 목적을 위한 포괄적 노력의 일환이 아니라, 포경이 채취 산업과 환금성 산업이란 완고한 관점을 고수하면서 취해졌다는 점에서 한계가 있다. 폭넓은 관점에서 봤을 때, 반포경 운동이 오염을 줄이고 야생을 보호한다는 점에서 그 동력을 이끌어 낸 것이다. 그 운동은 기본적으로 멸종 위기 동물 캠페인은 아니었다.

1970년대에 들어서 1980년대 초반까지, 일련의 대규모 재앙을 통해 환경적 위기가 국경을 넘어섰다는 사실이 드러났다. 유럽의 체코 공화국, 독일 그리고 폴란드를 포함하는 검은 삼각형 지역에서 산성비구름이 세 나라의 접경 지역에 머물면서 산림을 고사시키고, 운하를 비롯한 수로를 황화시켜 물고기를 떼죽음으로 몰았다. 오랫동안 공기 중으로 용제, 분사제, 그리고 냉매를 방출하면서 오존층이 고갈되어 대기 중으로 진입하는 자외선이 증가했다. 우크라이나의 체르노빌에서 일어난 원전 폭발은 유럽 전역을 떠돌고 있을 방사성 낙진에 대한 공포를 증폭시켰다. 이런 위협에 대한 대책으로 개별 국가에 선제적이고 예방적인 조치를 호소하는 것은 한계가 분명하다는 것이 공감을 얻고 있다. 전 지구적 수준은 아니라 하더라도 적어도 국적을 초월하는 차원에서 대책을 실행해야 할 필요가 커지고 있었다.

이런 배경을 놓고 보면, 포경은 지구적 차원에서 동물에게 닥친 재앙의 충격적 본보기라 할 만하다. 포경의 역사는 남·북반구를 가릴 것 없이 펼쳐졌지만, 공동 관리를 전제로 모든 나라가 주요 협약들에서 '공동 주권'을 선언한 것은 한 지역에 집중되었다—자연을 위해, 과학을 위해 극지방에 보존 지구가 지정되었다. 고래가 겪었던 대학살에만 매몰되지 않으면 포경은 뭔가 더한 것을 말해 주고 있다는 것을 알게 된다. 남극과 남극해에 대한 산업화 시대의 침입이자, 그로 인해 자연의 청정 지대로서 지구인 모두를 위한 공원이 훼손되었다는 것을 말해 주는 것이다. 포경은 고래에 대한 위협이었을 뿐만 아니라, 야생이 우리에게 준 모든 사고思考에 대한 위협이었다. 그래서 포경을 상업적 고려로부터 차단해야 한다. '환경'을 보호하고, 포경으로부터 고래를 지키는 것은 전 지구적 이해관계라는 스케일과 극지방이라는 지역성에서도 서로 분리할 수 없다. 이 두 가지는 암묵적으로 동일한 목표이다.

이런 논리는 한 발 더 확장되어야 한다. 반反포경은 단지 친親자연, 친야생만을 의미하지는 않는다. 그것은 친지구적 규모의 사고를 의미한다. 반포경 운동이 남긴 가장 중요한 유산은 '녹색'의 가치를 위해,

그리고 국적을 초월하는 환경적 시민 의식을 고양하기 위해 협력하면서 지구에 대한 책임감을 확립했다는 것이다. 자본만이 아니라 동정심도 국경을 초월해 사람들을 이어 주는 엄청난 힘이 될 수 있다는 것을 보여 주었다는 것이다. 우리가 스스로를 구원자로 격상시키는 경험을 뿌듯해하듯이, 그런 식으로 고래도 사랑받았다. 그들이 원래 사랑스럽기 때문이 아니라, 그가 인간이 자비를 베풀 대상이 되면서, 변화를 이끌어 낼 우리 힘이 어느 정도인지 알게 했고, 우리 속에 있는 더 고귀한 것과 만날 기회를 주었기 때문에 사랑받는 것이다. 이것 또한 사실이다. 우리는 자연을 위해서만 그것의 황폐화를 막으려는 것이 아니다. 우리 안의 어떤 이기적인 욕망이 야생의 장소가 지속하기를 원하는 것이다.

이런 역사적 학습이 있었기 때문에 우리가 고래를 만나러 바다로 나섰을 때, 우리가 무엇을 찾고자 하는지 아는 것이다. 우리가 찾고 싶은 것은 우리가 경외를 느끼며 동시에 겸손할 수도 있는가이다. 우리는 타인들과 함께 이 지구 차원의 운동에 동참하기를 원하며, 사상 최대 규모로 벌어진 생명 운동과 그 생명을 복원하려는 집단적 노력에 환호하기를 원한다. 그리고 우리 없이도 신비롭게 유지되었던 그 야생과 이어지기를 원하는 것이다.

이제 멀리 보이는 해안은 아래위로 푸른색을 배경으로 가느다란 황토색 띠처럼 가늘어졌다. 조금 있으니, 한 무리의 슴새가 캣발루호 위로 나타나 주위를 빠르게 날아다닌다. 마치 서커스 단원이 칼 던지는 묘기를 보여 주는 듯하다. 바닷속으로 뛰어들 때 각각 제 몸뚱이에 물방울 왕관을 씌운다. 슴새는 혹등고래처럼 남극에서 온다. 그리고 시베리아, 남아메리카와 일본에서도 호주를 향해 온다. 많은 슴새가 도착하자마자 지쳐서 죽는다. 새의 그런 떼죽음을 '파멸'이라 부른다. 10년에 한 번 정도 불규칙하고 혹독한 날씨로 인해 체력이 고갈된 슴새가 파멸에 이르곤 했다. 그러나 지금은 작은 무리의 파멸이 거의 2년에 한 번꼴로 발생한다. 물가로 밀려온 그 깃털 달린 생물체를 보노라면 굶주림으로 쇠약해진 것을 한눈에 알 수 있다. 바다가 따뜻해지면서 그들의 이주 경로에 있었던 먹잇감이 사라진 탓이다. 슴새가 떠난다면 도대체 어디로 가야 할까? 이렇게 쓸 수 있다면 얼마나 좋을까. '이들 새는 무진장한 행운이 기다리는 곳으로 떠나서, 오랫동안 건강하게 살았도다.'

인간 서사와 자연의 결함

보트 양쪽 뱃머리에서 관광객들이 눈을 가늘게 뜨고 사방을 주시하지만 고래는 여전히 안 보인다. 몇 명이 포기하고 낮은 갑판으로 가서 간식을 먹으며 기운을 차린다. 나는 옥수수와 당근이 점점이 눈에 띄는 즉석 수프를 감싸 쥐고 손을 녹였다. 햇살이 변하고 바다가 납빛이 되었다. 파도가 치고 잔물결이 일며 반짝인다.

'그가 곧 올 거에요(The whale who will come soon).' 한 소년이 희망 섞인 소리로 목청을 높인다.

'그것은 곧 올 거야(The whale that will come soon).' 아버지로 보이는 한 사내가 다정한 목소리로 문법을 바로잡아 주었다.

고래를 기다리며 정처 없이 시간을 보내고 있는 동안. 나는 어른이 아이에게 관계 대명사를 고쳐 준 것이 사소한 의미론적 트집 잡기에 불과한 것이 아닌가 생각했다. 고래를 '그것that'으로 지칭하는 것은 그 동물을 멀찍이 두면서 문법적으로 사물화시키는 것이다. '그who'라고 부르는 것은 고래에 인격을 부여하는 것이며, 고래를 화자와 가까운 존재로 끌어들이는 것이다. 호주의 신문에서는 동물을 '그것that'으로 지칭한다. (투어를 마친 후 나는 〈연합통신 출판 메뉴얼〉을 확인해 보았다. 지침에 따르면 동물에게 사사로이 이름을 부여했을 때 '그who'를 쓸 수 있다고 밝히면서 다음과 같은 예를 들었다―'그 개는, 그것은 길을 잃었는데, 울부짖었다(The dog, which was lost, howled)' … '애덜레이드, 그녀는 길을 잃었는데, 울부짖었다(Adelaide, who was lost, howled)') 다른 언어에서 동물을 지칭할 때 '그것'과 '그' 사이에 어떤 것을 지칭하는 대명사가 있는 것은 이런 문제 때문일 것이다.

갑판으로 되돌아갔더니 큰 파도가 일며 우리의 시야를 좁혔다. **캣발루**가 툭 떨어지더니 다시 솟구쳤다. 롤러코스터를 탄 듯 곤두박질치더니 또 치솟았다. 하늘에서는 여기저기 하얀 덩어리로 있던 구름을 바람이 흩어 버리더니 저체온증 방지용 포일 담요를 펼친 것처럼 하늘을 얇게 덮었다. 마취되었다 깨어났다를 반복하듯 정신을 차릴 수가 없다.

보트가 요동을 치니 차라리 보트를 떠나 버리고 싶을 정도다. 이런 상황이 한동안 계속되었다.

갑자기 안내원 로스 씨의 목소리가 확성기를 통해 흘러나왔다. **고래야**, 그녀가 햇빛이 산란하는 바다를 향해 소리쳤다. **고래야! 고래야 여기야 여기!**

우리는 자연에 이끌려 고래에게 왔다. 그러나 사람 없는 바다는 또한 우리의 마음, 우리 내면의 공간이기도 하다. 이 장엄한 바다와 대비되는 인간의 왜소함은 우리가 우리 안의 모든 생각에 접근할 수는 없다는 사실과 연관되어 있다. 어떤 관점에서 자신에게도 **낯선** 자신의 생각이 있다는 것. 깨어 있는 일상에서 우리의 통제와 무관하게 흘러가는 거대한 감정이 있다는 것. 흥미로운 것은 우리가 심지어 우리 자신에게도 미지의 존재라는 것이다. 이 실재하면서도 닿기 힘든 바다는, 고래에서 비롯된 이 이해할 수 없는 공간은, 우리 내면이 가진 미지의 영역 때문에 더욱 우리를 매료시킨다. 역사상 많은 이들이 바다를 인간의 무의식과 유사한 것으로 비유했다.

가장 대표적으로 정신분석학자 지크문트 프로이트는 '대양적 느낌'이란 표현으로 인간을 종교적 경험에 대한 관심으로 이끄는 무한과 영원에 대한 확신을 설명했다. 프로이트는 이런 확신을 이제는 돌이킬 수 없는 아기였던 시절의 상태—자아의 윤곽이 선명해지기 전, 유아가 자신이 분리된 존재임을 자각하기 전의 상태—와 연결했다. 이제는 지나 버린 그 시절, 우리는 주변의 모든 형상과 현상에 대해 일체감을 느꼈다는 것이다.

프로이트가 처음에는 물속의 동식물 환경에 대한 호기심으로 충만했던 전문 박물학도였음을 기억하는 사람은 많지 않다. 프로이트의 대학 시절 노트에는 가재와 칠성장어의 신경을 스케치한 것이 보인다. 그는 다윈주의자 칼 클라우스에게 수학하면서 아드리아해의 트리에스테라는 항구 도시에 있던 동물학 연구소의 현장 연구에 참여했고, 뱀장어 생식기의 위치를 찾아내려고 시도했다. 나중에 프로이트는 스스로를 '고대 종족'의 일원이라 칭했고, 20세기 초반 동양 종교와의 작업을 통해 경건한 중용의 중요함을 해명하려 했던, 소설가이자 극작가인 로맹 롤랑과의 서신을 통해 대양적 느낌에 대한 영감을 얻었다. 프로이트 이후, 초월적 경험을 영적 의식을 통해 얻든, 달리 얻든 바다는 내면의 초월적인 공간을 암시하게 되었다.

내가 **미지의 바다**라고 부르게 된 이 바다는 어떤 바다인가? **미지의 바다**—비밀에 싸인 바다. 상상의 공간. 또한, 구체적 세상에 남겨진 정신적 여지. 왜 이런 여지가 생겼을까? **미지의 바다**는 무의식의 세계, 불가해한 밀실을 말한다. 기시감, 내면의 목소리. 읽기도 어렵고 듣기도 어려운 것, 형언하기 힘든 것. 꿈이 담고 있는 메시지는 무엇인가? 의도하지 않은 말실수와 자유 연상. 무의식을 흐르는 고통이 처리되는 장소이며 성적 욕망과 창의성이 솟구치기도 하는 곳. 직관적인 곳. 기이하고, 짐승스럽고, 노골적이며, 헤매는 곳. 이 모든 특징이 바다가 주는 느낌이다. 그렇지 않은가?

무의식의 세계를 바다로 빗대어 상상해 보는 것은 역사가 깊다. 무의식은 바다가 서양의 전통에서 무엇을 의미하는가에 대한 내러티브에서 태어났고, 그리고 20세기 들어서 어떤 식으로 인간의 마음이 작동하는가와 공동체와 유리된 개인의 자아상이 과연 캐 볼 만큼 흥미로운가(혹은 노출해도 될 만큼 정갈한가)에 관한 내러티브에서 탄생했다. 그것은 예술, 종교, 문학에서 온갖 비유로 다루어 온 대상이었다. 어떻게 바다와 같은 무한하고 불가해한 공간이 사적이며 자연스러운 곳으로 보이게 되었을까? 바다가 개인의 무의식을 위한 은유의 공간이 된 과정이 자연스럽지도 사적이지도 않았다는 사실을 내가 깨닫는 데는 오랜 세월이 걸렸다. 나는 이쪽 서사에 속한다—아마 당신도 그럴 것이다. 나는 꿈이 내 내면의 바닷가로 밀어낸 것을 주워서, 그것이 반짝거리는 고운 진주조개이기를 바라면서도, 그것이 마구 꿈틀대어 차마 말로 옮길 수 없게 부끄러운 나의 내면, 수치스러운 욕망을 드러낼까 봐 두려워하면서 뒤집어본다.

내게 남겨진 의문은 이것이었다. 만약 21세기의 바다가 신비로 가득 찬 곳도 불가해한 곳도 아니라 불길할 정도로 친숙한 인간 삶의 폐기물이 여기저기 흩뿌려진 곳이라면, 바다를 부인할 수 없는 인간 내면의 심리적 모티프로 여기는 사람들의 내면에 어떤 영향을 미칠까? 만약 진짜 바다에서 그것의 상징적인 역사가 붕괴되고 있다면 어떻게 우리가 그 무한하며 불가해한 무의식의 공간 속에서 자유로움을 만끽할 수 있을까?

정서적 공간도 얼마든지 무너질 수 있다는 사실이 드러났다. 우리가 바다가 파멸하고 있다는 증거와 만날 때, 인간 경험의 축적물, 우리가 자아를 타인에게 드러내는 방식 그리고 우리 자신의 사적 내면의 깊은 곳과 우리가 맺은 관계에서 무언가 꼭 집어 말하기는 어려운 것이 사라진다. 동물들이 변하고 있는 세상의 새로운 요구에 어떤 식으로 적응해 나가고 있는지를 조사한 과학적 연구는 풍족하지만, 인간의 문화가 어떤 식으로 적응하고 있는지, 구체적으로 어떻게 인간의 언어와 상상력이 잠식되고 있는지, 그리고 우리의 서사와 자연에 무슨 결함이 있길래 우리가 새로운 언어를 찾는지에 대한 연구는 부족하다.

갑자기 배가 출발했다. 엔진이 힘을 쓰고, 연이어 때리는 파도에 뱃머리가 떠밀려 뒤로 젖혀지며 물보라를 날린다. 서핑할 때처럼 파도 충격 흡수를 위해 무릎을 살짝 구부리는데, 그게 엄청 신이 난다. 아무도 카메라나 망원경을 만지작거리지 않는다. 모두 양손으로 난간을 꼭 잡고 있다. 가까이 있던 한 여성이 한쪽 옆으로 겨자 색깔의 토사물을 아치형으로 뿜어냈다. 그 여성의 딸이, 어머니에게서 빌린 방수 재킷을 꼭 쥔 채 놀란 표정으로 그 광경을 보고 있다. 동시에 그 아이는 선실 밖에 버클로 채워진 소화기를 굳게 잡고 있다. (붙잡을 것이 그것밖에 없었나 보다.) 그 아이를 향해 싱긋 웃어 보였다. 하지만 추워서 바싹 마른 송곳니에 입술이 걸려 제대로 벌어지지 않는다. 난간을 꽉 잡은 손가락 마디마디에서 핏기가 사라졌다. 바닷물이 선체의 창문을 두드려서 배가 번들거린다. 수십 개의 등대에서 한꺼번에 불을 밝힌 것처럼 모두가 밝은 미소를 짓고 있다. 시셰퍼드(1977년 창단된 국제비영리 환경단체. 비폭력적 행동주의를 표방한다─옮긴이) 스웨터를 입은 남자가 '우-욯' 하고 소리쳤다. 그의 머리칼이 하늘로 솟구친다. 좌현에 있던 사람들이 맞장구친다, '우-욯' 고래다, 고래가 왔다! 로스 씨의 이 말이 확성기를 통해 전해졌더라도, 이런 분위기에서는 안 들릴지도 모르겠다.

혹등고래인가? 맞다, 그놈이야. 저 멀리 보인다. 아직은 허연 것이 작은 이빨만 하게 보인다. 도약하는 건가? 도약하고 있어! 몇 마리야? 셋? 아니 넷인가? 우리가 그들에게 다가가고 있어! 세 마리다. 희고 검고 진한 청록에 밝은 회색이다. 선장이 배를 늦춰야 하지 않나? 그 생각을 하는 순간 엔진 소리가 약해지면서 악취와 함께 진한 배기가스 연기가 우리를 덮었다. 연기는 곧 흩어졌고, 배는 느린 속도로 나아갔다.

사람들이 스웨터를 벗고, 선글라스를 걸치고, 카메라 렌즈의 노출을 확인한다. 고래를 먼저 보겠다고 사람들이 복작대며 뱃머리로 몰렸다. 소금 냄새가 코를 자극한다. 아직은 거리가 있어서 일정하지 않게 물 밖으로 머리를 내미는 난쟁이 고래처럼 보인다. 서서히 배가 그들을 향해 다가가자, 우리는 고래가 소금물을 초승달 모양으로 뿌리고는 그 큰 몸뚱이를 떨어뜨리며 바다를 철썩 때리는 것을 보았다. 나는 그것이 아름답기도 하고, 마치 민들레가 포장도로 틈새를 갑자기 뚫고 나타나듯 느닷없다고도 생각했다. 물론 전체적으로는 멀리서 건물 폭파 작업을 지켜보는 기분에 가깝다. 무분별하게 여기저기 뜯어고친 후에 결국 송두리째 파괴하는 성당을 생각해 보라. 성당을 무너뜨린 다이너마이트 속에는 규조류 플랑크톤이 들어 있다—폭발물 원료가 되는 규산염을 함유하는 그 바다 유기체 말이다. **할렐루야.** 그러다가, 이따금 고래가 갑자기 수직 낙하하는 쇳덩이처럼 꼬리를 내려친다—'롭테일링'이라 불리는 동작이다. 부-우우-움.

장엄한 고래의 묘기

공중에 떠 있는 혹등고래는 장엄했다. 그들은 내 생각보다 훨씬 더 높이 몸 전체를 거의 물 밖으로 뽑아 올리듯 치솟았다. 각 도약의 정점에서 고래는 몸통 돌리기를 하거나 공중제비를 돌았다. 그들은 해저 유영만큼이나 공중비행에 능숙해 보였다. 몸을 발사하듯 날리고는 마음먹은 곳까지 도달해서야 떨어지는 것처럼 보였다. 멋진 광경이다. 쌍안경을 든 사람들이 몰려다니며, 놀라서 숨을 몰아쉬다가 소리를 질렀다. 고래는 한참을 물속에서 머물다 다시 북으로 동으로 솟았다. 고래가 물속에 있는 동안 다들 말이 없었다. 카메라 찍는 소리와 녹화하는 소리만 들린다.

로스 씨는 고래의 공중 묘기는 그들이 이동하는 동안에 몸에 들러붙은 '따개비, 혹은 해조류'를 떼어 내기 위한 것이라고 말했다. 회색곰이 나무둥치에 등을 대고 긁어 대는 것과 같다고 했다. 고래의 곡예 같은 묘기가 아무리 환희의 찬가처럼 보이더라도 그게 아니라는 것이다. 고래는 소가 꼬리로 쇠파리를 떨쳐 내듯 짜증 나는 따개비를 떨어 내고 있는 것이다.

물 위에서 혹등고래가 발레리나 같은 몸놀림을 보여 주지만, 이동하느라고 굶은 채로 몇 달을 지냈다는 사실을 감안하면, 고래가 물 밖으로 치솟기 위해 쏟아야 하는 에너지는 너무 값비싸다는 생각이 든다. 고래 연구자 할 화이트헤드 박사에 따르면 '브리치(고래의 솟구침)'는 '고래가 가능한 최대 출력'을 내야 보여 줄 수 있는 것이라고 한다. 그러므로 진화적 관점에서 브리치는 고래에게 어떤 중요한 이득을 주는 행위여야 한다. 고래 참관 투어에서 돌아온 후에 남방긴수염고래를 연구하는 로버트 하코트 박사에게 메일을 보내어 왜 혹등고래가 이런 열정적인 도약을 펼치는지 물었다. 그는 답장에서 최근 논문을 보내 주었는데 그 논문에 따르면 브리치가 로스 씨가 말했던 기생충 제거 행위라기보다는 일종의 청각적 의사소통이라고 한다. 혹등고래끼리 천둥이 치듯 철썩대는 소리를 내어서, 고래의 노래와는 다른 방식으로 몇 킬로미터씩 떨어져 있는 동족들끼리 의사소통을 한다는 것이다.

그러나 직접 그들의 묘기를 보고 난 후에, 혹등고래가 그냥 놀고 있는 거란 생각이 들었다. 도대체 유용한 구석이라고는 없어 보이는 요란한 몸짓, 기뻐서 즐거워서 하는 몸짓에 대해 꼭 진화적 설명이 필요하겠는가.

에덴에 처음 도착했던 날 오후, 나는 고래 마스코트 복장으로 거리 행진을 하다가 대열을 이탈해 내가 예약했던 호스텔의 비치 파라솔 아래에 앉아서 얘기를 나누는 두 십대를 보았다. 그들은 고래 머리를 오토바이 헬멧처럼 머리 위로 젖혔고, 펠트 천으로 만든 지느러미를 팔목 위로 밀어 올리고 담배를 피워 물었다. 푸른 담배 연기를 뿜고 있는 두 인간 고래를 보면서 나는 다시 퍼스에 표류했던 혹등고래가 생각났다. 그리고 그가 몸속에서 불덩이가 이글대는 고통을 고스란히 겪으며 죽어 갔을 때 그가 인간처럼 의식이 있으면 어쩌나 하고 걱정했던 일이 떠올랐다. 하지만 에덴 연안의 고래에게서 확인했듯이 고래 개체 수는 전체적으로 가히 놀랍게 복원되었다. 이 기록은 희망의 기록이다. 그럼 혹등고래의 미래도 희망적일까?

중요한 통계를 확인하는 것만으로도 낙관으로 기분이 들뜰 만하다. 통계에 따르면 남극과 호주를 오가는 혹등고래의 개체 수는 호주 서쪽 해안에서는 포경 이전 추정치의 90퍼센트나 회복했고, 동쪽은 63퍼센트만큼 돌아왔다. 공장식 포경선들의 경쟁으로 고래 숫자가 거의 멸종 수준인 몇백 마리로 떨어졌던 것을 생각해 보면 지금 고래들은 그런 위험을 분명 벗어난 것이다. 고래 숫자는 지금도 증가하고 있다. 호주의 혹등고래 사이에서는 가히 베이비붐이 일고 있다고 할 수 있을 정도다.

혹등고래 종의 안정성에 대한 더 정확하고 정량적인 윤곽을 얻기 위해, 2016년에 미국 해양 대기국은 전 세계 혹등고래 개체 수 통계를 세분화하기로 결정했다. 서로 관계를 맺지 않는 각각의 혹등고래 무리의 통계를 분리하기로 한 것이다. '취약' 혹은 '취약 근접'이라 지정되면 그 종은 지속적으로 위험한 처지에 있으며, 별다른 조치가 없으면 머지않은 장래에 멸종될 처지에 있다는 것이다. 좀 더 절망적 단계인 '위기'는 매우 높은 멸종 가능성에 처해 있음을 뜻한다. ('위급'이라

지정된다면 단기간에 사라질지도 모를 가능성을 시사한다.) 이 용어들은 국제 자연 보전 연맹이 생물 다양성을 위한 적색 목록REDlist(멸종 가능성이 있는 야생 동물을 9개 단계로 나누고 명칭을 붙인 목록—옮긴이)을 작성하면서 공식화한 것이다. 겨울에 중앙아메리카를 지나가는 혹등고래와 여름에 캘리포니아와 태평양 북동쪽에서 먹이를 구하는 혹등고래는 각각 취약과 위기 판정을 받았다. 통계를 취합·분석·개정하는 과정을 거쳐서 남극과 호주를 오가는 혹등고래에게 내린 판정은 오랫동안 짐작되었던 것이 사실임을 보여 주었다. 그들에게 내려진 판정은 '관심 필요'였다.

그러나 현재 고래 개체 수가 재평가되어서 몇몇 혹등고래 집단이 위기종에서 벗어났다 하더라도, 생물 정보학으로 가능해진 새로운 차원의 연구에서 고래잡이 이전의 추정치를 다시 평가하는 작업을 강행했다. 아직은 과거의 추정치와 '복원된' 혹등고래 개체 수 사이의 차이가 처음에 계산된 것보다 더 큰 것으로 드러나지는 않았다. 이 연구는 고래의 세포핵까지 정밀하게 파고들면서, 현존하는 고래에 있는 유전자의 다양성과 변이율을 조사해서 과거에 고래가 얼마나 번성했는지 알아보기 위한 수학적 모델을 개발했다. 유전자 조사는, 19세기 이전 상업적 고래잡이가 성행하기 전의 혹등고래의 개체 수가 이전에 추정되었던 숫자보다 6배 더 많을 가능성도 있다고 추정했다. 심지어 고래 유전자 조사로 고래 먹잇감의 양에 관한 정보와 그 먹잇감을 먹여 살렸던 바다의 비옥도와 다른 조건들도 유추할 수 있게 되었다. 너무나 많은 바다의 역사가 단 한 개의 고래 세포 속에 정교하게 포함되어 있다는 말이다. 이런 진전은 엄청난 업적으로 보인다—비록 그것 때문에 포경의 규모가 한때 생각했던 것보다 훨씬 더 컸다는 것이 사실로 입증되는 한이 있더라도 말이다.

과거에 세계의 바다에 얼마나 많은 혹등고래가 있었는가 하는 문제보다 더 심각한 일이 생겼다. 최근의 호주 동쪽 해안 고래 개체 수의 실상에 관한 여러 연구에서 고래의 숫자가 포화 상태에 이르고 있으며 2021년에서 2026년 사이에 그 숫자가 급격히 감소할지도 모른다는 의견을 내놓았다. 고래 개체 수의 변화를 연구해 온 마이클 노드 교수는 기자들에게 다음과 같이 경고했다. '우리는 매우 야윈 고래를 발견할 것입니다. 그리고 많은 고래가 죽어 가면서 해변에 떠밀려 오는 일도 잦아질 것입니다.' 그렇다면 고래 관찰이 호러 영화의 한 장면처럼 될지도 모른다는 말이 아닌가? 바다에서는 뼈만 앙상한 고래가 겨우 살아가고, 해변으로는 죽은 고래가 표류해 온다면 말이다.

고래의 죽음을 고래 전체를 먹여 살릴 음식량보다 더 많은 고래가 태어났기 때문이라고 본다면 (그러나 세상일이 그렇게 간단히 설명될 수 있을까?) 앞으로 고래가 표류하는 일이 발생하면 그것이 우리의 마음을 아프게 하겠지만, 우리는 반포경 운동의 성공이 초래한 궁극적 결과를 냉정히 보아야 하는 처지에 놓인다. 표류는 인간이 환경 보존을 위해 애써 이룬 성취가 너무 지나쳐서, 자연의 균형을 복원하기 위한 불가피한 선택이다. ('자연의 균형'이라니, 이 표현이 이렇게 진부해 보일 수도 있구나.) 과거의 개체 수를 측정하기 위한, 그리고 현재의 숫자를 정확히 추정하기 위한 기술은 계속 개선될 것이다. 그러나 그런 기술이 내놓은 데이터가 아무리 정교하더라도 그것은 이제 과거가 되어 버린 바다에 관한 데이터이고, 과거 이래로 화학적, 기상학적, 음성학적, 병리학적 그리고 생태학적으로 바뀐 바다에 관한 데이터일 뿐이다. 미래는 확실치 않다. 생각지도 못했던 문제가 혹등고래의 삶에서 전개

될 것이다. 오늘날 우리는 다른 지역에 사는 생명체가 이동하고 서식처를 찾고 둥지를 틀고 생태계 내의 지위를 확립하는 데 영향을 미치는 조건을 간접적으로 설정하는 처지에 놓였다. 해양 생태계 속으로 도입되는 변수들이 기후 변화의 영향을 포함해서 해저 서식처의 다양한 극단적인 변수까지 더하게 되면서 미래에 대한 예측은 더욱 미묘하고 어려워졌다.

지난 50여 년 동안 지구 온난화의 90퍼센트는 바다에 집중되어 진행되었다. 바다가 열에너지를 흡수하면서 지구 전체의 온도 상승을 저지해 왔기 때문이다. 그러나 기후 자체가 변하면서 남극의 여름은 길어지고 빙붕은 감소하고 있다. 더 많은 빙산이, 더 큰 빙산이 남극 대륙의 가장자리를 따라 무너지고 있다. 이들이 해저에 있는 빙산의 뿌리까지 함께 끌어내리며 대기 변화 가속화 메커니즘의 진실을 휘갈기듯 기록하고 있다.

더 더워지고, 겨울은 더 짧아지면서 플랑크톤과 해조류는 더 오랜 시간 광합성을 할 것이고, 핵심종인 크릴도 더 번성하게 될 것이다. 크릴을 주식으로 삼는 혹등고래의 개체 수도 당연히 증가할 것이다. 그러므로 더 많은 고래가 더 오랜 기간 남극해에 머물게 될 것이다. 그리고 회귀선이 극지방으로 옮겨 갈 때 북쪽을 향한 고래의 이주는 줄어들 것이다. 혹등고래는 마침내 남극 주변의 바다를 결코 떠나지 않게 될지도 모른다. 호주에서 더 이상 고래를 볼 수 없을 수도 있지만 전과는 달리 고래가 멸종 위기에 몰려서 그런 것이 아니라 고래가 다른 번식처와 식량 공급처를 찾았기 때문일 것이다. 이 추측은 심각한 문제를 내포하고 있다. 왜냐면 고래는 수면과 심해를 오가는 수직적 움직임만을 통해 영양을 전달하는 것이 아니라 남북극의 바다와 그들이 먹이를 구하는 곳 외의 생태계—거기서 배설하고 젖 먹이고 죽고 또는 다른 방식으로 연안 해역에 에너지를 공급한다—사이를 이동하면서 영양을 전달해 주기 때문이다. 어떤 과학자들은 이런 생태계 순환을 '고래 컨베이어 벨트'라 부른다. 고래의 부재가 적도 주변의 생태계를 어떤 식으로 바꿔 놓을지는 아무도 모른다. (아마도 광산 회사는 과거에 해안 도로를 비롯한 기반 시설을 확장하지 못하도록 만들었던 고래 번식지의 소멸을 환영할 것이다.) 물론 이것은 여러 가설 중에 하나일 뿐이다.

또 다른 가설. 빙산의 붕괴는 남극의 크릴과 혹등고래에게 심각한 문제를 일으킨다. 1970년대 이래 크릴의 개체 수가 이미 80퍼센트 정도 감소했다. 이것은 크릴이 먹잇감으로 부유하는 플랑크톤이나 다른 바다의 유기 퇴적물보다 얼음덩이에 붙은 해조류에 더 크게 의존한다는 사실을 말해 준다. 얼음의 면적이 줄어들면서 그들의 안식처도 줄어들고, 먹을 것도 줄고 있다. 얼음이 녹는 것은 이산화탄소의 증가로 인한 온난화의 결과이다. 이산화탄소의 증가는 바다에 다른 분자적 변화도 주었다. 공기 중에서 더 많은 이산화탄소가 바다로, 특히 가장 추운 극지방으로 흡수되면서 수소 이온 지수(pH)가 떨어지는데, 이것은 살충제가 조류의 알을 약화시켜 잘 깨지게 하는 것과 마찬가지로 크릴이 낳은 알에 해를 끼칠 수 있다. 비록 이산화탄소가 바다와 대기의 경계에서 흡수되지만 그 영향은 바다 깊은 곳으로 갈수록 더 증폭되는데, 크릴이 포식자를 피해 보려 깊은 바다에다 알을 낳기 때문이다. 남극 연구자들은 더 낮은 pH에서, 즉 더 산성인 곳에서 크릴의 알이 부화에 실패한다는 사실을 입증했다. 시간이 지나면 크릴은 줄어들고, 고래는 이주를 하거나 아니면 굶어 죽어야 하는 선택에 놓일지도 모른다.

현미경을 통해서 확인된 일인데, 얼음이 녹아 상대적으로 멀리 있던 해안 정착지와 고래 사이의 물리적 장벽이 제거되면서 특정 지역에서는 생각지 못했던 위험이 야기되었다. 캐나다 북극 제도 서쪽의 보퍼트해에서 서식하는 야생 흰고래는 이제 집고양이에게서 작은 질병을 얻게 되었다. 톡소플라즈마인데 해안 마을 고양이의 배설물이 섞인 폐수가 바다로 흘러 들어오면서 전염되는 끈덕진 기생충이다. 과거에는 얼음이 기생충의 전파를 막아 주었지만, 이제는 막힘없이 바다로 흘러들면서 흰고래도 이 작은 기생충의 괴롭힘을 당하게 된 것이다.

바닷속 우리의 동족

환경이 변하면서 멸종이 발생하는 방식에 대한 우리의 이해도 변화했다. 과거의 멸종은 동물 집단을 지리적으로 격리된 다른 환경으로 이동시킨다든지 혹은 야생의 포식자 도입을 막는다든지 하면, 동물 개체 수가 '나선형'을 그리며 정해진 비율로 식별 가능하게 감소하는 경향이 있었다. 그러나 오늘날은 심지어 매우 번성하는 종들조차 갑작스런 집단적 멸종에 처하기도 한다. 생태적 변화가 빠른 속도로 진행되는 시대를 맞아 개체 수가 많았던 유기체라 하더라도 복구하기 힘들 정도로 붕괴할 가능성이 증가하고 있기 때문이다. 철새들이 특히 취약한 처지에 빠지게 되는데, 이는 그들의 이동 자체가 자신들이 거쳐 가는 모든 서식처에서 순차적으로 생존의 조건이 맞아 떨어져야 하는, 위험 부담이 큰 집단행동이기 때문이다. 더 이상 멸종 위기에 처하는 것만이 환경 보존에서 주목받는 요소가 되어서는 안 된다. 생태학자들은 동물을 적절한 수준으로 번성시키는 것이 생태계 작동에 필수적임을 애써 강조한다. 때때로 특정한 종이 상당히 많은 개체 수를 유지하는 것이 생태계 내에 영양소를 적절히 순환시키는 데 필수적이다—오로지 그 단일 종만 따로 분리해 설정하는 '취약'의 수준보다 훨씬 많은 수준이다. 개체 수가 많아지는 것이 중요하다. 그것이 거대 고래가 대기에 미치는 긍정적인 영향을 지켜본 연구자들이 2015년 파리 기후 변화 협약의 목표 중에 고래 보존이 포함되어야 한다고 주장한 이유이다; 고래의 숫자는 중요하다, 멸종 위기에 처했기 때문이 아니라 기후 변화를 개선해 준다는 점에서 그런 것이다.

고래의 대대적인 표류는 자연적으로 발생한 것일 수도 있다. 그러나 표류의 빈도와 표류 동물 수가 증가 추세인 것은 자연스럽지 못한 기후상의 변덕을 주목하게 한다. 적도 근처에서 더 온화해진 바다는 다른 생물학적 위험 상황을 연출했다. 2015년에 연구자들은 칠레 파타고니아의 복잡한 해안선을 따라 형성된 피오르에서 343마리의 보리고래가 죽어 있는 것을 발견했다. 고래는 부패가 진행되면 밝은 오렌지색을 띠기 때문에 과학자들은 위성 사진을 통해 주변 지역을 살폈다. 고래는 마치 길가 수풀에서 금잔화가 머리를 내밀듯 피오르를 따라 여기저기 널려 있었다. 어떤 사체들은 껍질이 너덜너덜한 상태로 뼈 무더기를 덮고 있었다. 또 어떤 것들은 갓 죽은 상태였다. 면밀한 조사 끝에 과학자들은 이 집단적 죽음이 6개월 정도에 걸쳐서 일어났다는 것을 밝혀냈다. 발견된 것보다 더 많은 보리고래가 죽었을 가능성이 농후했다. 피오르 사이에는 폭풍으로 깎여 나간 삐죽삐죽한 바위투성이 해안선이 늘어서 있어서 어떤 고래의 사체는 곧장 해체되어 물에 쓸려 갔을 것이다. 보리고래는 멸종 위기종이다. 한 지역에서만 300여 마리가 죽어 나갔다는 것은 종 전체에 떨어진 참화이다. 게다가 그들은 무리를 이루는 군생 동물도 아니다. (보리고래는 대규모로 무리 짓지 않고, 홀로 살거나 기껏해야 6마리 정도가 무리를 이룬다.) 이런 식으로 수백 마리가 한 지역의 해안선을 따라 죽었다는 사실은 이 정도 규모로 살아 있는 보리고래가 한곳에서 목격된 적이 없었기 때문에 더욱 경악스럽다.

사체 해부를 통해 주요한 원인을 찾았다. 고래는 독성 조류 대증식 현상에 노출되었던 것이다. 3년 혹은 4년에 한 번 주기적으로 생기는 기상 이변인 엘니뇨 현상으로 인해 대륙풍이 약해지면서 적도를 따라 태평양 중앙과 동쪽으로 더 따뜻해진 물이 유입되었다. 고래의 대량 표류가 일어나기 전 엘니뇨 조류가 파타고니아의 페나스만으로 흘러 들어왔고, 그곳에서 경작지를 흘러나와 부영양화된 오물과 만나 유독한 황갈색 식물성 플랑크톤을 증식시켰다. 보리고래는 그런 기후적 변고에 희생된 것이다. 엘니뇨는 떼지어 이동하는 멸치 같은 물고기를 더 차고 깊은 지역으로 쫓아내면서 연안용승(해양 표층의 물이 발산하면서 심층수가 표층으로 상승하는 현상이 근해에서 발생한 것—옮긴이)을 일으키는데, 그곳에 고래의 먹잇감이 집중된다. 이 먹이를 찾아 보리고래가 대규모로 몰려왔다가 생물독에 당한 것이다. 이런 대증식 현상은 기온이 상승한 바다에서 더 자주 발생한다—비록 엘니뇨는 자연현상이지만 그것은 온난화가 진행되면서 더 강력한 충격을 준다. 과학자들은 논문에서 보리고래를 '지구 온난화가 초래한 최초의 대규모 희생물'이라고 불렀다.

혹등고래의 미래를 예측하기는 쉽지 않다. 전체적으로 고래 보존이 고래잡이 금지보다 훨씬 더 어렵기 때문이다. 우리가 야생에 대한 관심을 거둔다면 야생은 살아남지 못한다. 자연과 거리를 두는 것이 좋을 때는 지났다. 하지만 지금 고래를 돌본다는 것은 과거 어느 때보다 더 지혜가 필요하다는 것을 인정한다는 뜻이다. 포경국과 그것의 비호를 받는 포경업자들에 반대하는 사람들끼리 연대하는 정도의 지혜로는 충분하지 않다. 오늘날 고래를 돌보면서 얻게 되는 지혜야말로 지구의 날씨 변동과 바다에서 벌어지고 있는 사태에 대해, 그리고 관심이 가는 몇몇 생물을 넘어 훨씬 더 많은 생물에게 벌어지고 있는 일에 대해 우리가 연대하게 할 것이다.

　많은 혹등고래가 곤경에 처해 있음을 알게 되면 사람들은 어떤 느낌이 들까. 상상하기 어려운 일은 아니다. 나는 굶주린 고래를 살리겠다고 가만히 기다리고 있는 고래에게 생선 찌꺼기를 던져 주는 슬픈 표정의 관광객들을 떠올렸다. 실제로 그런 일이 있었으니 터무니없는 상상이 아니었다. 2019년 4월에 캐나다 밴쿠버와 미국 시애틀 인근의 살리시 해역에서 러미 네이션 부족민들이 환경 오염과 먹잇감의 부족으로 고통을 겪는 야생 범고래에게 치누크 연어를 먹였다. '저들은 바다 아래에 있는 우리의 동족입니다'라고 부족 대변인이 말했다.

포식자의 시선으로

고래 관찰 배가 멈췄다. 법으로 허용한 거리는 여전히 고래가 솟구치는 곳에는 너무 멀리 떨어져 있었다. 승객들은 실망했다. 우리는 좀 더 가까이 가자고 외쳤다. 누가 본다고 그래요? 어떤 공무원이 여기까지 와서 지켜볼까요? 조금만 융통성을 발휘합시다—규정이 지나친 거예요! 누구도 고래가 호기심 많은 생물이란 건 생각지 못했다. 게다가 쌍동선 따위에 고래가 관심을 줄 리가 있겠냐고 지레짐작했다. 모두 선장이 있는 곳을 향해 불만의 눈길을 던졌다. 멈추지 말고 엔진 시동을 걸어 보라고 암묵적인 압박을 가하면서 짜증스러운 순간은 흐르고 있었다.

그때, '뒤를 보세요오오우~'라고 로스 씨가 확성기를 통해 말했다. 사람들은 몸을 돌려 배의 뒷부분으로 달려가 가로대에 기댄 채로 배 뒷전을 보았다. 거대한 어른 혹등고래가 새끼와 함께 있었다. 이렇게 가까이! 우리의 안달이 폭발할 시기에 딱 맞춘 듯이! 우리와 고래 사이는 테니스코트 길이만큼도 안 떨어져 있었다. 로스 씨는 우리가 물 위로 솟는 고래에 눈이 팔려 있는 동안 이 어미와 새끼가 배 아래로 잠입하고 있었던 거라고 설명했다. 놀라지 않을 수 없었다. 이런 거대한 생물이 이렇게 은밀하게 움직일 수 있다는 것에. 어미 고래는 배와 새끼 사이를 지키고 있었고, 새끼는 더 가까이 오고 싶은 것처럼 보였다. 그놈은 계속 몸을 흔들어 대며 점점 과감하게 앞으로 가다 물러서기를 반복했다. '머깅.' 친근감을 표하고 싶은 것이다. 새끼는 고급 승용차 정도의 크기였고 방금 굴뚝에서 끄집어낸 것처럼 새까맸다. 그들이 가까워지면서 어미 고래가 배와 나란히 섰다. 선체와 맞먹는 길이였다. 16미터가 넘을 것 같다.

바다는 투명했다. 두터운 수초가 해저를 진한 청록색, 연두색, 녹색, 연녹색으로 수놓았다. 물보다 더 맑은 물. 변성 알코올이나 진에 가깝다. 어미 혹등고래가 물 바로 아래서 불쑥 나온다. 유리 문진을 통해 바라본 것처럼 반구형이다. 그가 꼬리지느러미를 굽이쳐서 빠르게 우리를 향해 움직인다. 최상의 컨디션에 있는 이 고래는 온몸이 근육질이었다. 다져진 힘이 고래 안에서 요동치고 있었다. 맹렬함이 숨어 있었다. 내적으로 실하며 스프링이 장착된 것처럼 튀듯이 움직인다. 빠르다. 모든 것을 갖춘 몸뚱이였다. 겨우 몇 미터 위에 서서 이 어른 혹등고래를 보고서야 나는 고래를 블러버 덩어리라 여겼던 것이 큰 착각이었음을 깨달았다. 고래는 생동감 자체로 존재한다. 이제야 정신이 번쩍 든다. 내 몸은 극도의 긴장 상태로 돌입했다. 그 순간 나 또한 살아 있는 존재였지만, 그의 생생함과는 비교조차도 되지 못했다. 타이탄 같은 그의 온몸으로 펌프질하듯 피가 흐르고 있었다. 내 뒤에 있던 한 늙은 여성이 멍한 목소리로 말했다—꼬리 지느러미를 움직이기 위해 씰룩대는 저 꼬리자루 근육은 모든 생물 중에 가장 큰 거래요.

고래가 우리 아래에서 유유히 움직였다. 분명 어떤 의도가 있는 것처럼.

'고래가 자기 새끼를 소개하려는 거에요.' 로스 씨가 기쁘게 말했다. 나는 속으로 말했다. 아니요, 그녀는 이 배를 뒤집으려는 거에요. 온몸에 소름이 돋았다. 이런 무시무시한 공포를 생물학자들은 **하일리거 샤우어**heiliger Schauer라 불렀다. 먹잇감이 포식자의 시선을 감지했을 때 느끼는 가공할 전율을 말한다. 혹등고래는 작은 생명체만을 먹는다는 사전 지식은 조금도 위안이 되지 못했다. 적어도 나에게 고래의 의도는 분명했다. 그녀는 이 배와 우리를 의심의 눈초리로 감시하고 있다. 그런데 우리는 고래의 모습에 얼이 빠져서 여기저기 뛰어다니며 흥분을 감추지 못하고 구경만 하고 있다. 구경거리만 쫓느라 우리의 본능에는 눈 감고 있다. 나는 내가 교실 지구본에 꽂힌 핀 대가리만도 못한 보잘것없는 존재라는 생각이 들었다.

바보가 아니라면 이 동물을, 고래를 만질 생각은 않을 것이다. 이 고래 관찰 투어의 첫 번째 금지 사항이 이것이라는 건 당연하다. 사람들이 틀림없이 고래를 만지려 했거나 물에 뛰어들거나 했던 것이다. 그러나 이 거대한 혹등고래를 내려다보면서, 나는 생각했다. '고래와 인간과의 호의적인 관계 따위를 믿다니, 멍청이가 아니라면 그런 걸 믿지 못할 거야, 그건 그냥 은유적인 말장난일 뿐이야.' 그건 일방적 친밀감의 표현일 뿐이다. 고래 이미지를 넣은 마스크를 쓰기, 고래를 행운의 부적쯤으로 생각하기. 이 무슨 황당한 생각인가. 이 황당한 생각은 그냥 생긴 것이 아니라 주입된 것이다. 내 안의 아드레날린이 분출한 것은 임박한 위험과 그 위험을 제거하려는 노력이 부질없다는 걸 경고하는 것이었다.

몇몇 과학자들이 고래가 배에 접근하는 것은 몸에 붙어서 성가시게 하는 미세 생물들을 긁어내려는 것이라고 주장한다. ('그들이 배 바로 가까이 다가와서, 사람들이 자신들의 얼굴을 만지고, 몸을 쓰다듬고, 입과 혀를 어루만져 달라고 할 것이다.' 토니 프로호프라는 생태학자가 〈뉴욕 타임스〉에 기고한 태평양 귀신고래에 관한 글에서 이렇게 말했다.) 그러나 이 혹등고래는 기생충 제거를 위해 배 옆을 긁으며 지나가지 않았다. 그냥 지나갔다. 그리고는 돌아와 또 그냥 지나갔다. 바다에 비쳤던 빛이 우리에게 반사되었다, 고래의 등을 가로질러 미끄러지듯 흐르는 밝고 출렁대는 그물망 같은 빛이었다. 고래가 수면 위로 오를 때, 내쉬는 숨이 뿜어나왔다.

그렇게 거대한 고래를 이렇게 가까이서 보는 것을 어떻게 표현할 수 있을까? 그의 등짝은 울퉁불퉁하다. 상어처럼 윤기가 나는 것도 아니고, 물고기처럼 빛나지도 않는다. 차라리 거의 파충류, 공룡에 가깝다. 흉측한 생각이 절로 났다. '이런 놈을 죽이면 용을 죽이는 것에 버금갈 것이다.'

두려움, 친밀감, 호기심 혹은 공격 본능 중에 무엇이 혹등고래를 우리 배로 이끌었을까? 그런 것을 감정이라 할 수 있을까? 본능인가? 아니면 고래가 우리의 즐거움을 위해 의식적으로 자신을 전시하는 것일까? 매년 고래 관광객에게 자신을 드러내는 고래는 카메라를 의식하는 것일까? 확성기를 통해 로스 씨의 목소리를 듣고서 고래는 무슨 생각을 할까? 그리고 투어 배가 둥둥 떠 있는 모습을 보면서 그는 무슨 생각을 할까? 이 모든 의문이 황당하게 들릴지도 모른다. 그러나 그날 그 갑판 위에서 우리는 그런 생각을 했다. 그 고래가 우리에게 무엇을 부탁하고 싶은 것인지 그리고 우리가 무엇을 하지 말아야 할 것인지 자문할 수밖에 없었다.

그런 생각에 잠겨 있는 동안, 고래는 다시 물 아래에 나타나 한 번 더 몸을 옆으로 돌렸다. 나는 그의 등에 작은 점과 빗금과 엑스자 모양의 흉터들이 어지러이 수놓아진 것을 보았다. 쓱-쓰윽, 콕콕, 낯선 기호, 별세계로부터 온 비밀 코드. 나는 고래가 선사 시대 이전 지하 세계의 존재처럼 느껴졌다. 그의 움직임이 눈사태나 일식처럼 순식간에 벌어지는 걸 생각하면, 그의 엄청난 운동 에너지를 생각해 보면 그는 생명체가 아니라 지질학적 현상처럼 느껴졌다. 그녀는 산꼭대기에서 쇄도해 오는, 그리고 단층선끼리 충돌하며 터져 나오는 그런 것과 관계가 있는 것처럼 보인다; 우리의 인내, 상식, 의사소통, 활동, 연륜을 무의미하게 만드는 예기치 못했던 사건처럼 말이다.

고래는 다시 보트 정면을 향해 돌았다. 나는, 이제야 얘기하는데, 정말 두려웠다. 뜨거운, 신맛 나는 침이 입안을 감돌았다, 피가 얼어붙었다. 인간의 몸이란 것, 우리가 소유한 그 달래기 힘든 몸뚱이는 이런 섬광 같은 순간 비명을 지른다―그러면서 몸을 철창에 부딪고 또 부딪는다. 공포를 뚫고 나가려는 몸부림, 내 귓전으로 전해진다, 그래 이 느낌은 무엇인가? 경외감? 죽음?

나는 해변에서 바다를 바라보며 수없이 이런 생각을 했다. '나에게 고래를 보내 다오. 내가 고래를 본다면, 그건 어떤 계시일 것이다.' 종교도 믿지 않는 내가 누구를 향해 탄원하려는 걸까? 고래의 계시는 늘 결론이 달랐다. 내가 알게 될 것이다, 내가 그만둘 것이다, 내가 시작할 것이다, 내가 마음을 바꿀 것이다. 내가 떠날 것이다. 내게 확실치 않은 부분은 미뤄 놓고, 나머지는 수용하고, 그리고 행동에 옮길 것이다. 고래는 늘 망설여지는 결론으로 나를 인도했다. 스웨덴 말로 '고래'를 의미하는 'val'은 또한 '선택'을 뜻한다. 선택, 결정하기.

예술 비평가 존 버거는 그의 탁월한 에세이 《왜 동물을 바라보는가?》(1977)에서 다음과 같이 썼다. '동물은 비밀을 간직하고 있다. 그것은 동굴, 산, 바다의 비밀과는 달리, 특별히 인간만을 위한 비밀이다.' 이 문장은 오랫동안 나를 떠나지 않았다. 하지만 버거가 언급한 그 비밀이 무엇인지는 알 수 없었다. 그도 밝히지 않았다. 깊이 생각해 본 끝에 버거는 인간이 동물을 통해 스스로를 인식할 때 자신의 동물적 충동을 은밀히 감춰 버린다는 도발적 문제 제기를 한 것이라는 정도로 짐작할 뿐이다. 우리도 한때 야생에 속했다. 이제 우리는 스스로를 호모 사피엔스라 부르면서 호모라는 속屬으로 범주화시켜 생물학적으로 우리와 가까운 짐승들과는 다른 존재인 것처럼 분리해 버렸다. 그러나 유전적 관점에서 (진화 생물학자 모리스 굿맨이 지적했듯이) 보노보와 침팬지는 인간과 너무나 닮아서 인간과 동일한 속으로 분류하는 것이 마땅하다. 나는 인간이 동물을 바라보고 있을 때 우리가 여전히 동물이라는 것을 자연스럽게 인식하도록 이끌리는 순간이 있다는 것을 버거가 암시하려 했던 것이라는 생각이 든다. 우리가 동물이라는 사실은 무의식이라는 자물통을 풀고 나올 때 인식된다. 그리고 그 순간 우리는 두렵다. 날것 그대로의 본능과 몸만 있는 존재임을 인식하는 것은 인간이 이성적이며 예외적인 존재이고 공동체에서 사회적이며 정치적인 삶을 누리는 존재란 생각을 위협한다. 우리가 원래 있었던 곳에서 벗어났다고 생각한 것은 착각이었다. 아니, 우리는 두려움에 떨면서도 제 발로 다시 뛰어 들어가고 있다.

버거는 인간은 동물을 보고 즉각적으로 자신이 동물이라는 사실을 인식하지만, 그런 생각은 묻어 두고 스스로가 자기 인식이 있는 존재이며 더 우월한 존재라는 사실을 떠올리려 한다고 말한다. 자신이 바라보고 있는 동물과 자신이 근본적으로 다른 동물이라는 사실을 스스로 상기시킨다. 인간만이 스스로를 분석한다. 유일하게 자신의 생각을 형성시키며 심리적 내면을 인식할 수 있다. ('울 수 있는 / 옷을 벗는 / 그리고 거울에 말을 건네는 유일한 동물'이라고 프란츠 라이트라는 시인이 말했다.) 인간은 고래와 달리 추상적 생각과 표현을 할 능력이 있으며, 의식적 학습이 가능한 존재이다. 아마도 이런 인간의 자기 중심주의적 에고 때문에 동물이 우리에게서 멀어졌겠지만, 우리끼리의 친밀성은 더욱 강해지게 만들었다.

그리고 인간은 또한 기껏해야 정서적으로 좋은 영향을 준다는 이유로, 기분을 더 낫게 만들어 준다는 이유로 동물을 **기꺼이 사랑하는**

유일한 동물이다. 자연을 사랑하는, 혹은 그렇다고 생각하는 감정도 인간이 유일하다. 고래와 바닷새와 해파리는 바다를 사랑하지 않는다. 고래는 우리를 사랑하지 않는다. 그렇지 않은가?

한번은 한 해양 생물학자가 나에게 〈뉴요커〉에서 오려 내어 그의 책상에 핀으로 꽂아 두었던 카툰 하나를 보여 주었다. 돌고래 두 마리가 나란히 헤엄치고 있다. 한 마리가 말했다. '죽기 전에 꼭 해 보고 싶은 게 하나 있는데, 코네티컷 출신의 중년 커플과 같이 수영해 보고 싶어'

관광 상품 '돌고래와 함께 수영을' 프로그램을 비꼰 카툰이다. 프로그램에 참여하면 돌고래의 등지느러미를 잡거나 꼬리를 쥐거나 하면서 돌고래와 함께 수영을 즐긴다. 카툰에서는 돌고래가 인간에게 입장을 바꿔 생각해 보라고 비꼬고 있다. 돌고래가 코네티컷 중년 커플의 등을 올라타 수영을 즐긴다고 상상해 보라는 것이다.

고래가 혹시 우리에게 마음을 준다 하더라도, 인간을 '그것-들(that-s)'이라 사물화시키지 않고 그들과 같은 범주인 '그-들(who-s)'에 넣어 줄 것인지는 중요한 문제이다. 한때 고래가 우리를 같은 범주에 넣어 주지 않았던가? 여전히 그래 줄까? 고래가 말을 한다면 (고래의 소리는 **정보**를 담고 있기 때문에, 우리는 그것을 알고 싶다) 다른 종과 비교해서, 그것도 인간이란 동물과 비교해서 스스로를 어떻게 지칭할까? 고맙게도 고래가 '다른 동물들'과 '우리'를 따로 분리한다면, 세계로부터 '우리'를 특화해 주는 것은 그들만의 특권일까? 우리가 그들에게 인-격을 부여했듯 그들도 우리에게 고래-격을 부여해 줄까? 그리고 만약 고래가 우리를 다른 생명과 구분한다면 그것은 어쩌면 우리를 사랑해서가 아니라 과거에 우리가 그들에게 초래했던 폭력을 기억하기 때문은 아닐까?

동물 보호 운동이 성과를 거두면서, 대중들의 의식에서 어떤 동물의 몸이 고통을 느끼는가에 대한 정의도 확장 일로에 있다. 그러나 어떤 과학자가 인간이 감히 동물의 마음을, 그들의 주관적 고통, 기쁨, 의도, 그들의 기억 능력을 진정 안다고 주장할 수 있을까? 우리는 혹등고래가 기본적인 신경 감각으로 '사고한다'고 짐작한다. 궁금한 것은 그들이 어떤 방식으로 생각을 하고 무엇을 생각하느냐이다. 예를 들면 시간에 대한 그들의 생각은 무엇일까? 장소와 그 장소가 바뀌는 것은 어떻게 인식할까? 고래는 자아가 있는가. 그들은 스스로를 개체로 여길까, 아니면 자아와 세상을 분리하지 않고 인식하는 '대양적 느낌' 속에 있을 뿐일까? 그런 질문에 대한 답을 얻게 된다면 이 격변하는 생물권 안에서 고래의 고통에 대해 우리가 알고 있는 것을 어떤 식으로 변화시킬까?

누가 감히 고래에게는 무의식이 **없다**고 말할 수 있겠는가? 어떤 철학자나 과학자가 고래는 무의식에 대한 어떤 문화적 상징을 대대로 전승하지 않는다고 장담할 수 있을까? 고래의 무의식을 나는 상상할 수 있다. 그것은 모래 언덕같이 끝없는 융기와 침하를 반복하는 환상의 공간이다. 그래서 고래 무의식의 지질학적 분신은, 인간에게는 그것이 바다이듯이, 사막이다. 오늘날 사막이 나날이 그 규모를 확장하고 있듯이 점점 더 많은 인간들이 고래의 메말라 버린 꿈속에서 자신들의 집을 지어 살고 있지는 않을까?

나는 오랫동안 책 사이에 끼어 있던 에세이 《왜 동물을 보는가?》 복사본을 끄집어 들었다. 윗부분 3분의 1 정도가 노랗게 바랬다. 내 침실 창문으로 들어오는 이글대는 여름 햇살의 소행이다. '동물은 맨 먼저 메신저로서 그리고 희망으로서 상상의 공간으로 잠입한다.' 이 문장에 밑줄이 두 개나 그어져 있다. 동물은 한때 신의 뜻을 전하는 특사로 여겨졌다. 어떤 식으로 동물이 이동하는가, 동물이 무엇을 하는가, 언제 죽는가, 어디서 먹는가, 언제 새끼를 낳는가, 이 모든 것이 의미를 규정하는 힘이 있었다. 고대 로마 시대에 '아우구르(새 점관)'는 하늘을 길조 또는 흉조의 구간으로 나누고 새가 어느 구간으로 나는지 보고 미래를 예언했다. '하루스펙스(창자 점관)'는 동물의 내장을 들쑤시면서 미래를 예측했다. 미래는 조금씩 변덕스럽게 도착했다. 그러나 미래의 첫 번째 조각은 동물의 내부에서 왔다. 버거의 책에 따르면 세상의 야생 동물은 신탁, 전조, 혹은 희생의 제의로서 인간의 주술적 필요를 위한 도구였다. 신성한 것은 고깃덩이였고, 고깃덩이는 짐승스러운 것이었다. 그 사실이 인간을 겸손하게 만들고 변하게 했다.

캣발루의 관광객들이 모두 흥분한 상태로 배의 난간에 기대어 최대한 몸을 내밀었다. 배는 메트로놈 박자기처럼 안정감은 유지하면서도 계속 좌우로 흔들거렸다. 그 상태에서 팔을 최대한 뻗어 카메라를 내밀고는 찰칵찰칵 찍어 댔다. 넥스트랩이 덜렁댄다. '사진만 찍어갑시다' 누군가 쾌활하게 소리쳤다. 이 진부한 표현('사진만 찍어 가자, 발자국만 남기자'라는 문장이 상투적인 환경 보호 표어로 잘 알려져 있다—옮긴이)을 쓰기에 이렇게나 적절한 순간을 만나서 기쁜 목소리다.

대략 15미터 거리에서, 어른 고래가 꼬리를 물 밖으로 치켜들더니 그 상태를 유지하고 있다. 가장자리는 까맣고 안으로는 드문드문 흰색이 보이는데 수기 신호를 벌려 놓은 듯 넓은 Y자 모양이다. 아까 멀미를 했던 여성이 딸의 어깨를 쥐고 소리쳤다. '꼬리가 호주 같아! 꼬리에 호주 땅 모양이 보이네, 안 그래?' 나는 안 보였다. 나는 내가 보고 싶은 것을 대상에 투사하지는 않는다. 그러나 다른 사람들은 그랬다. 그들은 위에서 고래의 까만 꼬리 속에서 하얀 호주 대륙 비슷하게 생긴 것을 찾아냈다. 고래의 꼬리가 바다를 내리쳤고, 바로 그 순간, 새끼가 온몸을 공중으로 띄우며 밖으로 솟았다. '저거 누가 찍었나요?!' 로스 씨가 비명을 질렀다. '카메라 준비하세요, 여러분—새끼고래가 또 점프할 거에요!' 그러나 더 이상 나오지는 않았다.

엄마 고래가 한 번 더 보트와 나란히 스치듯 지나갔다. 나는 난간에 매달렸다. 고래가 배와 나란해진 순간에, 고래의 눈이 휘둥그레지면서 나를 똑바로 보았다. 그의 얼굴에서 유일하게 움직일 수 있는 부분이다. 내가 알기로 독일어에는 '서서히 눈이 감기는 순간'이란 느낌을 말하는 **아우겐블리크**Augenblick라는 단어가 있다. 영어에는 오로지 신체 일부분의 움직임만으로 그런 순간의 느낌을 표현하는 단어는 없다. 대신 차 사고가 터졌을 때 슬로 모션으로 상황이 진행된다든지 나쁜 소식이 느릿느릿 도착한다든지와 같이 극적인 일이 벌어지는 순간에 접착제라도 붙은 듯 천천히 흘러가는 시간을 나타내는 다른 표현은 존재한다.

고래의 시선과 마주친 후, 나는 그 아우겐블리크에 사로잡힌 느낌이 들었다. 몸이 굳어 버리고 시간이 잠시 정지한 듯한 고뇌와 운명의 찰나였다. 고래를 보러 오면서 이런 일을 겪을 줄은 몰랐다. 시간을 얼어붙게 하는 고래의 힘, 그의 응시가 뿜어내는 힘.

3장
이토록 경이로운 뼈대

뒤집어 본 고래

터치풀 체험

무지개 비치파라솔

칼 폰 린네

고래의 진화적 기원

플라스틱 심장

고래 입속에서의 정사

몸이 없는 목소리

고래 해체를 도운 일본

고래 기생충의 오만

내가 본 최초의 고래

나는 고래의 내부를 보면서 고래를 상상하기 시작했다. 이런 사실이 내가 고래에 몰두하게 된 이유, 마음을 뺏긴 이유를 조금이라도 설명할 수 있을까. 왜 나는 고래에 대해 끝없이 알고 싶을까? 만약 나에게 '당신이 최초로 본 고래가 무엇이었냐'고 묻는다면, 당시 내가 고래에게 갔을 때 그는 이미 떠나고 없었노라고 대답할 수밖에 없다. 몸은 썩어 오래전에 사라졌고 뼈만 남아 있었기 때문이다. 내가 본 최초의 고래이자 생각만 해도 짜릿한 그 고래는 웨스턴오스트레일리아 박물관(이하 서호주 박물관)에서 영구 전시 중인 고래 골격이었다.

뼈만 남은 상태에서 어떤 동물을 최초로 만났다면 그것에 대한 우리의 생각은 어떤 식으로 형성될까? 그 동물과 역사와 과학이 맺는 관계를 어떤 식으로 정립하게 될까? 어쩌면 당신도 고래 뼈가 뿜는 독특한 마력을 잘 알고 있을지도 모른다. 살 없는 뼈에 살을 붙여 상상하도록 이끄는 고래의 매력을. 고래의 삶이 어떤 식으로 시작하는

지 알기도 전에 나는 최후의 모습을 본 것이다. 사후의 모습으로, 그 거대한 두개골과 단단한 말뚝을 늘어놓은 듯한 가슴뼈로, 고래를 시작하게 된 것이다.

여동생 루시와 나는 일곱 살, 여덟 살이었다. 박물관 안을 들어서면 우리의 마음은 둥실 떠올랐다. 무려 다섯 개 층을 모두 차지해 한눈에 들어오지도 않는 이 괴이한 것은 대왕고래blue whale의 흰 뼈였다. 그것은 우리의 마음을 뒤흔들어 시선을 사로잡았다. 만약 그때 우리가 꾸물대거나 신발을 질질 끌거나 했다면, 그 유일한 이유는 갑자기 닥친 엄청난 일이 주는 흥분과 두려움을 조금이라도 삭히려는 것이거나 그래서 생긴 긴장감을 더 오래 느끼려는 것이었을지도 모른다. 우리는 호들갑 떨기로 유명한 짝꿍이었다. 웃고 까불고, 악의 없는 거짓말을 즐기고, 함께 삐치고 음식 투정을 부렸다. 우리는 어디서든 내키면 물구나무를 섰다.

교외에 사는 여느 노동자 계층의 아이들처럼 우리에게 자연과 친근한 삶은 당연했다. 동물에 대한 관심은 〈오스트레일리아 지오그래픽〉을 종이가 닳도록 보면서 생겼고, 박물관에서 '포유류의 시대' 전시관의 동물 박제 주변을 뛰어다니며 돋아난 것이었다. 부모님은 야외 캠핑을 좋아했다. 가족 휴가는 주로 파리가 들끓는 숲에서 캠핑을 하거나 하이킹을 했다. 그러나 유칼립투스 숲과 관목 숲에서 배웠던 지식은 자연 자체를 위한 것이라기보다는 안전 때문이었다. 똬리를 튼 뱀이 어떤 뱀인지 맞추는 것, 혹은 일사병의 증상을 말하기와 같은 것 말이다. 우리는 힌트 몇 가지로 '포이즈너스poisonous'와 '베노머스venomous'를 구분하라고 요구받았다. (간단히 말하면 '누가 무엇을 먹었는가' 대 '무엇이 누구를 물었는가'의 문제이다.) (두 단어 모두 '독이 있는'이라는 뜻을 갖고 있지만 먹었을 때와 물렸을 때를 구분해서 사용한다—옮긴이) 개미 침은 고통스럽지만, 더 고통스러운 것은 위험한 거미나 해변에서 컵 받침만 한 크기의 파란고리문어에게 물리는 경우이다. 물려도 물린 줄을 모른다. 이리 와서 돌을 젖혀 봐. 팔을 뻗어 돌의 가장 바깥쪽을 쥐고 너의 쪽으로 뒤집어 봐. 그렇게 하면 돌 아래 있었던 것이 너의 **반대** 방향으로 사라질 거야. 박물관, 동물원, 그리고 수족관을 가면 더 안전하게 지도를 받으며 동물들의 습성을 배울 수 있었다. 그곳에서 경계심을 늦추고 자연과 친구가 되었다.

언더워터 월드 수족관(남반구 최대 수족관. 호주 퀸즐랜드주 선샤인코스트에 있다—옮긴이)에서 루시와 나는 어리둥절해하는 관광객들을 헤치며 작은 수족관들을 재빨리 지나갔다. 거기에는 조그마한 산호와 미끈한 갯민숭달팽이와 골동품 같은 해마가 있다. 이 구경거리들은 진귀한 보화를 잔뜩 늘어놓은 보석 상자 같다. 그러나 우리가 원하는 것은 터치풀 체험 수족관이었다. 엄청나게 많은 정체불명의 꿈틀거리는 것들, 물컹거리는 동그란 것들, 재미있는 말미잘, 그리고 아빠 알통 같은 해삼. 그 모든 것을 직접 만져 보는 재미. 커피를 마신 후에 어머니와 베이비시터를 겸하는 이모께서 우리를 찾으러 올 때쯤이면 우리 둘은 상어에게 홀려서 수족관 유리에 착 달라붙어 고뇌에 빠진 자세로 서 있었다. 상어는 우리 따위는 무시하고 계란 껍질 같은 눈꺼풀을 껌뻑거리며 우리 위를 유영했다. 그러고 나면 우리는 잔뜩 기분이 좋아져서 지상에 올라온 두 마리의 인어인 양 작은 엉덩이를 우쭐거리며 돌아다녔다.

퍼스 동물원의 동물들 표정은 상어보다 더 지겨워 보였다. 우리는 나무등치를 발톱으로 긁다가 무료한 표정으로 어기적거렸다. 동물들이 본래 서식처와 비슷한 기후로 맞춰놓은 잠자리를 향해 팔자걸음으로 걸어가는 모습을 째려보았다. 우리는 동물들의 굴이 보이는 창문을 열심히 두드렸다. 우리가 구경 왔으니 보아뱀, 주머니개미핥기 혹은 청개구리 따위는 잠도 자면 안 된다는 듯이 두드려 댔다. 야행성 동물 전시장이 최고였다. 붉은 조명 아래 얼룩진 유리 너머로 눈이 커다란 것들이 파닥거리며 날아가기도 하고, 쏜살같이 뛰어다니기도 했다.

이런 식으로 야생의 생물은 점점 문화적 전시물이 되었다. 지리적으로 다른 지역 동물들이 뒤섞여 버렸다. 서로 다른 곳에서 살았던 새들이 한 새장에서 같이 산다. '열대 조류'와 '사막 조류'라는 구분은 지리적으로 구분한 것이 아니다. 영국 BBC가 만든 〈북극곰의 왕국〉(1985)에 푹 빠진 우리는 비디오테이프가 닳고 닳도록 봤다. 나중에 북극곰은 표류라도 당한 것처럼 눈 더미 위에서 오도 가도 못하고 있었다. (테이프가 닳아 그렇게 돼 버린 장면은 수십 년 뒤에 거대한 빙붕의 붕괴로 곰의 서식처에 벌어질 섬뜩한 미래를 미리 보여 주었다.) 우리를 가장 매료시켰던 자연은 실내 혹은 유리나 철망 뒤에서 있거나, 티브이의 화면에 보이는 자연, 우리가 원하면 언제든 볼 수 있던 자연이었다. 그것이 인간의 손을 탔고, 설명이 달렸고, 인위적으로 보존되어 있었다. 획일적이고 개성 없는 자연이란 사실이 오히려 장점이었다. 그 덕분에 우리는 야생의 자연보다 더 가까이 자연에 다가갔다. (자연에 있는 것으로는 가능하지 않은) 우리 멋대로 부릴 수 있는 자연이었다.

서호주 박물관은—옛날 이스트 퍼스 구치소 근처 프란시스가에 있는—당일치기 구경거리로는 최고였다. 건물 내부는 동굴 속에 밀폐된 수증기처럼 으슬으슬하고 곰팡내 나는 정체된 공기로 채워져 있었다. 현관 홀 진열대 위에 놓인 두 개의 운석은 더 높은 층에 있을 전시물들이 어떤 것일지 예고했다. 놋쇠처럼 보이지만 구멍이 숭숭 뚫린 그 운석들은 단체 관람 온 학생들이 함부로 만져 대는 바람에 반들거렸다. 만지고 나면 몇 시간 동안 손바닥에서 금속 냄새가 떠나지 않았다. 우주에서 온 톡 쏘는 냄새. 박물관은 조용하고 조금 어두운 장소였다. 우리는 까치발로 걸어 다녔다. 당시에는 갈 만한 전시 시설이 드물었고, 참여 프로그램이나 오디오 서비스는 아예 없었다. 어린이 교육이 우선순위에 있지 않았던 때였다. 박물관에서 풍기는 곰팡내는 자연사를 기록하기 위해 핀으로 나비를 꽂고, 유적지를 발굴하고, 씨앗 껍질을 분류하는 등의 지난한 노동을 말해 주었다. 안내인들은 인상을 쓴 채 낮은 목소리로 참새 쫓는 소리를 내며 어린이들을 단속했다.

붉은 페인트의 혓바닥

아이러니하게도 박물관이 어린이를 반기지 않는다는 사실 때문에 우리는 박물관을 더 좋아했다. 그 많은 명판에 붙은 이명식 이름들은 발음이 불가능했다. (이명식 이름이란 학명인데, 각 동물의 속과 종을 뜻하는 두 개의 라틴어 이름이며, 동족성이 더 큰 순서로 배열한다. 예를 들어 남방긴수염고래는 에우발레이나 아우스트랄리스라 칭하고, 북대서양긴수염고래는 에우발레이나 글래시알리스라 하는 식이다.) 박물관의 안내판을 작성한 사람은 특이한 개성이 있는 사람 같다. '물고기의 모양이 그것의 기질을 말해 준다'라고 한 안내판에 씌어 있다, '비늘이 크게 줄었다' '독특한 성게' '이 몸뚱이는 뇌가 없다.' 생물과 그것 속의 기관들이 낡은 사진 같은 암갈색 방부액이 든 액침 표본(생물체 또는 생물 기관의 일부를 약액에 담가서 보존하는 표본─옮긴이)병 속에 보관되어 있었다. (나는 오랫동안 이 색깔이 과거의 색이라고 생각했다.) 그곳에 있지 말아야 할 것들이 손을 뻗으면 닿을까 말까한 거리에 무심하게 존재했다. 야생에서는 근접도 할 수 없는 생물들에게 이렇게 가까이 다가갈 수 있다니 그렇게 짜릿할 수가 없다. 그 송곳니를 드러낸 무시무시한 포식자들. 병 속에 나선형으로 몸을 배배 꼰 타이팬 독사. 짓밟고 물어뜯는 맹수들. 세월이 흐르면서 몇몇 박제품들은 방문객이 쓰다듬는 바람에 엉덩이와 정강이가 반들반들해졌다.

우리가 보았던 어떤 동영상이나 사진도 박물관에서 본 이런 동물들의 3차원적 존재감과 매력에는 미치지 못했다. 인간의 손을 거쳐 영원히 그 자리를 떠나지 못하는 그들은 실물보다도 더 난해한 존재감을 보였다─천으로 만든 속눈썹, 나무로 깎은 앞니, 광택이 나는 발굽, 그리고 터럭 사이로 희미하게 남은 접착제의 흔적. 우리는 자신의 크기와 비교해서 그들의 실물 크기를 파악했다. 본능적으로 든 생각. 한 마리 정도는 진짜가 있는 건 아닐까, 가짜인 양 가면을 쓰고서 말이다. 안내인이 딴 데로 한눈팔면, 우리는 재빨리 맹수의 입속에 손을 넣어 붉은 페인트로 칠한 혓바닥을 만져 보았다.

대왕고래는 꼭대기 층의 별관에서 보이지 않게 빙빙 돌았다. 우리는 고래가 저 위에 있다고 느꼈다. 마치 별빛 줄기들이 고래의 흉곽을 치고 들어와 우리의 우울함을 갈라 줄 것처럼 느꼈다. 우리는 그것을 언급할 때면 고래는 빼고 '그 파란 것the blue'이라고만 했다. 그것의 고유함은 뚜렷했다. 우리 박물관에는 고래가 한 마리만 있었다. 하지만 최대의 고래다. 제 한 몸으로 건물 전체를 채워 버릴 정도다.

박물관의 대왕고래는 남극해에 사는 남극 대왕고래의 아종에 속한다. 대왕고래는 다른 곳에서도 발견된다. 북태평양과 북대서양뿐만 아니라 피그미 대왕고래(이름과는 달리 최고 24미터까지 자란다)는 북인도 양에 서식한다. 대왕고래의 학명은 **발레이놉테라 무스쿨루스**이다. 그것은 18세기 스웨덴 박물학자인 칼 폰 린네가 농담처럼 갖다 붙인 것으로 여겨진다. 학명을 문자적으로 해석하면 '날개 달린 고래, 작은 쥐'가 된다. 이 농담에는 세상에서 가장 작은 동물에 빗대어 가장 큰 동물을 표현하려는 뜻이 담겨 있다.

린네는 최초로 고래가 물고기에 속하지 않는다고 결론 내린 사람으로 여겨진다. 1735년에 출간된 그의 걸작 《자연의 체계》의 저술 과정에서 린네는 고래를 분류하기 위해 고래에 대한 설명과 그림들—죽은 고래의 위장과 폐와 귀를 상세히 그려 놓은—을 섭렵한 다음, 아무리 이 동물을 뜯어봐도 조금도 어류로 보이지 않는다고 선언했다. 현대적 생물 분류법의 선구자인 린네는 생명체의 이름을 유머의 대상이나 원한의 배출구로 삼기도 했는데 이를테면 자신이 미워하는 사람의 성씨를 잡초의 이름에 붙였다. 한편 **무스쿨리**는 작은 쥐란 뜻 이외에도 근육muscle을 뜻하기도 했다. 그는 근육을 두고 피부 아래에서 생쥐가 움직이는 것처럼 보인다고 생각했다. 어쩌면 린네는 대왕고래가 한 줄기 팽팽한 근육 덩어리처럼 크고 강건하게 보인다는 뜻으로 그런 이름을 붙인 것인지도 모른다. **발레이놉테라 무스쿨루스**, 엄청난 근육 덩어리.

대왕고래는 숨을 내쉴 때 그 거대한 크기만큼이나 크고 장대한 비치 파라솔 모양의 수증기를 내뿜으며 무지개를 연출한다. 그가 꼬리는 물속에 둔 채 거대한 머리를 수직으로 뽑아 올려 스파이홉(동물이 주변을 관찰하기 위해 머리를 물 밖으로 내미는 행동—옮긴이)을 하면, 코끝에서 꼬리 끝까지 온몸이 받는 압력의 차이는 세 개의 기압대로 나눌 수 있을 정도로 크다. 고래의 호흡은 대단히 길다. 특히 대왕고래는 더 길어서 일 분에 심장이 8번 정도 뛴다. (우리는 그보다 10배 정도 빠르다.) 바다가 잔잔하면 고래가 숨을 쉴 때 관자놀이가 두근두근 뛰는 소리를 바닷속 3킬로미터 밖에서도 들을 수 있다.

동생과 나는 이전 방문에서 대왕고래가 거기 있었다는 것을 확인했지만, 그다음 방문을 위해 우리가 입구의 회전문을 통과할 때마다 알 수 없는 새로운 기분이 늘 우리를 엄습했다. 고래가 여전히 거기 있을까? 우릴 기다리고 있을까? 그럼 언제까지 기다려 줄까? 고래는 공중에서 유영하고 있었다. 우리의 상상이 빈약해지면 그도 뻣뻣한 박제가 된다. 이미 죽었지만, 그는 기이한 에너지로 충만해 보였다. 고래의 카리스마는 바다를 벗어나도 사라지지 않는다. 우리는 박물관의 의도대로 경험적 과학의 성과인 골학骨學적인 관점으로 고래를 생각지 않았다. 우리는 고래가 시치미를 떼고 있다고 생각했다. 저 천장만 사라지면 대왕고래는 뼈를 종이 체인처럼 펄럭이며 미끄러지듯 하늘로 날아가 버릴 것이라 생각했다.

역사가 없는 미지의 바다

대왕고래 골격 전시장은 우리가 태어나기도 전에 설치되었다. 그래서 우리는 고래가 어떻게 박물관에 전시되었는지, 어떻게 그 위에까지 매달리게 되었는지, 혹은 애초에 어디에서 왔는지도 몰랐다. 어떻게 고래가 꼭대기 층에 오르게 되었을까. 우리는 그것을 알고 싶었다. 아무리 생각해 봐도 우리는 고래를 계단으로 끌어올리는 것 혹은 그것을 엘리베이터 안에 꾸역꾸역 쑤셔 넣는 그 어처구니없는 과정을 상상할 수 없었다. 만약 박물관의 정문을 경첩째로 떼어 냈다면 고래를 입구 안으로 끌고 올 수는 있었을 것이다, 그러나 그다음 대책이 없지 않은가? 게다가 건물 꼭대기까지? 절대로 안 되지. 실은 1971년 건물에 지붕을 올리기 전에 고래 뼈를 하나하나 방수포에 싸서 크레인을 이용해 꼭대기 전시실로 옮겼다. 그러나 내 동생과 나는 고래의 뼈가 분해할 수 있는 것이란 상상을 결코 할 수 없었다. 우리 자매에게 대왕고래는 결코 무너뜨릴 수 없는 불변의 존재였다.

그때 우리가 몰랐던 것은 박물관 담장 밖에서 대왕고래의 개체 수가 급격히 감소하고 있었다는 사실이다. 20세기가 시작될 무렵 남극의 대왕고래는 대략 23만 9천 마리 정도로 추정되었다. 처음 서호주 박물관으로 고래 골격을 옮기고 있을 때, 남극해에서 대왕고래의 숫자는 수십 년간의 합법·불법적 상업 포경의 결과로 360마리까지 격감한 상태였다. 시애틀 워싱턴 대학의 해양 생물학자 트레버 브랜치 교수는 1905년에서 1973년 사이에 남극의 대왕고래의 숫자가 99.85퍼센트나 줄어든 상태였다고 추정했다. 같은 기간에 단 한 해 동안 포획하여 블러버를 벗긴 고래의 수가 지금 전 세계에 남아 있는 고래보다 많았다. 이것이 생물학자들이 '병목 효과'라고 말하는 것이다. 한 종에서 미래 세대의 DNA에서 보이는 유전자풀(번식 가능한 어느 생물 집단에 속한 유전 정보의 총량—옮긴이)의 급감 현상을 말한다. (그러나 놀랍게도 남극의 대왕고래는 다른 고래 종에 비해서는 더 많은 유전적 다양성을 유지하고 있다—아마도 대규모 고래잡이 이전에는 더욱 다양했을 것이다.)

1990년대 초반 우리가 어려서 전시장을 돌아다니고 있을 때, 남극 대왕고래의 숫자는 2천 마리가 채 안 되었다. 그것은 대략 오늘날의 수치와 비슷하다. 20만 마리가 넘었던 상태에서 400마리 이하로 줄어들었다가 겨우 2천 마리로 늘어난 것이다. 박물관에서 이런 현실을 알 수는 없었다. 고래가 희귀하다는 사실로 짐작할 따름이었다. 표본의 희소성은 그런 고래가 얼마나 드물게 존재하는지 입증했다. 그때 루시와 나는 그것이 인간의 잘못이라는 생각은 못 했다. 우리의 대왕고래는 역사와 무관한 바다인 **미지의 바다**로부터 헤엄쳐 온 것이라 생각했다. 박물관은 소위 생명의 나무tree of life를 기준으로 전체 동물 속에서 고래가 어디에 위치하는지를 보여 주는 데만 신경을 썼고 상업적 포경의 역사는 말해 주지 않았기 때문이다.

우리 둘은 전시실 대왕고래의 출처에 대해 약간의 토론을 거친 뒤 다음 결론을 내렸다. 홍수가 나서 건물 꼭대기에 표류했다. 내친김에 더 과감해졌다. 대홍수, 성경 이야기, 진화, 그리고 기상학과 지질학적 역사까지 끌어들였다. 우리 부모님은 무신론자였다. 신은 없다는 세뇌 교육을 받았지만, 지역 공동체에서 운영하는 휴일 캠프를 가면 우리는 신기한 동물 이야기를 통해 자연스럽게 성경을 접했다―마리아의 당나귀, 구유 속 착한 말과 소, 고래에 먹힌 요나, 그리고 뱀에게 꼬드겨진 이브. 우리의 혼란을 가중시킨 것은 아주 작은 비늘로 덮인 생물로부터 거대한 털투성이 동물에 이르기까지 박물관 안의 수많은 박제 표본들이 모두 쌍쌍이 놓여 있었다는 점이었다. 대홍수가 나기 전에 믿기지 않는 구원을 향해 끝없이 터벅터벅 걷다가 굳어 버린 이 박제들 모두는 홍수를 만나기도 전에 이미 최악의 사태를 겪은 것이다. 비록 이 동물들이 명백히 제작된 것이었지만―실밥 자국에다 밀랍으로 붙인 비늘, 그리고 부드럽게 쓸어 올린 털을 보면 안다―인간이 박제를 만들었다는 사실 때문에 우리가 창세기 신화의 틀 속에서 동물을 상상하는 놀이를 마다할 이유는 없었다.

고래의 진화적 기원

아주 오랜 옛날, 생물은 물에서만 살았다. 그 정도는 우리도 알았다—성경의 장대한 이야기와 학교서 배운 과학을 합친 것이다. 고래는, 우리가 믿기로는, 고대 바다 세계의 동물 중의 한 무리에 속했다. 다른 동물이 바다 밖으로 나가서 방수 가죽을 만들고 있을 때, 물고기만큼 미끈하지도 못한 이 거대한 포유류는 물속에 남았다. 박물관의 고래가 아래층의 표본들처럼 박제가 아니라 골격 상태로 전시되고 보니, 그것은 다른 것들보다 더욱 고대의 것으로 보였다. 그것은 지구의 탄생만큼이나 오래된 것처럼 보였다. 그 당시 나는 박물관이 고래 뼈를 전시하는 유일한 장소가 아니라는 사실을 몰랐다. 고래 뼈는 교회의 둥근 천장에도 걸려 있었다. 여러 가지 히에로조이카—복음서에서 중요하게 언급되어 신성하게 여겨지는 자연물—수집품 중에서도 특히 고래 뼈를 레비아탄(구약 성서 속 바다 괴물—옮긴이)의 실재 증거로 교회에 걸어 놓기도 했다.

고래에 대한 강박에 가까운 우리의 관심은 그것의 엄청난 크기와 박물관에서 가장 중요한 전시물이라는 의미와 관련이 있었다. 우리는 늘 그 뜻을 파악하려 애썼다. 우선 대왕고래의 시대적 위치를 특정할 수 없었다는 사실이 더욱 매혹적으로 느껴졌다. 대왕고래를 실재한 것처럼 느끼기 위해서 그것은 공룡처럼 우리의 상상력을 필요로 하는 화석의 범주에 속했다. 그들의 뼈는 살아 있는 것과 순전한 상상력의 축조물 사이의 경계에 있었다. 그런 동물에는 멸종된 동물뿐 아니라, 1984년 서독 영화 〈네버엔딩 스토리〉에 등장하는 '행운의 용 팔코'도 포함된다. 고래는 실제 동물인가 아니면 팔코와 같은 초자연적 친구인가? 고래는 언제부터 있었고 언제까지 존재할까? 훨씬 뒤에나 알게 될 일이었지만, 고래의 진화적 기원은 그 당시에 여덟 살이었던 나의 상상력보다 훨씬 더 환상적이었다.

옛날에 고래보다 더 이전에 존재했던 플레시오사우루스와 이크티오사우루스 같은 해양 공룡이 있었다. 그러나 이들 중생대의 해양 괴수들은 백악기로 접어들 무렵에 멸종했고 현대의 고래와는 관련이 없다. 고래는 숨을 쉬기 위해 수면으로 부상한다. 새끼를 낳고 젖을 먹인다. 심부 체온(간과 같은 신체 깊숙이 있는 내장의 온도─옮긴이)을 유지해야 한다. 그리고 모든 태반 포유류처럼 그것의 진화적 기원은 육상 동물이다. 에오세 시대에 고래목에 속한 동물은 육지의 작은 네발짐승들이었다. 그들은 네발로 걸어 다녔다. 이 분야의 전문가들은 코요테, 개, 혹은 하마와 고래의 선조가 비슷하다고 한다. 한 원시 시대 고래목 동물인 **파키세투스**Pakicetus(약 5300만 년 전에 육지에서 서식했던 포유류로 오늘날 고래의 조상─옮긴이)는 래브라도견의 것을 닮은 꼬리에 발에 발톱이 있는, 해안에서 서식하는 개만 한 크기의 동물이었다고 여겨진다. 털도 있었을 것이다. (털은 화석으로 남지 않기 때문에 이 점에 대해서는 결론이 나지 않았다.) 작은 눈에 양미간이 넓은 **파키세투스**는 많은 그림에서 멸종한 것이 수치스러운 듯 부끄러운 표정을 짓고 있다.

최근 수십 년 사이에 발굴된 화석에 따르면, 고래의 선조들은 고래 같은 고막과 두터운 두개골을 갖고서 바다로 더 멀리 나가서 먹이를 구했다. 콧구멍은 머리 꼭대기로 옮아 갔다. 앞다리는 넓어지면서 지느러미 꼴을 갖추게 되었다. 한때 바다에서 살았던 그들은 점점 다양한 계통군의 동물로 분기하면서 고대의 먹이 사슬에서 다양한 생태학적 틈새와 지위를 점유해 나갔다. 4억 년 전에는 오늘날의 이구아나를 닮았지만 크기는 좀 더 큰 고래가 살았다. 다른 종은 물고기에 좀 더 가까웠다. 어떤 것은 드럼통 같은 몸통이 점점 가늘어지는 것도 있었다. 가장 큰 놈인 뱀을 닮은 바실로사우루스는 뱀장어처럼 해초가 많은 바다에서 서식했는데, 몸길이 20미터에 이빨이 톱니 모양이었다. 바실로사우루스는 다른 고래종의 두개골을 바스러뜨려 죽이고는 먹이로 삼았다. 다리가 넷 다 있었지만 뒷다리가 허약해서 물 밖으로 나오더라도 몸을 지탱할 수 없었다.

마이오세 시대에 얼굴이 바다코끼리를 닮은 오도베노케톱스가 등장했을 때, 고래의 몸은 유선형이 되고 뒷다리는 사라진다. 오도베노케톱스는 두 개의 비대칭 엄니가 물컹한 주둥이 아래로 길게 튀어나와 있었다. 오른쪽 엄니가 왼쪽 것보다 두 배나 길게 자랐는데 그 이유는 알 수 없다. (아마도 홍합을 먹는 식습관, 또는 알 수 없는 구애 행동과 관련이 있는 것으로 보인다.) 그 엄니 때문에 오도베노케톱스는 21세기의 인간에게 미야자키 하야오 감독의 애니메이션 속 신의 응답을 받은 캐릭터처럼 남다른 매력을 풍긴다.

나와 내 여동생이 서호주 박물관을 돌아다니는 동안, 이집트의 말라 버린 계곡의 붉은 기반암에서 무릎이 있는 고대 고래의 완전한 골격이 최초로 발견되었다. 발굴된 것 중에 한 마리의 바실로사우루스의 골격 속에는 또 다른 고대의 고래의 유해가 들어 있었다. (일종의 화석화된 고래 털더큰이다.) 가장 오래된 고래 종의 화석은 5350만 년 전의 것이다―유해는 지금 시대의 해변이 아니라 인도 북서부 히마찰프라데시주의 산기슭에 묻혀 있었다. 발굴된 고래는 고대의 석회암 지층이 수천 미터 높이의 산꼭대기로 밀고 올라갈 때에 바닷속을 수영하고 있었다.

오늘날 대왕고래는 지구 최대 생물로 자라났고, 많은 고래 종들은 선조들보다 더 거대하다. 그 이유는 부분적으로 플라이스토세 바다의 선택압(어떤 개체가 자연 선택될 때 작용하는 환경 요소―옮긴이) 때문이었던 것으로 여겨진다―빙하기에는 빙상이 흙의 영양을 갈아 으깨어 바다로 운반하면 부분적으로 비옥한 지역이 생겼다. 고래는 번식을 위해 멀리 떨어진 비옥한 장소로 이주해야 했고 거대해질 필요가 있었다―거대한 몸이라야 충분한 지방을 축적할 수 있었고, 거대한 근육의 힘으로 먼 거리를 횡단할 수 있기 때문이다. 고래의 거대함은 오늘날 암 특효약 연구자들의 특별한 관심거리가 되었다. 이론적으로는 거대한 만큼 세포가 많아서 세포 변이가 생길 가능성이 그만큼 커지는데에도 불구하고, 대왕고래에게 악성 종양은 놀라울 정도로 적은 편이다. 그 이유는 아무도 모르지만, 최근의 한 연구에서 고래에게서 억제 유전자로 보이는 것을 확인했다고 한다.

몇몇 고래의 척추 하부에는 비행기의 랜딩 기어가 접혀 있듯이 고래 꼬리 살에 작은 마디들이 싸여 있다. 두 다리가 있었던 흔적으로 보인다―한때 뒷다리가 있었다는 미약한 증거이다. 만약 그것이 지금까지 남아 있었다면, 비록 육지를 걸어 다니는 것은 어림없다 하더라도, 짝짓기할 때 상대를 잡을 수도 있었을 테고, 육지에 남아 있던 고대의 고래를 해저로 데리고 가서 얕은 산호초 속에서 먹이를 찾아보라고 채근했을지도 모른다. 이런 퇴화된 사지는 태아가 자궁 속에 있을 때 얼핏 볼 수 있다. (그때 어떤 고래 종의 태아는 한동안 움츠린 돼지 새끼들처럼 보인다.) 익숙한 형태와 깜짝 놀라게 만드는 모습을 둘 다 보여 주는 것이 또한 고래의 매력이다.

지느러미와 인간의 손뼈

해부학적으로 현대의 인간은 약 20만 년 전 중기 구석기 시대에 등장했지만 고래는 5천만 년 전까지 올라간다. 고래에게서 하마, 개, 늪에 사는 척삭동물(세포의 발생, 즉 수정란에서 개체가 되는 과정의 초기에 척추의 기초가 되는 척삭이 형성되는 동물문—옮긴이)이 나왔다. 고래 안에는 우리도 있다. 과학 역사학자인 D. 그레이엄 버넷은 18세기에 외적 유사성이 아니라 내적 구조에 따라 분류학자들이 동물을 재분류하기 시작했을 때 그들이 고래의 지느러미 속에 관절이 있고 길어서 '손가락'을 빼닮은 '인간의 손뼈가 은닉' 되어 있다는 사실에 경악했다고 말했다. 과학과 해부학이 아니었다면 민간 설화라고 해도 손색이 없을 정도다. 그런데 민간 설화에 그런 얘기가 나온다. 능숙한 고래 사냥꾼인 이누이트족의 이야기이다. 이누이트 구전 설화에 따르면 고래는 이누이트 지하 세계인 아들리분의 여신 세드나의 손가락이라고 한다. 물에 빠지지 않으려고 카누 한쪽을 붙잡은 세드나의 손가락을 그녀의 아버지가 칼로 쳐 버렸다—피비린내 나는 가족 잔혹사이다. 그녀의 손가락은 고래로 변했다. 손톱은 고래 뼈가, 엄지손가락은 바다코끼리가 되었다. 다른 동물을 통해서 우리는 원래 동물이었던 우리와, 지금의 우리, 그리고 그 사이에 있는 경계의 모호함에 대해서 다시 생각할 기회를 얻는다.

온갖 상상을 하다가 마침내 동생과 내가 대왕고래 전시장의 천장이 낮은 별실로 들어갔을 때, 우리가 만난 광경은 당혹스럽게도 그 상상에 찬물을 끼얹는 것이었다. 전시장 기획자는 방문자들이 밀접한 거리를 두고 대왕고래 주변을 돌도록 동선을 계획해 놓았다. 관람객들이 한 번에 고래 전체를 볼 수 없을 정도로 고래와 가까이 있게 만들어 놓았다. 별실에 들어온 사람 중에 누구도 '와, 고래다!'라고 소리치지 않았다. 사람들은 턱뼈, 눈구멍, 얇은 입천장 덮개를 보았을 뿐이다. 고래 뼈의 작은 마디와 잘게 금이 간 부분을 유심히 볼 뿐이었다. 고래 뼈에는 많은 색깔이 있었다. 모두 오래된 것이다―감미료가 든 연유 빛깔, 그리고 태양을 오래 받아 갈라 터진 것들의 빛깔들. 회백색, 백자, 양파껍질, 꿀, 익은 바나나, 숯검정, 어깨 부분에 부끄러운 듯 보이는 때 묻은 장밋빛(고래에게 어깨 같은 게 있다면 말이지) 그것이 백설 같은 색도 아니고 이름대로 파란색도 아니란 사실(대왕고래의 영문 이름은 '푸른고래blue whale'이다―옮긴이)에 우리는 실망했다. 너무 오래 매달려 있어서 삐친 색깔이었다. 고래의 골격은 점점 가늘어져서 척추뼈가 손가락 관절(우리 관절만 했다, 정말 대 봤다)만 해졌다가 결국 뾰족하게 끝을 맺었다. 수기 신호를 벌린 듯 활짝 펼쳐 있었을 꼬리지느러미는 없었다. 고래 가슴지느러미의 자리에는 마녀의 손가락처럼 가늘게 튀어나온 뼈가 있었다. 머리뼈와 주둥이가 고래수염이 사라진 턱을 물고 있는데, 두개골 전체는 좁고 기다랗다.

그러나 뼛속 고래의 사정은 알 길이 없었다. 공기만이 그 속을 채우고 있었다. 심장 속 공간은 어떤 대양의 진실을 담고 있었을까? 나는 마음속으로 고래 뇌를 그의 머리뼈 속으로 집어넣고 상상에 돌입했다. 그것의 마음의 크기는 어느 정도였을까? 노래를 위한 목구멍은 어디쯤 있었을까? 위장은? 귀는, 폐는? 고래의 한가운데로부터 나와 연극 무대의 밧줄처럼 매달려 있었을 혀도 분명 있었을 것이다. 그러나 이제는 보이지 않는다. 골반 속을 훔쳐보면서 생식기가 떠올라 계면쩍은 기분이 들었다. 고래의 다른 텅 빈 곳을 보면서 우리는 그 안으로 쏟아져 들어왔을 수많은 먹잇감을 떠올렸다.

우리가 더 오래 볼수록, 더 많이 그 주변을 걸어 다닐수록, 고래는 점점 더 떠다니는 생물체가 아니라 석공이 짜 맞춘 축조물이 되었다. 진짜 고래는 그것 뒤로 사라져 버렸다. 한때 바다가 그를 품고 있었다—육지 위에 있게 되면 그 존재가 어떤 식으로 소멸되는지를 우리는 볼 수 있다. 그의 갈비뼈는 아래로 갈수록 가늘어졌다, 그리고 가장 무거운 뼈가 갈비뼈를 내리누르며 압박한다. 가까이에서 보면 뼈를 고정시키는 철제 붙박이들과 뼈의 간격 유지를 위해 끼워 놓은 스페이서들이 이것이 진짜 대왕고래가 아니라 사람들이 끼워 맞춘 일종의 조각품이란 생각이 들게 했다. 이것은 한때 과학적 '표본'이라 불렸던 것에 가까웠다. 최소의 설비로 실습 혹은 관찰 가능하게 준비된 동식물 전시물. 그런 식으로 대왕고래는 생물체가 아니라 구경거리가 되어 우리 눈앞에 전시된 것이다.

그런데 이유는 알 수 없지만 주저하면서도 대왕고래의 안으로 들어가고 싶은 욕구가 치밀었다. 불쑥 방에 들어가 구석을 차고, 벽을 치고 싶었다. 루시와 나는 고래 아래위로 24미터를 왕복해서 달려 보았다. 보는 사람이 없으면 교대로 난간 아래로 쏜살같이 들어가 땀 젖은 손으로 뼈를 만지거나 쓸어 보고는 재빨리 나왔다. 단지 박물관의 규칙을 위반해 보고 싶었는지도 모른다. 관람객들에게는 동물을 손대지 말라고 한다. 하지만 동물은 끊임없이 손대어졌다. 사냥꾼들에 의해, 표본을 만드는 사람들, 수집가들, 그리고 동물을 설치·진열하는 전시 기획자들에 의해. 그러나 고래 울타리 안으로 몰래 들어가거나 뼈를 만지거나 하는 것보다 더 못된 짓은, 우리 몸의 작은 일부를 대왕고래 전시물 여기저기에 찔러넣은 것이었다. 뜯어낸 상처 딱지, 빨간 실이 달린 채 빠진 이빨, 낫고 있는 화상 상처로부터 벗겨낸 피부 껍질. 나는 공작용 가위로 머리칼을 잘라서, 마치 그것이 양념이라도 되는 양 고래 턱뼈 위에 흩뿌렸다.

왜 우리가 이런 짓을 했을까? 왜 우리 몸에서 떨어져 나가는 것을 이런 식으로 처리했을까? 왜 우리 어린 몸의 흔적들을 고래의 거대한 뼈 위에 몰래 놓았을까? 나는 그것이 나 자신이 본질적으로 짐승이었던 시절을 기리고 싶었던 충동이었을 거라고 짐작할 따름이다. 우리 스스로를 고래의 역사와 나란히 놓아 보는 것―그것이 아마도 우리의 의도였을 것이다.

1941년에, 미국의 소설가 아나이스 닌이 뉴욕의 미국 자연사 박물관의 전시실에 들어섰다. 그리고 한곳에 자리 잡고 있던 크게 확대된 혈액 세포 복제품을 보았다. 그녀는 그것이 정확히 무엇인지 확인해 보기도 전에 본능적으로 비할 데 없는 미적 강렬함에 사로잡혔다. 이 혈액 세포들이 지금껏 본 가장 아름답고, 가장 매혹적이며 이상적인 모습을 띠고 있다고 느꼈다. 닌은 그날 일기에서 직접 볼 수는 없지만 우리 속 가장 깊은 곳에 있는 우리의 일부들―피 속 혈소판의 모습, 뿌리째 뽑은 부채꼴 산호를 닮은 폐, 땅딸막한 도자기를 닮은 자궁―을 음미함으로써 예술과 문학에 풍요로움을 더할 수 있지 않을까 물어보았다. 존재하지만 맨눈으로는 확인할 수 없고 어쩌다 겨우 감각되기에 비현실적인 것들. 그녀는 세포에 매료되었다. 스스로가 미세 인간이 되어 자신의 혈관 속을 돌아다녀 보는 듯한 묘한 느낌이 들었다.

나는 우리 내부의 해부학적 모습을 현미경으로 본 형상에 이끌린 닌의 착상에 근본적으로 동의하지는 않았다. 그러나 그녀의 일기를 읽으면서 이 거대하게 확대된 세포와 대면한 뒤 그가 내면에서 솟구치는 생동감과 신비감을 묘사하는 장면을 상상하면 즐겁다. 닌은 몸의 내부로부터 본 관점을 의식적으로 쓴다면 다음과 같은 질문을 하게 되는 것을 알았던 것이다. 몸은 어디서 시작되는가, 그리고 어디서 끝나는가? 몸은 자신이 느끼는 것을 어떻게 감각하는가. 그리고 그런 능력은 우리 몸의 어디에서 발휘되는가? 이 몸은 자신이 아닌 몸을 느낄 수 있는가—이 몸이 어떤 다른 생명과 일체감을 느끼기 위해 혹은 공감하기 위해서는 그것과 어느 정도로 유사해야 가능한가?

나는 닌이 자연사 박물관을 방문했던 순간에 느꼈을, 더 미세하고 심오한 실체의 원형질 속으로 굴러떨어진 자신을 인식하면서 느꼈을, 통제하기 힘든 생명의 창조적 에너지와 생명 흐름의 본질을 상상해 본다. 그런데 이런 마음가짐이, 육안으로는 관찰 가능하지 않은 곳으로 스스로를 보내 보려는 태도가 **생태적** 사고에 또한 필수적이지 않은가? 깊은 바다와 먼 곳의 기후까지 생각해 보는 것, 그리고 인간의 살림살이가 그곳이 입은 피해와 어떤 연관이 있는지에 대해 생각해 보는 것. 또한 고래 배 속 사정을 궁금해하기, 그리하여 그의 위장에 크릴과 오징어 부리가 있는지 아니면 비닐하우스와 몇 장의 방수포가 들어차 있지는 않은지 궁금해하기.

어느 날 저녁 울루물루(시드니에서 1.5킬로미터 떨어진 시드니 항구 내

울루물루만을 끼고 있는 지역—옮긴이)에서 어떤 시선집의 출간을 알리는 자리에 참석했다가 나는 한 무용 안무가와 대화를 하게 되었는데, 그이는 나에게 이런 점을 지적해 주었다. '그건 식민주의적 충동이 아니었을까요? 내부를 식민화한 것. 고래 안으로 들어간 것. 그 속에 든 것을 끄집어낸 것. 그 모든 백인들 말입니다, 동물을 쏘아 넘어뜨리고, 박제를 하고, 이름을 멋대로 붙이고, 유리 눈알을 박아 넣어서는 그걸 어디로 보냈겠어요? 런던, 암스테르담, 시카고. 이 오스트레일리아가 시작되고 있었을 때 그들은 많은 것을 가져갔지요.'

그녀가 이 '오스트레일리아'라고 말할 때, 견딜 수 없는 어떤 것을 떨어내기를 원하는 듯 두 손을 물기를 털어내듯 튕겼다. 나도 같은 생각이라고 말해 주었다. 그러고 나서 나는 동물의 내부와 동물의 이름에, 그리고 박물관에 과거의 역사와 그 폭력적 유산이 어떤 식으로 스며들었는지 생각해 보았다.

많은 국제적 수집 기관들은 대왕고래를 가장 중요한 품목으로 여긴다. 다양한 연령대와 상태의 대왕고래 표본과 복제물이 캐나다의 밴쿠버, 온타리오, 오타와, 뉴질랜드 크라이스트처치, 호주 멜버른, 아이슬란드 레이캬비크의 박물관에 있다. 남아공의 프리토리아에는 박물관 입구 가까이 야외 유리 터널 안에 고래 골격이 전시되어 있다.

대왕고래 골격을 보유할 수 없었던 박물관은 복제품을 선호했다. 뉴욕의 미국 자연사 박물관 밀스타인홀의 천장에 매달려 있는 것은 1932년에 남아메리카의 연안에서 죽은 채 발견되었던 28미터 크기의 암컷 대왕고래의 복제품이다. 그 복제품은—폴리우레탄에 유리 섬유 코팅을 하고 다시 페인트를 272리터나 칠한—죽은 고래의 사체를 찍은 사진에 의존해서 제작되었다. 나중에 복제품이 해부학적으로 오류가 있다고 밝혀지자 재수정을 거쳐 설치되었다. 2000년대 초반이 되자 대왕고래의 튀어나온 눈은 머리에 눌려서 납작해졌고, 분수공은 수정되었고 꼬리는 가늘어졌다. 고래의 하얀 아랫부분에는 직원들이 배꼽을 칠해 넣었다.

도쿄 우에노 공원에 있는 일본 국립 과학 박물관은 겉은 스프레이 페인트로 칠하고 속은 텅 빈 실물 크기의 복제품 대왕고래를 야외에 설치했다. 그래서 일 년에 며칠은 휘몰아친 눈이 고래 등에 쌓여서, 남극 대왕고래가 눈 아래서 배회하다가 바다 위로 슬그머니 나아가는 듯한 착각을 불러일으킨다.

2014년 얼음이 두터운 시기에 뉴펀들랜드 근처에서 잡혔던 대왕고래의 심장이 캐나다 로열 온타리오 박물관에서 독일로 보내졌다. 심장 조직의 지방과 물을 제거하고 플라스틱화하기로 결정한 것이다. 이 기술은 최근에야 개발되었다. 거대한 장기를 우선 아세톤(이 액체는 매니큐어를 지우기 위해 사용된다)에 적셔서 모든 수분을 제거한다, 그리고 플라스틱 용액에 담근다. 그런 다음 진공 처리하는데, 우주 공간과 거의 비슷한 환경에 놓는 것이다. 그런 식으로 플라스틱화된 심장은—심장 조직이 중합체와 실리콘으로 대체된 것이다—여러 나라 박물관을 돌며 임대 전시되고 있다. 이 심장을 만든 사람들은 그것을 '프랑켄하트(프랑켄은 현재 독일에 속한 곳의 옛 지명이고, 하트는 심장이니, 독일인의 기술로 만든 심장이란 뜻으로 심장 제작자들이 붙인 이름이다—옮긴이)'라고 부른다. 소형 자동차만 한 크기이며 진한 핑크빛을 띤다. 플라스틱으로 대체되었기 때문에 수만 년은 끄떡없을 것이다. 고래 심장이 운석만큼이나 오래 견딜지도 모른다.

기념비적인 사체의 박제

고래 박제는 드물다. 고래가, 특히 고래 피부가 뭍으로 나오면 빨리 부패하기 때문이다. 스웨덴 '예테보리의 자연사 박물관'은 유일하게 대왕고래 박제를 보유하고 있다. 1865년에 나세트 외곽에서 대왕고래 새끼가 표류했다. 발견자들은 맨 먼저 눈알을 뽑아냈다. '그것이 우리를 볼 수 없게 해야 해'라고 말한 것이 기록에 남았다. 고래가 자신을 죽이는 사람을 볼 수 없도록 해야 한다는 속설 때문이었다. 고래가 죽는 데는 이틀이 걸렸다. 눈 하나는 나중에 바다로부터 회수되어 글리세린과 알코올에 보존되었다—둘째 눈은 분실되었는데 해저 여기저기를 굴러다닐 것이다. 질질 끌면서 끔찍하게 죽은 뒤에 고래 새끼는 해체되었고 그것의 껍데기는 비소와 염화수은으로 보존되었다. 후에 가구 장식용 구리 못으로 다시 결합시켰다. (이 화학 처리된 고래는 이상하게도 오늘날의 러시아에서 사냥되는 요오드 냄새가 코를 찌르는 고래를 연상시킨다.) 예테보리의 고래 주둥이는 다시 손을 봐서 턱이 그랜드 피아노처럼 완전히 벌어지도록 만들었다. 주둥이 내부는 라운지로 꾸몄다. 나무 벤치, 빨간 카펫을 놓았고, 천장은 금색 별로 수놓은 푸른 모슬린(메소포타미아의 도시 모술에서 직조한 천—옮긴이)을 나란히 배열했다. 특별한 날이면 박물관 종사자들이 그 안에서 식사와 커피를 대접했다. 미국 관광객들은 그곳에서 고래의 배 속에 갇힌 요나처럼 기도하는 모습으로 사진 찍기를 좋아했다. 1930년대에 두 연인이 고래의 식도 안에서 그들의 열정을 발산한 직후에 **범행 현장에서** 잡혔다. 그후 고래의 입은 폐쇄되었다.

서호주 박물관에서, 대왕고래 전시장은 소리가 떠나지 않는다. 대왕고래가 심해에서 지르는 소리를 녹음한 것인데, 애처로운 소리가 끝도 없이 반복된다. 낮은 흐느낌, 먼 성운으로부터 똑똑 떨어지는 것처럼 울려 퍼지는 소리. 대왕고래 소리를 포착하는 데 사용된 기술은 전시된 고래보다 훨씬 나중에 개발된 것이다―박물관에서 녹음한 고래 목소리는 전시된 고래의 것이 아니라 다른 고래의 것이란 말이다. 전시실에는 결국 한 마리가 아니라 두 마리가 있는 셈이다. 몸이 없는 목소리와 목소리가 없는 몸. 나는 몸 없이 소리만 남은 고래에 대한 정보를 구하려 했으나 구할 수가 없었다. 그의 역사는 고래 골격의 이야기에서 증발한 것이다.

방문객이 고래 골격을 보든, 유리 섬유 복제품을 보든, 플라스틱화된 심장을 보든, 혹은 화학 처리된 고래 박제를 보든, 또는 고래의 노래를 듣든, 박물관은 관람객이 전시 고래를 실제보다 더한 존재로 보도록 부추긴다. 경이를 느끼게 해 주는 존재로. 2017년 중반 무렵에 런던의 영국 자연사 박물관은 메인 홀의 디플로도쿠스 공룡을 치워 버리고, 대왕고래 골격을 와이어로 공중에 매달고 연푸른 조명을 아래서 비추도록 했다. 박물관은 고래를 '희망'이라 이름 붙였다.

어린 시절, 나는 서호주 박물관의 대왕고래를 모든 대왕고래의 대표로 보았다. 나는 개별 고래의 고통들은 몰랐다. 그리고 처음 이 고래를 만나는 사람이 어떤 것을 느끼는지도 몰랐고, 혹은 그런 사람들이 느껴야 할 것―대왕고래가 우리에게 무엇을 경고하는가―이 무엇인지도 들은 것이 없었다. 박물관에서 제시한 고래에 대한 설명은 일반적이며 오래된, 진화적이며 자연적인 상황에 관한 것이었다. 오랜 시간이 지나서야 나는 고래가 바다에서 왔다는 사실뿐 아니라, 조사하면 찾을 수도 있는 어떤 지역, 어떤 시기와 사회적 상황에서 왔다는 생각이 들었다. 그제야 나는 기록 보관소를 찾아가 마이크로필름 카드를 훑으며 그 고래에 대한 옛날 뉴스를 찾기 시작했다.

내가 조사에 착수하게 된 이유는 당시에 매체에서 읽었던 다른 죽은 고래와 관련이 있다. 가장 오래 사는 고래인 북극고래였다. 기록에 따르면 211년을 산 것도 있다. 이백 년을 산 포유류가 있다니. 1992년에 알래스카주 우트키아비크에서 잡힌 북극고래의 블러버를 벗겨 냈는데, 깊은 흉터의 흔적이 드러났다. 그 흔적의 끝에는 돌 작살의 파편이 숨어 있었다. 오래전에 입은 고래의 상처가 치유한 흔적이다. 그 파편은 1880년대까지 선주민 고래잡이들이 사용했던 무기였다. 그 후 소련의 고래잡이들이 도입했던 금속 작살이 부싯돌이나 점판암을 쪼아서 만든 작살을 대체했다. 다른 북극고래의 블러버 속에도 돌 파편이 발견되었다. 또 어떤 고래에서는 1890년을 전후해 마지막으로 사용되었던 어깨에 메고 쏘는 창의 파편이 나왔다. 전통적인 고래잡이들이 창끝에 달았던 바다코끼리 상아 조각이 발견된 고래도 있었다. 특정한 미국 포경선에서 썼던 고래잡이 작살 쇠붙이가 있는 경우도 있었다. 이런 물건들도 옛사람의 공예품으로서 박물관에 전시된다. 고래잡이의 기술에 관해 알려 주는 귀중한 발굴물이다.

과학자들은 그 작살 파편을 근거로 북극고래의 끔찍했던 시대를 구체적으로 입증했다. 그러나 이들 고래가—자신의 내부를 파고들었던 그 잔인한 조각을 오랜 세월 품고 살면서—'어떤 느낌이었을까'라는 감상적 의문에 매몰되지 않으면서도 이 모든 것을 알아내기 위해, 우리는 우리 심장 속에 차가운 얼음 조각 하나(영국 소설가 그레이엄 그린(1904~1991)이 한 말. 타인의 비극에 대해 슬퍼하기보다는 작가적 초연함이라는 구경꾼의 입장을 의미—옮긴이)를 필요로 했다. 지금도 저 바다에 있을 북극고래가 여전히 인간의 역사에 대해 많은 증거를 품고 있을까? 얼마나 많이, 어떤 고래가, 혹은 어떤 동물이 우연히 우리가 잃어버린 방주가 되거나 문화적 기록물이 되었던가?

죽이는 행위와 애착

이제 나는 어떤 식으로 박물관의 대왕고래가 죽어 갔는지 알아보기로 했다—사람들이 고래로부터 이익을 얻고자 헛소문을 만들고 공모했을까, 아니면 사람들이 우울해하면서 죄책감에 시달렸을까? 고래가 불길한 전조로 받아들여졌을까? 〈번버리헤럴드〉와 〈선데이타임즈〉를 검색하면서 몇 가지 출처를 통해 이 대왕고래가 1898년에 서호주 남서쪽 버셀턴 근처 바스강 하구에서 최초로 목격되었음을 확인했다. 이곳은 내 어머니의 고향과 멀지 않다, 그리고 최근에 많은 들쇠고래가 떠밀려온 곳과도 멀지 않다. 남극해로부터 온 그 대왕고래는 인도양의 얕은 바다에서 죽었다. 먹이를 구하러 퍼스 연안의 해저 협곡으로 왔다가 변을 당했을 것이다. 그 지역 여성인 데이지 로커가 고래를 발견했다. 그이는 말을 타고 숙부의 집으로 가서 그에게 고래에 작살을 꽂으라고 말했다. 이 작살질이 이미 다쳤던 고래를 결국 죽인 것인지, 아니면 이미 죽었지만 단지 고래에 대한 권리를 주장하기 위해, 한 집안의 이익을 위해 그것—'그 괴물' '그 물고기' '그 등지느러미'—에 작살을 꽂았는지는 불분명하다. 고래가 괴물로도 불리고 물고기로도 불렸다는 사실은 그것을 놀라운 것, 무시무시한 것으로는 여겼지만 신비스럽거나 불길한 것으로 여기지는 않았음을 시사한다. 로커는 고래의 일부를 끓여서 기름을 얻기를 원했지만 결국 '대부분을 버렸다'고 했다.

대왕고래 전시실에 붙어 있는 설명판에는 이런 보잘것없는 설명만 있었다. 1898년 고래를 잡은 후에 3년 동안 '서호주 박물관의 박제사가 두 명의 일본인 어부의 도움을 받아서 이 거대한 동물의 뼈에서 고기를 발라냈다.' 박제사의 이름은 오토 리퍼트였다. 그를 도왔던 사람들은 그 당시 신문에 **두 일본인**two Japs(Jap는 일본인을 지칭하는 줄임 말인데, 제2차 세계대전 진주만 공습 이후로 멸칭이 되었다. 이 신문에서는 멸칭보다는 이름 없는 이를 가리키는 의미에 가깝다—옮긴이)으로 기록되었다. 그들은 누구였을까? 이름은 무엇이었을까? 고래 살이 조금씩 잘려 나가면서 두 일본인과 호주인 박제사 사이의 협력담도 대부분 잘려 나갔던 것으로 보인다—'두 일본인'만 남은 것이다.

박물관의 핵심 전시물인 대왕고래의 골격을 획득한 서호주 박물관의 운영진은 다음 작업에 착수했다—사망 프로젝트와 상상력 프로젝트. 호주의 자연을 전 세계 자연사로 편입시키는 일과 퍼스를 고래로 유명한 지명이 되게 하는 일에 동시에 착수한 것이다. 박물학자들은 고래를 중심에 놓고 그 주변을 아름다운 방으로 에워싸고 그 방에 채워 넣을 지질학적 표본들과 박제용 토종새들을 수집하기 시작했다. 그들은 호화로운 전시실 안에 수많은 기이하고 경이로운 것을 채워 넣어 '놀라운 방(영어로는 wonder-rooms이다. 16세기 무렵부터 유럽의 왕족, 귀족, 상인 들에게 진귀한 것들로 방을 꾸미는 취미가 생겼다. 이런 전통이 박물관으로 발전했다—옮긴이)'을 만들었다.

내가 이것을 쓰는 동안 리퍼트가 뼈를 발라냈던 고래가 설치된 지는 공식적으로 122년이 되었다—대왕고래의 평균 수명이 110년이니

그보다 더 오래 살았다. 죽었을 때 이 고래의 정확한 나이는 모른다. 1898년. 이 나라가 아직 나라가 되기 전이다. (1901년 1월 1일, 여섯 개 식민지가 연합하여 호주 연방이 설립되었다—옮긴이) 대왕고래를 해체한 뒤, 그 뼈를 레일에 실어 내륙으로 옮기고, 퍼스 보퍼트가 창고의 임시 거처에 보관하기까지의 과정은 서서히 진행되어서 그 사이에 호주 연방이 설립되었다. 대왕고래는 식민지 시절에 표류했고 부패했고, 그것의 붉은 살, 썩어서 어둑해진 살, 그리고 하얀 뼈를 차례로 드러냈다. 그리고 호주 연방에서 사후를 보내게 되었다.

어린 시절 내가 박물관에서 놀았던 때는 대략 29년 전의 일이다, 이제 그것은 백 년은 된 것처럼 느껴진다. 나는 박물관의 친절한 기록 담당관 브랫 짐머 씨에게 전화를 했고 그는 나에게 전시회의 사진으로 가득 찬 전자 폴더를 보내 주었다. 내 어린 시절을 상기시키는 그 사진을 보면서, '야, 맙소사' 나는 생각했다, '저거 기억나! 저 흉측한 스트로마톨라이트(층 모양의 줄무늬가 있는 암석—옮긴이)! 저 아크릴 박스 안에 담긴 아기 듀공의 머리도 기억나!' 사진 속에는 내 생각에는 내가 벌인 짓으로 보이는 것도 보였다. 크레인으로 들어 올려 박물관 건물 구석에 놓여진 고래 사진도 있었다. 사진들을 훑어보면서, 이런 의문이 들었다. '과거에 박물관의 모습을 알 수 있는, 옛날 박물관은 어디 있지?'

단 한 마리의 고래를 박물관에 유치하기 위해서 엄청나게 세심한 노동이 들었다—꼼꼼히 하나씩 맞추고 매일 먼지를 털어 냈을 것이다—그러는 동안에도 살아 있는 남극의 대왕고래는 무참히 살육되고 있었다. 어떻게 이런 터무니없는 일이 있을 수 있는가. 죽은 고래 한 마리를 보존하기 위해 온갖 공을 들이는 동안 다른 한쪽에서는 이윤을 위해 고래를 무차별 도륙하고 있었다고? 박물관의 박제들을 보면서 나는 개별 동물을 죽이는 행위가 그것에 대한 무정함, 오만 혹은 탐욕에서 비롯한 것이 아니라 매우 깊은 애착에서 출발했다는 생각이 들었다. 구체적으로 어떤 생명체를 특정해서 수집하고 보존했던 것은 과거에 그 동물이 죽었을 때 그 죽음이 미래에 대한 어떤 메시지를 담고 있다고 사람들이 믿었음을 암시한다. 사람들이 그것에게 어떤 예감을 느낀 것이다. 사람들은 자신의 후손들도 그들처럼 그것을 느껴줄 것을, 혹은 그것을 느껴야 한다고 생각했을 것이다. 동물을 멈춘 상태로 보존하겠다는 욕망은 그것과의 관계를 유지하고 싶다는 욕망이다. 그리고 그 관계가 미래에도 지속하기를 원한다고 호소하는 것이다. 이제는 세상을 떠나고 없는 우리 선조들이 우리를 향해 이 동물들을 계속 좋아해 달라고 부탁하고 있다.

박물관은 과거를 상기하는 장소이다. 문화를 전승해 준 조상의 이야기, 탐욕스런 제국주의의 발흥과 난폭함, 그리고 그보다 훨씬 오래전, 가계도로는 추적이 불가능한 그런 먼 시간까지 뻗쳐진 옛날의 기록. 어떤 학자들은 이렇게 먼 과거를 '심원한 시간' 혹은 '지질학적 시간'이라고 부른다. 왜냐면 그것이 인간과 인간 사회에 관한 공예품이 아니라 암석층과 화석, 조개껍질, 토탄, 타르, 석유, 백악(조개류 따위의 유해가 쌓여서 형성된 암석—옮긴이) 속에 내재된 과거이기 때문이다. 박물관에서는 동물 진화의 시간대가 알기 쉽게 그려져 있고, 우리의 인식 범위를 넘어서는 지질학적 시간도 파악할 수 있게 해 준다. 그 긴 시간 동안에 많은 것은 우리가 상상하지 못하는 모습으로 변해 있었다. 초현실적인 풍경화 스타일로 기이하면서도 미묘한 변화를 거듭하는 광경이다. 적갈색의 못생긴 바다 돌덩이가 단단히 뭉쳐진 십억 년

된 해조류 덩어리임이 밝혀졌다. 스트로마톨라이트. 그 작은 나선형의 암모나이트는 땅의 최상부가 시나브로 뒤집히고 있다는 것을 그리고 우리가 끝없이 변하는 땅 (그리고 거대하고 감지하기 힘든 활동) 위에 서 있다는 사실을 상기시켜 준다. 박물관에는 그런 지구의 움직임—해저의 바위를 녹아서 입 벌리고 있는 고산의 화구구(화구 주위에 화산 분출물이 퇴적되어 형성된 산—옮긴이)에 얹어 놓기—이 요약되어 전시되어 있다. 나는 사람들이 없으면 가끔 옆 재주넘기를 하며 그곳을 지나갔다.

우리는 스스로를 생물학적 삶의 단위를 초월해 생물학적 시간의 단위, 즉 진화의 단위로 인식하게 될지도 모른다. 우리는 데본기에 포자를 퍼뜨리는 종과 턱이 없는 종들 따위의 촌수를 알 수 없는 유기물들 사이에서 살지도 모른다. 우리는 한 뼘 반 길이의 돌 표본을 쥐고서 일천 년을 느낄 수도 있고, 혹은 마음속으로 학기가 시작되면 길러보고 싶은 포니테일에 돌 표본을 대어 길이를 비교해 볼 수도 있다. 박물관에서는 너무 많은 종류의 시간이 함께 허물어져 뒤섞인다.

지질학적 시간의 의식

'고래 기생충 삶의 시간이 기생충이 피를 빼는 대왕고래 삶과 겹치는 정도로만, 인간의 역사적 시간은 지질학적 시간과 중첩된다'—미국의 전기 작가이자 자연 논픽션 작가인 벌린 클링켄보그가 〈E360〉 잡지의 기고문에 쓴 글이다. 그는 계속해서 말했다. '지질학적 시간과 대비해 봤을 때 인간의 역사적 시간은 너무나 사소한 것이어서 어떻게 비교를 해 보려 해도 비교를 할 수가 없다. 그러나 고래 기생충이 고래의 시간을 의식하지 못하듯, 인간의 오만함은 종종 우리가 지질학적 시간과 무관하게 존재한다고 생각하게 만든다.' 만약 기생충이 진짜 오만하다면, 우리 또한 예외가 아니다. 그러나 그럼에도 불구하고 인간은 이따금 자신의 영향력 밖에 있는 심원한 시간의 거대함에 대해 헤아릴 길 없는 경외감에 빠진다. 그것만큼 고래의 시간도 측량할 수 없을 정도로, 감각하기 힘들 정도로 길다.

아마도 고래는 먼 과거가 끝도 없음을 전해 주려는 것인지도 모른다. 인간 삶의 영역 밖에 있는, 생명의 까마득한 기원을 향해 펼쳐진 시간의 흐름. 고생물학과 진화와 지질학의 천천히 흐르는 시간은 오랫동안 우리에게는 **빙하의 움직임처럼 느리고**glacial **잘 변하지 않는**unchanging 것이었다. 오늘날 거대한 얼음 덩어리가 빠르게 깎여서 사라지고, 빙하가 온실만 해졌다가 결국 사라지면서, 이 두 동의어 (glacial과 unchanging)는 서로 점점 멀어지고 있다. (glacial은 형용사로 기본 뜻이 '빙하의'이지만 '(빙하의 움직임처럼) 극히 느린'이란 뜻도 있다. 그래서 '불변의'라는 뜻의 'unchanging'과 동의어 취급을 해 왔지만 지구 온난화 시대에 빙하가 쪼그라들면서 빙하가 '극히 느린'이란 원래의 뜻에서 점점 멀어지면서 unchanging과도 멀어지고 있다는 것이다—옮긴이) 박물관에서 고래가 인간보다, 상어가 나무보다, 그리고 해파리가 잎사귀보다 오래되었다는 것을 알게 될 때 모두 놀란다. 그러나 상어가 나무에 대해 무슨 생각이 있을까? 해파리가 잎사귀를 생각할 리도 없다. 혹시 해파리가 생각한다 하더라도 표현할 말이 없다. 인간만이 고래와 그 선조 들이 누렸던 과거에 대해 생각할 수 있다. 우리만이 앞으로 닥칠 시간을, 그리고 그 시간을 살아갈 자연을 상상할 수 있다.

구 서호주 박물관 건물은 2003년에 해체되었다. 그리고 박물관의 많은 표본들은 주립 도서관에서 멀지 않은 광장에 있는 전면이 창문으로 난 가건물로 이동, 보관되었다. 대왕고래는 다른 곳에서 대기 중이다. 해체한 후 시트에 고이 싸서 온도 조절이 되는 창고에 보관 중이다. 새 건물이 곧 완공되면, 고래는 다시 설치될 것이다. 지금 당장은 고래의 800킬로그램이나 되는 두개골은 화물 깔판 위에 놓여 있고, 척추 뼈는 조립식 가구의 조각처럼 다른 깔판 위에 있다. 기름기가 번지는 갈비뼈는 함께 모아서 투명한 비닐에 쌌다. 여전히 뼈의 틈으로 기름이 조금씩 새어 나온다. 100년이 넘었는데도 까만 땀처럼 여전히 나온다.

프란시스 가를 방문한 기억으로는 가장 오랫동안 나는 하늘 아래 텅 빈 채 노출된, 고래가 우리를 기다려 주었던 그 장소를 올려 보았다. 이제 그곳엔 아무것도 없다. 잡석까지 치워진 뒤 그 장소는 똑같이 생긴 노란 모래만 있는 직사각형의 빈 땅이 되었다. 너도 이런 얘기를 들은 것을 기억하니?─모래는 물질로 인식되지 않는다는 얘기. 모래는 척도일 뿐이거든. 어떤 물질도 바로 갈아 버리면 모래가 된다. 유리든, 돌이든, 뼈든, 실리콘이든, 무엇이든. 모든 물질이 똑같은 크기가 되도록 강요당한다면, 어떤 것도 개별적 신비로움을 간직할 수 없다.

신성한 기운이, 특히 손가락 끝에 있었다면, 입자로부터 사라져 버린다, 그러고 나면 모래 언덕 속에서 똑같아지고, 남아 있던 신비마저도 우리의 초자연적 힘에 대한 기억 속으로 흘러들어온다. 그 말은 신비함은 지속될 것이란 느낌 속에서만 존재한다는 말이다. 이미 작동하고 있는 미래의 힘은 우리를 해체하는 일에 착수했다, 하여 우리의 관절을, 발목을, 작은 연골 마디를 바람에 맞혀서 흩어 버리고 있다.

4장
동물의 카리스마

돌고래 셀피

에드워드 O. 윌슨의 생명 사랑

총천연색 꿈

고래와 물개에게 바다는 푸르지 않다

다시 한번, 존 버거

동물원의 정의

자연에 대한 관심의 폭증

사라지는 것을 사랑하는 아픔

해변의 아기 돌고래

아르헨티나 부에노스아이레스의 산타테레시타. 사진에는 아열대의 해변에서 웃통을 벗었거나 수영복 차림인 사람들이 북적대고 있다. 그들 뒤로 바다가 보인다. 대부분 남자와 소년들이다. 햇살이 따가운지 눈을 찌푸리고 있다. 목말을 타고 있는 한두 명의 갓난아이가 땀범벅인 머리칼을 한 줌 쥐고 있다. 다들 중앙을 향해 경쟁적으로 팔을 뻗어 손을 내민다. 어수선한 무리의 중앙에 그을린 피부의 한 건장한 사내가 돌고래를 들어 보이고 있다. 한 손으로 가볍게 들고 있다. 돌고래는 작고 오동통하며 눈은 핀으로 뚫어 놓은 듯하다. 입은 살짝 벌리고 있다. 너댓 뼘 크기에 지느러미는 작다. 아기 돌고래다. 아무도 카메라를 정면으로 보지 않는다. 창피해서가 아니다. 그들의 초점은 다른 곳에 있다. 많은 사람이 핸드폰을 들고 있다. 이것은 사람들이 자신의 폰으로 사진을 찍는 사람들을 찍은 사진이다. 개인적으로 보유하거나 그 이후로 삭제해 버렸을 많은 사진들. 희열이라 보기는 어려운 어두운 분위기가 그들의 얼굴을 스친다. 욕망. 그 건장한 사내는 돌고래가 자신의 소유임을 확인이라도 하려는 듯이, 돌고래 머리 아래쪽을 누르는 바람에 그것의 살이 밀려서 불룩하게 주름졌다. 꼬리는 다른 사람들이 잡고 있다.

군중에 의해 에워싸인 동물은 어린 라플라타강 돌고래이다. 고래목 중에 가장 작은 축에 속하며 그 지역에서는 프란시스카나 돌고래라 부른다. 그것의 비스킷 같은 피부가 프란체스코 수도회의 탁발 수사가 입는 망토색을 연상시켰기 때문이다. 이 돌고래는 국제 자연 보전 연맹의 취약 등급에 올라 있고 총 개체 수는 3만 마리 정도로 추정되지만 지금도 감소 추세에 있다. 어쩌다 이 돌고래가 관광객이 붐비는 아르헨티나의 해변에 표류했는지 아무도 모른다. 열대성 저기압 때문이라고도 한다. 무리에서 떨어져 나가 길을 잃고 해변 근처를 헤맨 것일까? 혹은 어떤 식으로든 도움을 요청하고 있지는 않았을까? 나는 마우스를 끌어내리면서 여러 이미지를 최대화시켰다. 대부분의 사진들은 해상도가 낮고 붉은 색감을 띤다―자막이 달린 뉴스 동영상의 정지 화면들이다. 헤드라인의 비난을 보면 누구의 잘못인지 명백하다. **셀피를 찍느라 아기 돌고래를 죽인 관광객들.**

요즘 자연과 자연 속 동물을 사랑한다는 것의 의미를 생각할 때면 나는 무심코 이 이미지를 다시 검색해 본다. 무릎 반사처럼 치미는 욕지기를 누르기 위해 애써야 한다. 돌고래를 만져 보고 싶은 심정, 그건 이해가 된다. 그러나 나는 **왜 그들은 만지기를 멈추지 않았는가**라는 물음에 대해 납득할 만한 답변을 찾고 있다. 어떻게 걱정, 슬픔 그리고 애착과 같은 감정이 그런 감정을 일깨우는 생명체를 도와야 한다는 마음으로 이어지지 않았을까? 내가 산타테레시타 해변의 사진에서 본 것은 뒤틀린 사랑이었다. 그것은 존 케이지의 경구 '사랑은 사랑하는 사람과 일정한 거리를 두는 것이다'와는 정반대의 사랑이었다. 너무나 접촉을 갈구해서 사랑하는 존재를 질식시켜 버린 것이다. 이런 난폭한 사랑을 어떻게 설명할 것인가? 인간 속에 있는 동물적 측면과 인간적 측면 중에서 어느 것이 그런 사랑을 불러일으켰을까?

생명을 사랑한다는 본능

1980년대 초반—그때 인터넷은 겨우 통신 프로토콜에 불과했고 컴퓨터 과학자들의 소일거리 정도였다—미국의 사회생물학자인 에드워드 O. 윌슨은 모든 인간에게는 그들이 다른 생명체와 생명 체계와 자연환경을 소중하게 생각하도록 이끄는 선천적 애착이 있다면서 그것을 '생명 사랑biophilia'이라 칭했다. 퓰리처상을 두 번이나 수상한 윌슨은 현장 연구차 남아메리카 수리남의 해안가 숲으로 갔을 때 스스로 생명 사랑을 겪었다—그것은 느낌(더 정확히는 본능) 같은 것이었고, 그가 용어로 만들기까지는 20년 이상의 세월이 더 걸렸다. 그는 생명 사랑이 인간에게 존재하는 경이로움, 즉 자연에 대한 신비감과 호기심의 감정에 불을 붙여 자연을 귀하게 생각하도록 만든다고 썼다. 또 인간은 유아기 때부터 생명 없는 물질보다는 동물과 식물을 더 좋아하는 성향을 보인다고 말했다. 그의 관점에 따르면 같은 생명에 대한 보편적 애착이 많은 문명에서 자연을 찬양하고 그 자연을 신화와 설화로 가득 채우도록 동기 부여했다는 것이다. 인간이 어른이 되면 자연은 '영혼의 피난처'이자, '인간의 상상보다도 더 풍요로운' 원천으로서 그 의미를 확장한다.

윌슨은 생명 사랑을 '뇌의 선천적 프로그램의 일부'로, 그리고 낙관주의의 근거로 보았다. 즉 사람은 애초에 자연환경을 사랑하도록 심리적 초기화가 된 상태이며 그것이 생명 사랑이라는 것이다. 생명 사랑은 자연에 우선순위를 둔다. 그런 본능은 생물학적 연구 결과와 자연의 매력, 특히 동물 세계로의 노출을 통해 평생을 통해 배양된다. 윌슨의 설명에 따르면, 진화에 대해 또는 생리학과 다양한 종들의 상호작용에 대해 인간이 더 많이 배울수록, 자연의 매혹적 신비에 더욱 인간이 매료될 것이라고 한다. 그의 직업적 소명에 충실했던 윌슨은 다음과 같이 말했다. '모든 종은 신비한 우물이다. 당신이 그것으로부터 더 많이 길어 낼수록, 더더욱 얻을 것이 많아진다.' 어떤 유기체— 예를 들면 쥐, 고래—에 관한 새로운 발견이 있을 때마다 골수에, 분자에, 그리고 더 나아가 유전자에 대해 더욱 깊은 수준의 의문을 제기하게 된다.

각각의 새로운 발견은 그때까지 알려지지 않았던 것의 존재를 새롭게 드러내기 때문에 자연이 영원히 신비한 상태로 남아 있을 것이라는 판단이—윌슨이 생각하기에는—인간이 환경을 지키기를 원하도록 이끄는 동력을 준다. 자연 보존은 야생을 지키는 것 이상의 의미가 있다. 그것은 경외, 겸손, 경이라는 정서적 품성을 북돋운다. 그리고 그것은 인간의 지식이 확장, 심화할 공간을 제공한다. 인간이 자연을 지키고자 하는 것은 자연이 우리를 편하게 해 주어서가 아니다. 자연이 우리의 상상을 늘 뛰어넘어 영원한 신비와 그치지 않을 경이로움을 약속했기 때문이다.

자연과 대척지에 있는 것은, 윌슨에 따르면, 기계이다. 기계는 사람과 환경 사이에 개입하여 '낙원을 갈가리 찢어 버리고' 인간을 소외시킨다. 그는 기계에 대한 사랑이 은밀하게 생명 사랑을 표현하는 것으로 여겨지는 경우가 드물지만 있다고 말했다—특히 자연과의 정서적 친밀함을 이전하려는 인간이 가진 선천적인 열망으로, 자연 세계의 요소를 기계 장치에 복제시킨 기술적 디자인을 만드는 경우에 그러하다.

하버드 대학에서 윌슨의 책《생명 사랑, 우리 유전자에는 생명 사랑의 본능이 새겨져 있다》(1984)를 출간한 지 30년이 넘는 동안 사람들은 더욱 디지털 세계에 밀착했고, 디지털 세상을 포착하고 곧장 데이터로 바꾸는 휴대용 컴퓨터에 대한 사람들의 애착은 더 심해졌지만, 윌슨의 걱정과는 달리 사람들은 자연의 세계와 절연하지 않았다. 오히려 그 사이에 개발된 더욱 고도화된 디지털 기기에 의해 야생과 그곳의 생물에 대한 집착에 가까운 새로운 관심을 키웠다. 윌슨은 기술이란 것이 사람과 자연을 분리시킬 것이라고 우려했지만, 2010년대 말에 이르러 기술은 너무 많은 인간을 자연으로 떠미는 역할을 하고 있다. 자연은 모두의 관심거리가 되었다. 특히 사진 공유 플랫폼은 관심 폭발 중이다. 디지털 시스템이 인간 삶의 현실을 제대로 반영하지 못하는 문제에 대한 논의는 많았지만, 날것 그대로의 자연을 만나서 자연의 이상적인 모습을 담아 보겠다는 욕망이 얼마나 자연을 **망가뜨리는지**에 대한 성찰은 부족하다.

어쩌면 당신도 주로 모바일을 통한 소셜미디어라는 네트워크 체계 안에서 새로운 판게아(트라이아스기 이전에 존재했다는 대륙—옮긴이)—파스텔 풍의 경치들, 석양에 물든 거대한 돌기둥, 고산 지대의 호수, 고운 모래가 펼쳐진 해변, 풀밭, 폭포 따위로 이루어진 신대륙—가 조성되고 있다는 생각을 하고 있을 것이다. 그건 어디에 있더라? 지구의 양 반구에 흩어져 있는 (하지만 북반구에 더 많이 집중된) 이런 장소들은 다양한 하이콘트라스트 필터의 카메라 환경 속에서 찍힌 것이다. 온라인에서도 자연은 생생하고 아름다워 보인다. 이들 이미지 속에서는 어떤 것도 위험에 처했던 적이 없고, 당장 위험에 처하지도 않았다. 당신이 어디에 있건 엄지만 까닥하면 어디로든 가서 그곳 분위기에 흠뻑 젖을 수 있다. 당신은 검지를 간닥거리며 마치 당신이란 존재가 바람, 수증기, 빛이라도 되는 것처럼 거리낌 없이 어떤 세계를 섭렵한다.

수십 년 전에 시작된 일련의 연구는 다수의 사람들이 자신의 꿈을 총천연색으로 기억한다는 사실을 확인해 주었다. 흑백 티브이를 보고 자란 사람들은 꿈도 평생 흑백으로 꾸었다고 말했다. 1960년대에 총천연색 기술이 도입된 후 83퍼센트 정도의 꿈에 적어도 얼마간의 색감이 들어 있었다고 한다. 그런 사실을 고려해 보면 내가 온라인에서 스크롤하는 장면의 부드러운 색조가 내 꿈에도 영향을 미치겠다는 생각이 들었다. 내가 꿈속에서 보는 자연도 보정이 되는 것이다. 수정되고 강조되고 환해진 꿈속의 자연. 실제 세상을 조금 지루하게 만드는 그런 자연.

범람하는 사진의 이면

수백만의 귀여운 야생 동물들이 이 디지털 세상에 가득하다. 그들의 아담하고 유순한 모습은 그들이 속한 자연이란 시스템의 통제 불가능한 거대함과는 반비례해서 존재하는 것 같다. 눈이 큰 털북숭이들. 어떤 이가 혹은 어떤 기관이 클릭 수와 댓글 유도를 위해 빅 데이터와 대조해 보고서 이 미니 동물들의 모습을 조작한 것은 아닐까? 그런 행위는 생명 사랑을 배반하는 짓이 아닌가? 아니면 전혀 새로운 어떤 상황인가? 동물들의 서식처가 어딘지, 이름이 무엇인지는 그들의 인기도와는 하등 관계가 없다. 그들의 새 서식처는 다름 아닌 인터넷이니까.

바깥세상에서는 카메라폰을 끼고서 산으로 바다로 경관이 빼어난 곳으로, 국립 공원으로 거대한 무리의 관광객들이 쇄도하면서 부작용이 따르고 있다. 2016년 한 해에만 미국의 공원에 총 3억 3090만의 방문객이 다녀갔다. 〈가디언〉 기자에 따르면 그 수치는 미국 전체 인구와 맞먹는다고 한다. 호주에서도 생태 관광은 증가 추세이다. 2014~2016년 사이에 뉴사우스웨일스주는 관광객이 30퍼센트 늘었다. 관광객의 증가로 교통 체증도 생겼고 야외에서 사소한 다툼도 늘어났다. 숲의 주차장에서 주먹다짐도 벌어졌다. 어떤 고래 투어 회사는 다른 회사의 배를 앞지르기 위해 더 빠른 배를 구입했다. 더 짧은 시간에 고래를 볼 가능성이 더 커져서 더 많은 수익을 거두었다. 매년 전 세계적으로 1500만 명이 고래 투어를 예약한다. 경관이 빼어난 곳의 청소부들은 매일 분뇨 처리를 하느라 애를 먹는다. 미국에서는 사막에 갑자기 야생화가 만발하는 소위 '슈퍼 블룸' 현상이 발생했을 때, 어설픈 삼류 유명인사들이 사진을 찍겠답시고 꽃밭에 널브러져 포즈를 취하며 난장판을 만드는 일이 생겼는가 하면, 야생을 어지럽히고 그 정적을 깨 버리는 아마추어 드론 비행사들에게 수백 장의 법원 소환장이 발부되었다고 한다. 뉴질랜드에서는 한 여성이 바다에서 몇 마리의 범고래와 나란히 수영하는 장면을 찍었다.

한편, 공원 관리 당국은 일련의 모순된 정책으로 인터넷이 불러일으킨 조급한 여행 방식에 대처했다. 한때 고적하고 경이로운 풍광을 보러 더 많은 사람들이 몰려오지 못하도록 방문객들에게 그들의 사진에 지오태그(위치 정보 해시태그—옮긴이)를 첨부하지 말아 달라는 게시물을 달았다. 그러나 같은 방문객들에게 그 지역 야생 동물들에게 달아 놓은 전파 추적 목줄의 주파수를 알려 주고 그것을 탐색할 스캐너를 제공하면서, 야생 동물이 있는 바로 근처까지 차를 몰고 갈 수 있다는 말을 해 주었다. 또 키 큰 나무처럼 보이게 위장한 모바일 폰 타워가 설치되었다. 와이파이 통신망이 오지와 고산 지대를 막론하고 촘촘히 깔렸다.

이 모든 것은 생각지 못했던 반전 같은 것이었다. 사람들은 고독을 찾아 야생으로 가지 않고, 점점 더 온라인 소통을 위해 갔다. 그리고 그들이 그곳에 갔을 때 많은 이들은 자신들이 홀로 평화로이 있는 장면을 촬영하는 것이 점점 어려워진다는 것을 알게 되었다. 디지털 여행객들이 한마음으로 선호하는 것은 '지도 밖'의 아름다운 장소이다. 스스로 여가 장소를 찾는 것은 그 사람의 경제적 여유와 사회적 능력을 입증한다. 그리고 과거에는 이것이 재력이 있다는 사실과 악천후와 맞서 보겠다는 자유 정신을 뜻했지만 지금은 간접 광고나 광고 계약을 통해 다른 종류의 경제적 여유를 찾는 열정적인 삶의 방식이 되었다. 그래서 사람들은 더욱 적극적으로 오지로 나아갔다. 오버행(공중으로 튀어나온 암벽)의 끝까지 매달린 채로 나아가는가 하면, 파도를 무릅쓰고 험한 환초를 걸어서 지나가기도 한다. 그들은 동물을 더 가까이 끌어들이려고 야생 동물에게 과자나 요구르트를 먹이기도 한다.

그리고는 카메라 플래시를 터뜨려 동물을 놀라게 한다.

나무늘보 열풍이 불었다가, 유대하늘다람쥐 바람이 불었다. 돌고래라면 사족을 못 쓰는 사람들. 너무 앙증맞은 크기의 욕조에 든 커다란 아기 코끼리. 페넥여우, 늘보원숭이, 그리고 타이거도마뱀붙이를 보면 심장이 멎는 사람들. 살아 있는 동물들이 새로운 상투적 모방, 키치kitsch의 범주에 들었다. 그리고 키치는 사람들을 사로잡는다. 사람들은 대화거리가 되는 그들의 온라인상의 애완 동물들을—실은 섬네일에 불과한—애지중지했다.

세계 자연 기금이 제작한 보고서에 따르면 1970년 이래로 포유류, 조류, 어류, 그리고 파충류를 포함하는 척추동물 중 60퍼센트가 지구상에서 사라졌다. 프랑스의 생물학자들은 (무척추동물은 포함하고 바다 생명체는 제외한) 13만 종이 이미 사라졌다고 했다. 유엔은 해양 오염이 1980년 이래로 열 배 증가했다고, 그리고 약 백만 종이 조금씩 멸종을 향해 가고 있다고 발표했다. 야생 포유류의 총 바이오매스는 82퍼센트나 감소했다. 반대로 농업 종의 바이오매스는 치솟았다. 지구에 사는 모든 새 중에 70퍼센트가 가금류였음이 밝혀졌다. 가축(소와 돼지)은 현재 모든 지구 포유류의 60퍼센트를 차지한다.

이 숫자를 듣는 순간 당신은 멍해질 것이다. 나도 그랬다. 처음 그 통계를 들었을 때 나는 누군가가 방전된 건전지 한 움큼을 내 가슴속으로 던져 넣은 것 같았다.

오늘날 진짜 야생 생물들이 더 야생으로, 더 접근하기 힘든 곳으로 옮겨 가고 있다. 나방, 애벌레, 벌과 딱정벌레가 모두 사라지고 있다. 한편 더 유해한 곤충들—지렁이뱀, 진드기, 노린재—이 말라 가고 있는 숲의 은밀한 곳으로, 혹은 도시 외곽지 집의 벽 틈으로 미끌미끌

들어가고 있다. 한 연구에 따르면 독일의 자연에서 날곤충 개체 수의 4분의 3이 사라졌다고 한다. 푸에르토리코의 열대 강우림에서 벌레의 개체 수는 이전보다 60배 감소했다.

무심코 죽인 것들

과학자들은 '차 유리 현상'을 언급했다. 사람들이 몇 년 또는 몇십 년 전에는 운전을 하다가 날벌레 사체를 치워야 했는데 요즘 그럴 일이 없어지면서 비로소 곤충이 사라지고 있음을 알게 된 것을 일컫는 용어이다. 예전에 자동차 여행자들은 몇 시간마다 차를 세워서 차창을 더럽힌 메뚜기, 파리, 총채벌레, 각다귀 따위의 수많은 곤충을 닦아 내야 했다. 시골의 농경지나 숲 근처를 지날 때면 곤충의 날개, 다리, 더듬이 등으로 차창은 점점 더 오케스트라 지휘자의 어지러운 악보처럼 변했다. 사람들은 최근까지도 그랬다는 것을 기억하고 있었다. 그런데 이제 차창이 안 더럽혀진다. 우리의 컴퓨터 스크린이 동물로 가득 차고 있는 동안, 우리와 자연 사이의 오래된 산업적 경계선인 차 유리창에서는 그것들이 사라지고 있었던 것이다.

모든 곤충이 로드킬을 당해 사라졌다는 말이 아니라, 차를 몰고 가다 무심코 죽인 것이 과거에 곤충이 많았음을 입증한다는 기막힌 사실이다. 곤충의 박멸은 다양한 원인들이 복합적으로 작용했다. 제초제, 살충제, 서식처 파괴, 변덕스럽고 매서운 기후 변화. 하지만 자연이 붕괴되고 있음에도 불구하고 (어쩌면 붕괴되고 있다는 그 사실 때문에), 사람들이 느끼는 자연과의 유대감은 증폭했다. 유럽의 도보 여행과

등반 협회들은 여행자에게 사랑하는 사람의 유골 가루를 유명한 산꼭대기에 흩뿌리지 말아 달라고 호소했다. 화장시킨 유골에 있는 칼슘과 인이 고산 식물을 먹여 살리는 토양의 성분을 바꿔 버리기 때문이었다. 얕은 바다에서는 해저 관광에 나선 다이버와 스노클러의 몸에서 대략 1만 4천 톤의 자외선 차단 크림이 씻겨 내려가서 산호초의 붕괴를 재촉했다. (낮은 농도의 차단제도 산호의 표백을 야기하는 성분이 있음이 밝혀졌다.) 여전히 현란하게 간들거리는 산호를 보겠다고 사람들이 몰려들면서 산호의 몰락을 부채질하고 있다.

퍼스의 해변을 돌이켜 보면, 그린 드림으로 고래를 안락사시키는 것이 나로서는 불편한 종류의 동정심의 발현으로 여겨졌다. 형광 독극물을 주입하는 것은 고래에게는 자비였고 애도자들에게는 위로였으리라. 그러나 먹이 사슬의 순환이란 관점에서 고래를 먹고 사는 스캐빈저에게는 독극물을 먹이로 착각한 날벼락이었을 것이다. 이런 의도와 결과의 불일치는 그린 드림만의 특별한 경우가 아니다. 자연에 대한 자신의 관심을 표현한다는 좋은 의도가 생명의 미묘한 평형을 깨뜨리고 있다. 산의 장엄한 광경이 고산 지대의 꽃을 위태롭게 하고 있다. 산호의 화려함이 산호 유생을 위험에 빠뜨렸다. 자신을 드러내지 않고 다소곳이 자리 잡은 어떤 생명체는 무시당한 것이다. 엄밀히 말해 개개인이 툰드라와 생물체의 알 따위까지에도 배려심을 갖도록 할 수 없었던 것이 문제는 아니다. 자연에 대한 손상이 총체적일 뿐 아니라 긴 시간에 걸쳐서 이루어진다는 것이 문제의 본질이다. 능선 위에서 유골함을 들고 선 사람이 지금까지 그랬던 사람들과 나중에 그럴 사람들까지 생각할 필요는 없지 않은가? 그 순간에 당신은 생태계의 한 개체로서가 아니라 사랑하는 이를 잃고서 고통스러워하는 인간일 뿐이다.

자연 세계가 인터넷상에서 실제보다 더 평온하게—더 풍요롭게, 덜 더럽게—보인 만큼 디지털 세계의 형상을 위해 우리가 직접 보는 자연을 손상시키는 일이 벌어지기 시작했다. 한 가지 예로 케른(등산로의 이정표로 혹은 기념으로 쌓은 원추형의 돌탑—옮긴이)을 들 수 있다. '요정의 돌무덤'이라고도 불리는 이것은 무너지지 않도록 각각 교묘한 균형을 이루어 쌓아 올려서 기념사진으로는 제격이다. 케른은 게일어 carn에서 비롯했고 스코틀랜드 말이다. 이제는 강둑에도, 해변에도, 오솔길 옆에도, 온 세상이 그 돌무덤 천지다. 도대체 왜 그럴까? 인터넷으로 케른의 고요한 모습을 보고서는 그것에 만족하지 못하고 자신이 직접 그 장면을 연출해 보고 싶은 성급한 충동에 휘말린 것이다. 사람들은 자연에서 자신이 고요함을 찾았다는 것을, 그것이 자신의 정신적 상태를 얼마나 잔잔하게 해 주었는가를 기록하고 싶었던 것이다. 작은 돌로 탑을 쌓으면서 얻은 평온은 달리 얻을 수 없는 명상의 시각적 증거였다. 케른은 새들의 근거지를 파괴하고, 기어 다니는 무척추동물의 서식처를 교란하며, 토양 침식을 야기한다. 영국에서는 돌무덤을 쌓은 것 때문에 초기 신석기 시대 이래로 변함없이 서 있었던 유적지의 담벼락이 조금씩 허물어졌다. 정보화 시대에 도보 여행을 기념하는 행위가 그곳을 유명하게 만들었던 기념물을 손상해 버린 것이다. 고대의 문화와 작고 미약한 생태가 새로운 사진 찍기 열풍을 위한 건축 자재로 약탈당하고 훼손당했다.

작가이자 국제 환경 운동의 선구자인 빌 맥키번은 '코닥이 없었더라면 멸종 위기종 보호법도 없었을 것이다'라고 말한 적이 있다. 야생을 찍은 사진과 다큐멘터리는 대중들에게 동물에 대한 애착을 심는

데 강력한 도구가 되었다. 그러나 현재는 이런 중요한 의사소통의 수단인 자연을 사진으로 담는 행위가 환경 보존 노력을 무너뜨리는 결과를 낳는 시대가 되었다. 나미비아의 사파리 여행 안내자는 밀렵꾼들이 소셜미디어를 통해 코뿔소를 추적할 생각을 할까 봐 관광객들에게 사진을 업로드하기 전에 위치 정보를 지워 달라고 요청한다. (코뿔소는 뿔 때문에 사냥당한다. 뿔을 갈아서 약재로 쓰는데 온라인으로 사고 파는 시장이 형성된다.) 지금은 일반 프랑스 시민이 매일 광고나 이미지의 형태로 네 마리 이상의 사자를 보는 시대다. 그들은 일 년 동안 서아프리카 지역에 서식하는 사자의 총 개체 수보다 훨씬 더 많은 사자를 보게 된다. (그래서 실재하는 사자가 얼마나 심각한 멸종 위기에 있는지 실감할 수 없게 된다.) 이런 위태로운 시기에, 일단의 여행객들이 친근감을 표현한답시고 돌고래를 만져 대다 죽인 일이 터진 것이다.

산타테레시타의 사진들. 마음을 단단히 먹고서 그 사진들을 다시 보았다. 돌고래 주변 사람들의 표정을 보면 돌고래와 그렇게 가까이 있으면서도 만져 볼 수 없다는 것 때문에 몹시 괴로워하는 심정이 역력하다. 속이 상해서 귀로 불길이 솟을 듯하다. 그들이 보여 주고 싶었으나 그러지 못한 애착 때문에 야기된 난국. 이것은 사라지는 것을 사랑하는 것이 주는 아픔이다. 그들의 애착을 극적으로 보여 주는 이 사진들을 보니 성화聖畫를 연상시킨다. 숭배를 다투는 장면이다. 예를 들면. 신성한 성상을 떠받들고 성스러운 강을 건너는 군중들. 프랑스 루르드의 병자들(프랑스 남서부의 소도시. 성모 발현지로 유명해서 환자들이 치유를 기대하고 몰려왔다―옮긴이), 갠지스강에 몰려드는 쿰브 멜라(성스러운 강이 흐르는 네 군데의 힌두교 성지를 찾아 목욕 의식으로 죄를 씻어 내는 힌두교 축제―옮긴이) 순례자들, 옛 종교 전쟁의 반란자들. 또는 폴란드

르 거장의 노고와 경건함이 깃든 프레스코화—어떤 고산 지역 교회의 음울한 영광. 바버라 에런라이크였다면 그것을 어떻게 말했을까? 오늘날 야생 동물과의 접촉은 **사람들이 단식과 기도와 명상을 통해서 구하던 것**을 제공한다.

다시 연약한 돌고래를 한 손으로 들어 올리고 있는 햇볕에 그을린 건장한 사내를 본다. 그는 다른 쪽 팔은 구부리고 있는데 세 살쯤 된 어린이를 부축하여 그의 가슴께로 당겨서 안고 있다. 그녀는 포니테일을 정수리 위로 묶어 올렸다. 그 아이는 비스듬히 돌고래를 보면서 주먹을 쥔 채로 그를 향해 팔을 뻗었고, 아이의 머리는 남자의 우람한 목에 기대고 있다. 다른 사진을 보면 아기 돌고래를 더 낮추어 잡아서 여러 사람들이 동시에 만질 수 있도록 했다. 하지만 아이들은 수줍어하면서 만지다가 중간에 손을 뺐다가, 검지 손가락으로 돌고래 이마를 쓸어 보거나 손가락을 모은 손으로 돌고래를 톡톡 만지고 있다. 그들의 친절한 모습에 더 마음이 아프다. 푸른색 셔츠를 입은 아이가 울상이 되어서 절망적으로 믿을 수 없다는 듯이, 그가 알고 있는 것이 분명한 한 사내를 되돌아본다—그 사내는 돌고래에게 손을 뻗었다! 그의 손바닥은 매우 부드럽게 돌고래의 분수공을 덮고 있다.

호의와 적의의 거리는 멀지 않았다. 비록 생명 사랑을 타고났다 하더라도 우리는 여전히 사랑함에도 불구하고 질식시키는 일이 없도록 스스로 자제하는 법을 배워야 한다. 이 어린이들은 자신들이 위협적일지도 모른다는 사실을 알지 못했다.

20세기 심리학적 관점에서 접미어 **필리아**-philia는 단지 애정만 의미하는 것이 아니라 비정상적인 이끌림을 뜻하게 되었다. 그것은 지나친 열정을 동반하기에 오히려 애정의 대상을 망쳐 버리거나 혹은 애정을 쏟을 가치가 없는 대상을 욕망한다—그래서 사랑을 표현하려다 오히려 자신을 갉아먹는다. 동물 멸종과 생명 다양성의 상실과 개체 감소가 서서히 진행되는 다급한 시대를 살아가고 있는 이 세대—나의 세대와 내 후배 세대—에 내장된 생명 사랑(바이오파일) 속에 섬뜩하게도 죽음 사랑(타나토파일(희랍어 타나토스thánatos, thanato-는 죽음이란 뜻이고, 필리아–philia는 사랑이란 뜻이다—옮긴이))도 있는 건 아닐까? 우리는 아끼는 동물과의 관계에서 야만적 성급함에 잘 사로잡히고 감당할 수 없을 정도로 애정을 쏟고자 한다. 어떤 동물이 희귀하면 그것이 멸종될지도 모른다는 불안감 때문에 더욱 그 동물에 가까이 다가가려한다.

자연에 대한 사랑을 표현하고 싶다는 생각이, 어떤 이들에게는, 해를 끼치지 않아야 한다는 것보다 더 중요한 문제로 보인다. 엄격한 자제('사진만 찍어 가세요')를 요청하는 것만으로는 위기 해결에 도움이 되지 못했다. 자제는 우리가 얼마나 사랑하는지를 보여 주지 못한다. 그것은 사랑을 과시함으로써만 가능하다. 지나친 사랑, 끔찍한 매혹. 메스꺼운 사랑이지만 단념하지 못한다. 자연의 붕괴에 대해 어떤 공식적 혹은 집단적 애도도 보여 주지 못했다는 그 슬픔을 보상받고자 개별적으로 자연에 다가갔으나 오히려 손상을 가하고 말았다. 인디언 부족 라구나 푸에블로 출신의 작가 레슬리 실코가 썼듯이, 자연의 아름다움을 반복적으로 지나치게 상세히 표현해서 자연과 더 친해지려는 시도는 그것에 가까워지기보다는 차라리 근본적으로 다르다는 사실만 보여 줄지도 모른다. 그래서 고요한 디지털 세상의 인공 대륙, 판게아는 자연에서 실제로 벌어지고 있는 참상을 외면하고 지워 버리는 장소가 아닐지도 모른다. 온라인에서 우리가 꾸민 이상적 자연, 그리고 넘쳐 나는 귀여운 동물의 무리는 차라리 자연과의 접촉이 끊겨서 생긴 우리의 다양한 우울증을 표현하는 것일지도 모른다. 우리의 미숙함으로 벌어진 사태에 대한 근원적 상실감을 온라인에서 호화롭게 전시해 놓은 것이다.

다가서기를 시도하다

찬란한 자연과 만나는 그 작은 스마트폰 스크린을 생각하다가 나는 또다시 '차 유리 현상'을 떠올렸다. 벌레가 계속 사라지고 있었는데 어떻게 우리의 차창에 부딪친 벌레 무더기를 처리할 일이 없어져서야 인식하게 되었을까? 오염과 기후 변화로 하도 많이 죽어서 우리의 즉각적인 인식의 범위인 차창 바로 앞과 뒤에서, 그 주변 몇 킬로에서 그리고 몇 년 정도가 지났는데도 부딪혀 죽을 것이 없어져서야 알게되었다. 이제 우리는 몇 시간을 달려가도 여전히 깨끗한 지평선을 볼수 있다. 차창도 깨끗하다. 벌레 없는 미래가 소름 끼칠 정도로 깨끗하게 우리 앞에 다가왔다.

나는 지금 우리가 자연에 다가서기를 시도하면서 얻기를 원하는 또 다른 것은 속죄라는 생각이 들었다. 인류 전체가 야기했으나 지금까지 인식하지 못했던 피해에 대한 속죄 의식.

아르헨티나에서 아기 돌고래의 죽음에 대해 쓴 글에서, 폴란드 출신 미국인 철학자 마가렛 그레보비츠는 '귀여운 공격성'을 언급했다. 2013년 두 명의 예일 대학 심리학자들이 사랑스런 동물 사진을 본 피실험자들이 충동적 폭력성을 보였다는 연구 결과와 함께 그 용어를 제시했다. 한 연구자의 말이 그 연구 결과를 잘 요약해 주었다. '어떤 것은 너무 귀여워서 우리를 가만 못 있게 한다.' 피실험자들은 귀여운 동물을 깨물고 싶고, 누르고 싶고, 조르고 싶다고 했다. 연구자들이 피실험자에게 버블랩을 주고 일련의 귀여운 동물 사진을 보여 주면서 원한다면 터뜨려도 좋다고 말했더니 일제히 그것을 움켜쥐고 터뜨렸다.

문화 이론가 시안 나이가 잘 정리해 주었듯이, 귀여움은 그냥 작음, 부드러움, 우스꽝스러움, 그리고 천진함만을 의미하는 것이 아니다. 모든 귀여운 것은 너무 귀엽기 때문에 집적대고 싶어진다. 그러나 어떤 것도 그것이 취약하고, 난감하고, 불쌍한 처지에 있을 때보다 더 귀여운 건 없다. 나무늘보는 귀엽다. 그러나 어미 잃은 나무늘보는 더욱 사랑스럽다. 상처를 입었거나 절뚝거리거나, 혹은 엉덩방아를 찧거나 실수를 저지르거나 하면 더욱 귀엽다. 아기 돌고래는 사랑스럽다. 표류된 것은 더욱 그러하다. 그는 우리를 필요로 한다. 작은 돌고래가 작은 사고를 당했다. 보잘것없는 존재가 '비참한 상황'에 처했다면 최적의 사랑스러운 요건을 갖춘 것이다. 그러나 그런 대상은 (귀여운 동물은 대상화된다) 우리로 하여금 은근히 분개하도록 만든다. 시안 나이는 귀여움이 '다정하게 돌봐주고 싶은 감정뿐 아니라 추악한 혹은 공격적인 감정도 유발한다'고 말했다. 귀여움은 '껴안아 주고 싶은 마음만큼이나 지배하고 통제하고 싶은 욕망'을 불러오기 때문이다. 귀여운 것은 부드럽고 뒤틀기 좋아야 한다. 자신들의 귀여움이 불러일으킨 폭력적 충동을 견딜 수 있어야 하기 때문이다. (때로 인형을 난폭하게 다루는 어린이를 생각해 보라.) 상품과 사진으로 보았던 귀여운 느낌을 자연에서 보게 되었을 때 그 동물을 짜부라뜨리고─만지고 꼬집고 비명을 지르게 하고—싶은 충동이 솟구친다.

그레보비츠는 이런 감정—귀여운 공격성—을 기술에 접목했다. 연결되고 싶은 욕망은, 그녀의 주장에 따르면, 두 가지 방향으로 확장된다. 동물에 더 가까이 다가가고 싶다는 욕망, 그리고 다른 사람과 의미 있는 관계를 맺고 싶다는 욕망. 사랑스런 동물과 함께 찍은 셀피는 다른 셀피와는 달리 흥분에 가까운 순수한 감정과 열정을 마음껏 보여 주더라도 그것 때문에 난처할 가능성이 별로 없다. 이 사진들은 동물이 갖는 무심한 미덕과 선량함에 대해 뭐든 해 주고 싶다는 마음을 보여 준다. 동물은 인위적이지 않다. 가식이 없다. 애초에 카메라가 뭐 하자는 것인지도 모른다. 그런 진정성은 온라인에서 최고의 인기를 구가한다. 그러나, 산타테레시타 해변의 사람들, 나는 그들이 보인 갈망의 잔인함을 계속 되뇌게 된다. 그것은 그 상황이 세심하게 계획된 연출이 아니라 통제 불가능의 상태였음을 보여 준다.

나는 이들에 대한 비난을 잠시 멈추고자 한다. 차라리 눈을 감고 해변의 군중들이 그날 오후에 흩어진 모습을 상상해 본다. 더운 날이었다고 치자. 그리고 어둑한 저녁에 그들이 걸어가고 있다. 서쪽으로 넘어가는 해는 빌딩 사이로 긴 그림자를 드리운다. 날갯짓하는 벌레들이 부산을 떨며 가로등 빛을 받아 샛노랗게 반짝대며 파닥거린다. 그날 저녁의 분위기는 벌레들이 만든 것이다. 그것들은 그 환함으로 주변 가게와 호텔에서 퍼져 나오는 빛을 두드러지게 하면서 닫힌 문 뒤에 있는 실내의 친밀함을 문밖 세상으로 전해 준다. 나는 산타테레시타 해변에 있었던 사람들을 본다. 맨발이거나 샌들을 신고서 몸을 으스대면서 허리 높이의 나무를 심어 놓은, 최근에 지은 콘도에 난 자줏빛 물이 든 차도 쪽으로 걸어 나오고 있다. 그들의 피부는 햇볕에 타서 따끔거릴 것이다. 동전 세탁소를 이용하려고 빨래 보따리를 챙겼을 수도, 혹은 뚜껑을 딴 음료를 들고 있을 수도 있겠다. 그리고는 보도의 연석에 주저앉아서 핸드폰으로 해변의 돌고래 사진을 넘겨보게 되었다. 그들의 얼굴에 놀란 표정이 보인다. 이제야 그들이 어떻게 보였을지 알게 된 것이다. 군중 속의 한 사람으로서 그들이 행했던 짓은 혼자서는 결코 할 리가 없는 행위였다.

신경학자들은 인간의 뇌 속에 다른 동물을 인식하고 분류하는 역할을 맡은 부분이 따로 있다는 사실을 발견했다. 이 '전구' 역할을 하는 부분은 측두엽의 위쪽을 차지하는데, 상측두구라 불린다. 뇌의 측면을 따라 난 골짜기(고랑. 구)란 뜻이다. 살아 있는 것을 인식하거나 그것의 이름이 들렸을 때 (혹은 심지어 우리가 그것의 이름을 읽을 때) 상상을 하면 좁은 통로를 통해 뇌 속의 이 지역으로 번개같이 전기 신호가 온다. 그래서 내가 **고래**라 쓰고 당신이 그걸 읽으면 우리 뇌의 같은 지역이 반응하게 된다. **돌고래**라 해도 마찬가지다. 만약 **주전자**라고 하면 뇌의 다른 부분이 반응한다. 뇌에서 동물 인식 신경계에 손상을 입은 사람은 동물을 인식하지 못할 뿐 아니라 동물을 사물과 혼동하기 시작한다. 이것은 식사 시간이 되면 심각한 상황을 초래한다. 그런 손상을 입은 환자는 유기체와 비유기체를 구별할 능력을 상실했기에 먹을 수 있는 것과 없는 것도 가려내지 못한다.

인간성을 부여하는 호의

에드워드 O. 윌슨의 '생명 사랑 가설'에 따르면 인간은 생명의 세계와 그들의 다양한 변화 속 삶의 과정에 저절로 공감하게 된다. 그런데 이런 공감 능력은 직접 자연으로 들어가 그것을 겪으면서 그리고 더 많이 알게 되면서 더욱 향상된다. 생명 사랑은 '완전한 통제를 위해서가 아니라 끝없이 발전하고 싶어 타오르는 조용한 열정이다'라고 윌슨은 썼다. 여기서 나는 통제란 단어가 함축하는 바를 불편하게 읽었다. 존 버거가 '우리가 동물에 대해 아는 것은 우리 힘의 지표이고, 우리를 동물과 구별시키는 지표가 된다. 우리가 더 많이 알수록, 더욱 그들과 멀어진다'고 말한 것을 떠올렸기 때문이다. 윌슨과 버거는 둘 다 자연의 신비가 우리를 사로잡는다고 보았지만, 두 사상가는 그 신비로부터 정반대의 결론을 내렸다. 윌슨은 과학과 자연사 교육은 인간을 자연에 대해 겸허해지도록 만든다 한다. 자연의 끝없는 신비와 접하게 되면 인간에게 야생을 보존해야겠다는 사명감이 생기게 된다. 하지만 버거는 자연에 대한 인간의 지식은 인간의 우월성을 입증해 주며 우리와 동물 사이의 차이에 주목하게 만든다고 한다―그래서 우리는 자연을 경외하지 않고 어린아이 다루듯 하게 된다. 예를 들면 동물원 같은 것을 만든다. 거기서 동물은 자연과 동떨어진 삶을 산다.

인간의 동물 애착은 흔히 일관성이 없다. 그리고 애착은 가까움과 거리감 사이의 상호작용에서 만들어진다. 물리적으로 생물학적으로 그리고 비유적으로 그러하다. 그러나 모든 생물이 같은 수준의 관심을 끈다는 것은 사실이라고 보기는 어렵지 않나? 생명 사랑은 생물학자의 지나칠 정도로 관대한 믿음으로부터 나왔다. 실제로 몇몇 생명체들은 인간의 이야기 속에 더 많이 더 자주 다루어지고, 더 소수의 생물은 지나칠 정도로 다른 생물보다 귀한 대접을 받는다. 퍼스의 해변에서 표류한 혹등고래를 보았던 구경꾼들이 느낀 것은 **그 정도에 있**

어서, 예를 들면, 산호 유생의 죽음을 보며 느끼는 것과는 다르지 않았을까. 물론 질적으로도 달랐다. 나는 매력에 대해서, 카리스마에 대해서 이야기하려고 한다.

동물을 위해 인간이 발휘하는 호의와 보호 본능의 크기는 공평하게 분배되지 않는다. 환경 운동가들은 '카리스마'를 언급한다. 카리스마는 한 동물 종이 마스코트로서 기능하는 능력, 사람들을 사로잡는 서사를 지속시키는 능력, 그리고 대중을 움직이는 능력을 말한다. 그런 카리스마를 갖는 동물은 즉시 '의인화'된다. 즉 인격화된다. 인간적 특성을 부여받고, 인간 같은 행위 혹은 가치를 보여 준다고 여긴다. 카리스마는 위계를 만든다. 카리스마가 있는 종은 특별히 동정을 불러일으킨다. 그래서 카리스마는 보호할 필요가 있다고 여겨지는 동물을 결정하는 데 영향을 미친다. 흔히 박물관과 미술관 같은 수집 기관에서 박제, 골격, 조각품 그리고 그림으로 인기를 누리는 카리스마 있는 동물은 또한 로고와 장난감으로 등장한다. 그들은 멸종 위기종일 필요도 없다. 그러나 같은 종족의 대표로서, 서식처의 대표로서 카리스마 있는 동물은 흔히 갇혀서 전시되고, 티브이 등장인물(예: 〈플리퍼〉)(해양 경찰 가족과 돌고래 플리퍼의 모험담을 그린 1960년대 인기 드라마.—옮긴이)이 된다. 카리스마 있는 종이 된다는 것은 인간의 상상력을 위한 도구가 되는 것이다.

소수의 개별 동물이 카리스마를 가지는 경우도 있다—이 동물이 자기만의 서사가 있으며 야생에서 확인 가능하거나, 혹은 포획되었다가 사람이 그들과 특별한 관계를 맺게 되는 경우에 가능하다. 1991년 호주 동쪽 해안에서 처음 포착된 미갈루라 불리는 흰색 혹등고래는 그 색깔로 사람들의 눈길을 끌었다. 매년 이주가 시작되면 이 유명한 고래의 모습은 소셜미디어들에 의해 동쪽 해안을 따라 일일이 기록되었다. 미갈루는 호주 법률이 법적 개인으로 인정한 극소수의 선택된 동물이다. 미갈루로부터 반경 500미터가 '접근 금지' 구역으로 선포되었다—모든 고래에 대해 선박의 접근을 배척하는 법을 확장한 것이다. 하늘에서 접근하는 것도 금지했다. ('미갈루는 우리의 주목이 아니라 보호가 필요하다'고 한 과학자가 법안에 찬성하며 말했다.) 배척 법안이 발효되기 전에, 미갈루는 호주의 허비 베이에서 3봉선과 충돌(또는 충돌 당)한 적도 있다. 또 어떤 스쿠버다이버는 동영상을 남기려 고래에 올라타기를 시도하기도 했다. 최근에 생물학자들은 미갈루가 겨울의 강한 자외선을 받아 피부암에 걸린 것 같다고 우려했다. 고래는 색소가 부족해서 피부암에 취약하기 때문이다. 허먼 멜빌이 '눈 내린 풍경'이라고 했던 하얀 고래의 등은 찔린 상처로, 감염 따위로 생긴 낭포로, 그리고 긁힌 상처로 온갖 생채기가 있었다. 그중 몇몇은 햇빛으로 인한 외상이 아니라 과거에 고래가 온갖 것과 부딪히며 생긴 상흔이었다. 이제야 사람들이 가까이 다가가지 못하게 되었지만 과거에 고래를 침범했던, 누구의 것인지도 모르는 흔적은 미갈루의 피부에 남아 있다.

오래전부터 흰 동물은 문학 작품에서 미래의 전조, 영적 존재, 혹은 저승 길잡이를 상징했다. 이례적으로 열성 형질이 발현된 색소 결핍증 같은 진귀함이 동물에게 카리스마를 부여하는 요인이 된다면 극단적으로 위기에 처한 생물의 희귀함도 카리스마의 특별한 하위 범주에 속할 자격이 있다. '엔들링'—이들이 아니었더라면 멸종된 것으로 여겨졌을 어떤 종의 최후의 생존자(들)—으로 알려진 생물에게 부여되는 카리스마는 절망적으로 불안하게 흐르는 고압 전류 같은 것이다. 이런 동물들에게는 따로 이름을 붙여 주고 살아 있는 동안 전시되고 죽으면 보존된다. 벤, 마지막 태즈메이니아산 주머니늑대. 론섬 조지, 갈라파고스 핀타섬에 서식했던 거북이. 마사(한때 50억 마리까지 추산되었던 여행비둘기 최후의 개체―옮긴이), 마지막 여행비둘기. 터지, 마지막 파츌라 터지다 종인 폴리네시아의 나무 달팽이. (터지는 고향이 아닌 런던 동물원에서 최후를 맞았고, '150만 년 전으로부터 1996년 1월까지'라는 작은 묘비명을 남겼다―물론 터지의 수명이 아니라 종 전체의 수명을 말한다.)

원래 '엔들링'은 의료계 종사자들이 1990년대 중반에 어떤 사람이 죽으면서 그 집안의 대가 끊기는 경우에 썼던 말이다. 2001년에 호주 국립 박물관에서 마지막 동물, 또는 식물을 함축하는 용어로 확정하면서 널리 퍼졌다. 다른 용어들―'라스토라인'과 라틴어로 무장한 거창한 '터미나크'―과 경합을 벌였지만 결국 '엔들링'으로 낙찰되었다. 과학 소설 속 지구인을 뜻하는 '어슬링'과 어감이 비슷하고 아마도 '작은 것'이라는 뜻의 ―ling이라는 접미어가 멸종의 위기 앞에서 조금씩 사라지고 있는 그 존재의 현실과도 부합했기 때문일 것이다. 번성하다가, 하나만 남았다가, 이제는 가 버린 것. 접미어 ―ling은 감소만을 뜻하지는 않는다. 그것은 명사를 귀엽고 유아스럽게 만든다. (예: 어린 왕자princeling, 오리 새끼duckling, 바꿔친 아이changeling) 당연히 대부분의 엔들링은 사로잡혀서 인간의 돌봄을 받게 된다. 이들은 비극적 카리스마를 가진다. 전체 종의 대변자가 되어 멸종을 가시화한다. 하지만 외롭고 답답한 수형자 같은 삶을 산다. 엔들링은 뻗으면 닿을 곳에서 '마지막으로 볼 수 있는 기회'를 위한 여행 상품이 된다. 엔들링은 장수를 누릴 수도 있다―론섬 조지는 백 살이 넘도록 살았다―그러나 짝을 짓지도 못했고 후손도 없었기 때문에 그 나이가 되어서도 아기 취급을 받았다.

카리스마 있는 동물이라는 훈장은 한 종이 다른 종과 맺는 지속적 유대 관계에 부여하기보다는 문화사적 의미로 간편하게 부여하는 것이어서 생태학적 관점에서 의미 있는 용어로 취급받지는 못한다. 하지만 인간이 '계통 발생학적 연관성'으로 다른 동물의 내적 예민함―그들의 고통, 감성, 지능―의 정도를 추론한다는 것을 보여 주는 연구 결과가 있었다. 연구에 따르면 사람들은 '직립'하는 짐승과 눈이 큰 포유류에게 강한 애착을 느낀다고 한다. 만약 동물이 땅 위를 걷거나 하늘을 날거나 하는 것도 그 동물의 카리스마를 인정하는 데 긍정적 요소로 친다. 털이 있거나 배가 토실토실한 것도 중요하다. 표정을 지을 수 있다는 것은 감정이 있음을 말한다. 손가락이 있거나 갈라진 발톱은 솜씨가 있고 기민함을 보여 준다. 젖을 먹이거나 새끼를 가까이 돌보는 동물에게는 인간처럼 후손을 양육한다는 점에서 믿음이 간다.

돌고래는 귀엽다. 그러나 고래는? 혹등고래, 대왕고래, 긴수염고래, 향고래 등은, 사람들이 열광적으로 반응하는 카리스마 있는 동물임은 분명하지만, 카리스마를 부르는 전형적인 특징은 부족하다. 그들은 포유류인 것은 맞지만 사람들이 살지 않는 머나먼 바다에 산다. 고래는 털도 없고 다리도 없다, 그리고 대부분 직립이 아니라 엎드린 채로 산다. 그들의 얼굴은 측면으로 길쭉해서 표정이 없다. 이스터섬의 모아이Moai 석상처럼 단단하고 미동도 없다. 눈은 서로 대척점에 있어서 한 번에 두 눈을 다 볼 가능성이 별로 없다. 고래의 크기는 그냥 거대한 것이 아니다. 조금 무서울 정도다. 그렇게 거대한 것이 활발할 뿐 아니라 예민하다는 사실을 생각해 보라. 너무나 우람해서 고래는 아기 취급을 받을 가능성도 없다.

슈퍼 고래라는 환상

그렇다면 무엇이 고래를 카리스마 있는 존재로 만드는가?

나는 고래에게 특별한 카리스마를 부여하는 근거를 좀 더 알고 싶어서 팀 와터스 씨와 인터뷰를 잡았다. 그는 사진 기자이고 비디오 예술가이다. 그의 작품은 많은 환경 활동가들의 캠페인에 단골로 사용된다. 서호주 킴벌리 근해에서 그가 찍은 동영상은 혹등고래의 이주 경로에 있는 제임스 프라이스 포인트 지역에 지을 예정이던 가스 허브 반대 집회를 성공적으로 이끄는 데 큰 도움을 주었다. 와터스 씨는 현재 환경 오염으로 동물들이 입는 피해를 대중들이 실감하게 하는 일에 열중하고 있는데, 충격과 동정심을 견뎌야 하는 힘든 일이다. 2014년에 그는 남극해에서 일본 포경선 닛신마루호가 잡아 올린 피투성이가 된 밍크고래를 담아 냈고, 그 사진은 세계적 뉴스가 되었다. (그리고 그의 짐작에 따르면, 사진 보도 후에 포경업자들은 고래 피를 덜 눈에 띄게 하려고 배의 슬립웨이를 더 짙게 도색했다.) 지난 10년간 와터스 씨는 사람들이 공감하는 동물의 종류에 대해, 그리고 사람들의 정서적 반응이 종에 따라 어떤 차이를 보이는지 상세히 알게 되었다. 왜 그런 차이가 생기는가를 밝히는 일도 그의 몫이다. 그에게 사진 찍는 일은 윤리적 실천이다.

와터스 씨는 고래와 돌고래를 비롯한 고래목 동물의 카리스마를 그들의 크기, 지능, 사회성, 쾌활함, 노래, 그리고 뛰어남, 혹은 독특함의 산물로 설명했다. 이 모든 특징들이 개별적 고래목 동물에게는 해당될 수 있다 하더라도, 고래를 매력적이게 하는 이 세세한 특징들이 대중들에게 모든 고래에게 속한 것으로 뭉뚱그려서 전해지는 건 문제라고 했다. 사람들이 고래들 사이의 차이를 잘 알지 못하기 때문이고 반포경 활동가들이 한 종에게 고유한 카리스마의 증거를 다른 모든 고래목 동물에게 확장하려고 애썼기 때문이다. 이런 현상을 노르웨이 인류학자 아르네 칼란드는 '슈퍼 고래'화 총력전이라고 불렀다. 예를 들면 혹등고래가 공을 들여서 노래하고, 북극권의 마을에서 '바다의 카나리아'라고 부르기도 하는 흰고래도 재잘재잘 노래를 잘하지만, 다른 고래들은 그냥 단조롭게 질질 끄는 소리를 내거나 깔딱거리는 소리를 지를 뿐이다. 향고래는 크고 복잡한 뇌를 갖고 있고, 혹등고래의 뇌는 스핀들 닮은 뉴런을 갖고 있다—인간에게는 정신적 아픔을 담당하는 부분이다—그러나 긴수염고래는 소와 비슷한 정도의 지능이 있을 뿐이다. (소가 멍청하다는 것이 아니다. 고래의 지능을 전체적으로 너무 높이 평가하고 있다는 것이다.)

칼란드는 고래 종 각각의 뛰어난 점들을 단 하나로 모아 지적이며 노래하는 '슈퍼 고래'로 만든 것은 고래를 '인간 같은' 동물의 지위로 끌어올리기를 원했던 어떤 반포경 운동가들의 의도가 작용한 것이라고 주장했다. 또 그것은 어떤 종류의 고래를 포획하는가와 무관하게 모든 포경을 야만적 행위로 몰아붙이기 위한 동기에서 비롯했다고 말했다. 와터스 씨와 나는 이런 혼란 속에서 잃어버린 것이 무엇인지, 그리고 그 문제를 극복해 보고자 고래 종의 특성을 분리해서 취급하더라도 거기에 다른 맹점은 없는지 얘기를 나눴다.

사실 고래는 우리가 상상하는 것 이상으로 제각각이다. 예를 들어 '범고래'는 파악된 바로는 일곱 종이 그 속에 떼 지어 있다. 생물학자들은 범고래 내에서 '생태종'이 발생했다는 사실을 밝혀냈다. 생태종이란 같은 종 안에서 서로 자연스럽게 교배를 하지 않는 부류로 분화한 경우를, 그리고 갈라진 부류끼리 몸뚱이 모양과 색깔에서도 뚜렷한 차이를 보이는 경우를 말한다. (어떤 부류는 더 회색을 띠고 땅딸막하고, 다른 부류는 그들의 눈가로부터 뻗친 타원형 모양의 흰 반점이 있거나 등짝에 희미한 '망토' 표식이 있다.) 생태종은 서식하는 바다에 따라 분산되어 있고 유전적으로 구별된다. 유심히 봐야 차이점이 보인다. 공해상에서 그들을 구분하는 것은 전문적인 훈련을 받은 사람들만 가능하다―하지만 여전히 DNA 샘플을 채취해야 어떤 고래가 어떤 생태종인지를 확인할 수 있다. 고래 종들끼리의 차이는 고래 자신에게도 놀라운 일이다. 행위적 관점에서 봤을 때, 그들의 사회적 관습, 먹잇감의 유형, 소리를 내는 방법, 언어 따위에 있어서 생태종은 갈라진 지 오래되었고 서로 소원해진 관계이다. 범고래는 문화만 있는 것이 아니다. 그들에게는 문화적 다양성까지 있다.

범고래 생태종의 경우에서처럼 한 종 안에 서로 다른 아종 고래가 있음을 인정하는 순간 종의 위기와 멸종에 대한 우리의 관점은 달라질 것이다. 왜냐면 어떤 종이 전체적으로는 존속한다 하여도 그중 한 무리의 동물만 소멸해도 한 언어, 혹은 그런 언어와 비슷한 것이 단절되었음을 의미하기 때문이다. 이런 식으로 다양한 종류의 표현 방식이 말소되는 것은 걱정스럽다. 어떤 동물이 세상에 존재할 수 있는 다양한 방식이 제한되는 것은 그 동물의 활력이 떨어진 것이다.

와터스 씨와 이야기를 하는 동안, 나는 소위 멸종을 동물 종뿐만이 아니라 **문명들**의 소멸까지 포함하는 것으로 확장해야 하는 것이 아닌가 하는 생각이 들었다. 이 문제는 지금 논의하는 것이 적절할 것이다. 지금 우리가 생물 다양성―(노아의 방주처럼) 최대한의 동물들의 최소한의 번식 가능 개체 수―을 보존하는 문제에서 벗어나 각 종을 번성시키는 것과 종 사이의 개체 수 비율까지를 고려하는, 그래서 종을 넘어서 생태계 전체의 독립적 생존과 '건강함' 쪽으로 초점을 바꾸고 있기 때문이다. 번성에 초점을 맞춘다는 것은 멸종 위기라는 좁은 관점을 어떤 종의 보존을 위한 인간의 개입을 정당화하는 출발점으로 삼지 않겠다는 것이다. 번성함을 유지하겠다는 폭넓은 관점이 지금도 진행 중인 생태계와 그것을 구성하는 모든 유기체의 회복력을 지속하는 데 더 중요하기 때문이다. 마찬가지로 같은 종 안에서의 다양성—말하자면 생태종으로 대변되는 문명의 다양성—은 우리가 종의 다양성만을 고집하며 동물의 분화된 역사를 무시할 때 놓치게 되는 것이다. 동물원에서 다양한 종을 보유하려다 자연에서 개별적이며 독립적인 다양한 무리를 유지하는 것이 더 중요하다는 사실을 외면하면 곤란하다. 새로운 위협에 맞서 더 다양한 적응의 기회를 확대해 줄 종의 회복력은 문화적 다양성이 있다면 더욱 증대될 것이다. 그래서 단지 우리가 동물의 개체 수를 유지하는 것이 아니라 동물들이 그들의 고유한 행태를 지속하도록 가능한 최대의 **문명**적 범위, 생태종의 범위를 보존하는 것이 중요하다.

　와터스 씨는 말할 때 손을 많이 쓰는데, 이따금 그의 왼팔 하단에 새겨진 푸른 향고래 문신이 보인다. 내가 문신에 대해서 물었더니, 그는 자신의 오른팔에 비슷한 크기로 새긴 빨간 크릴 문신을 내보였다. 고래의 카리스마만 특별하게 여기는 예외주의에 대한 반박이고 중요한 건 생태계 전체를 고려하는 것이란 사실을 보이기 위한 메시지라고 했다. 동시에 그 문신은 스스로 동물이면서 다른 동물을 새겨 몸을 예술 재료로 삼는 보디 아트이기도 하고 문신의 선이 점점 흐릿해지는 것으로 시간을 측정하는 방법이기도 하다.

우리 이야기는 희귀함의 문제로 옮아갔다. 고래에 부여된 카리스마 중에서 상당 부분은 내륙에 사는 사람들이 고래를 보기 힘들다는 사실과 멸종 위기에 처했던 고래의 과거 덕분이 아닐까. '보석이나 금과 같은 거 아닐까요?' 와터스 씨가 말했다. '우리가 볼 기회가 적은 것일수록 그것에 더 큰 후광을 씌우지요. 그것에 대해 더 많이 신경 쓰고 얘기하고 쓰지요.' 그는 해저에서 물기둥 속 침전물이 빛을 산란시켜서 고래를 찍기가 힘들다고 토로했다. 전기 작가이자 작가인 필립 호아레가 《레비아탄, 혹은 고래》(2008)라는 책에서 한 가장 충격적인 언급 중의 하나는 사람들이 우주에서 본 지구 모습을 찍은 사진을 자유롭게 수영하는 고래 사진보다 훨씬 전에 보았다는 것이었다고 했다. ('우리는 고래가 어떻게 생겼는지 보기 전에 먼저 지구의 모습을 보았다'고 그가 썼다.) 와터스 씨는 어렸을 때 좋은 고래 사진을 볼 수 없어서 자기가 찍겠다는 생각을 하고 고래에 빠져들게 되었다고 했다.

'우리가 볼 기회가 적을수록 더 큰 후광을 씌우지요.' 내가 이 말을 여전히 머릿속으로 되뇌고 있었을 때 그리고 우리 대화가 끝날 즈음에, 와터스 씨가 어떤 동물의 카리스마 중 상당 부분은 그것이 얼마나 인간과 동떨어진 곳에 산다고 여겨지는가에 달려 있다는 취지의 말을 했다. '나는 인간이 고래를 염려하는 이유 중에는 우리와 바다와의 거리가 있다고 생각해요. 우리와 가까이 있지 않은 먼 곳에 있는 것에 대한 존중, 우리가 망가뜨리지 않은 한 줌 순수한 자연의 상징.' 워터스 씨가 이렇게 말했다. 일반적으로 동물의 카리스마를 '계통 발생학적 연관성' 혹은 의인화의 정도에 따른 다른 종과의 친밀성과 연관시키지만, 실은 떨어져 있을 때 카리스마가 가장 크게 발휘된다는 것이다. 고래목 동물의 카리스마는 그들이 우리와 멀리 떨어져 있다는 점,

우리와 동떨어진 세계에 존재한다는 점이 크게 작용한다는 말이다. 그 먼 곳에서 그들은 계속 신비한 상태를 유지한다. 그들은 지리적으로 우리와 떨어져 있고, 그들끼리 소통하는 정도, 그들의 사회적 관계 따위의 정보는 우리에게 차단되어 있다. 고래의 카리스마는 그 신비감에 있고, 저 먼 곳에 언젠가 만날지도 모를 우리와 가까운 존재가 있다는 희망에 있는 것이다.

동물 사랑의 문제점은 소비문화가 불러온 물질의 흔적 때문에 매우 멀리 떨어져 사는 생물조차 거의 끊임없이 우리와 원치 않는 친밀한 관계를 갖게 된다는 것이다. 매년 고래가 호주의 바다를 떠난다. 우리를 떠나는 것이다. 그러나 우리는 단 1초도 떨어져 있는 시간을 갖지 못한다. 플라스틱을 삼켜서 혹은 그들의 먹이인 크릴이 사라져서 고래가 표류라도 하게 되면 그건 더욱 비극적이다. 우리가 그 동물의 사체도 처리해야 할 뿐 아니라 또한 그것이 카리스마를 갖도록 해 준 것의 종말과도 직면해야 한다. 고래가 우리의 힘이 미치지 못하는 곳에서 '한 줌 순수한 자연'에서 우리에게 다가왔다는 생각이 붕괴를 맞는 것이다. 한 생명체가 있는 '신비한 우물'의 저 밑바닥에 인간의 산업과 문명으로부터 온 것이, 가정에서 온 것이, 어업 장비에서 온 것이 번득이고 있는 것이다. 우리를 사로잡는 신비가 아니라 수치스럽게 만드는 익숙함이다.

귀여운 공격성의 배경

1980년대, 고래의 카리스마는 사람들을 움직여 그들을 구하도록 만들었다. 포경 금지로 종족 보존이 가능해졌고, 대양에서 인간의 간섭을 받지 않고 자신들의 삶을 살아가는 것이 가능해졌다. 그러나 야생의 개념이 와해되면서 고래의 카리스마는 인간들에게 그 행태를 바꾸기를 요구하고 있다. 이런 관점에서 보면 서식처 동물 멸종과 대절멸의 위험에 처한 시대에 동물과의 관계를 사유화하고 싶은 욕망에서 비롯된, 현재 인간이 보이는 귀여운 공격성과 엔들링에 대한 관광객의 지나친 관심 따위의 행위는 친밀감과 카리스마에 대한 혼란으로 여겨진다.

　돌고래가 쾌활하고 똑똑하며 카리스마 있는 동물이라는 나의 인상은 처음 그들이 갇혀 있었던 레저 시설 방문으로 생긴 것이다. 퍼스에서 잠깐 생겼다 사라졌던 아틀란티스 마린파크였는데, 어린이들이 돌고래를 만져 보게 했다. 물속에서 돌고래의 팽팽한 옆구리를 만져 보거나, 두툼한 붓을 건네면 그들이 꽥꽥대면서 그걸 주둥이에 물었다. 돌고래 조련사는 SF 소설의 표지를 빼다 놓은 듯한 복장을 하고 있었다. 남성 조련사는 흰 배꼽을 드러낸 점프슈트를 입었거나, 때때로 로마의 검투사들처럼 황금빛 로인클로스(한 장의 천을 스커트 모양으로 하거나 허리에 감아 고정하는 옷―옮긴이)를 입고 정강이받이를 착용하고 나타났다. 돌고래를 다루는 여성들은 흰 수영복 또는 금빛 비키니를 입고 하이힐을 신은 채 풀 가장자리를 따라 난 무대를 성큼성큼 걸어 다녔다. 이따금 하이힐을 벗고서 돌고래 등에 올라 똑바로 서서 돌고래를 타고 다녔다―그러려면 돌고래 여러 마리를 함께 금빛 줄에 매어야 했다.

　돌고래는 통에 든 물고기를 달라고 시끄럽게 소리치거나, 호루라기 소리에 반응했다. 잡은 동물을 길들이는 것보다 더 강력하게 카리스마 있는 귀여움을 발산하는 경우는 없다. 호주에서는 1985년에 대형 고래류를 가두어 사육하는 것을 금지하는 법안이 상원 특별 위원회를 통과했지만, 흰고래와 범고래를 비롯해 큰돌고래, 쥐돌고래, 남방상괭이—이들은 8미터까지 자란다—가 일본, 러시아, 미국, 캐나다, 중국, 유럽의 수조나 바다 우리에 갇혀서 뱅글뱅글 돌고만 있다. 80년대의 반포경 정서의 확산으로 고래목 동물들에게 생명으로서의 권리를 주자는 분위기 조성은 했으나, 고래는 세계적으로는 여전히 그 생명권을 인정받지 못하고 있다. 자연 상태의 고래를 해양 수족관에 가둬 놓고 인간이 생각하는 이상적인 모습으로 탈바꿈시킨 뒤 선보였다. 구두 지시를 알아듣고 따라하느라, 거대함은 병 속에 갇혔고 본능은 거세되었고 카리스마는 유흥의 목적과 돈벌이를 위한 야단법석으로 변질되었다.

E. E. 커밍스는 '동물원'이란 단어를 좋아했다. 그는 그 단어를 "가장 아름다운 '나는 살아 있다'라는 뜻의 동사 zoo"로부터 비롯되었다고 설명했다. 그는 이어서, '그런 뜻에서 파생되었기에 동물원은 동물을 모아 놓은 것이 아니라 살아 있음의 다양한 모습을 모은 집합체'라고 썼다. 그러나 커밍스는 동물원이 또한 거울이라는 사실을, 즉 그것이 '우리의 힘뿐 아니라, 허약함, 우리의 유순함만이 아니라 잔인함, 그리고 짓밟고 싶어 하는 욕망'을 보여 주는 것이란 것도 알고 있었다. 갇힌 상태의 고래는 오래 살지 못한다—그 상태에서 그들은 '살아 있음의 다양한 모습'을 보여 주지 않는다. 그들의 삶은 더 짧고, 건강 상태는 전체적으로 더 나쁘다. 감금된 고래는 칸디다, 치아 감염, 신장 트러블, 그리고 치명적 폐렴 따위에 취약하다. 또 모기에 의해 전염되는 웨스트나일 바이러스와 세인트루이스 뇌염 같은 질병에도 감염된다.

만약 고래의 뇌가 그 손상에 대한 심리학적 조사의 대상이 될 수 있다면, 갇힌 고래는 어떤 결과를 보여 줄까? 한 가지 의미 있는 사례. 일본의 어떤 바다 우리에 갇혀서 스트레스를 받은 암컷 범고래가 자신이 갇힌 곳 바닥에 있는 돌을 81킬로그램이나 삼켜 버렸다. 고래가 바다나 공중을 통해 영문도 모르고 독성 물질에 노출되거나, 떠다니는 비닐하우스를 먹을 것으로 착각하고 먹어 버리는 것과 의식적으로 몇 주에 걸쳐서 세탁기 무게만큼의 돌덩이를 삼키는 것은 전혀 다른 문제이다—이것은 고래 쪽에서 적극적인 의도를 가지고 저지른 것이다. 왜 고래는 자신을 해쳤을까? 이 사례를 고래식 이식증, 즉 인간이 흙, 금속, 벗겨진 페인트, 머리칼, 그리고 다른 식용이 아닌 것을 먹는 것과 비슷한 증상으로 볼 수 있을까? 아니면 그것은 버지니아 울프가 주머니에 스스로 돌덩이를 채워 넣고 우즈강으로 들어가 버린 것과 같은 자살 행위인가? 도대체 어떤 마음 상태에서 고래는 먹지 못할 것을 먹었을까?

갇힌 동물들은 그들의 정신 상태에 대해 이런 조사를 마땅히 받아야 한다. 동물원이나 수족관에 있는 생물들은 그들의 기본적 필요가 충족되면서, 본능의 긴급한 필요를 걱정할 일 없는 호사를 누리지만 동시에 반복적 일상과 따분함으로 인해 골병이 들거나 해로운 것을 먹는 자해 행위 따위로 무너진다. 거꾸로 동물원을 벗어나 야생 상태에 있는 동물의 정신 건강을 따져 보자는 것은 내게는 터무니없는 소리 같다. 야생의 동물들은 갇혀 있을 때와는 달리 곤궁한 처지에서 살아가기 때문에 천성적으로 상황에 민감하게 반응한다. 그러나 동물을 우리나 풀장이나 수조에 가두는 것이 그들의 정서를 더 풍요롭게 만든다는 주장은 사실이 아닐 뿐만 아니라 혐오스럽다. 문제는 동물의 심리적 안녕은 그것이 무너지기 전까지는, 심지어 가까이 있는 사람들이 그 손상을 인식할 정도가 되기 전까지는 파악이 불가능하다는 것이다. 사정이 그러하므로 인간의 재미와 같은 덧없는 것을 위해 고래의 정신적 평화를 황폐하게 만드는 것은 잔인한 짓이다. 우리가 우리의 마음을 안정시키기 위해 자연으로 간다는 사실을 감안하면, 자연으로부터 동물을 빼앗는 것이 그들의 마음을 허물어 버릴 것이란 것은 불 보듯 뻔한 일이다.

동물을 가둔다는 것

어떤 멸종 위기의 고래목 동물도 가둬 놓고 기르는 프로그램으로 구조된 적은 없다. 갇힌 상태에서 태어난 고래가 풀려난 경우도 드물고, 풀려났더라도 생존한 경우는 더욱 희박하다. 동물을 가둔 것은 야생에서 그들의 종을 퍼뜨리기 위한 것이 아니었다. 고래를 키우던 곳에서 후손을 보는 것은 미래의 재미있는 볼거리를 위한 것이다. 이런 관점에서도 고래는 몇몇 육상의 포유류와는 다르다—예를 들면, 치타와 판다—이들의 개체 수는 동물원에서 태어난 개체들을 통해 되살아났고 생물학자들이 서로 혈연관계가 없었던 것들끼리 짝짓기를 시켜서 종 전체의 유전적 다양성을 키우기도 했다. 그러나 잡힌 고래는 즉시 의인화되고 대상화된다. 도약해서 굴렁쇠를 통과하는 것과 같은 훈련된 행위들은 관객들에게 고래가 '행복'해서 그러는 것이라고 설명된다. 그것뿐이 아니다. 고래는 호루라기 소리 혹은 손뼉 소리에 맞춰 기계적인 반응을 보여야 한다. '나는 야생의 흰고래가 어떤지 모릅니다. 그러나 수조 속에서 고래는 앞을 베일로 가린 사람이 보듯 나를 응시했습니다. 몹시 불편해 보였습니다'라고 전직 시월드 직원이 2014년 〈스미소니언〉 잡지와의 인터뷰에서 말했다.

존 버거는 동물원의 동물에 대해 '그 종의 소멸에 대한 살아 있는 기념비'라고 썼다. 그러나 인간이 고래가 살릴 만한 가치가 있다고 믿는 한 그들은 수족관이 아니라 야생에서 살아야 한다. 고래의 본능은 바다에서의 삶에 맞춰 적응했다. 그리고 종에 따라 다르지만, 인위적 환경에 갇혀 있는 것보다 더 다양한 혈연적·문화적 동질 집단들과의 삶에 맞춰 진화했다. 범고래는 거의 50마리가 무리를 지어 이동하는 것이 확인되었다. 그리고 범고래의 이동에 맞춰서 종종 수천 마리에 달하는 흰고래 무리가 합류한다. 이런 고래가 수족관에서 사는 것이 편하다고 생각하는 것은 이치에 맞지 않다. 갇힌 상태에서 고래는 육체적으로도 정신적으로도 사회적으로도 피폐해진다. 고래의 소리는 울려 퍼진다. 반듯한 수족관의 폐쇄된 공간에서, 그리고 구경꾼의 창에 부딪혀 돌아오는 고래 울음소리가 대양 또는 바다 어귀에서 내는 울음과 같은 의미를 전달할 것이라고 믿기는 힘들다. 여러 세대를 거쳐 갇혀서 양육된 고래들은 그런 폐쇄된 환경에 맞춰서 내는 소리에 그리고 정해 준 것만 먹는 행위에 젖어 있을 것이다. 그들을 야생의 고래와 같을 것이라고 말하는 것은 별로 의미가 없다. 그들은 '유흥'의 목적에 맞춰 만들어진 생태종에 속할 뿐이다.

아조레스 제도에서 만난 향고래는 필립 호아레를 정면으로 보았다. 그리고 그 작가는 '이것은 말의 눈도, 소의 눈도 아니었다. 그 눈은 분명 나를 읽고 있었다'고 말했다. 멕시코의 바하칼리포르니아 근해에서 찰스 시버트는 어떤 수컷 귀신고래가 자신을 똑바로 쳐다봤다면서 〈뉴욕〉 매거진에 다음과 같이 썼다. '내 평생 그런 식으로 나를 보는 존재는 없었다 … 그것은 마치 그가 딱 한 번 하염없이 길고 야릇하게 거울 속을 보고 있는 듯했다.' 한 플로리다 출신의 범고래 조련사는 다큐멘터리 작가에게 이렇게 말했다. '그들의 눈을 보면, 안 보이는 데서 누가 나를 지켜보고 있다는 느낌이 듭니다.' 고래의 응시는, 해양 생물학자인 켄 발콤에 따르면, '개가 당신을 보는 것보다 훨씬 강력합니다. 개는 우리가 주목해 주기를 바라는 눈빛인데. 고래는 다릅니다. 우리 내부를 들여다보고 있는 것 같아요.'

고래는 우리가 예기치 못한 방식으로 보고 있다. 그 조심스러움은 우리를 닮았다─주의 깊고, 탐구적이며 빈틈이 없다. 누군가가 들어 있는 것 같다. 고래와 눈을 마주치는 것은 여느 동물과는 달리 인간의 마음에 깊은 인상을 남긴다. 그들은 우리의 주목을 원치 않는다. 그들은 우리 내심을 탐색한다. 왜? 고래가 인간에게, 인간이 고래에게 던지는 응시에는 어떤 뜻이 오가는 것일까?

나는 퍼스에 떠밀려왔던 고래의 눈을 의식적으로 빤히 보았다, 그러나 그의 거무칙칙한 눈 너머로, 있을지도 모르는 어떤 메시지를 읽을 수 없었다. 에덴의 연안에서도 혹등고래가 캣발루 고래 관찰선을 수평으로 훑어보면서 왼쪽에서 오른쪽으로 눈을 움직이는 것을 보았다. 그 순간은 잠깐이었다. 고래는 아래로 내려갔고 눈은 이내 딴 곳을 보고 있었다. 고래의 눈은 내 마음에 남았고, 내가 어딜 가든 그 눈은 떠나지 않았다. 그것은 물고기의 막 같은 눈이 아니었다. 물고기 눈은 얄팍해서 동자 뒤로 흰자위까지 훤하게 보인다. 고래의 눈은 새의 번득이는 검은 눈과도 닮지 않았다. 혹은 실룩거리는 원뿔 모양의 상어 눈도 아니다. 차라리 거대한 인간의 눈과 많이 닮았다─그러나 어떤 감정이 거기에 있는지 내가 아는 건 없다. 고래의 눈은 눈동자와 홍채가 있다는 점에서 인간과 닮았다. 그리고 눈이 커지면 (눈이 커지는 걸 봤다) 흰자위가 보인다는 점에서도 그렇다. 더 특별한 특징으로 주목받은 고래의 표정은 놀라운 발견으로 여겨질지도 모른다. 그러나 고래의 커지는 눈에 쏠리는 엄청난 관심은 거부감이 든다. 나중에 나는 문득 이런 생각을 했다. '내가 본 그 고래는 눈을 깜박이지 않았어.'

1851년에 허먼 멜빌의 《모비딕》이 출간되었을 때, 심지어 고래잡이들─고래 연골 뼈까지 속속들이 아는 사람들─조차 고래가 어떻게 세상을 보는지 아는 것이 없었다. 가장 어려운 것은 두 개의 양 측면에서 오는 완전히 다른 각각의 정보를 고래가 어떻게 적절히 결합·분석하는가에 있었다. '고래 눈은 인간으로 치면 귀에 걸려 있는 꼴이다.' 화자인 이슈멜이 말한다. '당신이 귀를 통해 옆으로 물체를 봐야 한다면, 그런 눈으로 어떻게 살 수 있을지 궁금할 것이다.' 고래의 눈이 '웅장한 산이 골짜기의 두 호수를 갈라치듯 우람하고 단단한 머리에 의해' 나뉘어 있다는 사실은 그 동물이 주변을 지각하기 위해, 두 개의 앞과 두 개의 뒤를 갖게 될 것이란 추측이 가능하다. 고래의 사각지대는 바로 뒤와 앞이었고, 그것은 자신의 옆구리를 따라 난 두 개의 '다른 이미지'를 보는 것이다. 이슈멜은 고래가 서로 맞은 편에 양 측면으로 난 뇌가 있어서, 두 개의 마음─'유심히 두 개의 다른 광경을 관찰하는'─을 가질 수도 있다고 짐작한다. 그것은 두 개의 기하학 문제를, 각각 서로 다른 뇌로 계산하면서, 동시에 푸는 것과 같은 경우라 말한다. 완전히 반대 방향으로 달린 두 개의 눈으로 인해 고래는 두 개의 자아를 가질 뿐만 아니라 두 배로 예민하다는 말인가?

고래의 눈에 관한 진실

나는 고래 눈에 대한 관심이 고래 의식에 대한 의문과도 관계가 있지만, 다른 '고등' 포유류에서 인간의 정신 작용과 비슷한 수준을 보고 싶어 하는 인간의 욕망과도 관계가 있다고 생각한다. 우리는 동물이 민첩하게 뇌를 작동하는 것을 보고 싶어 한다—그러나 그런 바람은 인간이 우월한 존재임을 확인하고자 하는 욕망을 반영하는 것일 뿐이다. 《모비딕》에서 백경 고래는 거의 완벽한 의식을 갖고 있다. 고래의 두 눈은 두 개의 심적 상태를 동시에 가능하게 만드는 것 같다. 그래서 고래는 대단히 교활하고, 소름 끼친다. 그 속에 쌍둥이가 들어앉은 것처럼 보인다. 아니면 무엇에 사로잡히기라도 한 것처럼 눈에서 어떤 감정도 비치지 않는다. ('흰고래는 **자기 앞을 베일로 가린 사람이 보듯 나를 응시했습니다. 마음이 딴 곳에 가 버린 것처럼 보였습니다**') 수족관에 갇힌 고래의 의식은 갈 곳 없이 헤매다가, 비수기 호텔을 떠도는 유령이 이따금 창문을 지나가듯, 어쩌다 한 번 앞을 본다. 고래는 심지어 자신에게도 이방인이다.

그러나 나에게 고래 눈의 중요함은 다시 그가 거대하다는 사실을 의식하게 했다. 고래는 너무나 커서, 그것을 통해 고래와 관계를 맺거나 이해할 가능성은 없으니 결국 눈을 통해서 시도하게 된다. 눈이 아니라면 달리 방법이 없겠는가? 그렇다면 고래의 카리스마는 결국 그것의 웅장한 규모에 있다고 할 수밖에 없다.

고래를 관찰해 본 나의 경험에 근거해 보면, 다음과 같은 생각을 하게 된다. 어떤 두드러지게 '거대한 것들'—예를 들어 세쿼이아 나무, 이집트 기자의 스핑크스와 같은 주목할 만한 고대 건축물, 그리고 거대한 고래—은 당연히 그것에 주목하는 정신을 뒤흔든다. 너무나 커서 가까이 있을 때 인간의 눈이 한눈에 감당해 내지 못하는 것은 우리를 경외감으로 압도한다. 그리고 우리의 머리가 정신을 차려 그것을 인식하기 한참 전에 신경계를 통해, 어떤 강력한 충격, 혹은 아드레날린을 풀어놓는다.

팀 와터스 씨와 나는 브라이언트 오스틴이란 미국 사진 예술가의 작품에 대해 얘기했다. 그의 고래 사진은 거대 동물로서의 고래의 마력을 포착한 것으로 평가된다. 그 동물이 희귀하다는 것과 머나먼 심해에 산다는 사실을 제외하고라도 대왕고래, 향고래, 참고래, 그리고 보리고래 같은 몇몇 종들은 분명 그들의 웅장한 덩치가 그 매력의 핵심이다. 와터스는 오스틴이 실물 크기와 같은 일대일의 비율로 극히 세밀하게 고래를 찍어서 현상한다고 들은 적이 있다고 전했다. 그 세밀함은 미학적으로뿐만 아니라 윤리적으로도 불편한 진실과의 대면을 요구했다. 도쿄의 오스틴 작품 전시회장에서 한 참석자는 '고래가 그들의 눈으로 나에게 말을 건넨다고 느꼈다'고 말했다. 많은 리뷰에서 전시장에서 거대한 이미지를 마주하고서 하염없이 눈물을 흘리는 관람객들에 대해 언급했다.

그래서 엷은 구름이 하늘을 뒤덮은 날 나는 시드니 국립 해양 박물관을 향했다. 브라이언트 오스틴의 '아름다운 고래' 전시회에서 특별히 그림 하나를 보고 싶어서였다. 거의 7미터에 달하는 〈이니그마〉(수수께끼란 뜻—옮긴이)라는 제목의 사진이다. 현상하는 데만 300시간이 걸렸고 총 무게가 200킬로그램에 달하는 이 사진의 원본은 단 하나뿐이다. 이니그마는 세 살배기 향고래 새끼를 찍은 것인데 그 막대한 몸뚱이가 옆모습 전체를 내보이면서 꼼짝 않고 있다. 그놈의 몸뚱이는 우리 시야가 허용하는 거의 모든 시계를 차지한다.

정오쯤 전시실 1층에서 그 사진 앞에 홀로 서서, 나는 그 사진이 흑백으로 처리된 것인지, 아니면 자연 그대로의 암회색, 백회색, 그리고 은빛을 살린 것인지 궁금했다. 고래는 카리브해에서 오랫동안 연구 대상이었던 'G-7(Group of Seven)'으로 불린 무리에 속했다. 그 속에는 어른 고래인 핑거스Fingers, 트윅Tweak, 그리고 핀치Pinchy(순서대로 '손가락들, 꼬집기, 꼬집고 싶은'이란 뜻. 거대한 고래에 앙증맞은 이름을 붙인 셈이다—옮긴이)도 있었다. 핑거스는 새끼가 둘 있었다. 썸Thumb과 디지츠Digits이다—찰스 디킨스 소설에 등장하는 소매치기들 이름을 닮았다. 이런 이름은 '이니그마'의 마력과 비교하면, 고래 이름치고는 작은 느낌이고 심지어 의도적으로 사소하게 처리했다는 느낌도 든다.

오스틴의 사진에서 고래 주변의 물은 한결같이 흐릿하면서 잔물결이 이는, 텅스텐강鋼 느낌의 회색을 띤다. 이니그마는 아직 어리지만, 그의 머리는 껍질이 벗겨져 있고, 몸은 주름지고 시들었다. 껍질이 해져 있고, 단조로운 색감의 고래를 보면서 당신도 나처럼 그 이미지가 **나뛰르 모르뜨**(문자적으로는 죽은 생명이란 뜻인데, 정물화를 불어로 표현한 것이다—옮긴이)—그릇 속 과일이 무르익은 상태에서 부패의 상태로 넘어가 화가의 눈앞에서 썩어 가고 있는 네덜란드 정물화—같다고 생각할 것이다. 그러나 바다 표면에서 모든 향고래는 나이와는 상관없이 이런 식으로 주름투성이이고 조직의 부분 손상인 괴사가 보인다. 깊은 바닷속에서 고래의 피부는 더 매끈해지고 몸매도 더 유선형이 된다. 내부 장기들이 더 큰 압력에 노출되기 때문이고 엄청난 양의 산소가 고래의 혈관과 조직으로 유입되면서 폐가 거대한 압력을 받아서 접혀 들어가기 때문이다.

나는 사진을 좀 더 유심히 보았다. 센서나 경보기가 달려 있지 않아서 사진에 얼굴을 거의 들이대다시피 하면서 관찰했다. 이 정도 거리에서 이니그마는 동물로 보이기보다는 암석으로 보였다. 달의 지형처럼 작은 구멍이 숭숭 나 있고, 긁혀 있고, 뭔가에 부딪혀 터진 자국이 있다. 마치 엄청나게 긴 시간 동안에 뜨거운 운석들이 지속적으로 강타한 듯하다. 나는 그 구멍에 작은 깃발을 꽂고, 이곳이 우주 탐험 온 소인국의 땅임을 주장하고 싶은 욕망을 가까스로 억눌렀다. 사진은 미세한 관점과 포괄적 관점을 모두 담고 있었다. 고래의 가슴지느러미 위에 있는 작은 주름이 그것의 귀다.

나는 그만 너무 빨리 그의 눈에 도달했다. 머리 아래로 그리고 입의 맨 구석으로 쏠려 있는 이니그마의 눈은 기이할 정도로 탁했다. 에덴 바다의 어미 혹등고래처럼, 이 고래도 커다란 인간의 눈을 닮았다―흰자위, 홍채, 동그란 눈동자가 보인다. 그러나 고래의 시선은 관객의 발치를 향해 있다. 우울한 표정이다. 그 표정이 주는 인상은 좌절이 아니라 강하고 끈질긴, 분노에 가까운 냉담함이다. 마치 화가 나서 일부러 사진작가를 외면하는 듯이 보인다. 그 눈은 오래전 습기 찬 정글에 버려졌던 거대한 불상의 흐린 눈동자를 갖고 있다. 만약 이니그마가 심기가 불편했다면, 혹은 그냥 외면하기로 마음먹었다면, 두 번째 투명한 눈꺼풀을 들어 올려 거대한 파괴적 에너지가 담긴, 갑작스런 그리고 무자비한 분노로 이글대는 표정을 짓지는 않을까. 그의 냉담한 눈 속에 인간이 받아 마땅한 불호령이 숨어 있었다. 그것은 기가 죽은 눈이 아니라, 분노를 감추고 있는 눈이다.

거의 한 시간 동안 나는 지금까지 상상만 했던 밍크고래와 혹등고래의 세세한 부분을 보면서 전시장을 돌아다녔다. 고래에게 배꼽이 있었다. 콧구멍도. 무딘 이빨과 혀, 그리고 여기저기 흩어진 유기물 찌꺼기들. 고래 기생충들. 나는 고래 한 마리의 옆구리에서 흔히 상어에 당한 것으로 보이는 상처를 보았다. 상어가 만드는 전형적인, 과자 틀로 밀가루 반죽을 찍어 낸 듯한 매끈한 상처. 고래의 부드러운 겨드랑이 아래로 난 희미한 주름, 대빨판이의 거미집 같은 지느러미 위를 에워싼 생태계.

사진 속에서 오스틴이 측면과 위에서 찍은 혹등고래의 눈은 단호한 결심 같은 것을 보였다. 몇 장의 이미지는 너무나 선명해서 고래 눈동자 바깥쪽의 그 두툼하며 끈적끈적한 수정체인 각막을 볼 수 있을 정도였다. 나는 고래의 눈동자에서 사진작가가 잠수복을 입은 채 카메라를 앞에 들고 있는 모습이 비쳐 있는 사진은 없는지 샅샅이 살폈다. 그러나 오스틴은 어디에도 보이지 않았다. 대신 몇몇 고래 눈의 중앙 부분은 놀랍게도 녹이 덮은 듯했다. 이것은 카메라의 플래시가 동물의 매끈한 망막에 반사되어 생기는 적목 현상 같은 것이 아니었다. 내가 보았던 것은 고래가 항해를 하면서 자기장을 탐지하기 위해서 사용하는 것으로 여겨지는 바이오 수용체인 자철석은 아니었을까? 그러나 수용체는 세포 내 입자여서 보통의 카메라로는 포착할 수가 없다.

예술가의 프로젝트가 작은 물체를 거대한 크기로 키우는 것이라면 전통적으로 그 효과는 과거 지향적이다. 예술적 전략의 일환으로서의 확대는 흐뭇한 꿈같은 기분 그리고 어린 시절로 돌아간 듯한 기분을 만들어 준다. 그런 예술 작품은 관객들에게 어린 시절의 시점을 일깨워 준다. 이런 의도를 거꾸로 추구하는 것은 거대한 대상물로부터 미니어처를 만들거나 줄여서 인형의 집처럼 만드는 것인데, 그걸 보는 사람은 어린 시절에 그랬던 것처럼 매혹에 빠진다. 그렇다면 예술가가 동물의 크기에 절대적으로 충실하고자 하는, 그래서 극단적 정확함을 추구하는 〈이니그마〉와 같은 예술 작품은 도대체 어떻게 보아야 하는 것일까? 실물 크기의 사실적 재현은, 그것을 어떤 매체로 시도하든지 강력한 효과를 의도한 것이다. 그것은 그 작품이 다큐멘터리이며 실제에 충실하다는 것뿐만 아니라 지독할 정도로 정확하기 때문에 고래와의 조우로 생긴 특별한 가치를 관객에게 전달해 준다. (그것은, 내 생각에는, 볼즈헤드 고래 암각화의 의도와도 어느 정도 일치한다.)

그러나 이 사진이 진심으로 추구하는 바는 거대함과의 조우가 아니다. 오스틴이 좇는 관심사는 거대한 것이 아니라 미세한 것이다. 막대한 이미지를 만드는 것 자체는 의미가 없다. 그는 그 막대한 것을 이루기 위해 미세한 것을 오랜 시간에 걸쳐 조금씩 쌓아 올린다. 자신의 인내를 스스로 시험대에 올린다. 이것은 또한 기술적 완성도를 시험하는 기회이기도 하다. 예술가가 그가 선택한 기술들에 대한 장악력과 융합력을 입증하기 위함이다. 오스틴은 정교한 파베르제의 달걀 (온갖 보석 장식을 한 부활절 계란—옮긴이), 연인의 눈 초상화(18세기 영국에서 한때 유행했는데, 진주와 같은 자그마한 보석에다 자신의 한쪽 눈을 섬세하게 그려서 연인에게 사랑의 증표로 주던 관행—옮긴이), 그리고 섬세하게 만든 태양계 모형을 다 합쳐 놓은 듯한, 미세함에 집착하는 장인의 자세로 거대한 고래 이니그마에게 접근했다. 오스틴은 자신의 카메라 렌즈를 통해 보이는 이니그마의 몸의 온갖 흔적을 철저히 기록하기를 원했고, 심혈을 기울여 고래의 모든 구체적 특징을 복제함으로써 그 거대함에 접근하기를 원했던 것이다. 그는 고래 자체에도 매료되었을 뿐만 아니라 예술이 활용할 수 있는 기계 장치의 활용도를 극한까지 끌고 가 보고 싶었다. 이것이 바로 늘 더 알아야 할 것이 있고, 더 수집해야 할 시각적 정보가 있다고 믿는 생명 사랑의 예술이다.

세밀화가가 지구상에서 가장 거대한 생물의 일원을 만났을 때 어떤 일이 생길까? 모든 것을 똑같이 주목할 때, 오스틴이 그랬던 것처럼, 모든 것은 똑같이 흥미롭다. 인간의 눈은 이런 식으로 작동하지 않는다. 인간의 눈은 원근을 구별하고 중심과 변두리를 가른다. 인간의 눈이 얼굴을 응시하면, 그것은 그 모든 세세한 부분들을 젖혀 두고 인간이 마음의 '창'이라고 여기는 눈으로 간다. 그러나 오스틴의 사진은 기계-눈의 관점으로 바라본다. 〈이니그마〉는 우리에게 카메라와 컴퓨터가 얼마나 정교하게 고래를 볼 수 (재구성할 수) 있는지를 보여 준다ㅡ〈이니그마〉는 사진 한 장이 아니라 여러 장을 눈에 뜨이지 않게 디지털 방식으로 꿰맨 것이기 때문이다. 스쿠버 장비를 착용한 오스틴은 어린 고래가 물 표면에 떠 있는 동안, 조금씩 물갈퀴질을 해서 고래의 몸 전체를 40여 분간 연속 촬영해서 외부 전신 스캔에 해당하는 사진을 얻었다. 그런 다음 데이지 체인 방식(데이지 화환처럼 기기를 나란히 접속했음을 의미ㅡ옮긴이)으로 접속시킨 일련의 SSD를 이용해서 사진을 모자이크식으로 합쳤다. 이런 기술은 다른 행성의 이미지를 얻기 위해 이따금 사용되었다. 그러나 이니그마에 대해 이 정도로 많은 데이터를 얻었다 하더라도 고래의 뿌연 눈 안에 감춰진 것은 여전히 오리무중이다.

몇 년 전에 뇌 연구로 유명한 막스 플랑크 연구소의 레오 파이흘이란 신경해부학자는 〈고래와 물개에게 바다는 푸르지 않다〉라는 씁쓸한 제목의 논문을 발표했다. 그 논문으로 고래 눈(각막, 망막과 광수용기를 갖는 인간의 눈을 빼다 놓은 것처럼 보이는 눈)이 인간의 눈과 비슷함에도 불구하고, 우리와는 전혀 다른 방식으로 세상을 본다는 것이 드러났다. 우선 고래는 색 지각 능력이 떨어진다. 또 인간과 고래 사이에서 명암을 구분하는 간상체와 색각과 세부 시각을 맡아보는 원추체에 큰 차이가 있다. 인간은 600만 개의 원추체와 120만 개의 간상체가 있음에 반해 고래는 각각 하나와 둘뿐이다. 고래의 초점은 겨우 몇 미터 정도밖에 되지 않는다. 고래는 《모비딕》에서 이슈멜이 짐작했듯이 분리된 이미지를 각각 처리하는 것으로 보이지는 않는다. 향고래의 경우 앞부분의 시야는 쌍안경 같은 광경을 본다─그 말은 고래가 이마로부터 아래로 호를 그리듯 보면서 깊이를 인식할 수 있다는 것이다. 그러면 아래에 있는 오징어를 훑어보면서 위에서 아래로 가며 사냥을 할 수 있다. (고래가 먹잇감을 정밀 추격하기 위해 시각과 소리 정보를 동시에 쓰는지 여부는 여전히 논쟁 중이다.)

고래의 눈꺼풀은 두껍다. 그리고 뭔가 눈에 낀 것을 제거하기 위한 것이 아니라면 눈을 잘 감지도 않는다. 물속에서 고래는 눈꺼풀 아래에 있는 분비샘을 통해 이따금 채워지는 투명한 점액층을 이용해 눈동자를 코팅하듯 적신다. 향고래는 말미잘이 스스로를 오므려 넣듯이 눈의 일부를 머릿속으로 집어넣을 수 있다. (깊은 바다에서 진화하면서 이것이 가능해졌다. 고래의 눈구멍을 싸고 있는 뼈는 압력이 심해지면 눈동자를 보호할 수 있다.) 대부분의 고래목 동물은 한쪽 눈을 뜬 채, 혹은 모두 뜨고 잔다. 여기에는 뭔가 신비한 것이 있다. 왜 고래는 쉬지 않고 세상을 보고자 하는가. 갇힌 돌고래는 잠을 자면서도 '말하는 것'이 관찰되었다. 과학자들은 고래가 꿈을 꾼다고 한다, 그러나 둘 중 한쪽 반구에서만 꿈을 꾼다. 고래의 호흡이 자동으로 이루어지지 않기 때문에, 의식적인 깊은 잠은 고래를 질식시킬 수도 있다. 렘(REM, 급속 안구 운

수면 근처에서 촬영된 새끼 혹등고래. 우리는 고래의 동공이 어디를 향하는지 알 수 없다.

동)수면은 드물다. 거두고래는 매 24시간마다 6분 정도의 렘수면을 한다. 어떤 고래 종은 날 때부터 블러버가 미약한 새끼를 낳는데, 이들은 늘 수영을 해야 한다, 심지어 잘 때에도. 고래가 뇌의 절반으로만 꿈을 꾸기 때문에 고래의 꿈은 주사위가 구르듯 작고 빠르게 이루어질 것이다. 어쩌면 고래의 꿈은 시각적 정보에 못 미치는 건 아닐까?

고래는 종에 따라 시력에 차이가 있다. 북방긴수염고래와 북극고래는 바다 표면에서는 거의 못 보는 것으로 여겨진다. 원추체 세포에 광수용기 단백질이 부족하기 때문이다. 이들 고래는 아마도 어둑한 곳이나 칠흑같이 어두운 곳에서 가장 잘 볼 수 있을 것이다—우리가 야행성이라 부르는 다른 동물과 마찬가지로 우리의 시각과는 반대인 것이다. 일반적으로 모든 고래는 나이트클럽의 검은 빛 아래서처럼 세상을 단색으로 본다. 고래를 막기 위한 낚시 장비를 만드는 사람들은 흔히 눈에 잘 뜨이는 형광물질을 사용하지만, 형광 밧줄 따위는 고래에게 보이지 않는다. 고래에게 그 밧줄은 우리가 칙칙한 다시마 색깔을 보는 것과 다름없이 느껴질 것이다.

회색 혹은 검정색 바다를 배경으로 크릴, 물고기, 그리고 다른 먹잇감이 북적댄다—그들은 환한 흰색으로 보인다—하지만 고래에게는 여전히 흐릿하게 보일 뿐이다. 흰색은 매우 가깝지 않으면 인식되지 않는다. 〈애틀랜틱〉의 과학 기술 분야 기고자인 알렉시스 마드리갈은 만약 인간이 좌우 20/20의 시력이라면 고래는 대략 20/240이라고 했다—즉 인간이 대략 73미터 떨어져도 볼 수 있는 것을 고래는 대략 6미터 정도가 되어야 볼 수 있다는 것이다. 그것은 대략의 측정치이다. 하지만 마드리갈은 고래의 눈동자에 대해 가장 이상한 점은 따로 있다고 말했다. 직사광선을 맞으면 인간의 동공은 일정하게 수축한다.

그런데 대부분 고래의 동공은 미소를 짓듯 반원 모양으로 줄어들면서 각 반원의 구석에 동그란 점이 남는다. 그 말은 태양을 똑바로 바라보는 고래는 각각의 눈에 두 개의 동공이 있다는 것이다.

에덴에서 나를 보고 있다고 느꼈던 암컷 혹등고래는 나를 본 것도 아니었고 캣발루호 갑판에 있었던 다른 어떤 사람도 보고 있지 않았다. 밝은 하늘을 등에 지고 있는 고래 구경꾼들은 구름 속으로 흘러 들어가는 다른 구름만큼이나 눈에 뜨이지 않았을 것이다. 그렇다면 고래의 눈은 치장용에 불과하단 말인가. 그것은 동물 세계에서 인간적 자질을 찾고자 하는 사람의 욕망에 대해서 다시금 생각하게 만들었다. 나는 퍼스의 해변에서 봤던 고래의 눈과 오스틴의 사진 속 〈이니그마〉의 눈을 생각했다. 그 눈은 아직 뒤집히지 않은 엉터리 타로 카드만큼이나 수수께끼 같았다. 이니그마는 의도적으로 오스틴을 외면하는 것처럼 보였다. 고래는 관계를 맺고 싶지 않았던 걸까? 마치 거대한 지각이 있는 동물이 자신의 몸 전체가 오스틴의 집요한 응시에 노출되어 있음에도 불구하고 눈앞에 베일을 쳐 놓고서 그것만은 숨기는 것처럼 보였다. 〈이니그마〉의 이름이 일종의 해답은 아닐까. 오스틴은 그 고래를 오랫동안 철저히 관찰했다. 그러나 어쩐 일인지 고래에게는 여전히 잡히지 않는 것이 있었다. 그것은 인간의 분석을 의도적으로 기피하는 방식으로 고래가 자신에게 지능이 있음을 보여 주는 것이 아닌가. 나는 고래의 눈을 불길할 정도로 초점이 맞지 않게 만든 건 사진작가가 아니라 고래 자신이란 생각이 들었다.

발터 벤야민의 '장갑'이란 제목의 글은 이렇게 시작된다, '우리가 동물을 혐오하는 가장 큰 이유는 그들과의 접촉으로 우리의 정체가 탄로 날까 싶어서다. 인간의 마음속에 도사린 공포는 기필코 들켜 버릴 것 같은 짐승스러운 어떤 것이 자신 안에 살고 있다는 막연한 불안 때문이다.' 산타테레시타의 사진에서 볼 수 있었던 생명 사랑biophilia 과는 대조적으로 생명 공포biophobia(에드워드 O. 윌슨의 생명 사랑에 대응하는 단어로 저자가 만든 조어이다. bio-는 생명이란 뜻의 접두어이고, 필리아(-philia)는 사랑, 포비아(-phobia)는 공포, 두려움이란 뜻―옮긴이)라 할 수 있겠다. 고래의 되쏘아 보는 눈길에서 우리가 두려워하는 것은 여러 수십 가지의 물질적인 방식으로 우리가 고래와 너무나 깊이 엮여 있다는 사실을 인식하는 것이다―고래의 환경에 영향을 미치는 데서부터 고래의 내장을 플라스틱으로 오염시키는 것에 이르기까지. 오늘날 우리가 사랑하는 생명들과 거리두기에 실패한 것은 단지 경이 때문이 아니라 두려움 때문이기도 하다. 우리가 잃게 된 것은 신비함, 귀여움 혹은 카리스마 이상의 것이다. 그것은 관계이다.

5장

고래 사운드

바닷속 침묵의 봄

고래가 부르는 노래

다이빙 선박

귀가 없는 동물

문화 혁명

향고래 노래 속 암호

그러나 고래는 성대가 없다

독보적 솔로 가수

보이저 국제 음반

웹스터 사전 [1828년 판과 1913년 판]

SOUND. 형용사와 명사

1. 온전한; 파손되지 않은; 허약하지 않은, 분리되지 않은, 혹은 무결함의; 건강한 신체; 온전한 건강; 건강한 체질. 끊이지 않는 그리고 깊은, 예, 깊은 잠; 또는

2. 좁은 물길, 혹은 육지와 작은 섬 사이의 해협; 혹은 두 바다를 잇는 해협 (짐승들이 수영으로 건널 수 있는 좁은 바다여서 이런 명칭을 붙인 것으로 보인다); 또는

3. 소리; 소식; 듣는 대상; 귀를 강타하는 것; 몸의 충돌로 인해 혹은 다른 수단에 의해 야기된 공기의 진동 혹은 충격에 의해 청각기관으로 전해진 영향 혹은 그 영향의 결과. 인간에게 들리지 않는 소리가 더 예민한 청각 기관을 가진 동물에게는 들릴 수 있다.

고래가 만드는 소리

야심한 밤에 자신의 서식처에서 혹등고래가 노래한다.

고래의 거대함이 주는 위압감은 이상하게도 그것의 육체에서 떨어져 나가 저 바닷속을 배회하는, 실체도 없고 이 세상 것 같지도 않은 그러나 고래의 일부인 그것의 노래에 우리가 매료되면서 완화된다. 고래가 만드는 소리는 다양하다. 그리고 육상에서 그 소리를 듣는 우리 인간도 다양한 목적으로 그 소리를 듣는다. 군사 그리고 정치, 사이비 영성, 그리고 때론 그냥 재미로. 고래 노래는 진공 상태에서는 결코 안 들린다. 다른 어떤 특징보다도 고래 소리만큼 카리스마를 키우는 건 없다—사람들이 고래 소리를 비극적이며 영원하다고 생각하는 이런 시점에, 그것은 문명의 전환점에서 중요한 것으로 입증될지도 모른다. 시간이 지나서야 과학자들도 우리가 그랬던 것처럼 고래가 상황에 따라 다른 소리를 낸다는 것을 알게 되었다. 고래의 노래는 순전히 자연적인 것도 혹은 정해진 것도 아니다. 그것은 그들 문화의 시간대에 따른 변화에 맞춰, 그리고 시시각각 바뀌는 바다의 환경에 맞춰 진화해 온 것이다.

혹등고래의 소리는 1950년대에 우연히 처음 녹음되었다. 소련 잠수함만의 특징적인 소리('찻잔 속에서 티스푼을 휘젓는 소리')를 찾아 먼바다를 훑고 있던 미 해군 소속 기술자들이 엉뚱하게도 소동이라도 난 듯 쿵덕대는 소리, 고조되다 꺾이는 울음소리, 그리고 튀다가 굴러 떨어지며 내는 굉음 따위를 포착했다. 고래 소리였다. 기술자들은 이 소리를 매혹적이라기보다는 짜증나는 신호 방해음, 소음으로 여겼다. 수십 년이 지나서 1970년대와 80년대에 와서야 환경 운동가들이 고래 소리의 초월적 가치를 내세우면서 고래를 환경 보호의 상징으로 격상시켰다. 멸종 위기에 빠진 고래에 대한 경각심이 커지면서 고래 소리는 페이즐리 커튼이 매달려 있고 코르덴 소파가 놓여 있는 거실까지 전해졌다. 거기서 사람들은 레코드판을 통해 슬픈 마음으로 그 소리를 들었다. 고래 노래에 대한 사람들의 열광은 레코드의 판매 실적이 말해 주었는데, 특히 고래가 사라지면 그들이 대대로 전해 온 고유의 소리도 점점 듣기 힘들어질 거라고 사람들이 걱정했을 때 그 인기는 최고조에 달했다. 고래 노래의 매력은 멸종으로 향하는 생명체의 공동 선언문임을 상기시켜 주는 데 있었다―'백조의 노래' 혹은 퇴장의 순간을 드러내는 것. 멀리 퍼지면서 신비한 느낌을 주는 고래의 목소리는 이 행성의 종말을 듣는 것이 어떤 것인지를 들려주었다.

고래의 소리를 사라지는 세계에 대한 소리의 상징으로 떠받들어 공적 영역으로 맞아들인 것은 단순한 우연이 아니었다. 미국 의회에서 해양 포유류 보호법을 둘러싸고 격론(상업적 포경의 전 세계적 금지를 처음 안건으로 올렸던 1972년 국제연합 인간 환경 회의의 서막이었다)이 벌어지던 내내 고래의 소리는 증거로서 제시되었다. 미국에서 '동물 보호 운동의 어머니'로 불리던 크리스틴 스티븐스는 말로 증거를 제시하는 대신에 고래의 소리를 들려주었다. (의사당 건물 밖에서는 '더 이상 무슨 설명이 필요하냐'란 플래카드가 달렸다.) 캘리포니아 연안에서는 그린피스의 작은 고속 모터보트에서 고래 노래가 스테레오로 울려 퍼졌다. 오렌지 색 구명조끼를 입은 회원들은 거대한 러시아 포경선 다뉴 보스톡과 물 위로 부상한 향고래 사이로 보트를 몰면서 현란하게 물보라를 일으켰다. 혹등고래 소리가 작살꾼들을 저지하지는 못했지만, 작곡가들과 음악가들을 죄책감으로 흔들어 놓았다. 혹등고래 소리를 자기 음반에 최초로 삽입했던 뮤지션에 속했던 주디 콜린스는 고래 노래를 어떻게 생각하냐는 질문을 받고서 '고래가 사는 이 행성에 인간으로 태어난 것에 대한 분노'를 느낀다고 대답했다. 고래 소리는 환경 보호 운동의 사운드트랙이 되었다.

소리는 규모와 신비함에 있어서 고래의 카리스마를 공고히 했다. 몇 종의 고래가 극지방에서 먹이를 구하고는 엄청난 거리를 이주해서 적도 부근의 열대에서 번식할 뿐 아니라, 청각적 연구를 통해 고래 소리가 온 대양에서 퍼지는 것으로 드러났다. 고래의 지각적 능력은 인간과는 비교할 수 없을 정도로 예민하다. 몇몇 종은 청각이 너무나 민감해서 온 바다의 고원이 소리를 증폭하는 원형 극장이 된다. 예를 들면 푸에르토리코 연안의 혹등고래의 울음이 2600킬로미터 떨어진 뉴펀들랜드 근해의 고래에게도 들린다. 모스크바의 거리에서 외친 소리가 런던에 있는 사람에게 속삭이듯 전해지는 것과 같은 정도다. (하지만 물속에서 음파는 더 멀리 더 빠르게 전해진다.) 또 수중 청음기는 음속 최소층인 이른바 소파층을 통해 수천 킬로미터까지 전해지는 대왕고래의 시끄럽기 짝이 없는 저주파 소리를 녹음했다. 대략 수심 600~1200미터 사이에 존재하는 소파층에서는 온도와 압력과 염도의 작용으로 음파가 끊임없이 굴절하며 전달되기 때문에 대단히 먼 거리까지 간다. 향고래의 꿀렁이는 소리는 100만 분의 1초 정도 지속할 뿐이지만 지구상에서 가장 시끄러운 소리로 판명되었다. 1967년에 발사했던 역사상 가장 무거웠던 새턴 V 로켓의 소리도 그것에 비하면 조용한 편이다.

고래의 소리는 지구 반대편까지 전달되기 때문에 심지어 고래가 살지 않는 곳에서도 고래 소리는 바다 환경의 일부, 혹은 해양 '생물의 소리biophony'로서 여겨질 것이다—생물의 소리는 음악학자 버니 크라우스가 만든 용어인데, 동물이 내는 그리고 날씨에 따라 식물이 내는 총체적인 소리 환경을 일컫는 말이다. 환경 운동가들이 퍼뜨린 고래 노래는 단순한 동물 소리 차원을 넘어 바다 전체 생물 소리의 장엄함을 보여 주는 것이라며 신성시되었다. 고래의 개체 감소는 단지 개별 종의 소멸만을 의미하지 않는다. 바다 전체 소리에 있어서 중대한 변화를 초래한다. 바다 판 '침묵의 봄'이다.

과거에는 이렇지 않았다. 바다는 그것을 듣는 행운을 맞은 사람에게는 고래 노래로 가득 찼다. 고래 소리를 들었다는 오래된 기록들에 따르면, 많은 경우 고래가 번성하던 바다를 떠돌던 포경선 너머로 들려왔다고 한다. 선박이 기계화되어 디젤 발전기와 프로펠러가 만드는 선상 소음이 다른 소리를 차단해 버리기 전에는 배는 조용했다. 그리고 목재로 만들어졌기 때문에 선체가 확성기의 역할을 했다. 뱃사람들은 온갖 신비한 생명체가 바다에서 기쁨의 노래를 부르는 것을 들었다고 주장했다. 고래 소리는 오디세이에 등장했던 사이렌의 것으로, 혹은 흔히 인어의 것으로 오인되었다. 난폭하게 고래를 처치할 목적으로 만들어진 것—작살을 장착한 포경선—이 고래를 온갖 종류의 매혹적인 상상의 생명체가 되도록 만들었다.

녹음 기술의 발명으로 혹등고래 소리가 교외의 가정으로 전달되자 실내에서 듣는 고래 소리는 감상자의 마음을 포경선의 사람들만큼 홀렸다. 수백만 장 팔린 로저 페인의 앨범 〈혹등고래의 노래〉(1970)를 가로질러 뱅글뱅글 돌아가던 턴테이블의 바늘은 고래 노래 주위로 신비한 후광을 발산했다. 1970년대와 80년대의 사람들에게 엘피판의 아날로그 고래 소리는 마치 '저세상'에서 온 서신같이 초자연적이고 영적으로 들렸다. 고래가 왜 노래하며 뭘 노래하는지는 알 수 없었지만, 그 소리는 사람들을 매혹했다. 환경 운동가들은 서둘러 이 현혹을 이용해서, 매혹적 고래 소리가 고래의 지능을 입증하며, 그것도 거의 인간 수준임을 암시한다고 주장했다. 고래 노래가 기쁨과 고통을 전달할 뿐 아니라 고래에게 인류 수준의 문화적 차원이 있음을 입증하는 것이라고 상찬했다.

우주로 간 혹등고래

인류학자, 언어학자, 그리고 철학자 들이 고래 노래에 관해 자신들의 의견을 표명하면서 고래는 손, 표정, 똑바로 마주 보기 따위가 없는 데다 움켜쥘 것도 변변치 않은 수중 환경에 살기 때문에, 의사소통을 위한 '언어'를 집중적으로 진화시켜야 했다는 주장을 내놓고 고래에 대한 우호적 평판을 키웠다. 고래 노래는 친밀함을 주고받기 위한 것으로 여겨졌다—심리사회적 의사소통이다. (그린피스 공동 창립자 중의 한 사람은 고래를 '팔 없는 부처의 종족'이라고 설명했다.) 그러므로 고래를 죽이는 것은 같은 의사소통이 가능한 다른 종족을 그리고 **의식**을 가진 종을 죽이는 것을 의미했다. 고래 노래의 의미에 대한 이런 다양한 이해를 수용하고 나면 고래 사냥을 중단하고 잔인한 살상을 피해야 한다는 의무감이 들게 되었다. 이런 관점을 수용하는 사람들이 늘어나면서, 고래 소리의 카리스마는 고래 생명권에 대한 지지로 발전했다.

이 모든 것이 기술이 변화를 부를 가능성이 끝없어 보이는 시점에 그리고 육상 탐험의 시대가 끝날 즈음에 일어났다. 이제 거의 남지 않은 '접촉 이전의' 선주민 문화는 주위에서 고립된 무리로서 스스로를 방어적으로 보존했다. 반면에 그곳을 제외하면 지구는 점점 서로 연결되고 축소되었다. 《활생. 한 번도 보지 못한 자연을 만난다》(2013)에서 조지 몬비오는 외계인, UFO, 그리고 우주 여행이 사람들을 사로잡는 주제어로 등장했다고 말했다. 녹음된 고래 소리는 외계의 소리만큼이나 사람들을 사로잡았다. 몬비오의 말대로 '미지의 문화와의 조우'라는 식민지 개척 시대의 소망은 '계속될 것이다'—인간 공동체끼리는 아니더라도, 이제는 동물의 왕국에서. 비록 고래 노래가 유구하며 변치 않던 세계를 드러내는 것처럼 보일지라도, 그것의 '발견'은 기술의 지배라는 유토피아적이며 선구자적인 환상을 부른다. 마이크로폰과 잠수정으로 무장하고서 다른 존재와의 의사소통을 위해 인간의 경계를 넘어 탐험하는 것.

어떻든, 지상에서 전파를 타고 전해지는 고래 노래는 결코 순수한 고래 소리는 아니다. 바다 아래서 녹음 장비를 통해 수집된 후에 그렇게 많은 납작한 플라스틱 디스크에 찍어 넣은 고래의 노래는 고래와 우리 사이의 어딘가에서 온 것이다. 그것은 본질적으로 바이오테크놀로지이다. 동물 문화를 드러낸 것이기도 하지만 경이적인 기술적 창조물이기도 하다.

고래 노래가 여전히 그렇게 미래 지향적으로 느껴지는 것은 무슨 이유인가? 전 세계적으로 그렇게 많은 고래가 죽었는데도 그것이 살아남아서 거의 종말을 겪었던 언어적 진실을 담고 있기 때문인가? 아니면 우리가 고래 노래가 인간 없는 환경에서의 소리라고 상상하기 때문인가? 인간 혐오 환상곡. 고래 배 속에서 웅크리고 있던 요나가 마음을 바꿔 에덴을 향했다는 이야기를 뒤집은 것 아닌가?

레코드판이 고래 소리가 삽입된 유일한 매체는 아니었다. 1977년 무인 우주 탐사선 보이저 1호와 2호에 실렸던 두 장의 동일한 '금제 음반'의 세 번째 트랙에 혹등고래의 소리가 들어갔다. '우주의 바다에 던진 유리병 편지'로서 발사되면, 외계 생명체와의 만남을 기대하면서 떠돌아다니게 될 보이저호에 실린 음반 목록은 천체물리학자 칼 세이건의 주도로 정해졌다. 세이건은 그 목록을 '거대하고도 깊은 우주에 던져진 사랑의 노래'라 불렀다. 그가 깊은 우주라고 말했을 때 그것은 깊은 시간, 즉 가늠하기 힘든 긴 시간도 의미했다. 지정된 임무인 목성의 궤도와 토성의 고리를 탐사한 뒤, 보이저는 떠돌이처럼 태양계의 끝자락 헬리오시스를 넘어 외부 우주로 거대 가스 행성과 거대한 플라즈마 지역으로 진입하게 된다. 탐사선은 해양의 미세 잔사식생물의 반짝거리는 애벌레처럼 반쯤 수면 상태에 있는 캡슐이다. 보이저 1호는 인간이 지구에서 쏘아 올린 것 중에 가장 멀리 간 위성이다. 그것을 우주 쓰레기라 불러도 틀린 말은 아니다, 그러나 여전히 신호를 보내고 있고, 미약하게 작동 중이다. 두 탐사선 모두에서 약하지만 전파를 보내 주고 있다.

뉴질랜드와 남아메리카 대륙 사이 남태평양 한복판에는 인공위성 공동묘지가 있다. 한때 미국, 일본, 러시아, 그리고 유럽은 그들이 쏘아 올렸던 적어도 263기의 궤도 비행체와 로켓을 그곳 바다로 떨어뜨려 폐기 처리했다. 그 묘지의 중앙을 포인트 니모라 한다. '아무도 없다'라는 뜻의 라틴어 니모(쥘 베른의 소설 《해저 2만리》의 선장의 이름이기도 하다—옮긴이)와 지점의 합성어다. 또는 도달 불능점이라고도 한다. 선박이 다니지 않는 육지에서 가장 먼 지점이다. 이곳에서 이상한 소음이 들린다고 했다. 초저주파수의 잡음인데 원래는 거대한 고래 소리라 여겼으나 나중에 멀리서 전달된 얼음 지진, 즉 크리오사이즘으로 인한 진동음임이 밝혀졌다. 그러나 보이저는 귀환할 것도 아니어서 도달 불능점에서 폐기물이 되지는 않을 것이다. 그들은 우주에서 작용하는 힘으로 소리도 없이 분쇄될 것이다.

나사 우주 관제소는 첫 탐사선, 보이저 1호가 대략 2025년 즈음에 과학적 연구를 위해서는 쓸모없는 상태에 이르면, 전원을 차단할 것이다. 그 후 대략 4만 년 후에 보이저가 어떤 별과 운명적 충돌을 맞이할 그 막연한 지점에 이르면, 보이저 1호는 쓸모 있음과 희망의 사이, 도구와 폐기물의 사이, 사실과 허구의 사이의 경계선을 지나고 있을 것이 분명하다. 이제 그 탐사선은 과학의 도구로서 인간 잠재력을 입증하는 낙관적 증거물에서 마침내 신화로 변모할 것이다. 하지만 그동안 보이저 1호가 탐사하게 될 거리―209억 킬로미터가 넘는―는 지금껏 과학자들이 측정했던 최장 거리가 될 것이다. 우리가 우주를 탐사할 수 있게 되면서, 바다 깊은 곳에서 전해진 동물 목소리가 극단적으로 먼 우주 공간에까지 닿게 되었다. 우주의 규모는 시간이 흐름에 따라 소리의 관점에서는 축소될 것이다.

금제 음반에 실린 고래의 목소리는 수십 가지의 인간 언어로 던진 인사말과 함께 실렸다. 고래 소리를 이 인사말과 함께 배치한 것은 고래를 한 명의 언어 발화자로 인정한 것이다―반면에 다른 생명체의 소리와 자연의 소리는 인간 인사말 뒤에 자리를 얻었다. 그것은 우리에게 언어를 무엇이라 정의해야 하는지 질문을 던지게 한다, 그리고 무엇을 기준으로 조화로운 배경음(생물의 소리)을 소리 차원을 넘어 언어의 수준으로 격상시킬지에 대해 질문하게 만든다. 고래의 관점에서 우리는 가까이 존재하는 외계인이다. 그리고 보이저 탐사선이 만나기를 기대하는 외계인들처럼, 우리도 또한 기대감에 차서 고래 소리를 아직 해독은 못 했지만 의미 있는 것이라 생각하면서 그리고 우리와는 다른 지능 있는 존재의 담화라 여기면서 고래 노래를 꼼꼼히 들어본다.

노래가 되는 조건들

금제 음반을 만드는 동안에 칼 세이건은 전쟁의 소리나 이미지는 들어가면 안 된다고 고집했다. 그는 '사랑의 노래'만, 이라고 말했다. 그러나 그 금속판에 새겨진 생물의 소리―혹등고래의 외침뿐 아니라 더 나아가 곤충, 양서류, 조류, 그리고 코끼리의 소리―는 현재 진행 중인 갈등의 증거처럼 느껴진다. '우리는 평화를 위해 왔다'는 우주로 보낸 메시지에 전면적으로 공격받고 있는 그렇게 많은 생명의 소리를 담았다. 그것은 무엇이 위기에 처했는지를 알리는 음성 기록물이며, 몇몇의 경우에는 이미 소멸 중이며, 질식 중이며, 혹은 생명 끊긴 것들의 기록이다. 무엇보다도 내가 잊지 못하는 것은 당시 지미 카터 미국 대통령이 금제 음반에 썼던 말이다. '우리는 우리 시대에 살아남으려 애쓰고 있습니다. 그래서 우리가 그대의 시대까지 살아서 만날 수 있도록 말입니다.'

향고래는 딸깍거리고 딸그닥거리는 소리를 낸다. 볼륨이 낮거나, 멀리서 듣거나 하면 좁은 틈으로 필름이 돌아가면서 구식 영화필름 감개가 서걱대는 소리를 연상시킨다. 흰고래는 그르렁, 찍찍거린다. 범고래는 휘이, 펑, 삐 소리를 낸다. 밍크고래는 구식 전화기 발신음 같은 소음을 낸다. 부리고래는 윙윙거린다. 북극고래는 구슬픈 소리를 오르락내리락 한다. 긴수염고래는 깨지는 소리를 낸다. 그래서 '총소리'라고도 한다. 낮은 위도의 남극해에서, 혹등고래는 수많은 의사소통의 소리를 낸다. 고래는 툴툴대고, 박박갈고, 쿵쾅거리고, 끙끙대는 소리를 낸다. 바다 위에서 그들은 비명 소리, 흐느끼는 소리, 부글부글, 꼴깍꼴깍, 그리고 지느러미로 찰싹이는 소리를 낸다, 맥박 뛰는 소리도 낸다. 최근에 발견된 소리는 방수포를 때리는 빗소리처럼 인간 청력의 낮은 영역을 두드린다. 이런 짤막한 의사소통의 소리는 고래 노래로 알려진 더 긴 소리보다는 덜 유명하다—고래 노래는 모든 고래 중에 혹등고래가 단연 두드러진다.

혹등고래가 부르는 노래는 무수하다, 그리고 우리의 철자법으로는, 인간의 언어로는 충실히 표기할 수 없을 것이다. 하지만 시도는 해 볼 수 있지 않을까? 고래는 울부짖는 소리를 감기듯 내다가 다시 풀어 주는데, 간간이 칼 서랍을 거칠게 열 때 나는 챙그렁 칫치르륵 하는 소리가 끼어든다. 기침 터뜨리는 소리가 있는가 하면 끽끽 울다가, 입술과 혀를 힘껏 오므려 내는 울음 같은 소리를 낸다. 핥은 손가락 끝을 고무에 대고 질질 끄는 소리. 철교에 열차가 지날 때 나는 소리. 때로 난기류를 만난 비행기 승무원의 음식 카트에서 나는, 쟁그랑거리는 유리 소리를 내기도 한다. 그런가 하면 지구상에서 가장 큰 동물에게서 나는 우아한 소리를 듣게 되면 새삼 놀란다. 비록 혹등고래가 낼 수 있는 소리의 범위가 광범위하지만 그의 노래는 여전히 단조롭고 지겨울지도 모른다. 고래가 단순한 음표로만 이루어진 레퍼토리에 집착해서 몇 주씩 자동 인형처럼 반복하면 그렇다.

수학적 용어로 유형화된 반복이 우리가 '노래'라 칭하는 것의 핵심이다. 일련의 특정한 음표와 악절과 후렴이 개별 고래 노래 전체에 반복되면서, 그들의 소리에 일종의 운율과 화성과 음악적 아름다움을 부여한다. 때로 고래는 라임도 맞춘다. 이것은 인간에게 라임의 기본적 쓸모가 기억을 위해서이듯, 아마도 고래에게도 기억을 위한 전략으로 보인다. 고래의 소리가 그들의 기억력을 입증한다면, 그럼 고래의 기억 용량은 어느 정도일까? 또 얼마나 잊어버릴 수 있을까? 알 수 없다. 야심한 밤에 자신의 서식처에서 혹등고래가 노래한다.

나는 왜 고래의 소리가 '유형화된 소음'이라는 확률적 경계를 넘어서 '노래'로까지 격상했는지 궁금해졌다. 왜 그의 소리는 **울부짖음** 혹은 **신음 소리**라 불리지 않는가? 아니면 왜 고래는 말하고 있다고 여기지 않는가? 오랫동안 과학자들은 고래 노래가 짝을 부르고 적을 쫓아내기 위한 것으로 추측했다. 구애의 용도였음이 입증된 적은 없다. 어떻든 고래가 소리를 내는 데는 이유가 있을 것이다—그리고 우리가 그걸 군이 '노래'라 일컫는 데도 이유가 있다.

말은 일방적 소통이 아니다. 즉 많은 경우 직접 다른 상대를 향한 혹은 소수의 무리를 향한 메시지이지만, 노래는 그렇지 않다. 노래는 누구를 향한 것인지 분명치 않은 자기 과시적 소리, 혹은 방송이다. 듣는 사람이 누군지는 모를 때도 많다. 심지어 어떤 노래 속 언어를 모르는 사람조차도 그 노래가 전하고자 하는 감정을 직관적으로 파악하기도 한다. (혹은 그렇게 보일 수 있다. 이국땅에서 그 나라 노래에 맞춰 춤을 춘다면.) 소리가 노래가 되려면 소리를 내는 **방식**이 소리가 주는 **의미**에 의해 영향을 받아야 한다. 또한 그것의 의미가 사실 또는 지시 전달 차원을 넘어야 한다—노래는 생존을 위한 어떤 기본적 정보를 초월한다. 노래로 하는 소통에는 수식어를 가미하듯 뭔가 예술적인 것이 있다. 노래는 거창하게, 애절하게, 화려하게, 흥분해서 말한다. 그것은 표면적 의미보다 더 심오한 뜻을 드러낸다. 노래는 **감동**을 준다. 그래서 어떤 소리를 노래라 부르는 것은 문화와 문화를 가로지르는 공통분모가 있음을 인정하는 것이며, 듣는 이가 자신에게도 비슷한 것이 있기 때문에 감지할 수 있는, 어떤 감정적 정서가 가수의 마음속에 꿈틀댐을 암시한다.

노래가 되려면, 소리를 내기 위한 육체적 수단을 소유한 차원을 넘어서, 특유의 목소리가 있어야 한다. 심지어 자신이 내는 소리를 즐거워해야 한다. 좀 더 상세히 말하면 소리가 노래가 되려면 소리가 있음을 좀 더 적극적으로 의식해야 한다. 그것은 소리의 쓸모를 인식하는 능력을 요구한다. 노래는 의도적으로 주의 깊게 소리를 변조함을 뜻한다.

정보를 전하는 속삭임

영국 시인 히스코트 윌리엄스는 고래가 동족에게 정보 이상을 전하는 능력이 있다고 믿었다. 그는 고래가 '미지의 것에 대한 직감'을 표현할 수 있다고 주장했다. 나는 윌리엄스 시인에게 다른 이유로 마땅히 묻고 싶은 것이 생겼다. 일단의 박물학자들과 생물음향학자들의 주장, 즉 고래가 일종의 '영상 언어'를 펼치고 있고, 고래의 언어는 말하자면 '입체 음성'이라는 주장에 대해서 묻고 싶은 것이 있었다. 입체 음성은 고래가 전하고 싶은 뜻이 그 소리가 발성되는 장소—소리가 삼차원의 바다 공간의 어디에 존재하는가—와 관계가 있다는 것이다. 소리와 음절을 순서에 맞춰, 시간의 흐름에 따라 결합하는 인간의 언어와는 다르다는 말이다. 고래 소리는 만약 그것이 같은 소리라 해도 파도 아래 출렁거리는 곳 가까이에서가 아니라 해저 아래에서 발성된다면 다른 의미를 띠기도 한다. 그것이 시끄러운가 혹은 조용한가에도 의미의 차이가 내포된다. 그리고 그 말이 발성자의 몸에서 얼마나 가까이 혹은 멀리에서 발생하는가에 따라 미묘한 차이가 생긴다.

어떤 단어가 그것의 철자에 따라, 발음에 따라 그리고 그것이 속삭임인가 혹은 외침인가에 따라 의미가 다를 뿐 아니라, 또한 그 단어가 어느 페이지에 위치하는가에 따라 다르다고 한번 상상해 보라.

독자 여러분, 우리는 이미 그것이 무엇인지 알고 있다. 우리는 그것을 시라 부르지 않는가?

어린 시절에 나는 내 목소리를 튕겨 내고 싶었다—날려 버리고 싶었다. 필사적으로 복화술을 배우려 했다. 굳은 결심을 하고 훈련에 전념하면 복화술사가 될 수 있다고 믿었고 그래서 열심히 연습했다. 나는 매트리스 위에 동물 인형을 일렬로 세워 놓았다. 그리고 나서 침대 밑에서 누워서는 목소리를 튕겨서 감쪽같이 모든 인형의 입안으로 정확히 넣어 보려 했다.

돌이켜 생각해 보면, 이것은 내가 처음 죽을 것이란 것을 알게 되었을 때 그리고 그 사실이 두려웠을 때 저질렀던 행동이다. 살과 뼈로 이루어진 존재일 뿐이란 사실을 깨달으면서 다가오는 공포. 인간의 삶, 맙소사. 이 삶은 단 한 번뿐인 물리적 실체였다. 나는 한 사람의 목소리—내게는 그것이 인간으로서의 정체성과 고유함의 핵심이었다—가 죽음과 함께 사라진다는 사실이 소름 끼쳤다. 죽은 후에 몸에 남아 있던 목소리가 남김없이 사라진다는 것이 부당하게 느껴졌다. 부검을 할 때 '목소리'를 위한 항목은 없다. 어떤 흔적도 없다. 물론 사람은 자신의 소리를 녹음할 수 있다. 그러나 그것이 다른 새로운 소리를 낼 여지는 없다. 그 사람의 고유한 목소리와 그것이 전달하던 온갖 미묘함은 그냥 소멸하는 것이다.

내가 복화술사가 되기를 열망했던 또 다른 동기는 영화 〈인어공주〉(1989) 때문이었다. 문어 마녀 우르술라는 인어공주 에리얼의 아름다운 목소리를 앵무조개 목걸이 속에 가두었다. 나는 그런 일을 내 미래에 닥칠 일처럼 여겼고, 대책을 마련하고 싶었다. 내 목소리를 튕기는 것은 말할 필요도 없이 퍼스의 덥고 조용한 교외에 사는 사람이라면 누구에게라도 닥칠 죽음과 질투심 강한 마녀의 강탈에 맞선 자구책이었다. 살아 있는 사람의 목소리가 앵무조개 같은 물질 속에 갇히면 갑자기 말을 잃을지도 모른다는 설정은 나에게는 물질이 인격화될 수 있듯 사람도 쉽게 물질화될 수 있다는 사실을 받아들이게 했다.

어떻게 해서 내가 목소리를 튕겨서 안전한 곳에 숨기는 것이 가능하다고 생각하게 되었을까? 집안의 숙부께서 오랜 여행에서 돌아와 나에게 벌어진 틈 사이로 핑크색 빛이 나는 소라를 하나 선물하셨다. 그는 그 소라 속에 그가 방문했던 먼 대륙으로 밀려왔던 파도가 있다고 말했다. 이국땅에서 한없는 시간 동안 들이쳤던 파도. 자연의 일방적 전언. 소리를 물질에 담는 것이 가능하다는 것을 최초로 알게 해준 것이 바로 조개다. 조개에 난 나선형 소용돌이는 끊임없이 안팎으로 뱅글뱅글 돈다. 그것은 어디로 전언을 보낸다는 것일까? 나는 소라 속으로 들어간 소리가 그것의 대척점에 있는 바닷가의 다른 쌍둥이 소라를 통해 튀어나와 해변에서 소라를 주워 귀에 댄 사람의 귀청을 떨어져 나가게 할지도 모른다는 생각이 들었다. 선물로 받은 소라 속에는 내 어린 시절의 모든 욕설과 비밀, 의심과 고백이 들어 있다.

소라와 책이 닮았다는 사실을 이해하는 것은 내게는 어려운 일이 아니었다. 말하지 않고도 내 소리를 내뱉는 것이 가능하다는 사실을 한 번 더 입증한 것은 글쓰기였다—내적 성찰을 바깥으로 쏟아내는 그 유체 이탈의 경험. 죽어야 할 운명에 맞선다는 착각이 들 정도다. 그러나 소라를 귀에 대면 들리는 소리는 해변을 때리던 파도 소리가 아니다. 소라껍질이 내는 속삭임은 사실 귀를 댄 사람의 피가 흐르는 소리이고, 신체 내부의 체온을 유지시키려 애쓰는 소리이며, 몸이 온갖 작용으로 법석대는 소리다. 그 소리 속에서 한때 무엇이 살다가 죽었는지 나는 결코 알지 못한다. 오랜 세월이 지나 이 글을 쓰고 있을 때에야 복화술과 비슷한 어떤 것이 소라 효과였다는 생각이 문득 들었다. 소라는 인간의 몸이라는 껍질을 덮어쓰고 소라가 건네는 말을 듣는 청자로부터, 소라껍질 안에서 인간의 말을 듣는 청자가 되는 한 수단이었다.

자연의 물질 속에다 개인의 사소한 불협화음을 감춰 둔다. 우리가 우리 내면의 이야기를 듣고 본 것은 그것만의 삶과 이야기를 가진다—하지만 그것은 흔히 우리가 누구이며 어디로부터 왔는가에 관한 이야기와 긴밀한 관계를 맺고 있어서 분리하기가 어렵다.

혹등고래는 몸을 가만히 둔 채로 노래한다. 그들은 몸을 대각선으로 비스듬히 기울인 채 그대로 있다. 이렇게 해 보라. 손을 손바닥을 아래로 향한 채 펼쳐 내민다. 그리고 손가락 끝을 땅으로 향한다. 고래의 머리는 아래로 기울어지고 꼬리는 지금 당신의 손목처럼 조금 구부러진다.

노래하는 고래는 한꺼번에 십여 가지의 서로 다른 소리를 동시에

낸다고 들었다. 그래서 그것을 물속에서 들으면 조류 사육장 속에 있는 느낌이 든다. 고래 내부의 많은 횃대로부터 출발한 그 소리는 산호에 부딪히면 튀어나가고 모래와 부딪으면 흡수된다. 고래의 소리는 전방위적이다. 소리가 고래로부터 나는 것이 아니라 온 세상에서 퍼져 나오는 듯하다. 예를 들어 북극고래는 적어도 두 개의 목소리로 동시에 노래한다—이중의 주파수를, 즉 FM과 AM 소리를 동시에 만든다. 후두를 진동시켜 소리 내는 후음 창법으로 훈련받은, 몽골리아와 러시아 중부의 공화국 투바의 전통 가수들은 음과 음끼리의 범위가 상대적으로 좁긴 하지만 북극고래와 비슷한 소리를 낸다.

자신과 잘 소통하며 지내기. 그것은 마치 곱절로 살아 있는 느낌일 것 같다.

고래는 말할 때 인간처럼 호흡하지 않는다. 말할 때 고래의 턱은 열리지 않는다. 또한 소리의 음절이 입 근육과 부드러운 조직에 의해 형성되는 것도 아니다—고래 소리가 시끄럽고 크게 울려 퍼지지만, 성대가 없어서 소리가 입술 사이로 나오는 것도 아니며 혀로 만들어지는 것도 아니다. 대신 공기가 붉은 폐 주머니로부터 나와서 머리를 향해 갔다가 연골의 U자 모양의 능선을 가로질러 앞뒤로 왕복한다. 그리고 연골은 후두 주머니 속에 조리개 같은 틈을 만드는데 고래가 그것을 신축시켜 공명을 조절한다.

물이라는 매체에서

이렇게 비유해 보자. 고래가 오래된 저택에서 소리를 방과 방으로 내

보낸다. 대화가 아래층으로부터 위로 최근에 벽돌을 올린 굴뚝과 부서진 계단으로, 벽 사이의 공동을 통해, 그리고 감춰진 들보를 따라 전해진다. 불길할 정도로 뒤틀린 소리. 거기 누구요? 소리는 옆 재주를 넘고 바닥에 먼지구름을 일으킨다. 고래의 두개골 공동, 턱뼈와 목구멍 주름 따위가 소리를 만드는 데 동원되는 것으로 보인다. 그러나 관찰로 입증된 것은 아니어서 여전히 우리에게 이해가 가지 않는 부분이다. 단지 그 동물의 소리가 크게 울려 퍼진다는 사실을 알고 있을 뿐이다. 고래 몸 전체가 확성기이다.

어미 고래가 소리를 세차게 쏟아내면 그 음파는 자궁 속에 있는 고래 태아에게도 여지없이 부딪힌다. 하지만 자궁 안은 공기가 없어서 태아가 어미에게 답가를 부를 처지는 못 된다. 부딪히면서 음향 효과에 기여하던 새끼가 배 속에서 더 커지면, 입에 음식을 가득 물고 말하면 말이 왜곡되듯이, 커진 몸이 어미의 소리를 바꾼다. 그래서 암컷 고래의 음색이 변하면 임신했음을 알 수 있다.

이것은 저주받은 시인(조르주 바타유는 자신의 산문 《저주받은 시인》에서 당대의 세상과 비평가로부터 조롱받은 여섯 명의 시인들에 대해서 썼다. 이 말은 근대 사회의 추방자인 시인을 가리키는 문학 비평 용어가 되었다―옮긴이)인 조르주 바타유가 사실이라고 알고 있었던 것과는 정반대인 것 같다. '세상에서 모든 동물은 물속에 있는 물 같다.' (동물의 내재성을 말한다. 세상으로부터 스스로를 분리해 주체적으로 경험하지 못하는 존재라는 뜻이다―옮긴이) 여기 모든 동물에는 인간도 포함된다. 녹음된 고래 노래를 듣는다는 것은 우리와 다른 포유류의 소리를 듣는다는 것 이상이다. 우리 귀가 고래의 몸과 마주한 바닷속 환경의 상태를 느끼는 것이다. 비록 미약하지만 우리는 고래의 내부 구조를, 수심을, 그리고 해저의 굴곡을 이해하게 된다—고래의 소리가 울려 퍼지는 그 모든 계곡과 불모지까지. 고래 노래를 듣는 것은 바다의 형상을 듣는 것이다.

고래가 내는 소리가 전달되기 위해서는 물이라는 매체의 도움이 필수적이다. 그래서 표류한 수염고래는 대체로 조용한 것이다. 육상의 공기는 그들 소리의 폭과 주파수를 유지시키기에는 너무 밀도가 낮다. 이빨고래는 물 밖에서도 다양한 소리를 낼 수 있지만 그들 또한 소리를 맘껏 내려면 바닷속이어야 한다. 범고래, 흰고래, 돌고래, 참돌고래, 쇠돌고래, 그리고 향고래는 머릿속에 있는 소위 지방질 확성기인 변환기로 소리를 낸다—몇몇 종의 경우 이 부분을 멜론이라고 부르고, 19세기 상업 포경이 한창일 때, 향고래의 이 부분은 '정크'라고 불렸다. (영어 정크의 가장 보편적 의미는 쓰레기이다—옮긴이) ('정크'라 불린 것은 고래의 이 부분을 버렸기 때문이 아니라, 그 기관이 연골에 의해 미약하게 몇 개의 방으로 분리되어 있기 때문이다. 정크junk는 과거에 동사로 '여러 조각으로 잘라내다'란 뜻으로 쓰였다—향고래의 정크는 결국 그 기관의 모양이 분리되어 있었다는 사실과 고래잡이들이 고래를 난도질했던 것을 둘 다 뜻하게 되었다.) 대부분의 이빨고래의 경우 멜론 뒤로, 그리고 분수공 아래로 굳게 다문 새까만 입술처럼 생긴, 고래 머릿속에 든 내부 장기가 있다. 이 입술은 쉬잇, 하는 소리를 내도록 만들어졌다. 그리고 그 소리는 멜론으로 들어갔다가 다른 방향으로 향한다. 고래 내부의 경뇌유와 블러버 속 지방 꾸러미는 인간의 눈에서 눈동자가 하는 작용을 한다. 그것은 고래 소리와 반향 위치 측정을 위한 소리에 초점을 맞추어, (먹잇감이 몰린 곳을 확인하기 위해, 그리고 해빙 사이를 항해하기 위해 소리를 낸다) 빛이 없어 볼 수 없는 환경에서 청각적 '시계視界'를 확보해 준다.

빛이 미약해서 캄캄한 바다에 서식하고, 때때로 반향 위치 측정을 위해 딸랑이는 소리를 울려 사냥을 하며, 다른 소리로 사회적 관계를 만들고 유지하는 동물로서 고래는 섬세한 소리에 에워싸여 살아간다. 그래서 해양에서 분주히 다니는 배의 굉음, 탄성파 탐사(지표면이나 해수면, 시추공 등에 설치한 탄성파 발생 장치를 작동시켜 얻은 파동으로 지하 지질 구조와 지층을 탐사하는 것―옮긴이), 그리고 물속에 기반 시설을 건설하는 것이 고래에게는 끔찍한 사태인 것은 조금도 놀랍지 않다. 한 캐나다 과학자가 말했듯이, '지나친 벌목이 회색곰의 서식처를 감소시키는 것처럼 소음은 고래의 청각적 서식처를 줄어들게 한다.' 그러나 고래 서식처의 문제는 벌목만큼은 우리에게 죄책감을 주지는 않는다. 그곳은 바다이고 물속인 데다 피해란 것도 청각적이어서 눈으로 확인이 어렵다. 그런 소음 공해 지역은 잘 인식되지 않는다. 우리가 그 죽음의 냄새를 맡아 볼 수만 있다면 전율스러웠을 산호초의 죽음처럼― 죽어 가는 산호가 바다가 아닌 육지에 있으면 부패한 물고기 냄새가 난다―바닷속 소음 공해로 인한 고통의 크기도 우리의 감각이 제한적이어서 과소평가된다. 인위적 소음으로 인한 피해의 규모를 실감하려면 우리가 고래의 감각 기관 속으로 스스로를 투사할 수 있어야 한다.

레이철 카슨이 세상을 바꾼 환경 서적 《침묵의 봄》(1962)을 썼을 때, 그녀는 살충제 살포로 모든 새가 죽어 버려 아침에 새 소리가 들리지 않는 불길한 봄이 올까 봐 애가 탔다. 그러나 물속 소음은 이미 응급 처치가 필요한 상태에 처해 있었다. 자크 쿠스토는 1956년에 자신의 해저 탐험 기록을 근거로 만든 다큐멘터리로 유명해졌는데, 그 제목이 〈침묵의 세계〉이다. 그 작품이 출시될 즈음, 바다는 이미 인위적 소음으로 고통받고 있었다―나중에 이런 소음을 '인간의 소리 anthrophony'(인간을 뜻하는 희랍어 anthro-와 소리를 뜻하는 -phony의 합성어이다―옮긴이)라 명명한다. 그 이후로 바다는 점점 더 시끄러워졌다.

제2차 세계대전이 끝나고 컨테이너를 이용한 화물 수송의 혁신―표준 규격의 강철 컨테이너 안에 화물을 실은 채 '싣고 내릴 수 있는' 운송 방식―으로 전 세계 해운 시장에 대호황이 붙었다. 해상 운송 연결점의 접근성, 해외 기반 시설로부터 끌어온 에너지에 대한 수요 증가, 그리고 거대해지는 도시로 진입하는 증가 일로에 있는 화물량과 같은 요인들이 점점 더 큰 항구와 더 거대한 선박('초대형 컨테이너선' 그리고 '초대형 유조선')의 증가를 불러왔다. 이런 선박 중에서 최대인 것은 5층 높이의 엔진으로 추진력을 얻는데, 그것의 무게가 2300톤에 이른다. 이 배는 정제 원유의 찌꺼기를 기본 에너지원으로 쓴다―그것의 외양은 아스팔트인데, 너무나 뻑뻑해서 기온이 떨어지면 사람이 그 위를 걸어 다닐 수 있을 정도다. 2009년에 해양 산업 내부자의 폭로로 드러난 자료에 따르면 15개의 세계 최대 선박업체가 배출하는 오염의 총량은 같은 해에 전 세계의 총 7억 6천만 대의 차량이 만든 오염과 맞먹었다. 2016년을 기준으로 전 세계 상업 무역의 80퍼센트를 해상 운송이 차지했다. 광물, 화학 제품, 목재, 먹을거리, 그리고 다른 대량의 상품들이 엄청난 규모로 해상을 통해 온 세상으로, 개발의 현장, 제조업과 농업의 현장으로 집중적으로 운송된다. 이 운송에는 엄청난 소음이 동반되기 마련이다.

해양의 '길'은 바다를 둘로 가르며 폐기물의 길을 만든다. 기름투성이의 바다 표면의 물은, 노면 강우 유출수(도로는 많은 차량의 운행으로 각종 오염 물질의 축적도가 높고, 불투수율도 높아 강우 시 고농도의 오염 물질이 유출된다―옮긴이)와 비슷한데, 바닷물의 순환으로 이리저리 이끌리다가 흩어진다. 우리는 해양의 길을 인위적 힘으로 생긴 구축 환경

(자연 환경에 인위적인 조성을 가해 만들어 낸 환경—옮긴이)이라 여기지 않는 경향이 있는데, 비록 물길이 일시적이며 번지는 것이라 하더라도 그것의 장기적 악영향을 고려하면 구축 환경으로 보아야 한다. '이곳'과 '저 먼 곳'을 연결하는 화물을 적재한 선박은 움직이는 굉음 덩어리이다. 수송 선박은 항공기에 버금가는 소음을 낸다. (오래되었거나, 작은 정비상의 실수가 있으면 배는 더 시끄러운 소리가 난다.) 배의 소음은 해안과 해저의 굴곡을 만나면 다른 곳으로 튕겨 나간다. 섬을 만나도, 해저 파이프라인, 유정, 유정 분기관과 라이저(해저 유정과 해상 플랫폼을 잇는 파이프 구조물—옮긴이) 같은 단단한 건조물을 만나도 그렇다. 소음은 자연 환초 뒤에서 갇힐 수도 있지만 곧 양쪽으로 터져 나간다. 물속에서 소리의 움직임은 예측하기 어렵고, 그것을 억제하기는 더욱 어렵다.

고래의 소통을 방해하는 것

석유나 가스 탐사 과정에서 또는 과학적 목적을 위해 실시하는 탄성파 탐사는 에어건으로 고출력의 저주파를 해저로 쏘아 그곳의 지형과 광물의 밀도의 종단면도를 작성한다. 2019년 초에 한 미국 의원이 천연자원에 관한 소위원회의 청문회에서 120데시벨에 달하는 음향기의 굉음을 틀었다. 북대서양긴수염고래에 미치는 탄성파 탐사의 악영향이 어느 정도인지를 보여 주려고 일부러 소란을 떤 것이었다. (이 글을 쓰고 있을 때 그 고래는 411마리가 남아 있었다. 각각의 고래는 과학계에 보고되었다.) 그 소란은 별 소용이 없었다. 게다가 그 정도의 소음은 실제 탐사로 생기는 소음에 턱없이 못 미치는 규모다. 바다에서 쏘는 에어건의 굉음은 몇 달이고 울려 퍼지고, 때로는 일 분도 못 되는 간격으로 반복해 터져 나온다.

이 모든 소음 공해는 고래의 세계를 취약하게 만든다. 고래의 공간 인식과 다른 고래와의 의사소통에 제약이 생긴다. 그들의 세계가 축소된다. 왜냐면 배와 탐사자들이 내는 소음이 그 세계를 압박하기 때문이다. 소음은 투명한 벽이 되어 고래가 그 너머를 감지하지 못하게 한다. 국제 동물 복지 기금 전문가들의 조사에 따르면, 1970년대 이전에 태어난 한 고래의 '목소리가 미치는 범위가 그녀가 태어났을 때 1600킬로미터에서 현재는 160킬로미터'로 감소했다고 한다. 이런 변화를 겪은 고래는 어떤 심정일까? 어린 시절 당신의 목소리는 동네 끝까지 들렸는데 청소년이 되어 바로 집 밖까지도 전해지지 않는다면. 마침내 어른이 되어 당신 소리가 당신이 한 손을 오므려 입 주변을 감싸듯 해야 겨우 들린다고 생각해 보라.

해상 무역이 소비자가 원하는 모든 단순한 방식으로 지리적 거리를 단축하면서 제철이 아닌 것을, 지역에서 구할 수 없는 것을 구하게 되었다. (여름 딸기, 카와이 일본 화장품, 유럽 인형) 그러나 먼 곳을 가깝게 만든 이런 시도의 대가는 바다 동물이 치러야 했다. 우리가 더 많은 세상을 볼수록 그들은 더 적은 세상을 보게 되었다.

비록 고래가 세상에서 가장 시끄러운 동물에 속하지만, 인간의 소음은 다른 더 조용하고 국부적인 소리를 내는 동물보다 고래의 삶을 훨씬 더 강력하게 파괴한다. 많은 고래목 동물들은 기계적 소음이 싫어서 평소와는 달리 행동하는 것이 관찰되었다. 또는 고래가 마치 태풍이 지나기를 기다리는 것처럼, 갑자기 조용해져서 간헐적으로 나는 소음이 사그라들기를 기다렸다. 소수의 고래는 어느 정도의 소음에는 적응하기도 했다. 그러나 궁극적으로 소음 공해는 단순한 청각적 성가심 이상이었다. 그것은 구애를 위해 노래 부르는 고래라는 동물에게, 혹은 새끼와 또는 경쟁자와 소리를 통해 소통하는 고래에게는 사회적 관계를 파탄으로 이끄는 일이었다. 반향 위치 측정으로 오징어, 크릴, 혹은 작은 물고기를 찾아내기 때문에 소음은 고래가 식량을 구하는 데도 장애를 초래했다. 소수의 고래 종에게 인간의 소음은 그들의 '보는' 능력에도 지장을 초래했다. 그들은 반향음으로 주변 환경의 모습을 읽고 동료의 형상을 구별하기 때문이었다.

과학자들은 무리 짓는 고래 중에서 부리고래가 특히 청각적 환경 변화에 예민하다고 판단한다. 우리에게는 거의 보이지 않는 부리고래는 음식을 구하기 위해, 그리고 그들 서식처인 깊고 어둡고 압력이 높은 지역에서의 소통을 위해 반향 위치 측정과 소리에 크게 의존한다. 고래 형태학에 따르면 그들이 소리로 서로의 정체를 알아볼 뿐 아니라, 신체 조직을 뚫고 그들의 몸속까지 인식할 가능성도 있다고 한다. 산 부리고래와 죽은 부리고래의 두개골을 보았더니 그들 머리를 덮고 있는 돔형 피부에 가려 겉으로는 보이지 않는, 그리고 어떤 유용한 용도도 없어 보이는 이상한 주름과 돌출이 발견되어 큰 주목을 끌었다. 보통 수컷 부리고래가 암컷보다 더 두드러진 두개골을 지녔다. 몇몇 과학자들은 이런 두개골 구조는 무기이고, 수컷은 기분이 나쁠 때 머리를 부딪으며 서로 싸운다고 주장했다. 충격을 견디도록 단단히 보강된 두개골을 보면 그렇다는 말이다. (너무 연약해서 그런 충돌을 못 견딜 것 같은 부리고래의 부리를 생각하면 단단한 두개골로 박치기를 한다는 설명은 설득력을 잃는다.) 다른 연구자들은 이런 주름과 돌출이 부리고래의 소리를 증폭시키고 한 곳으로 모아 준다고 주장했다. 세 번째 주장은 부리고래의 두개골이 '몸속 사슴뿔' 같은 역할을 할 것이라고 했다. 즉 머리를 부딪고 겨루기 위한 것이 아니라 다른 동류와 비교해서 수컷의 힘, 거대함과 생식 능력을 보여 준다는 것이다. 우월함을 과시하기 위한 것. 고래는 이런 '사슴뿔'을 눈으로가 아니라 반향음의 울림으로 파악한다. 만약 그런 식으로 부리고래가, 복잡하고도 희한한 방법으로 서로의 내부가 어떤지 인식하고 그들이 대면한 얼굴을 인식한다면, 그것은 우리가 지금껏 보았던 어떤 것과도 다른 독보적 방식이다.

웹스터 개정된 무삭제판 사전 [1828년 판과 1913년 판]

SOUND. 동사

4. 주로 줄, 다림추, 혹은 막대를 사용해서 (바다, 호수, 혹은 강에서 물의 깊이를) 확인하다; 혹은

5. 비유적으로 시도하다; 조사하다; 다른 이의 마음에 숨겨진 것을 찾거나 찾으려 애쓰다; 의도, 의견, 의지 혹은 욕망을 탐색하다; 혹은

6. 어떤 대롱처럼 긴 도구 혹은 탐침을 사용해 체강體腔을 조사하고 탐지하다. 폐를 진단하다; 혹은

7. (특히 고래에 대해서) 가파르게 깊이 다이빙하다. 그는 허리를 아치형으로 급하게 꺾고는 탄력 넘치는 꼬리를 공중으로 들어 올리더니 급강하했다!

노래와 소음에 관하여

그러나 대관절 무엇이 노래가 아니라 '소음'인가?

소음은 듣기, '보기'와 그 외 다른 감각적 인식을 방해한다. 그것은 어떤 유용한 정보도 되지 않는다. 소음은 기계 톱니바퀴가 움직이는 소리고, 평화를 방해한다. 한때 고래 노래도 소음으로 여겨졌다. 적국 군함의 총소리를 은폐했기 때문이다. 이제 이들의 소리는 분류상으로 길을 달리 했다. 배의 소리는 소음 공해이고, 고래 소리는 노래다. 메리 더글러스의 유명한 정의에 따르면, 오염은 '어떤 것이 적절치 못한 곳에 있는 것'이다. 소음은 스모그, 쓰레기, 독성 물질 등 다른 오염원들보다 덜 지속한다. 하지만 소음이 물질을 파괴하는 능력이 있기 때문에 그것은 때로 '부드러운' 오염원이라 불렸다. 잘못된 명칭이다. 소음은 그것이 지나가고 한참이 지나도 그 충격이 은근히 지속한다. 다양한 분야의 학자들이 인위적 소음이 생태계에 영향을 미치며, 그것의 해악은 귀가 없는 유기체에게도 미친다는 사실을 보고하고 있다. 탄성파 탐사는 가리비의 치사율을 증가시킨다. 에어건 발사는 반경 5.25킬로미터 내의 크릴 유충을 죽인다는 사실도 밝혀졌다. 배의 소음이 '바다 달팽이'라 불리는 번식력 강한 군소를 싹쓸이했다. 몸의 색을 바꿔서 의사소통하는 오징어는 청각적 교란이 있으면 다른 오징어의 색을 인식하는 데 장애가 생겼다. 이는 소음이 청각뿐 아니라 시각에도 해악을 미칠 수 있다는 점을 시사한다. 모터보트의 요란한 소리에 혼이 빠진 자리돔 치어는 포식자인 더스키 도티백의 접근을 눈치채지 못하게 된다—소음이 치어의 **냄새** 감각에 명백히 혼란을 초래한 것이다. 결과적으로 인간의 소음은 전체 먹이 사슬을 교란하고, 그 해악은 최초의 소음이 가라앉거나 사라져도 지속된다.

고래에게 소음 공해는 치명적일지도 모른다. 1996년과 1997년에 펠로폰네소스 반도의 해변을 따라 수십 마리의 민부리고래가 떠밀려 왔을 때, 그리고 2014년에 그리스의 코르푸섬과 이탈리아 동쪽 해안에 다시 그런 일이 생겼을 때, 고래들은 겉으로는 멀쩡해 보였다. 그러나 다들 곧 죽어 버렸다. 사체 해부Necropsy('부검autopsy'은 인간 시체를 검사할 때만 쓴다)를 통해 기포 발생으로 인한 내부 장기 손상, 외이도(바깥귀 길)의 파손과 고래의 피와 조직에 질소가 축적된 것이 확인되었다. 이런 기압 상해(몸 안과 외부의 압력 차이로 발생하는 조직 손상. 압력 손상이라고도 한다—옮긴이)는 크레타섬 근처 헬레닉 트렌치에서 '바운스 다이빙(물 위로 오르지 않으면서 빠르게 아래위로 움직임)' 때문에 초래된 것으로 여겨졌다. 2014년에 고래 표류가 있기 전 몇 주 동안 그리스와 이스라엘의 해군이 그 지역에서 합동 대잠수함 작전에 돌입했고, 마찬가지로 나토의 군함도 거기서 수중 음파 탐지기를 테스트했다. 고래 귀에는 피가 흘렀다. 소음이 직접적 이유는 아니었다. 해저에서 미친 듯이 갈지자를 그리며 움직이다 그리된 것이었다. 고래 표류 사건 이후 조사를 했더니 지중해에서 1960년과 2004년 사이에 121번의 표류가 있었다. 그중에 적어도 40번은 시간과 장소로 봤을 때 해군 훈련과 관련이 있었다. 자신의 서식처에서 시끄러운 기계 반향음으로 방향 감각을 잃고 치유 불가능한 손상을 당해 아무도 모르게 해저로 가라앉은 민부리고래도 많았을 것이다.

이런 사고 때문에 여러 곳에서 해저 소음 공해를 규제하려는 시도가 있었다. 다국적 석유 및 천연가스 회사의 관계자들은 생물학자들과 함께 탐사선에 올라서 고래를 조사하고 그들을 피할 수 있는 경로를 찾으려 했다. 국제 연합 산하 해양 전문 기구인 국제 해사 기구는 '통항 분리 제도'를 적용해 파나마만 근처에서 그 지역을 지나는 선박들을 대상으로 고래 회피 수역을 설정했다. 고래 이주 경로와 겹치는 몇몇 해양 루트를 지나는 배에는 속도 제한과 소음기의 사용 혹은 출력이 낮은 엔진을 강제했다. 2004년 이래로 카나리아 제도 근처에서 군사용 중저파 수중 음파 탐지기가 금지되었다. 한편 캐나다 브리티시컬럼비아주 근해에서 범고래 사냥을 하는 곳에 조용한 해역이 설정되었다. (하지만 배가 조용히 피해 갈 수 있으려면 먼저 고래가 발견되어야 했다.) 이런 개선은 낙관적이다. 그러나 여전히 부족할 뿐 아니라 기껏해야 지나치게 시끄러운 소음에 대응하는 정도일 뿐이다.

배가 더 크고 빠르고, 더 시끄러울수록 고래를 발견했을 때 혹은 수중 청음기로 고래를 확인했을 때 고래를 피해 항로를 수정하기는 더욱 어렵다. 혹등고래처럼 주기적으로 비옥한 바다를 찾아 먼 거리를 이주하려고 거대한 몸집을 진화시킨 고래들은 변화무쌍한 바다에서 가장 번성하기 좋은 종이다—그 막대한 크기가 그들이 더 멀리 가도록, 더 잘 적응하도록 도와주었기 때문이다. 그러나 그들의 규모 때문에 그리고 규칙적으로 숨을 쉬어야 하기 때문에 선박과의 충돌에 노출된다. 오늘날의 선박은 너무나 커서 고래가 선체에 부딪혔다 하더라도 선상의 사람들이 알아차리기도 힘들 정도다.

인간 투쟁의 흔적은 지층의 으깨진 흙으로 들어가 화석이 된다. 핵무기는 침적토와 퇴적물의 방사성 동위 원소로 확실한 흔적을 남긴다. 무수한 폭발물이 어디서 버려지고 터졌는지는 해저 지형의 변형으로 알 수 있다. 대학살의 현장에 박혔던 녹슨 탄환은 사방에 점점이 결정질 금속으로 남아 있다. 적절한 도구와 전문적 지식만 있으면 이 모든 것을 하나씩 발굴하고 확인할 수 있다. 지질학적 유물은 그 자리를 지키며 퇴적되기 때문에 역사적 과거를 증언한다. 인간이 벌인 전쟁이 다른 종의 생체 리듬에 어떤 충격을 주었는지는 별로 알려진 게 없다. 그러나 과학자들은 인간 공동체의 트라우마가 고래의 몸에도 간접적으로 나타날 수 있음을 확인하고 있다. 우리 삶의 감정적 발산이 우리가 상상하는 것 이상으로 다른 생명체들의 삶에 명백히 영향을 미친다는 것이다.

2001년 9·11 테러 공격이 있었을 때, 보스턴의 뉴잉글랜드 수족관 소속의 과학자들은 북대서양 긴수염고래에게서 당질코르티코이드(면역 반응을 억제하며, 다양한 신체 기능 조절에 관여하는 호르몬―옮긴이)라 불리는 스트레스 호르몬이 크게 떨어진 것을 확인하였다. 테러 이전에 연구자들은 맨해튼에서 약 800킬로미터 떨어진 펀디 만에서 희귀한 고래를 추적하여 그들의 배설물을 받아서 환경적 스트레스에 대한 생화학적 변화를 조사했다. 이 지역을 통과하는 큰 선박에서 발생하는 저주파의 굉음은 이들 수염고래의 음향 신호와 겹친다고 알려졌다. 그래서 학자들은 배의 소음이 어떤 식으로 고래의 반응에 영향을 미치는지 그리고 어떤 스트레스를 주는지 그 징후를 확인하려 했다. 그런데 갑자기 테러가 터졌고 긴급한 용무가 없는 선박 운행이 일거에 중단되면서, 희귀하게도 자연 상태에서 실험을 위해 '통제된'―혹은 그와 비슷한―상황이 만들어졌다. 미국과 캐나다의 많은 항구는 일시적으로 멈췄고 제한적으로 작은 선박의 통행만 허용되었다. 고래의 호르몬을 추적함으로써 학자들은 이런 갑작스런 고요함의 결과물을 확인하게 되었다.

미국 국립 공원의 '자연의 소리와 밤하늘 부서'는 소음 공해가 30

년마다 두 배 혹은 세 배는 심해졌을 거라고 추정한다. 오늘날 바다뿐 아니라 도시 중심부와 산업 현장 주변은 점점 더 시끄러워졌다―도심을 뚫고 가기 위해 응급차 사이렌의 데시벨은 계속 올라갔다. 비앙카 보스커는 〈애틀랜틱〉 기고문에서 이렇게 썼다. '인간의 통제를 벗어난 소음은 점점 제멋대로 굴고 더욱 지칠 줄 모른다.' 스노모빌, 모터보트, 사진용 드론 그리고 비행기의 소음 등으로 자연에서도 조용한 장소는 점점 줄어들고 있다. 소음의 해악은 긴수염고래에서 명백했던 것처럼, 인간 육체의 생리 현상에서도 그러하다. 자포자기적 심리 상태와 새로운 정보 습득이 어려워졌을 때 그러듯 혈압이 상승하고, 소화 장애가 오며, 아드레날린이 분비된다.

고요한 자연의 소리

격한 슬픔과 비통함에 빠졌을 때는 많이 익숙해져서 의식도 못했던 소음조차도 감각이 견딜 한계를 넘어 버려 참을 수 없는 지경이 될 수도 있다. 고속도로에서 오는 먼 소음, 방안의 데이터 저장소의 웅웅거림, 전자 제품의 깜빡임. 이 모든 것이 갑자기 자신을 헤집고 할퀸다. 사람들은 그런 청각적 예민함은 세상을 외면하고, 아니 차단하고 싶을 정도의 슬픔을 말해 준다고 한다. 비탄에 잠긴 사람은 귀를 막기를 원하고 그런 식으로 귀가 막히도록 진화했더라면 얼마나 좋았을까 자문한다. 그러나 '침묵'은 종종 자연이 주는 위로이다. 국가적 비극을 추모하는 날에 하는 그 일 분간의 묵념을 '생물의 소리'가 채워 준다―풀밭을 스치는 바람, 쌓였던 눈이 털썩 떨어지는 소리, 울타리에서 나는 퍼덕이는 소리. 침묵은 활력의 원천임에도 우리가 외면해 왔다. 하지만 그것은 우리의 내면을 재충전해 줄 뿐 아니라 만약 그것이 없다면 견디지 못한다.

아마도 고요한 자연의 소리로 고적한 영역이 기계적 소음 영역의 확산으로 위험에 처했다는 사실은 놀라운 일이 아닐 것이다. 이 정도는 예상했던 바다. 인간의 소리와 자연의 소리는 어쩔 수 없이 어울리게 된다. 그러나 내가 예상 못 했던 점은 사람의 발길이 닿지 않는, 기계 소리가 없는 오지에서조차 환경 훼손의 결과로 동물의 소리가 바뀌고 있다는 사실이었다. 인간 소리와 생물 소리의 경계가 점점 흐릿해지고 있다.

일 년의 절반을 태양 보기가 힘든 남극의 대왕고래는 생체 음향학이 가장 주목하는 지역에서 서식한다. 지구 최대 생물인 이 고래는 소리를 이용해 먹잇감인 크릴을 찾고, 멀리 있는 동료를 부른다, 하지만 그 소리는 노래라기보다는 낮고 단조로운 허밍에 가깝다. 만약 지구의 중력에 소리가 있다면 바로 이 허밍일 것이다. 인간의 청각이 들을 수 있는 극한에서 나는 지각을 뒤흔들어 울리는 소리, 블랙홀에서 흘러나오는 푸가 악곡 같다.

대왕고래의 소리가 단순하고 단조로워서 그들의 소리가 대대로 변하지 않았다고 생각하기 쉽다. 그러나 대왕고래의 소리도 진화한다. 1960년대에 고래에 대한 제한적인 보호 노력이 시작되고, 이후 전 세계적 반포경 운동이 성공을 거두면서 고래의 음조가 피아노의 하얀 키로 치면 셋 정도 내려갔다. (그 하얀 키를 한때 고래 뼈로 만들었다.) 과학자들은 몇 가지 가설로 그 이유를 설명했다.

현재의 바다에서 이렇게 소리 음조가 낮아지는 것은 특이한 일이 아니다. 남극의 대왕고래가 좀 더 바리톤 음색으로 바뀐 것과 비슷한 시기에, 마다가스카르 연안의 피그미 대왕고래의 소리에도 비슷한 변화가 있었음이 확인되었다. 자신의 몸길이보다 더 긴 극히 낮은 음파로 유명한 참고래도 음색이 낮아졌다. (인간의 귀가 참고래의 소리를 분명히 감지하기 위해서는, 고래 소리를 디지털 정보로 바꾸고 속도를 높여야 한다.) 디지털 정보로 분석한 1백만 개의 서로 다른 고래 노래에서, 서로 어울리지도 않고 소통 가능한 거리 안에 살지도 않는 무리와 개체와 종 사이에서도 음조 변화가 관찰되었다. 바다에 혹은 고래에게 무슨 일이 그런 변화를 초래했는지는 분명하지 않지만 국지적 관점으로 설명하기는 힘들다.

처음 고래 음조가 낮아졌다는 사실을 들었을 때 내 질문은 이랬다. '우리가 또 무슨 짓을 한 거지?' 그러나 음조의 저하는 주요 해운 운송이 지나는 루트와 겹치지도 않으며 인위적 소음도 미약한, 얼음에 갇힌 바다에 사는 고래 전체에서 확인되었다—간헐적인 소음 혹은 큰 소음의 진원지와 가까운 서식처의 고래에서도 또한 확인되었다. 과학자들은 소음 공해가 음조 변화의 원천적이며 단일한 이유라는 견해에는 회의적이다. 또 음조 하락의 정도가 미미해서 고래의 의사소통 거리를 바꾸는 정도는 아니기 때문에 고래가 잦은 해상 교통과 군사용 수중 음파 탐지기를 피하기 위해 혹은 더 긴 소통을 위해 음조를 낮추었다는 주장 또한 배척당했다.

고래 음조의 변화에 대한 또 다른 설명을 찾으려다 세계적 환경 보존 노력이 목표 동물의 개체 수를 늘릴 뿐 아니라, 보호 대상이 된 종 내에서 개별 동물이 내는 소리까지 바꿀지도 모른다는 생각이 들었다. 이전 수십 년과 비교해서 오늘날의 대왕고래가 더 조용히 노래

한다는 점에서 그 단서를 잡았다. 해부학적으로 대왕고래는 발성에 대한 생체 역학적 원리 때문에 소리가 시끄러울수록 음조가 더 올라간다. 고래가 소리를 부드럽게 하면 더 낮은 음으로 '말한다.' 과학자들은 고래의 수가 늘어나면서 그들이 소리의 강도(볼륨)를 낮추었고, 그와 함께 음조도 떨어졌다고 추정했다. 오늘날 남극의 대왕고래는 고래가 많아져서 더 짧은 거리에서 소통하는 바람에, 이전 수십 년에 비해 더 조용해졌고 음조도 더 낮아졌으리란 설명이 가능해졌다.

다음의 가설은 신빙성이 좀 떨어진다. 더 많은 이산화탄소를 흡수하면 바다가 더 산성화되고 그래서 바닷속 음파가 더 멀리 전달되니까, 고래가 더 큰 소리를 낼 필요가 없어졌다는 설명이다. 산성화가 억제되지 않고 이대로 진행된다면, 바다에서 진행되는 화학적 변화로 인해 인간의 기계(건축, 어업, 수중 음파 탐지기, 자원 채굴)가 만드는 저주파 소음도 증폭, 확장될 것이고, 인간 소음을 더욱 악화시키면서 전세계의 연안과 그보다 좀 더 먼 바닷속에까지 더욱 거대한 굉음을 만들어 낼지도 모른다. 그래서 바닷속에서 인간이 만든 소음뿐 아니라, 소리 전달 매체로서의 바다가 그 자체로 소음 증폭기가 되어 특정 음파를 더 멀리 전하기 때문에, 바다가 더 시끄러워진다는 설명이다. 마치 해저에서 한동안 잊혔던 어떤 가는 귀먹은 해신이 볼륨 다이얼을 조금씩 올린다는 주장처럼 들린다.

얼음이 깨지는 소리

호주가 여름일 무렵, 남극 대왕고래의 음조가 다시 올라갔다는 최근 조사 결과를 들었다. 빙하가 쪼개지면서 내는 소음 때문에 고래가 소통을 위해 최대 출력을 내게 되었다는 것이다. (지구 온난화가 비정상적 빙하 붕괴를 초래하면서 증폭된 자연적 소음.) 그래서 온난화의 여파는 심지어 어떤 배도 가지 않는, 거의 어떤 인간도 생존할 수 없는, 그리고 가장 우레 같은 소리가 배로부터가 아니라 얼음이 깨지는 소리로부터 오는, 그런 오지의 동물 소리마저 바꾸기도 한다. 우리가 변모하는 생물권의 상황에 맞춰 우리의 삶을 바꾸듯, 고래도 이 새로운 현실에 맞춰 그들 소리의 특성을 조절하고 있다.

고래 소리가 우리에게 어떤 의미인가 하는 문제가 환경 문제의 긴급함과 연동해서 변해 왔듯이, 인간이 해양 지역에 가한 변화로 인해 고래가 자신들의 세상을 이해하는 방법과 서로 의사소통을 하는 방법에도 변화가 있었다. 그들의 소리가 우리에게 어떻게 들리는가는 우리가 동물의 미래와 바다의 미래에 대해 어떻게 생각하는가와 깊은 연관이 있다. 대왕고래의 소리는 고래 사이에서 존재한다. 그리고 그들과 우리 사이에도 존재한다. 우리가 아직은 고래 소리의 의미를 이해 못하지만, 고래를 지키려는 우리의 노력으로 그들의 환경을 변화시키는 결과를 만들면서 우리의 행위가 그들의 소리 속에서 울려 퍼질지도 모른다. 우리의 노력이 그들의 소리 어딘가에 남을 것이다.

바다는 알지 못하는 근원으로부터 시작해 이해 못하는 소리를 내면서 계속 흐른다. 최근 여름에 북극해 해저로부터 '핑' 하는 소리가 들렸다고 이글루릭 근처 누나부트준주(캐나다 북부 지역에 있는 곳으로 '준주'는 주의 자격을 얻지 못한 행정구역이다—옮긴이)의 퀴킥타알룩 지역 사냥꾼들이 전했다. 그 전에는 샌디에이고 해곡에서 먹잇감에게 읊조리는 듯한 이상한 소리가 났다. 남아메리카 첨단의 서쪽에서 '삐이' 하는 유기체의 소리가 났다. 하지만 동물의 것으로 확인된 것보다 몇 배나 시끄러운 소리였다. 카리브해에서는 라에 해당하는 휘파람 소리가 났다. 뉴질랜드 근해에서 수십 년 동안 주로 봄과 여름에 가파르게 치밀했던 소리가 썰물 빠지듯 잦아드는 일이 발생했다. 금속성의 마찰음에 가까운, 서태평양의 비오트왕(정체불명의 소리를 철자화한 것이다. 여러 가지 고래 소리와 비교하며 정체를 찾으려 했지만 아직 결론은 나지 않았다—옮긴이) 소리는 초승달 모양의 해구의 깊은 골에 설치된 예민한 기계를 통해 연중 들을 수 있다. 1990년대에 적도 부근에 설치된 여러 수중 청음기에서 낮은 트럼펫 같은 소리가 녹음되었고, 그것을 미국 해양 대기국은 그 소리를 '줄리아'라 칭했다. '남극 BW29'는 남극해에 설치된 세 곳의 다른 지점에 있는 장비에서 확인된, 알 수 없는 동물에게서 난 소리에 부여한 코드다. 몇몇 사람들은 '52 블루'라고만 알려진 이 애타게 울부짖는 소리가 알래스카로부터 멕시코 근처까지 이동하는 아직 기록되지 않은 고래 종의 것으로 확신한다. 그 혹은 그들은 일반 고래 소리의 범위를 벗어난 소리로 말한다. 심지어 여름밤에 고압 변압기에서나 들을 수 있을 높은 음조의 소리를 낸다. 그들의 소리가 불쾌하거나 불쌍하거나 혹은 그 종의 마지막 남은 존재의 소리거나 간에, 그 소리는 점점 고조되었다가 서서히 낮아졌다.

나중에 누나부트준주의 수상으로 임명된, 한 선출직 공무원이 북극 해저에서 나는 그 핑 소리에 대해 다음과 같은 성명서를 발표했다. '세상에는 이따금 신비한 일이 있고, 그런 것에 대해 보고하는 사람들이 있다. 나는 그들에게 감사한다.'

사람처럼 소리를 낸다고 유명해진 흰고래 '녹'은 사람들이 고래 소리의 의미를 재발견하게 된 대표적인 사례이다. 녹이란 이름은 그의 포획을 도운 이누이트족 사냥꾼이 붙여 줬다—원래 그 지역에서 더운 날이면 나타나는 작은 곤충, 등에를 일컫는 단어다. 녹은 두 살이 되던 1977년, 캐나다 매니토바 북쪽 해변에서 그물에 사로잡혔고 그 후 미 해군의 관리하에 23년을 더 살았다. 해군은 샌디에이고만 밖에 기지를 두고 '콜드 옵스'란 감시와 복구를 위한 프로그램을 가동하고 있었고, 공해에서 수기 신호와 구두 명령에 반응하도록 흰고래를 훈련시켰다. 미 해군은 돌고래, 물개와 흰고래를 정찰 작전에 배치하여, 기뢰를 찾고 작동되지 않는 어뢰를 찾아 재사용했다. 훈련이나 작전이 없을 때, 고래와 돌고래는 서로 이웃한 우리 속에 갇혀 있었다. 수막염으로 죽은 지 12년이 지난 1999년에 녹의 녹음된 목소리는 온라인에서 유명해졌다.

갇혀 있는 동안, 녹은 표면과 해저 사이에 가설된 '젖은 전화기' 상으로 다이버들이 서로 말을 주고 받는 소리를 듣고서 흉내 내기를 시작한 것으로 보인다. 한 다이버는 '물 밖으로 나와'란 소리를 들었는데, 상관의 명령으로 착각했다고 전했다. 녹이 말한 것이었다. 이 흉내 행위의 독창성을 인정한 음향학자들은 녹이 인간 같은 소리를 반복해 내도록 대가를 주어 유도하고, 녹음하고, 10년 이상의 연구를 바탕으로 논문을 발표했다. 녹이 흉내어를 말하던 시기에(어른이 되자 그 행위를 멈췄다), 다른 곳에서도 흰고래가 말을 할 수 있다는 비공식적 주장이 있었다. 밴쿠버 수족관에서 관리인들은 라고시라는 15년 된 흰고래가 자신의 이름을 말할 수 있다고 했다. 또 다른 곳에서도 고래 조련사들이 '러시아인 혹은 중국인의 발음'에 가까운 소리를 내는 동물이 있었다고 증언했다. 그러나 오늘날까지 녹의 소리만이 고래가 인간을 흉내 낸, 입증 가능한 유일한 예로 남았다. 녹음을 들어 보면 흰고래는 소리를 충실하게 재현했다기보다는 헬륨 가스를 흡입하고 내는 우스꽝스런 소리에 가깝다—뚜렷한 발언이 아니라 소리를 흡입하듯 내는, 애니메이션 〈루니 툰〉식 대화에 가깝다. 그러나 녹의 소리는 흰고래가 내는 보통의 소리와는 전적으로 달랐다. 연구자들은 그의 발성에는 인간의 소리에 준하는 음의 풍부함과 리듬이 있다고 했다. 당신이 그의 **재잘**댐과 **찡얼**댐을 들으면 거의 인간의 대화로 인식할지도 모른다.

만약 내가 녹음된 내 목소리를 듣는다면, 나는 이렇게 생각할 것이다. 소리는 동물이 갖는 이상한 소유물이다. 특히 스스로 목소리와 몸을 분리하도록 만들어진 인간의 경우에는 더 그러하다. 인간은 몸통의 구석구석과 숨겨진 카르스트(석회암 지역의 특수한 침식 지형을 말한다. 석회암이 물에 녹으면서 종유굴 따위를 만든다—옮긴이) 지형을 닮은 굴곡, 목구멍과 이빨을 통해 풍부한 소리를 낸다. 그리고 그런 식으로 우리의 개별적 목소리는 그 음색과 개성에 있어서, 전적으로 사사롭고 고유한 생물물리학상의 특성을 보인다. 그게 다가 아니다. 혀가 남았다. 우리의 입속에 자라는 그 부드럽고 변덕스런 배반자는, 입술이란 두 교활한 웅변가들과 연합해서 목소리가 자신을 수용하고, 모음을 만들고 강세와 마찰음을 가하도록 가르친다.

철학자 슬라보예 지젝이 말했듯이, 당신의 목소리는 '당신의 몸속 어딘가로부터 오는' 것이다.

고래는 원래부터 모방을 잘하는 동물은 아니다. 야생 상태에서 고래는 주변의 다른 동물의 소리를 복제하지 않는다. 녹의 목소리는 인간의 소리에 미치지 못하지만 고래가 조련사들을 타인으로 여긴 것이 아니라 그가 소통해야 할 '동료'로 여겼다는 암시를 주기에는 충분할 정도로 인간의 소리에 가까웠다.

2018년 후반에 〈사우스 차이나 모닝 포스트〉는 톈진의 과학자들이 청각적 조작으로 디지털화한 메시지를 향고래의 맥박 속에 숨겨서 전달할 방법을 찾아냈다고 보도했다. 음향적 관점에서 바다는 은밀한 정보를 숨기기에 적격인 것으로 드러났다. 중국 학자들은 극비 통신을 위해 최신 해저 감시 체계를 회피하고 교란하기 위한 의도로, 청각적 파형을 탐색하여 고래 소리를 걸러 내도록 프로그램된 새 기술을 개발했다. 생물의 소리를 배경으로 깔고 전달하도록 고안된 전송 방식을 통해, 상대가 눈치채지 못한 상태로 긴급 신호를 중계 기지와 잠수함으로 보낼 수 있게 되었다. 인간의 정보를 고래 소리 속에 감춘 것이다. 그러나 이런 신호를 듣는 향고래가 자신들의 소리 속에 숨겨진 중국의 비밀 정보를 인식은 할 수 있는지, 혹은 그들이 항해 좌표와 해군의 명령을 자신들의 소리와 구별할 뿐 아니라 걸러 버릴 수도 있는지 어떤지는 아직 아무도 모른다.

고래들의 독자적 문화

고래는 그들만의 고유한 소리를 가질 뿐만 아니라 개별적으로도 자신만의 목소리를 갖고 있다고 여겨질 정도로 대단히 독자적이다. 과학자들은 지난 수십 년간 독보적 목소리로 노래하는 특별한 고래가 있었다고 확신한다. 2005년에 미국 생물학자 로저 페인은 공식 서신에서 '오늘날 혹등고래의 노래는 1960년대에 비하면 대단히 빈약한 수준이다'고 말했다. 페인은 산업적 포경으로 바다에서 독보적인 교향

악을 울리던 고래가 급감했다고 주장했다. 고래잡이들이 초대형 고래를 싹쓸이하면서 고래의 연령별 개체 수 지형을 변모시켰고, 젊은 고래가 어른 고래의 음악을 배울 길이 끊겼고, 음악적 계보도 빈약해졌다. 인구 통계학적 병목 현상으로 인해 현재 혹등고래의 노래가 아무리 정교하고 아름답다 해도, 페인의 귀에는, 그것이 이전 세대에 못 미친다.

한때 사람들은 고래 소리가 옛적 그대로의 모습으로 전해진다고 믿었다―여기에 그들의 카리스마가 있었다. 그래서 그들의 노래는 인간이 존재하기 이전 시대의 신비한 세계, 인간의 영역 외부로 난 상상의 세계를 향한 창이라 여겨졌다. 이제 우리는 고래 소리가 변한다는 것을 알게 되었다. 몇몇 고래의 소리가 깊어졌고 낮아졌다. 다른 고래의 소리에는 포경 시대와 보존 운동 시기의 청각적 역사가 각인되어 있을지도 모른다. 고래 소리는 그들이 인간 사회와 산업이 가한 외부적 충격에 영향을 받았음을 보여 주었다. 하지만 또한 최근의 연구가 밝혔듯이, 그것이 고래 마음의 표현이며 독자적으로 진화하고 있는 고래 문화의 반영이란 사실도 드러났다.

새끼 혹등고래는, 개구리가 새끼 때부터 개골개골 대듯, 그렇게 찍어 낸 듯한 소리를 갖고 태어나지는 않는다. 혹등고래의 탄생은 역사적으로 고유한 언어적 공동체로 편입된다는 것이며, 고래는 학습을 통해 노래를 더 배워야 한다. 그래서 고래가 내는 어떤 소리는 우리에게 노래로 여겨지는 것이다. 고래 노래는 고래 공동체 내에서 진화하면서 공유되는 악보를 통해 생겨난다. 그것은 자연적인 것에 못지않게 사회적이다. 오늘날의 고래는 1960년대의 고래와는 소리가 다르다. 마치 우리가 우리의 대화에서 60년대의 속어들을 버렸듯이 말이다.

호주의 동쪽 해안 근처에서 수컷 혹등고래의 노래는 시간이 흐름에 따라 점점 더 복잡해지고, 더욱 참신해지고 화려해지는 경향이 있다. 고래의 개체 수가 복원되면서 개체 내에서 노래의 참신성과 독창성의 가능성도 커지고 있다. 혹등고래는 매년 변하는 지역적 방언을 가질 뿐 아니라, 특정한 노래 형식에 대한 계절적 선호를 드러내기도 한다. 같은 인구 집단 속의 수컷 고래가 그의 이주 경로를 따라 앞서거나 뒤따라오는, 그의 소리가 닿을 거리에 있는 다른 수컷에게 노래를 전할 때, 노래의 주제도 전해진다. 그래서 이동 루트에 있는 고래 사이에서 노래가 앞뒤로 전해지는 것이다.

혹등고래는 대양 저 멀리에 있는 다른 고래의 노래도 재활용하고 즉흥 변주한다. 때로는 대륙을 사이에 둔 고래끼리도 그렇게 한다. 다른 고래와 서로 소리를 전할 수 있는 거리에 있을 때, 고래는 들려오는 노래를 통째로 혹은 일부분을 차용해서 자신들의 레퍼토리를 살찌운다. 개별 고래의 고유한 노래는, 혹은 그중 일부는, 슬랭이나 우스개 소리처럼 혹은 한때의 히트송처럼 전염되듯 퍼지기도 한다. 하지만 무엇 때문에 혹등고래 사이에서 특정한 소리가 큰 인기를 끄는지는 아직 아무도 모른다. 이런 인기 구절을 샘플이라 부르자. 리믹스된 그 구절은 반구 전체로 퍼진다. 음성적 샘플들이 태평양을 가로질러 서에서 동으로 움직이는 노래 속에 기록되어 있기 때문에, 직접 만난 적이 없는 혹등고래 사이에서도 전해진다. 혹등고래의 노래는 호주 서쪽 바다로부터 시작해서 뉴칼레도니아, 통가, 사모아 근처에 무리를 지어 있는, 그리고 쿡제도와 프랑스령 폴리네시아 주변에 무리를 이룬 혹등고래에게로 전해진다. 이주의 초기 국면에서 일면식이 있기 때문에 마다가스카르와 가봉 근해의 혹등고래는, 비록 서로 아프리카 대륙의 반대쪽에 있음에도, 이따금 같은 노래를 부른다. 노래를 전하도록 꼭 먼 거리를 가야 할 필요는 없다. 노래 구절을 전할 만한 거리 안에 고래가 있을 정도로만 개체 수가 충분하다면 문제가 없다.

이런 '공간적 그리고 시간적 문화의 전승'은, 생물학자들에 따르면 '이전까지는 오직 인간에게서만 볼 수 있었던 것이다.' 혹등고래는 지구에서 가장 광범위한 의사소통 망을 가동하고 있다―인간이 구축해 놓은, 인공위성과 바다 아래를 통과하는 광섬유 케이블을 갖춘 그 통신망을 제외한다면 말이다.

그런데, 대략 3년에 한 번 정도, 노래 구조를 완전히 바꾸는 사건이 발생한다. 과학자들은 이 사건을 '문화 혁명'이라 여긴다. 문화 혁명이 혹등고래 집단을 휩쓸면, 고래 노래의 구성에서 화려하고 정교한 요소는 사라지고 단순화된다―소위 '혁명적 노래'로 바뀌는 것이다. 퀸즐랜드 대학교의 연구진에 따르면, 만약 소리가 두뇌를 측정하는 수단이 된다면, 이런 과정이 혹등고래의 학습 능력과 기억력이 높은 수준임을 입증하는 것이라고 말했다. 만약 그들의 노래가 더 화려해지지 않았는데도 여전히 고래 사이에서 적절히 전승되고 기억되고, 암송된다면 그 복잡함은 붕괴할 것이다. 덜 복잡한 노래를 부르는 고래는, 학습이 부족한데도 복잡한 음조를 시도하는 고래보다 더 우월해 보일 것이다. 그리고 나면 다들 경쟁적으로 단순함을 선택할 것이다.

이런 식으로 혹등고래가 그들의 노래를 계속 바꾼다면 보이저 탐사선에 실은 고래 소리를 비롯해 1970년대 이래로 녹음해 놓은 몽환적인 소리들이 실제 자연에서의 고래 소리를 정확히 대변하지 못한다는 말이 된다. 전해지는 구성이 어떻든, 음조의 정확한 배열의 의미가 어떠하든, 대부분은 자연에서 결코 다시 들어 보지 못한 소리일 것이다. 필시 앞으로도 못 들어 볼 것이다. 고래가 때로 그들 몸에 인간 문화의 산물을 수용했듯이―살에 박힌 화살촉, 배 속에 든 플라스틱―인간도 어떤 시점의 고래 문화를 수용하여 우리 문화에 각인한다.

Sound는 동사로 '(장기 조직이나 체강에 삽입하는 대롱 모양의 기구인) 소식자消息子를 넣어 진찰하다'란 뜻이다. 혹은 지금은 안 쓰지만 동사 sound는 고래 몸의 움직임을 말한다. '물속에 뛰어들다; 고래가 급히 깊이 잠수하다'란 뜻이다. 그런데 고래는 바다에서 표지판도 없이, 플래시도 없이, 시계도 없이 어떻게 자신의 위치를 확인하나?

해답은 깊은 바닷속이 아니라, 깊고도 먼 우주에서 발견된다.

느낄 수 없는 자기장

오존층, 대류권 계면, 성층권을 지나 태양까지 가 보자. 태양은 계절의 주기가 바뀌는 데 11년이 걸린다. 그것은 초고열의 먼지와 가스 구름이다. 태양에는 표면이 없다. 태양에는 지각이 없고, 바다도 육지도 없고, 밤과 낮의 변천도 없음(태양은 늘 낮이다)에도 불구하고, 물리학자들 말에 따르면 기후는 있다고 한다. 이글대는 열기 속에서 일 초에 수십만 킬로를 날아가는 수많은 전기를 띠는 하전荷電 플라즈마가 태양 대류층의 외곽을 난타한다. 거대한 플라즈마가 태양의 표면 바깥까지 차고 나가 코로나 밖으로 태양풍이 되어 채찍 같은 붉은 불꽃을 날름거린다. '코로나 질량 방출'이라 불리는 이 치솟음, 이 태양풍 폭발 현상은 너무나 거대하여 태양의 대기를 벗어나 별들 사이의 기후로 진입하기도 한다―우주 공간을 뚫고 퍼져 나간다. 방출된 태양풍이 먼 곳에서까지 온도를 유지하지는 못한다. 그러나 태양의 중력적 통제를 벗어난 자기 덩어리로서, 이온화된 아원자 입자로서, 충격파로서 이 태양 폭풍은 계속 밖으로 간다. 만약 이 격동이 지구와 면하고 있는 태양 사분면에서 벌어진다면 사흘 정도면 지구에 그 영향을 미친다.

태양풍이 접근하면 우주 비행사는 눈을 꽉 감고 주먹을 쥐어 눈을 틀어막는다 해도 눈앞에 섬광을 하나 혹은 여럿을 볼 것이다. 그 섬광은 방출의 결과로 가속이 붙어 시각적 장애를 야기하는 양성자의 빛이다. 지구에서는 나침반이 떨어 댄다. 극지방과 비행기의 단파 수신기가 지직 댈 것이다. 레이더는 영상으로 소위 '글린트 잡음(레이더에서, 복잡한 타깃에서 반사되는 빔이 표적의 변화에 따라 변화하는 것—옮긴이)'을 보여 준다. 전력망에 차질이 생겨, 전압 저하와 정전 사태가 터진다. 한번은 태양풍이 캐나다의 중앙 컴퓨터를 마비시키면서 주식 시장 거래가 일시 중단되었다. ('신이 우리에게 도대체 무슨 짓을 한 걸까요?' 토론도 주식 거래소 부회장이 물었다.)

자연에서 태양풍이 초래한 변화를 감지하기는 쉽지 않다. 더 적은 수의 벌이 꿀벌통으로 돌아올 것이다. 벌이 사용하는 항해 감각에 혼란이 생겨서이다. 염전 너머 노란 유채꽃 속에서 길을 잃고서, 이미 별이 떴는데도 계속 돌아다니는 것이다. 전서 비둘기를 비둘기장에 넣는 데도 시간이 더 걸리고, 철새도 무리가 좋아하는 호수나 보금자리를 찾는 데도 더 오래 걸릴 것이다. 이주하며 사는 다른 종들—박쥐, 두더지쥐, 바닷가재—에게 보이는 작은 변화는 거의 눈에 띄지 않을 것이다. 이들도 또한 지구 자기를 감지해 길을 찾는 '자기 수용' 혹은 '자각' 능력을 가진 동물들이다. 지구의 자기장이 그들의 안내자이다.

인간에게, 태양풍의 영향은 지구의 일부에서 볼 수 있는 황홀할 정도로 아름다운 오로라로 가장 깊이 각인된다. 오로라는 하늘을 가로지르는 거대한 빛줄기를 분출한다. 그것은 지구의 양극 부분에서 위도상으로 호주의 태즈메이니아와 빅토리아까지 나타나며, 북극과 캐나다 전역에서 볼 수 있다. 에메랄드 녹색, 붉은 보라색, 진홍색, 그리고 형광 파랑의 소용돌이 모양들. 오로라는 태양으로부터 온 입자들에 의해 들썩여진 원자의 작용으로 대기 상부에서 만들어진다. 태양에서 코로나 질량 방출이 있으면, 지구 전체에 그물처럼 혹은 미세한 실타래처럼 존재하며 별과 별 사이의 기후 효과에 의해 유발되는 오로라의 진동과 범위는 더 증가한다. 바다 깊은 곳의 향고래는 이 태양풍이 만든, 펄럭대는 현수막 같은 오로라를 볼 수 없다. 그러나 하늘을 바라보던 인간을 놀라게 하는 오로라보다 훨씬 더 극적인 것은 태양풍의 여파가 고래의 삶에 미치는 영향이다. 하지만 그 영향은 공중으로부터가 아니라, 어둠 속 바다 깊이 저 **아래로부터** 오는 것으로 여겨진다.

어떻게 그것이 가능하냐고? 바다에는 광물이 아니라 자기에 의해 형성된 거대한 산맥이 있다. 이 지구 속에 있으나 보이지 않는 산맥들은 너비가 100킬로미터에 달한다. 그것은 특정한 모습을 갖지 않는다. 그림자도 없고 빛도 반사하지 않고, 잠수함을 막아서지도 않는다. 석유 굴착 장비도 문제없이 뚫고 지나간다. 지질적 산맥과는 달리 부드럽다. 순전히 에너지로만 형성되어서 나노테슬라(지구의 내부로부터 태양풍과 만나는 곳까지 뻗어 있는 지자기장을 측정하는 단위—옮긴이)로 측정되는 산맥이다. 그리고 그 산맥의 모양과 실루엣은 지구의 자기권과 별과 별 사이 기후 간의 상호작용으로 결정된다.

태양풍은 인간이 느낄 수 없다—그것을 우리는 간접적으로 밤중에 하늘에 펼쳐진 휘황찬란한 구경거리로서 볼 뿐이다. 방향을 잃어 정처 없이 맴도는 새의 소리로 그것의 결과를 멍하니 들을 뿐이다. 그러나 멀리 태양으로부터 방출되는 이 하전 입자들의 흐름이 지자기 산맥까지 움직인다. 그 흐름이 시시때때로 산맥의 윤곽도 바꾼다. 강력한 태양풍은 기존의 지자기 산맥을 완전히 와해시키고 해저에 급격한 변화를 몰고 온다. 그리고 지자기장과 에너지를 느낄 수 있는 생명체에게 이런 변화는 바로 감지된다. 어떤 생명체는 청각과 시각에 의존하기보다는 주로 자기장의 흔적과 그 강도를 쫓아 깊은 바다에서 먼 거리를 항해한다. 벌과 새, 박쥐와 두더지쥐, 바닷가재처럼 향고래도 이런 에너지장을 포착하고 그것에 따라 옮겨 다니는 것으로 여겨진다.

학자들은 〈국제 천문생물학 저널〉에 기고한 글에서 우리에게 감지되지 않는 자기장 산맥이 향고래에게는 '사고 장벽'으로 기능할지도 모른다고 주장했다. 태양풍이 맨눈으로는 안 보이는 방식으로 해저 환경을 엄청난 규모로 바꿀 수 있고, 그래서 향고래를 혼돈에 빠뜨릴 수 있다는 말이다. 이런 관점으로 보면 과거에 좀 허황한 소리 같았던 뉴에이지 신비주의의 주장이 사실이었던 것이다. 향고래는 천체의 공간에 존재한다. 그들의 마음은 별과 별 사이의 공간과 소통한다. 그리고 고래는 별들 사이에서 오는 기후에 크게 영향을 받는다.

2016년 겨울에 엄청난 태양풍이 몰아친 뒤, 스물아홉 마리의 향고래가 북해로 진입해서 독일, 영국, 네덜란드와 프랑스의 해변에 표류했다. 몇 주 사이에 벌어졌던 일이다. 사고를 당한 고래들은 모두 죽었다. 대체로 차단선을 쳐서 몰려오는 대중들이 고래에 접근하지 못하게 했다.

몇몇 학자들은 이런 대규모 고래 표류의 원인을 인간세계의 유해물 때문이라고 추측했다. 생물권에 만연한 온갖 인위적 생산물과 시설들 때문이라고 했다. 잉글랜드 스케그네스에서는 환경 운동가인지 반달vandal(문화·예술의 파괴자. 공공 기물 파손자—옮긴이)인지, 둘 중 한쪽에서 두 마리의 죽은 향고래의 몸에 스프레이로 자신들의 주장을 휘갈겼다. '인간의 잘못. 후키시마(철자오류). 인간이 나를 죽였어. 편히 잠들라.' 한 고래의 꼬리지느러미에는 급히 쓴 것으로 보이는 핵 군축 캠페인의 로고가 보였다. 하지만 그 로고는 실제와 비교해 보면 바퀴살이 하나 빠져 있었고 핵 군축 캠페인은 그 항의 행위와의 관련성을 부인했다. 신문은 그렇게 많은 향고래가 무슨 이유로 표류했는지 질문을 던졌다. 일본의 고장 난 원자로에서 방출한 중수 탓이라고? 벌써 여러 해가 지났는데? 혹시 우리 탓은 아닐까?

한때 자연은 어떤 신성한 힘이 부여한 잠재적 의미로 충만한 곳으로 여겨졌다. 그런 자연의 세계에서 지금 벌어지는 사고를 보면, 인간의 감각과 도구의 감지 영역조차도 넘어서 버린, 인간이 초래한 생태적 재앙의 무시무시함을 보여 준다. 만약 동물들이 초감각적 지각을 갖고 있어서 그 어둠을 증언한다면, 그것은 인간의 산업과 전쟁이 초래한, 너무나 복합적이어서 하나의 원인으로 지목하기도 힘든, 언제든 어디에서든 출몰하는 암울한 유산이다.

생물학자들이 표류된 고래들을 해부해 보았다. 이 북해의 고래들 배 속에서는 당연히 많은 오징어 입이 나왔다. (향고래는 한꺼번에 오징어를 삼킨다. 오징어는 앵무새처럼 딱딱한 입을 갖고 있고, 그것으로 물고기와 갑각류와 자신보다 작은 오징어를 잡아먹는다. 오징어 입은 고래의 소화액에 녹지 않는다.) 그래서 위장에 입들이 남은 향고래는 음식 잘 챙겨 먹고 건강했던 것으로 여겨진다. 부검 결과로는 북해에 그들이 나타난 납득할 만한 이유를 알 수 없었고, 죽음의 근본적 원인도 밝혀지지 않았다. 향고래는 보통 북해 쪽 대서양을 기피한다―젊은 수컷 고래는 무리를 지어 겨울과 봄에 갈고리흰오징어가 풍부한 영국 제도의 서쪽과 노르웨이해로 간다.

비록 가설이긴 하지만, 이 향고래들이, 태양풍의 영향으로 고래가 항해를 위해 이용하는 자기 항해 표지가 왜곡되면서 북해에서 방향을 잘못 잡았을 것이라는 추정은 동물에 인간의 영혼을 투사하던 시대의 사고방식을 되돌아보게 한다. **'신이 우리에게 도대체 무슨 짓을 한 건가요?'** 태양풍이 주식 시장을 붕괴시켰을 때, 캐나다의 금융인이 그 전지적 눈인 태양에 대해서 되뇐 말이다. 향고래 무리가 유럽의 해안에 나타나기 전 몇 달 동안 두 번의 거대한 태양풍이 불었다. 밤중에도 꿀벌통으로 못 돌아가는 벌부터, 향고래의 표류와 자기장 산맥의 변화에 이르기까지, 태양풍의 영향은 미세한 곳에서부터 전 지구적 규모에까지 미친다. 만약 동물이 우리가 감지 못하는 지각을 우리에게 보여 줄 수만 있다면 그들이 증언하는 어두운 영역은 전 세계적일 뿐 아니라 우주에까지 뻗칠지도 모른다.

향고래도 마찬가지다. 고래가 지자기 산맥이 왜곡된 그 영역으로 들어섰을 때, 불가사의하게도 저 깊은 어둠으로부터 고래를 맞이하러 모래가 솟구쳤을 때, 그리고 태양이 동물들을 그들 세계의 변방으로 내쫓았을 때, 고래에게 저주스러운 깨달음의 순간이 있었을까? 그때 고래가 그들 스스로에게 그리고 각자에게 믿을 수 없다는 듯이 이 질문을 던졌을까. **신은 왜 지금에 와서야 우리를 저버리기로 결심했을까요?**

6장

포크와 나이프 사이

도쿄행을 결심하다

숟가락과 입 사이에서 내리는 결정

고래 치료제

해독제 혹은 식기

상어 기름이 과연 식욕을 돌려줄까?

눈알이 한 그릇 가득

과학 연구를 위한 포경

밍크의 귀는 나이테

지구에서 가장 큰 고기

도쿄행 며칠 전, 고래 혓바닥 요리를 뜻하는 일본어를 번역하면 '지지배배(영어로는 트위터twitter이다—옮긴이)'라는 사실을 알게 되었다. '말도 안 돼.' 랩톱을 닫으며 혼잣말을 했다. 고래는 트위터하지 않아, 새들이 하지. 트위터는 애교 넘치는 소리야. 소리. (그것도 잦아지다 고조되는 생물의 소리, 풍요롭고 귀엽다.) 나는 여전히 'Sound'에 맞춰 뒤집어 놓았던 사전을 집어 들고, 뒤로 넘겨 나갔다. 트위터: 일련의 떨리며 간간이 끊기는 작은 소리, 의성어. 소음 만들기를 주저하는 듯 내는 소리, 그래서 주변을 살피며 조심스레 내는 소리, 세컨드 엠파이어 시대(프랑스 최후의 군주정 체제였던 나폴레옹 3세 통치하의 프랑스 제2 제정시대(1852~1870)—옮긴이) 거실에서나 있었을 법한 뒷담화—그리고 비록 사전에는 이런 뉘앙스가 없지만, 이 단어는 또한 자위적 의미가 있지 않은가? 해 질 녘에 울리는 소리. 새가 둥지에서 자신에게 트위터를 들려준다.

사전을 책꽂이에 도로 꽂았다. 물론 혓바닥 요리는 아무 소리도 내지 않는다. 나는 그 요리의 이름이, 혓바닥을 주문하고 기다리면서 재잘거리는twitter 손님을 뜻하는 건 아닌지 자문했다. 죽은 고래의 침묵을 상기시키는 단어로 그 특정한 부위를 주문한다는 것은 지독한 아이러니가 담긴 농담처럼 들린다. 아니면 일본 사람은 고래의 소리를 재잘거림twitter으로 해석하는가? 만약 그것이 사실이라면—만약 고래 소리가 '노래'가 아니라 '재잘거림'으로 여겨진다면—다양한 인간의 언어, 역사, 그리고 문화에서 어떤 동물에 대한 카리스마를 부여하는 방식에 대해 흥미로운 질문을 할 수 있다. 확장성 있고 거대한 단어인 **노래**에 비하면, **지지배배twitter**는 느낌이 반대다. 고래의 사회성과 실재를 보여 준다. 어떤 음식이 먹을거리가 되려면 우선 그것을 꼬꼬댁거리고 삐약거리는 것으로, 아니면 아무 의미 없고 귀 기울일 만한 것이 없는 소음이나 만드는 존재로 격하시킬 필요가 있다. 노래하고, 기억을 축적하고, 세대를 넘어 청각적 문화를 전승하는 존재를 '음식'이라 부르기는 쉽지 않다

내가 왜 도쿄를 가냐고? 스페인 알메리아의 비닐하우스를 먹은 고래 때문에 인간의 산업화가 어떤 식으로 야생 동물의 몸 안에 들어서게 되었는지를 살펴보다가, 나는 고래가 음식물의 재료로 랩에 싸여서 진열대에 놓이는 곳, 사람들이 고래를 음식으로 먹는 곳에 대해서 알 필요가 있다고 생각했다. 고래를 음식 문화로 가장 충실하게 내면화시키는 행위인 고래 섭취에 대해 알아보기 위해 일본을 방문하기로 했다. 누가 지구에서 가장 큰 고기를 게걸스레 먹고 있는가? 왜 일본 고래 산업은 21세기에도 상업적 규모로 계속되고 있을까? 다른 나라는 비난도 무섭고, 고래 상품의 수익성도 없어서 포경을 포기한 형

편인데 말이다. 현재의 환경적 상황 때문에 고래를 먹는 행위에 담긴 뜻도 바뀌지 않았는가? 그것이 내가 궁금했던 것들이다. 그리고 비록 그것들이 표면적으로는 맛과 국가적 정체성에 관한, 어쩌면 잔인함에 관한 문제로 보일지라도, 일본에 가기도 전에 나는 그 문제의 근본에는 동물의 카리스마를 보는 관점이 다양하기 때문일지도 모른다는 사실에 주목하게 되었다. 다른 동물에 대한 관심과 친밀성의 정도를 놓고서 인간의 의견은 완전히 다를 수 있다―한 문화권에서 존중받거나 귀하게 여겨지는 어떤 동물이 다른 곳에서는 식용으로 처리될 수 있다면 그런 의견 차이는 더욱 확연하다.

사람들은 더 이상 동물처럼 먹지 않는다. 인간의 식단은 대체로 소비 단위인 가정에 맞춰졌고, 그에 따라 제품화되었다―정착해 살면서, 사냥과 채집만을 통해 80억에 달하는 인류를 먹일 방법은 결코 없었을 것이다. 오늘날 소매 농산물은 덜 다양하지만 더 풍부해졌다, 그리고 계절을 가리지 않는다. 작물에 있어서 유전적 다양성은 줄어들었고, 병충해에 강하고, 높은 생산력을 보장하는 몇 가지 품종을 집중 재배하는 쪽으로 진행되었다. 야채와 과일이 테플론과 네오프렌 브랜드처럼 상표가 붙은 제품이 되었다. 고기도 사냥을 통해서가 아니라, 축사에서 몇 가지 동물을 새끼만 낳도록 해서 공급하는 것이 압도적인 비율을 차지한다. 현재 일반 가정의 식료품 저장실은 거의 가공식품이 차지하고 있다. 기계가 뽑고, 냉장 보관이 필요 없고, 일회용이며 편리하다. 소비자는 계절을 가리지 않고 쏟아 놓은 엄청난 양의 다양한 제품들 사이에서 생존 본능과 무관하게 기호에 따라 선택을 한다.

숟가락과 입 사이의 거리를 두고 내리는 결정은 지극히 사적이다. 그러나 그 사이에서 우리가 심사숙고하는 것은 문화와 계층, 지리와 과학, 그리고 역사의 문제이다. '무엇을 먹는가' 하는 문제는 생물학적 선택 이상이다. 식품 화학, 농학, 축산 과학 그리고 건강과 의학 관련 과학이 식습관을 형성한다. 근거 없는 미신, 유행, 두려움, 광고, 그리고 '취향'을 설명하는 데 따르는 어려움, 그리고 국가 보조금도 같은 역할을 한다. 어떤 음식들이 선택 범위 안에 있는가, 내 돈으로 무엇이 구입 가능한가, 무엇이 익숙한 음식인가, 무엇이 극혐인가 등을 사이에 놓고서 우리가 고민할 때, 대개 두 가지를 기준으로 결정한다. 전통, 그리고 내 동족이 무엇을 먹는가. 만약 뭘 먹는가가 우리를 만드는 것이라면 내 동포가 정착시킨 식단—그것이 실용적이라면—에서 너무 안 벗어나는 것이 합리적이다. 음식은 우정이다. 음식은 향수를 부른다. 우리가 최초에 먹은 음식은 중독적이며 입맛을 왜곡하고, 나이가 들면 그것을 갈망하게 한다. 음식에 대한 취향과 기억은 종이 한 장 차이다.

무엇을 먹을 것인가

민족의 요리는 그 민족의 종교적, 정치적 과거를 말해 줄 뿐 아니라 기후와 생태적 조건을 상기시킨다. 예를 들면 지역적 박테리아 변종과 부패에 강한 음식들, 그리고 그 지역의 강우량, 고도, 그리고 토양 유형에 최적화된 식물들, 또 농토를 일구고, 가축 사육장, 양어장과 목장을 만들기도 전에 그 지역에서 최초로 살아남은 가축들. 음식과 관련된 금기들 중에서, 고기는 귀하게 취급받으면서도 어떤 야채나 곡물보다 과도하게 금지되고, 규제되고, 또는 특정한 요리 방법을 지키도록 강요당했다. 고기의 범주에 딸려 오는 것이 있다. 감각과 지각 기관들(눈, 입과 혓바닥, 뇌), 그리고 정력과 관련된 부분들(젖, 고환, 피, 여러 분비샘들)은 역사적으로 극한 혐오와 역겨움을 불렀다. 고기는 기념과 축하를 위한 음식으로 최고의 대접을 받았다. '대관식 닭요리(1953년 엘리자베스 2세의 대관식 만찬에 선보인 닭요리―옮긴이)' 크리스마스 훈제 돼지 넓적다리, 추수감사절 칠면조. 그러나 아마도 그것이 존중과 배려와 그리고 재회(가족 간의 혹은 동기끼리의)를 의미하기 때문이겠지만, 고기는 또한 평등과 집단의 연대를 상징하기도 했다. 튀김 닭, 햄버거, 그리고 농부의 파이는 차례로 자급자족, 일치, 안락과 같은 귀한 가치를 일깨웠다. 우리가 먹는 동물이―특히 우리가 먹지 않는 동물이―한 민족으로서의 '우리'를 만든다는 말은 조금도 과장이 아니다.

먹는 것은 지극히 개인적 선택의 문제이다. 하지만 우리가 무엇을 먹기를 원하는가 하는, 그리고 무엇을 먹지 않을 것인가 하는 문제는, 우리를 어떤 친밀한 무리와 연결되도록 만들거나, 우리 문화적 과거와 긴밀히 연결된 전통을 우리 자신에게 반복적으로 고취하는 수단이 되기도 한다. 나도 이런 생각을 믿지만, 동시에 내가 이 주제에 대해서 이중적 태도를 취하는 것도 알고 있다. 나는 개인적 학습과 결심을 통해서 나의 이웃과 가족으로부터 따돌림을 당하지 않고도 내 식단을 바꾸었다. 비록 내 가족들이 모두 육식을 했지만 누구도 내가 20대 중반 이후로 채식주의자가 된 것에 대해 문제 제기를 하지 않았다. 이제는 채식도 별로 새삼스러운 일이라고 생각지 않는 세상이 되었다. (내가 동물 해방을 목적으로 과격 행위를 일삼는 어떤 비밀 단체에 가입했을 거라고 여전히 믿고 있는 제일 어린 열네 살 조카만 빼고. 이런 점에서, 그가 실상을 알면 나에게 실망할 것이다.) 내 친구 중에는 채식주의자도 있고, 이따금 고기를 먹는 사람도 있고, 특정한 동물만 먹는 친구도 있다. 한두 명만이 엄격한 비건이다. 호주는 다민족적 나라이고 요리도 잡다해서 집단적 준수를 요구하는 음식도 거의 없다. 또 고기를 거부한다고 예의 없다는 취급을 받거나 비난받을 일도 없다. 연방 규모의 선거가 있으면, 투표소 출구 근처에서 요리용 철판에다 소시지를 구워서 빵에 넣어 만든 '민주 소시지'를 유권자에게 건네는데, 이것이 내 생각에는 공동체 행사에서 고기만을 강요하는 유일한 경우이다. 그것조차도 오랜 세월 지켜 온 심각한 전통이라기보다는 일시적 유행 같은 것이다.

나의 채식은 지난 10여 년간 조금씩 바뀌었고 지금은 거의 식물만 먹는다. 먹는 것이 환경적 실천이라는 생각이 최근에 힘을 얻고 있다. 채식주의의 기본적 정신은 환경에 대한 염려와 더불어 확장된 것으로 여겨진다. 처음에는 인간의 몸과 마음의 건강을 위해서 시작해서(역사적으로, 최초의 채식주의자들은 경건함을 얻고자 고기를 포기했다), 동물의 몸에 가해지는 고통이 불편한 채식주의자들이 생겼고, 또 이윤만을 추구하는 농업이 행해지는 곳 근처에서 그 지역의 물과 표토에 대한 걱정이 채식으로 기울게 한 경우도 있다. (최근에 채식을 선택한 사람들이 주로 내세운 이유는 개간, 오물 저수장, 폐수로 방출된 감염 예방을 위한 항생제 등에 대한 염려 때문이었다.) 최근의 채식 논의는 육식이 기후 변화 악화의 주범이란 생각을 중심으로 이루어지는데, 이것은 그런 염려의 폭을 더 확장한 것으로 보인다. 채식주의는 점점 더 많은 사람들에게 건강한 지구를 염원하는 생태적 서약으로 여겨진다.

작가인 마이클 폴란(미국의 논픽션 작가. 지은 책으로《잡식동물의 딜레마》《욕망하는 식물》등이 있다—옮긴이)은 정제된 그리고 비타민이 첨가된 음식물에 의해 인간의 '음식 환경'이 얼마나 급격하게 변했는가를 탁월하게 설명해 주었다. 또한 인위적인 초고속 성장 방식으로 똑같이 키워지는 엄청난 수의 가축도 오늘날 그들 선조의 음식과는 딴판으로 알갱이 음식과 칼로리만 풍부한 사료로 키워진다. 현재 인간과 이 '고기가 되기 전'의 동물들 사이를 연결하는 먹이 사슬은 자연과는 아무 관련이 없다고 봐도 무방하다. 가축은 '자연의' 동물이 아니다.

또한 자신의 본능을 발휘하는 자연적 조건에서 살지도 않는다. 그들은 시장에 값싼 음식을 제공하는, 단백질 생산 복합 산업체의 도구일 뿐이다. 그러나 아무리 이 식용 동물이 자연과 유리되어 있다 하더라도, 그들의 존재는 지구적 생태와 기후에 영향을 미치고 있다. 소고기는 최악이다. 자주 인용되는 통계에 따르면, 주로 메탄가스를 분출하는 소를 하나의 국가로 친다면, 세계에서 셋째 가는 온실가스 배출국이 된다. (소도 공기에 영향을 미치지만, 고래와는 정반대로, 지구 온난화를 가속화한다.) 비료를 뿌려 사료를 키우고 그것을 운송하는 부수적 과정 또한 피해를 준다. 사료 생산 과정의 온실가스 배출량은 달걀과 닭, 그리고 돼지고기에서 나오는 양의 60~80퍼센트를 차지한다.

그러나 우리가 편견 없이 먹거리를 바라보는 것이 과연 가능할까? 그리고 그것이 어렵다면 그 이유는 뭘까? 개인적·문화적 그리고 정치적·외부적 요인들이 늘 제일 앞자리를 차지하여, 우리가 세상을 바라보는 방식에 너무나 영향을 미치고 있어서, 먹는 것의 의미에 관해 깊이 있는 논의를 전개하는 것은 거의 불가능해 보일 정도다. 우리는 먹는 것을 선택하는 문제에 대해서 개인적 차원을 벗어나 다른 누구와도 의논할 생각이 없어 보인다. 하지만 그런 생각의 부족이 사람과 동물이 사는 환경에 나쁜 영향을 미치는 선택을 막지는 못한다. 인간이 건강한 음식을 취하는 것과 다른 존재를 염려하는 것 사이에서 어떤 식으로 우리의 입장을 정할 것인가 하는 문제는 혼자서 내릴 수 있는 결정도 아니고 일회성 결정도 아니며 가만 있는다고 해결되지도 않는다. 어떤 이에게는 작은 희생이, 어떤 이에게는 큰 희생이 필요할 수도 있다. 고래를 먹는 것이 갖는 의미에 대해 생각하다가 나는 이 모든 문제를 다음의 틀 속에 넣지 않을 수가 없게 되었다. 먹는 행위가 자연과 상징적 관련을 맺는 방식에 어떤 식으로 영향을 미칠까, 그리고 우리가 힘을 합쳐 무엇을 먹을 것인가를 선택하는가에 따라 자연은 어떻게 변하게 될까.

이런 생각을 하면서, 나는 짐을 꾸린 후에 걸어서 친구 집을 방문해 식사를 했다. 자리를 함께한 다른 이들은 실컷 먹었다. 나는 거의 입을 대지 않았다. 접시에 놓인 고래 혓바닥이 자꾸 떠올랐다. 어떤 사람이 고래 혓바닥을 입안에 넣고 우물우물 씹는 모습이 떠올랐다. 자신들의 혀와 다르지 않은 물렁한 식감을 느꼈겠지만 제 혀가 아니니 고통은 없었을 것이다. 식사를 마치고 그릇과 주전자를 싱크대에 쌓아 두고 다들 소파에 털썩 주저앉았을 때, 초대했던 친구가 내 손을 잡으며 '괜찮아?'라고 물었다. '괜찮아.' 나는 대답했다. '그냥 내가 상상 가능한 최악의 음식을 먹게 된다면 그 심정이 어떨까 하는 생각에 골몰했어. 그리고 만약 안 먹을 수 없는 상황이라면 빨리 먹어 치울 것인지, 아니면 꾸물대며 시간을 끌 것인지를 생각했어.'

대화는 어떤 식으로 최악의 음식을 먹을 건가와 그 최악은 과연 무엇인가로 흘렀다. 거의 모두가 고기였고, 그중 몇 가지는 웃음을 터뜨리게 했다. 양념을 바른 삼발 가오리, 뱀탕. 종모양의 덮개를 젖히면 나타나는 양머리, 송아지나 양의 목과 췌장 살로 만드는 스위트브레드(송아지나 양의 흉선(목과 식도라고도 한다)과 췌장의 물렁한 살로 만든 요리―옮긴이), 트라이프. (냉장실에 매달아 놓았던 고깃덩이에서 '떨어져 나온' 부스러기로 만든 오팔의 다른 이름.) 한 명이 '플로리다의 악어와 거북' 고기를 말했을 때 모두 전율했다. 나는 내 누이가 네덜란드에서 이중 냄비 속에 들어 있던 양념된 얼룩말 고기를 보았던 일을 얘기했다. 또 즉석 햄버거에는 백 마리에 달하는 서로 다른 소고기가 저며져 있다고, 그리고 '실험실에서 분석했더니' (이 부분에서 손가락으로 '공포'의 인용 부호를 그렸다) '서로 다른 종이 섞여 있더라'고 말했을 때는 다들 믿을 수 없다는 표정이었다. 영화 감독이자 배우인 한 친구는 필리핀에 갔을 때, 요란한 아침상을 받았는데 그들이 권하는 거의 모든 요리를 거절하고, 제일 안전해 보이는 국을 딱 하나 골라서 미소를 지으며 숟가락으로 떠먹었다고 했다. 식사가 끝날 즈음에 요리사는 자신이 만든 피국 한 그릇bowl of blood을 싹 비워 주어서 기쁘다고 말해 주었다고 한다.

식용 고래의 역사

다들 눈물을 찔끔거릴 정도로 웃고 나서 마지막 와인 잔을 채웠을 때, 나는 영국 튜더 왕조 때 코디얼(증류주에 약초, 향초, 과일 등을 첨가하여 만든 혼성주의 총칭―옮긴이), 비스킷, 그리고 포셋(우유에 와인이나 에일 맥주를 더해 걸쭉하게 만든 따뜻한 음료―옮긴이)에 고래 성분을 첨가했다고 말했다. 그때는 도넛을 튀길 때도 들쇠고래의 지방을 썼다. 더 이전의 중세 유럽에서는 고래를 갖은 약의 재료로 썼다―고래의 내장 분비액은 간질과 두통에 썼다. 미신을 믿는 의사는 외뿔고래의 뿔을 우울증의 치유제로, 그리고 해독제로 썼다. 유명한 왕들은 악귀를 쫓는다고 믿고서 고래 뿔을 깎아 만든 술잔과 식기를 쓰면서 있을지도 모를 암살을 막아 보려 했다. 흑사병이 유행할 때는, 향고래의 후장에서 얻은 향료인 용연향으로 감염병의 원인으로 여겨졌던 전염성 공기의 퇴치제로 썼다. 현재도 '떠다니는 금'이라 불리는 용연향은 소화되지 못한 오징어 입이 고래 내장에 상처를 내지 못하도록 분비된, 진흙처럼 끈적한 액이 입을 싸면서 형성시킨, 희귀하고 값비싼 아교질의 물질이다. 용연향은 향, 향수 보류제(향료의 휘발되는 속도를 일정하게 하여 향료의 지속성을 높이는 작용을 한다―옮긴이), 최음제, 그리고 요리의 원료로 오늘날까지 계속 쓰고 있다. 향고래는 먹고 남은 오징어 입 찌꺼기를 정기적으로 토해 낸다. 아주 조금 남은 입만 (생물학자들은 1퍼센트로 추정한다) 소화기를 따라 너무 멀리까지 가 버려서 토해 낼 수가 없어서 똘똘 뭉쳐진 용연향이 되어, 배설물로 나오거나, 혹은 고래가 죽어서 부패한 후에 바다 위로 떠오른다. 그것의 냄새를 맡아 본 전문가들은 강하지만 그리 불쾌하지는 않은 냄새라면서 '오래된 교회의 나무' 냄새와 비슷하다고 했다. (고래의 내부는 참회의 장소였다.)

　'용연향 얘기도 한물 지나간 얘기야.' 내가 계속해서 말했다―이제는 취기가 오르기도 했고, 지난 며칠간 식용 고래의 역사를 샅샅이 훑었기 때문이기도 했다. 14세기 리처드 2세의 궁정 요리에 돌고래의 허리살이 등장했고, 심지어 19세기 말엽에 화가인 앙리 드 툴루즈 로트레크의 개인 요리책에 쇠돌고래 스튜가 나왔다. 제1차 세계대전 동안에 미국인들은 군용으로 선점되어 귀해진 소고기와 양고기의 대용으로 고래 고기를 먹도록 권장받았다. 1918년에 미국 자연사 박물관에서 개최된 만찬에서 다양한 고래 요리를 선보였다. (그날 밤 미디어는

'저명인사들이 향연을 벌였다'고 보도했다.) 메뉴에 올라온 딥시파이Deep Sea Pie를 본 손님들은 그것이 태평양 연안에서 흔히 잡히는 혹등고래 고기임을 확신했다. '진짜 고래를 내놓은 것이 아니라, 그중 일부 부위를 먹었다'고 신문은 친절하게 설명했다. (혹시라도 독자들이 죽은 혹등고래를 몸뚱이 그대로 큰 테이블에 올려놓고서, 높으신 양반들이 포크와 나이프를 들고 덤벼들었을 거라고 상상할까 봐.) 1973년까지 몇몇 다른 곳과 함께 뉴욕의 메이시 백화점의 미식가 코너에서 고래 통조림과 훈제 고래를 구입할 수 있었다. 그때쯤이면, 이미 고래 고기는 눈길을 끌고 싶어 요란하게 차린, 젤로 샐러드와 통조림 파인애플을 자랑스럽게 내놓는 만찬에서나 등장하는 혐오 메뉴가 되었다.

'동물 중에서, 나는 절대로, 고래는 안 먹을 거야.' 몇 분 전에 보양의 효과가 있다면서 뱀탕을 찬양한 친구가 말했다. 고래만 빼면 온갖 동물을 다 먹는 탐식가인 그녀가 쥐고 있는 잔을 반지로 딱딱 때리면서 힘주어 말했다. '고래는 지능이 너무 높거든.' 다들 고개를 끄덕였다. 어떤 의미에서 고래는 사람 같다고 알려져서―똑똑하고 무리를 지어 살고 의사소통을 할 뿐만 아니라, 노래를 즐긴다―고래를 먹는 것은 은근히 식인 행위처럼 느껴지는가 보다. 그렇다고 다들 동의했다. 게다가 고래를 죽이는 것은 너무 잔인하다. 중앙 신경 체계가 있고, 뇌의 반구가 분리되어 있어서, 그들이 상처를 입으면 인간과 비슷한 방식으로 고통을 겪는다는 것을 쉽게 알 수 있다. 고래의 고통은 인간에게 상상 가능하다. 게다가 최대의 동물이어서 그 고통도 막심하다.

편안한 거실에서의 대화는 늦게까지 이어졌다. 아무도 떠날 생각이 없는 듯했다. 바람이 창문을 흔들었다. 어둠 속에서 축 늘어진, '1

분에 1마일'이라 불리는 덩굴식물의 덩굴손이 창문을 어루만지고 있었다. 그 잎사귀가 귀를 닮았다. 한 친구가 냉장고가 없었던 시절에는 큰 고래를 잡았을 때, 썩혀 버리지 않으려면 나누는 수밖에 없었을 것이라고 진지하게 지적했다. 그래서 고래 고기는 바로 의식을 위한 수단이 되었을 것이다. 고래의 부위를 할당하는 것은 사회적 계급을 재확인하고 공동체 내에서 친목을 돈독히 하는 계기가 되었으리라. 누가 공공연하게 맛있는 하복부 살을 취할 것인가, 그리고 누가 맛없는 꼬리를 가져갈 것인가? 그 행위가 권력을 확인하는 방식이 아니었을까? 고래의 풍부한 고기를 통해 사회적 권력이 드러나고 그것이 가시적으로 분배되었기 때문에 고래에게 카리스마가 부여되지는 않았을까?

주인장이 이 생각에 이의를 달았다. 고래가 똑똑한 생물이기 때문에 고래 고기에 거부감을 느끼는 것과는 반대로 오히려 바로 그런 이유로 고래를 먹는 사회도 있다는 사실을 지적했다. 인간과 같은 자질(똑똑함, 활력)을 가진 동물을, 다른 문명권에서는 바로 그것을 얻기 위해 먹기를 원한다는 것이다. 단지 먹는다는 것으로 그런 '엑기스'를 취할 수 있다는 것은 그 손쉬움 때문에 더욱 매력이 있지 않았겠는가. 한 여성이 잠시 흐르던 침묵을 깨면서 자신의 중국인 어머니가 상어가식욕이 대단하다는 이유로, 매일 '태즈메이니아산 스쿠알렌'―상어의 간유肝油―을 한 스푼씩 섭취했다고 전했다. 말년에 어머니는 식욕을 잃었는데, 스쿠알렌이 식욕을 돌려줄지도 모른다고 믿었다고 했다.

이런 점은 생각지 못했다. 하지만 그제야 어떤 생명체를 저급하기 때문에 '음식'으로 분류하는 것이 아니라 그 동물의 상징―카리스마―때문에 '식용'으로 분류될 가능성도 있다는 생각이 들었다. 카리스마는 존중의 원천이지만 그것 때문에 무조건 받들어 모시는 것이 되지는 않는다. 때로는 그런 이유로 먹어야 하는 것이 된다.

　'설마 일본에 가서 고래를 먹을 생각을 하는 건 아니겠지?'라고 배우 일을 하는 친구가 물었다. '채식주의자인데 그럴 리가 없지.' 다른 친구가 바로 받아쳤다. 과거에서 그랬고 지금도 그럴 리가 없다. 하지만, 세계 최대의 공장식 포경선 옆 도크 그늘에 있던 일본 고래잡이들과 함께한 그 짧은 시간 동안에 분위기를 부드럽게 하려고, 원칙을 깨고 고래 고기를 한입 먹으면서 이 확신은 거짓말이 되었다.

고래의 몸으로 만든 것

오늘날 일본만이 아니라 전 세계가 고래 고기를 먹는다. 당신이 작정을 하고 찾으면 아이슬란드, 노르웨이, 그린란드, 그리고 덴마크의 페로스 제도의 을씨년한 도시나 촌락의 접시 위에 놓인 고래 고기를, 혹은 한국의 울산에서 젓가락 끝으로 집어든 고래 고기를 볼 수 있다. LA의 세계적 음식 비평가 고故 조나단 골드는 얇게 잘라 낸 한국 배를 곁들여 참기름에 적신 고래 고기를 먹고 '소고기보다는 기름기가 적고, 풍부한 맛이 나고, 떨치기 힘들 정도의 연하고 말랑말랑한 뒷맛이 있다'고 했다. 〈뉴요커〉의 다나 굿이어 기자는 자신이 아이슬란드에서 먹은 고래 회를 '허리케인 램프(바람이 불어도 불꽃이 꺼지지 않게 유리 갓을 두른 램프—옮긴이)의 타 버린 심지 냄새를 연상시키는 기름 맛'이 난다고 했다. 고래 고기 소비를 진작시키고 젊은이들에게 고래 맛을 알려 주기 위해서, 노르웨이의 고래 산업은 콘서트장에서 고래 고기를 고구마튀김처럼 종이에 담아 팔았고, 해변에서 잡은 남아 도는 밍크고래 고기를 가난한 사람을 위한 자선 행사에 기부했다. 고래 고기의 수요가 줄어들자 북유럽의 고래 산업은 화장품, 건강 보조 식품, 뉴트라수티컬(영양이란 뜻의 뉴트리션과 의약품이란 뜻의 파마수티컬을 합하여 만들어진 신조어—옮긴이)과 의약품 쪽으로 주력하게 되었다. 고래 고기의 부산물로 만든 고래 고기 단백질 파우더와 고래기름 스킨 크림 따위가 출시되었으나 사는 사람은 거의 없다. 한 아이슬란드의 대학교에서 고래 몸에서 철분이 풍부한 성분을 추출해 빈혈 예방약을 개발하려는 연구가 진행 중이라고 한다. 고래 치료제라는 새로운 프런티어를 개척하겠다는 것이다.

다른 곳을 보면, 알래스카와 캐나다에서, 러시아 연방에서, 세인트빈센트섬과 그레너딘섬을 비롯한 대서양 제도 근처에서, 그리고 렘바타섬과 솔러섬을 비롯한 인도네시아 제도 부근에서, 고래는 문화적 전통대로 의례적이며 정례화된 무기를 사용해서 식량감으로 사냥한다. 더 작은 고래목 동물인 돌고래까지 포함한다면, 솔로몬 제도와 페루와 중국을 비롯한 더 많은 나라들이 고래를 식용으로 삼는 나라의 목록에 추가될 수 있다. 한국을 포함한 몇몇 나라는 낚시 중에 우연히 어망에 걸린 부수 어획물로서 혹은 표류한 경우에, 고래를 식용으로 파는 것이 허용된다. (고래를 항구로 갖고 오기만 하면, 우연히 잡혔는지 혹은 적극적 사냥 행위에 의해서인지를 확인할 방법은 마땅치 않다. 고래 한 마리는 거의 일억 원에 달한다—한국 어부는 고래를 '바다의 로또'라고 부른다.)

거의 모든 곳에서 고래 고기를 먹는 것이 가능하다, 하지만 먹는 사람은 거의 없다. 고래는 보통 정해진 계절에만 먹는 음식이어서, 몇 달만 먹을 수 있다. 혹은 축제 같은 곳에서 소수의 사람만이 먹는 음식이다. 아이슬란드에서는 3.2퍼센트의 사람들만이 일 년에 6번 이상 정기적으로 고래를 먹는다고 했다. 그리고 더 적은 수인 1.7퍼센트의 사람들이 적어도 한 달에 한 번씩 먹는다. 노르웨이의 경우 그 수치가 조금 더 높다. 노르웨이와 아이슬란드는 둘 다 일본에 고래 고기를 수출한다. 얼음으로 뒤덮여 있고 오지인 곳에서만, 게다가 황무지이거나 아예 토양이란 것이 없거나, 그리고 악천후인 곳에서만 고래 고기가 주식이다. 이런 곳에서는 적은 수의 사람이 정주하거나 이동하면서 사는데, 말린 고래 가죽, 발효시킨 지방 덩어리, 혹은 마탁(깍두기 크기로 자른 가죽과 블러버)을 식량으로 휴대한다. 그들 생계의 팍팍함이 고래 고기를 많이 먹는 것을 정당화했지만, 그로 인해 사람들은 오염된 블러버를 주식으로 삼게 되었다.

일본은 일년 내내 고래 고기를 먹을 수 있는 유일한 나라이다. 정기적으로 먹는 사람은 거의 없음에도 불구하고, 그보다 훨씬 많은 수의 사람들이 고래 먹을 권리를 옹호한다. 여론 조사 결과는 애매한 수치를 보여 준다. 〈아사히 신문〉의 여론 조사에 따르면 십수 년 전에는 응답자 중에 56퍼센트가 고래 고기 먹는 것을 찬성했고, 26퍼센트가 반대했다. 4년 뒤에 국제 동물 복지 기금의 의뢰로 이루어진 일본 리서치 센터 조사는 고래잡이에 대한 만연한 무관심을 보여 주었다. 54.7퍼센트는 잘 모르겠다—찬성도 아니고 반대도 아니다—고 대답했다. 하지만 고래잡이 찬성자(27퍼센트, 그리고 11퍼센트는 적극 찬성) 중에도 보조금을 찬성하는 사람은 별로 없었다. 2007년에 500명 이상의 15세에서 26세 사이의 일본 젊은이들을 여론 조사했더니, 고래 고기 판매를 찬성했을 뿐 아니라 반反-반포경 정서를 드러냈다. 일본의 음식 문화에 대한 서방의 간섭이 문화 제국주의에 해당한다고 생각하는 것이다. 마지막으로 국제 동물 복지 기금의 의뢰로 성사된 일본 리서치 센터 조사는 2012년에 11퍼센트도 안 되는 사람이 고래 고기를 샀음을 보여 주었다. 게다가 일본인이 구입한 고래 고기의 양은 다른 고기와 비교해 봐도 매우 낮았다. 일 인당 연간 고래 고기 섭취는 햄 한 조각 정도인 약 40그램이었다.

일본 포경선에 의해 수확된 고래의 양은 국내 수요를 초과한다. 하지만 1970년대에 러시아 고래잡이에 의해 수확된 잉여분과는 달리 이차 시장으로 흘러가 동물의 먹이가 되지는 않았다. 그냥 저장되었다. 정확한 수치를 확인하기가 쉽지 않지만, 2012년에 〈재팬 타임스〉는 대략 5천 톤의 냉동 고래 고기가 산업용 냉동고에서 보관되고 있다고 보도했다. 2019년에 릿쿄 대학의 준코 사쿠마는 보관 중인 고기의 양을 3700톤으로 추정했다. 제2차 세계대전 이후 고래는 한때 학교 점심에서 다른 고기를 대신해 인기를 얻었지만, 시간이 지나 더 많은 값싼 단백질에 자리를 내주면서 '말고기 따위의 다른 야생 고기와 같은 취급'을 받게 되었다. (고래기름이 마가린과 비누의 원료였다가 몇 십 년 전에 사치품의 원료로 사용되면서 신세가 격상했던 영광의 흔적이 남아 있기는 하다.) 최상급 고래 고기는 100그램에 2만 6천 원 정도로, 일본 전체에서 예를 들면 마쓰사카 스테이크와 같은 최고급 고기보다도 훨씬 비싸다.

일본의 젊은 세대들에게 고래 고기를 어필하기 위해서, 그것의 환경적 영향의 정량화를 시도했다. 2009년에 〈산케이 신문〉은 1킬로그램의 고래 고기를 구입하기 위해 발생하는 이산화탄소의 양이 그것을 구하기 위해 가야 하는 먼 거리를 감안하더라도, 같은 무게의 소고기를 생산하는 데 드는 양의 10분의 1에 불과하다는 분석 결과를 내놓았다.

내가 일본을 방문했을 즈음에, 그 나라는 과학 연구 목적의 포경 프로그램에 참가하고 있었다. 1987년 국제 포경 위원회가 고래잡이 금지 조처를 발효한 후에 시작했던 연례 사업인데, 아마도 국제적 비난을 견딜 만해졌을 때인 2019년까지 매년 참가했다. 그때가 되자 일본은 국제 포경 위원회를 탈퇴하고 남극에서의 포경은 포기하고, 자국 내 태평양 바다에서 상업적 포경을 시작하겠다고 선언했다. 탈퇴 전 30년 동안, 일본 정부는 국제 포경 위원회 헌장에서 과학적 목적으로 포경을 허용한 조항을 이용해서 일본 고래 연구원ICR에 할당된 쿼터만큼 포경을 계속했다. 또 국제 포경 위원회는 연구 목적으로 사용된 고래 고기는 자국 내 시장에 음식으로 파는 것을 허용했다.

이 기간 동안 일본의 포경 과학이 과학적 목적과는 완전히 무관한 것이었다고 하면 그건 심한 말일 것이다. 남극해의 포경과 그것의 목적에는 속임수라고 할 만한 것은 없었다. 광의적 의미에서 '과학적'이었다. 다만 연구의 가장 중요한 목표가 고래의 생태와 행동에 대한 이해를 개선하는 것도, 혹은 극지방의 생태 과학을 발전시키려는 것도 아니었음은 사실이다. 일본의 연구는 남극 고래의 개체 수 구조와 세대에 걸친 역학 관계—주로 고래의 생식과 나이와 성별 분포—를 확인해서 미래의 포경을 위한 방어 논리를 찾는 것을 목표로 했다. 그것은 보존을 위한 과학이 아니라 고래 개체의 번식을 관리하기 위한 연구였다.

남극해에서 일본이 잡은 고래는 주로 밍크였다. 고래수염이 있고 날씬한 밍크고래는 뾰족한 머리에 말안장 모양의 무늬가 있다. 밍크에도 두 종류가 있다. 북대서양과 북태평양에서 발견되는 북방밍크고래와, 반대쪽 멀리 남쪽에서 보이는 남극밍크고래가 있다. 밍크minke

란 이름은 노르웨이어에서 비롯했는데, 동사로 **밍크**minke가 '쪼그라들다, 수축하다'란 뜻이었다고 한다. 남극밍크고래는 국제 포경 위원회가 포경을 금지하기 전쯤 국제 원양 포경 산업이 뒤늦게야 사냥의 표적으로 삼았지만, 오랜 사냥으로 크고 기름이 많은 거대 고래 개체 수가 급감해 버렸고, 식량과 채취 산업을 위해 포경을 하던 나라들이 포경 기술을 고도화시키면서 이 빠르고 날씬한 고래는 잡기 쉬운 사냥감이 되었다. 1972년에서 1987년 사이에 남극에서만 거의 10만 마리의 밍크가 잡혔다. 그 이후 과학적 연구를 위한 사냥만 가능해진 뒤로도 일본은 밍크고래를 1만 1천 마리가 조금 넘게 잡았다.

시간이 기록된 귀지

일본의 과학자들에게 밍크고래의 몸에서 가장 귀한 부분은 귀고, 그다음은 눈이다. 머리 외부에서 봉쇄되어 있고 두개골 속까지 빽빽이 들어선 고래의 귓구멍에는, 나무의 나이테처럼 나이를 입증하는 말랑말랑한 귀지가 있다. 고래의 귀지는, 잘라 놓고서 야채 보관실 바닥에 오랫동안 내버려 두었던 셀러리 같다. 구질구질하고 덩어리져서, 질긴 셀러리. 귀지의 층을 확대해서 보면 그것은 성장의 기간을 기록한 일지이다. 양육과 번식의 시기와 반복적 이주의 흔적도 기록되어 있다. 진하고 연한 층이 대략 6개월을 주기로 쌓여 있다. 이것을 근거로 과학자들은 고래가 죽었을 때 몇 살이었는지 추정할 수 있게 되었다. 비록 다른 방식으로도 어린 고래인지 성숙한 고래인지 정도는 확인할 수 있으나, 정확한 나이를 확인하려면 귀지를 적출해야 한다. 그

남극 대륙의 네코항에서 촬영된 남극밍크고래. © Jerzy Strzelecki

게 아니라면 눈으로도 가능하다. 눈에도 귀처럼 나이가 기록되어 있다. 고래의 수정체도 시간에 따라 또한 두꺼워진다. 고래 안구의 단백질은, 고생물학자 닉 피엔슨의 말을 인용하면, '몸의 순환 과정 중에 조금씩 짜낸' 것이다. 그래서 눈 아닌 다른 출처나 과정에서는 절대로 충전되지 않는, 이 단백질의 변화율로부터 밍크고래의 나이를 분석할 수 있다.

일본의 과학자들만 고래 귀로부터 배울 것을 찾는 것은 아니다. 스미소니언 박물관의 연구자들은 고래 귀지를 '대양의 핵심 표본'이라고 부른다. 그 말랑말랑한 귀지가 화학적 정보를 담고 있고, 그것을 분석하면 고래가 평생 노출되었던 오염(살충제와 중금속)의 역사를 파악할 수 있기 때문이다. 또한 고래가 소음 공해와 먹잇감의 부족으로 고통을 겪으며 생긴 것으로 짐작되는, 내부에서 코르티솔이 고조되었던 것도 기록되어 있어서 과도한 육체적 스트레스의 흔적도 확인할 수 있다. 고래의 귀는 말랑말랑한 기록 문서이다. 생물학자들은 동물의 귀지가 개별 고래만의 기록 문서가 아니라 그들이 사는 해양 세계에 관한 기록이라고 말한다.

고래가 감각하기―보고 듣기―위한 육체적 장치가, 또한 고래에 내장된 나이를 말해 주는 정밀 시계라는 사실은 어떤 점에서는 시적이다. 우리가 알기로는 어떤 눈에도 메모리는 없다. 그럼에도 불구하고 고래 눈에는 시간이 축적되어 있다. 귀는 어떤 식으로 바깥세상이 고래 속으로 들어오게 되는지를 정밀 기록한다. 고래의 귀는 녹음 장치다. 살아 있는 세포가 죽고 대체되는 동안, 눈과 귀라는 두 개의 감각 기관은 역사를 축적한다.

그러나 일본 과학자들이 고래의 감각 기관으로부터 추출한 정보

(그것은 밍크고래의 나이만 말해 줄 뿐, 오염원에 대한 확인은 없다)는 같은 고래를 식량 공급용으로 잡기 위해 획득한 정보일 뿐이다. 일본이 내세운 과학적 목적의 포경은 고기 공급에 초점이 맞춰져 있다. 그러나 그들의 연구는 그들의 필요를 충족시키는 것 이상의 해악을 끼친다. 환경 운동가들은 고래를 노골적으로 식량 확보를 위해 잡는 것보다 과학적 연구를 명목으로 잡는 것이 몇 배나 더 환경에 해롭고 비난받아야 할 짓이라고 주장했다. 과학 연구를 위해서는, 남극해에서 원하는 고래의 숫자를 (심한 경우에는 몇 년씩이나) 미리 밝히고, 그 숫자를 전체 개체 중에 대표적 표본을 구하겠다는 목적에 맞추게 되는데, 그러기 위해서는 단순히 식용을 위해 잡는 것보다 더 많은 고래를 잡게 된다. 또 눈과 귀를 연구하기 위해서는 두개골에 상해를 입히지 않아야 하니 작살을 다른 곳에 꽂아야 하는데 그러면 죽이는 시간이 더 오래 걸릴 것이다. 고래가 죽는 데 얼마나 걸렸는지는 기록된 것이 없다— 고래잡이들은 작살 끝에 펜트리트(제1차 세계대전에서 사용된 건물 파괴용 폭발물—옮긴이) 폭발탄을 달아서 쏜다. 고래 전용 폭탄이다. (데이비드 아텐버러는 '확실하고도 잔인한 과학적 결론은 바다에서 인도적으로 고래를 잡을 방법은 없다'고 했다.) 남극해에서 고래는 일본의 과학 연구를 위해, 차라리 상업적 목적을 위해 죽는 것보다, 더 고통스럽게 그리고 더 많이 죽었다.

과학적 명목의 남극해 포경은 2014년에 잠시 제동이 걸렸다. 호주의 제소로 진행된 소송에서 국제 사법 재판소는 일본 고래 연구원의 방식이 과학적 기준을 충족하지 못했다고 판시했다. (2005~2014년 사이에 일본 고래잡이들이 거의 3600마리의 밍크고래를 잡았고, 이것으로 일본 해양 과학자들이 연구 논문을 썼는데 고작 두 명의 동료학자의 평가를 받았다.) 일본은 국제적인 사법적 제재로 포경이 차단되자, 고래잡이 영역과 포경 기준을 재지정하여 포경 허용치는 줄이면서도 고래의 기관과 조직의 분석 목적은 더 폭넓게 하여 제재를 무력화했다. 2015년이 되어 포경은 재개되었다.

국제 사법 재판소 공판 동안에, 일본의 대표들은 고래 문제가 어업 관리의 목표를 달성하기 위해서가 아니라 환경적 가치만을 근거로 해야 한다는 원칙은 과학적 근거도 없고 독단적인, 동물이 가진 카리스마—고래의 유용성과는 무관한—라는 아이디어에 기반해 있다고 지적했다. '환경적 가치'는, 일본의 대변인에게는 과학이 아니라 감정으로 여겨졌다. 그 감정은 문화로부터 비롯된 것이고, 또한 1980년대 반포경 운동에 의해 만들어졌다. 그것이 의도하는 바는 고래의 숫자가 포경을 재개하여도 지속 가능할 정도로 회복되었는데도, 모든 고래가 신성하다는 신화를 유지시키려 한다는 것이다. 도쿄에서 전직 국제 포경 위원회의 수석 협상자였던 마사유키 고마츠가 고래 한 마리를 한 마리의 동물로서가 아니라 '미래'라고 언급했을 때 나는 그 견해의 차이를 실감했다. 만약 고래가 현재의 환경주의적 관점에 따라 세상처럼 거대한 존재이며, 함께 져야 할 책임을 상기시키는 것이라면, 그리고 만약에 고래 관광객의 관점처럼 고래가 해양의 신성함을 상징하는 것이라면, 고마츠에 따르면, 고래는 어떤 장소를 대변하는 것이 아니라, 일본에서의 어떤 시간을 대변하는 것이 된다. 그 시간은 아직 도래하지 않은 미래이다. 적어도 관료주의적 관점에서는 고래잡이가 시대착오적인 것이 아니라, 소규모일지라도 미래 산업으로 여겨진다는 사실이 나로서는 놀라웠다.

고마츠는 2000년에 밍크고래를 '바다의 바퀴벌레'라고 언급한 것으로도 유명하다. 그는 고래의 개체 수가 많다는 의미였다고 해명했다. 하지만 그가 바퀴벌레의 카리스마를 모르고 한 말은 아니다. 잡아도 잡아도 없어지지 않는 성가신 해충.

포경과 산업의 갈등

기술적, 기계적, 국내적, 그리고 국제적 상황과 같은 여러 가지 형편 때문에 2019년에 일본이 남극 포경 프로그램에서 철수하게 되었다. 20세기의 기술 혁신으로 포경 산업이 파괴적 산업이라는 오명을 얻었고, 21세기에 빅테크의 등장으로 고래 산업을 더욱 위축시켰다. 2014년에, 아마존과 일본의 온라인 쇼핑 사이트 라쿠텐은 영국의 환경 조사 기관에서 내놓은 몇 가지 보고서에 대한 응답으로 돌고래와 고래 상품의 판매를 금지했다. 보고서는 쇠돌고래, 참고래, 부리고래와 밍크고래가 진공 포장과 통조림의 형태로 즉각적 구매가 가능하며, 광범위하게 퍼진 엉터리 제품명으로 비정상적 구매가 이루어지고 있음을 보여 주었다. 이런 조치로 고래 고기 유통망이 끊겼고, 좀 더 광범위하게 고래 고기를 블랙리스트 상품으로 낙인찍는 효과를 낳았다.

남극해에서 과학적 포경이 몰락한 것에는 온라인에서 고래 제품이 퇴출당한 것 말고도 좀 더 근본적인 이유가 있었다. 1987년에 진수된 8145톤에 달하는, 일본의 유명한 공장식 포경선 닛신마루호는, 비록 1991년에 고래 사체를 처리하고 저장하기 위한 리모델링을 거쳤지만, 남극해에서 조업을 더 하기에는 너무 노후한 상태라고 판명되었다. 2011년 이래로, 그 배는 위도 60도 이하에서, 유출되면 극지방 생태계를 위험에 빠뜨릴 중유의 사용을 제한하는 국제 해사 기구의 규정을 위반해 왔다. 그뿐이 아니다. 바다에서 상습적으로 고래 폐기물을 버렸다. (추정에 따르면 배에서 폐기하는 고래의 뼈, 고기 찌꺼기, 종양과 먹을 수 없거나 쓸모없는 부위는 전체 고래의 40퍼센트 정도라고 한다.) 일본 정부는 닛신마루가 일본 영해와 독점적 경제 수역에서 조업을 하는 것이 유리하다는 입장이었다—위험 부담을 줄이기 위한 것일 뿐 아니라, 경제적 타산도 맞았기 때문이었다. 일본은 매년 고래 산업에 약 540억 원을 보조금으로 지급해 왔다. 일본 해역에서 상업적으로 적당한 양의 고래를 포획하면 정부의 보조금도 줄일 수 있고 국제 사회를 향해 포경을 포기하라는 압력에 일본이 굴복하지 않는다는 강한 의지를 보여 줄 수도 있으니 여러모로 좋았다.

일본이 남극해 포경이라는 관에 대못을 박은 것은 고래가 다시 위기에 처한 것으로 보였기 때문이었다. 2018년에 국제 자연 보전 연맹은 밍크고래(가장 개체 수가 풍부한 고래로 '관심 필요' 단계)와 남극밍크고래의 적색목록을 재검토했고, 후자를 '자료 부족'에서 '취약 근접' 단계로 위험도를 격상했다. 국제 자연 보전 연맹은 남극밍크고래가 모니터하기 어려운 서식처에 사는 데다 기후 변화에 점점 취약해져서 그것의 총 개체 수의 추정이 쉽지 않다는 사실을 인정했지만, 그럼에도 불구하고 남극밍크를 위기에 근접한 것으로 평가해 경종을 울리기를 원했다—그것은 일본이 남극해에서 사냥한 동물이 이제 공식적으로, 위기종으로 대접해야 할 범주에 속하게 되었음을 뜻하는 것이다.

같은 해에 일본의 남극해 포경 프로그램은 대부분의 서방 매체의 비난에 직면했다. 연구자들에 따르면 일본이 여름 포경 기간에 잡은 333마리의 밍크 중에서 120마리가 임신한 상태였던 것으로 드러났다. 남극해에서 얻은 밍크 샘플은 개체 전체의 대표적 구조와 고래의 건강에 대한 정보를 얻도록 고안된 것이었다. (특정한 기준 안에서, 예를 들면 일본은 어린 새끼를 잡는 것은 금지했다.) 조사 결과 포획된 것 중에서 많은 고래가 암컷이며 어린 새끼를 배고 있었다는 사실에 다들 놀랐다. 새끼를 밴 고래가 죽었다는 사실은 환경 운동가들을 경악시켰다—하지만 최근까지도 생물학자들이 건강을 해치지 않으면서도 믿을 만하게 야생 고래의 임신 여부를 테스트할 방도를 찾지 못했다. (심지어 암컷 밍크와 수컷 밍크를 구분하는 것도 어려울 정도다).

호주와 다른 여러 곳에서 많은 사람들이 일본의 과학자들이 임신한 암컷을 찾아내어 잡지 않도록 애썼어야 했다고 주장했다. 회의적인 관찰자들은 그때 죽은 많은 수의 임신한 밍크가 일본의 조사 체계의 잔인한 실수 때문에 그렇게 되었다고 믿는다. 이 암컷들은 더 느리게 움직일 것이며, 유빙을 더 피하려 하기 때문에 작살의 표적이 되기 좋다. 더 많은 저주 어린 비판은 추측하건대 2017~2018년의 사냥이 남극밍크고래 개체 수가 충분하다는 사실을 입증할 자료를 얻기 위해 의도적으로 이루어졌다는 것이다—고래가 충분히 빠른 속도록 번식을 하고 있어서 상업적 포경으로 복귀를 해도 고래 전체에 큰 영향은 없을 거라는 주장의 근거를 찾으려 했던 것이다.

상업적 포경을 재편성하겠다는 일본의 결정은 정책 변화를 뜻하지 않는다. 단지 포경의 영역을 바꾸겠다는 것이다. 2019년에 일본에서 가까운 바다에서 일본 정부에 의해 포획이 승인된 상업적 포획 쿼터는 밍크고래 52마리, 브라이드고래 150마리, 그리고 보리고래는 25마리였다. 일본 북쪽 해안의 경매에서 그 고기들은 도매로 팔리는 냉동된 또는 보존 처리된 남극밍크고래보다 몇 배나 비싼 '축하 가격'으로 매겨졌다. 이 고래 고기가 새로운 범주―더 신선한 제품―가 되어 시장에 진입한 것은, 어떤 것에 값을 매겨 그것의 미래를 열어 주는, 효과적인 새 기준이 되었다.

고래 식용의 문제와 그것의 정치적 의미에 대해 인터뷰를 하러, 시드니 매쿼리 대학교 일본학과의 학과장 미오 브라이스를 방문하기 전에, 나는 그녀의 연구실에 대한 재미있는 이야기를 들었다. 낡은 인문대학의 건물을 해체할 예정이었을 때, 먼저 일본학과 교수들의 연구실을 비우는 작업을 했는데, 브라이스 교수의 연구실이 최악이었다고 건물 관리 매니저가 투덜댔다고 한다. 연구실에 들어섰을 때, 나는 그 이유를 알 수 있었다. 바닥에서 천장까지, 칸이 좁은 2단 책꽂이 칸칸이 수백 아니 수천의 다채로운 색깔의 일본 만화책이 들어차 있었다. 어떤 책들은 묶음으로 눕혀 놓았는데, 그 묶음들이 또 수직으로 쌓이고 쌓여 있었다. 브라이스의 연구실은 시간이 지날수록 좁혀지는 정방형의 공간 같았다. 3차원 스마트폰 게임방에 들어선 느낌이었다.

우리는 만화 속 주인공에 대해, 그리고 외래어 카와이에 관한 이야기부터 시작했다. 카와이는 극히 취약한 상태의 귀여움을 뜻하는 일본 특유의 심미적 감각을 담은 단어이다. 브라이스 교수는 눈동자 점이 찍힌 눈이 큰 인물들의 그림을 보여 주면서 말했다. '리베카 씨, 눈이 점점 커져요. 그런데 그 큰 눈이 감정이 없어요. 옛날에는요, 로봇의 눈에도 감정이 실렸거든요. 다양한 만화 속 눈을 수집해 보려고요, 최근에 눈이 너무 달라졌어요.' 한숨을 쉬면서 투명 케이스에 책을 도로 집어넣으며 말을 이어 갔다. '사람들이 관계를 맺는 방식의 차이에서 비롯한 것이 아닐까 싶어요. 인터넷으로 접속하는 세상에서 말이지요. 눈이'(이 대목을 말하면서 그녀는 손가락을 펼치며 광대뼈 언저리를 감쌌다) '사람을 보지 않아요.' 갑자기 연구를 위해 남극해에서 고래 눈을 채집하는 일본의 고래잡이들이, 그리고 혹등고래의 눈을 바라보며 그의 내면을 살피려다 망연자실했던 내 경험이 떠올렸다. 정신을 차리고 부에노스아이레스의 돌고래 셀피 소동과 귀여운 공격성에 대해 말했다.

교수가 주장했다. '나는 돌고래와 고래가 같다고 생각하지 않아요.' 사람들이 동물원에서 돌고래를 만나기 때문에, 고래와는 다른 방식으로 돌고래에 애착을 느낀다는 점을 이유로 들었다. 돌고래는 일본어로 '이루카'인데 사람들은 그것이 귀엽다고 생각한다. 그녀가 말을 이었다. '그림책에서는 가족으로 묘사될 정도예요. 만약 이것은 고래 고기입니다, 혹은 이것은 돌고래 고기입니다, 라고 누군가가 말한다면 그 두 문장은 내게 완전히 다른 느낌입니다.'

역사적 고난 극복의 상징

그녀의 말은 돌고래를 먹는 것이 더 최악이라는 뜻이었다. 일본인의 동물 윤리는 신토神道적 불교에 의해 형성된 것이라고 브라이스 교수는 강조했다. 고래든 정어리든 생명은 모두 같은 것이다. 그러면 생명 사랑인가? 아니, 일본인의 관점에서는 사람의 배를 채우기 위해 수많은 바다 생물을 죽이는 것보다는 차라리 고래 한 마리를 죽이는 것이 낫다는 말이라고 했다. 일본에는 죽은 고래를 기리는 절도 있다고 전했다. 모든 죽은 고래의 이름을 사후에 지어 주고, 그 이름을 그 마을에서 죽어 간 사람들의 이름과 나란히 놓는다. 심지어 나가토에는 고래 태아를 기리기 위해 바다를 향해 세운 비석도 있다. 또 고래를 잡았을 때, 빠짐없이 다 먹는 것이 중요할 뿐 아니라 그 생명을 존중하는 길이라고 믿었다고 한다. 그렇게 오랜 세월 동안 고래를 잡으면 블러버만 벗겨 내고는 죄다 버렸던 미국인들과는 완전히 달랐다.

아마도 가장 중요한 것은, 브라이스 교수가 상기시키듯 말해 주었다. 일본 사람들에게 고래가 역사적 고난 극복의 상징이었다는 점이다. 제2차 세계대전의 막바지에서 1960년대에 이르기까지 농업 부문의 붕괴와 전시 공급 체계의 붕괴로 일본은 극심한 식량 부족을 겪었다. 고래가 전후에 국민 음식이 된 것은 전쟁의 여파로 인한 특수한 상황 때문이었다. 일본은 원래 섬나라이고 경작지가 부족한 나라인데 전쟁으로 농지는 황폐해졌고, 음식 수입은 더군다나 힘든 상황에서 식량 확보 정책을 세워야 했다. 점령군 사령관 더글러스 맥아더 장군은 급히 남극에서 포경을 재개하기로 결정했다. 영양부족을 해결하기 위함이기도 했지만 항복의 조건으로 취역 해제시켰던 해군 군함을 일반 선박으로 바꾸어 재활용하기 위해서였다. 일본인들은 굶주렸고 비타민 부족으로 불구가 되기도 했다. 고래 고기는 초등학생과 중학생의 건강을 되돌려 주었다. 시간이 흘러 대체육이었던 고래 고기는 점점 안 먹게 되었지만, 그것만 생각하면 떠오르는 어려운 시절을 견뎌낸 자부심과 자급자족의 기억은 여전하다.

먼 옛날까지 거슬러 올라가 일본 음식의 중요한 요소로서 고래 고기의 지위를 확립하려는 서사는 때때로 그것이 전국적 음식이었다는 주장까지 나오게 했다. 하지만 일본 전역에서 드문드문 소규모 고래잡이가 지역 어업에 보탬을 준 경우를 제외하면 제2차 세계대전 이전까지 고래가 전통적 국민 음식이었던 적은 없었다. 오히려 고래를 행운의 상징으로 여겨서 고래 사냥을 내내 금지한 해안 마을도 있었다. 일본에서 고래의 카리스마는 역사적으로든 지리적으로든 일정하지 않았다―국민적 서사의 일부로서 고래가 지닌 상징은 겨우 몇 세대에 걸친 경험일 뿐이다.

하지만 그 정도로는 일본이 왜 포경을 여전히 고집하는지 이해가 되지 않는다고 브라이스 교수에게 말했다. 팔리지도 않는 고래 고기를 쌓아 두는 것은 미래에 어려운 시기를 대비하기 위해서인가? 아니면, 한 운동가가 일전에 나에게 말해 주었던 식으로, 일본의 고래잡이 정책이, 명패 제작용 상아와 희귀 애완 동물의 수입과 위기종으로 분류된 참치를 남획하는 것까지를 망라하는 야생에 대한 일본의 포괄적인 정책적 수립 차원에서 나온, 외부를 향한 '방어적 구실'이란 말인가? 이런 측면에서 보면, 포경이 야생 동물 거래라는 다른 착취적 행위로부터 주의를 돌리기 위한 '스토킹호스(사냥꾼이 몸을 숨겨 사냥감에게 살그머니 접근하려고 훈련을 시킨 말 또는 말 모양의 것―옮긴이)'처럼 여겨진다. 일본이 협상 테이블에서 야생 동물 관련 최악의 국제적 규범 위반인 포경을 포기하겠다는 의지를 끝까지 밝히지 않고 시간 끌기를 하는 것은, 그것이 더 사소하지만 여전히 비난받는 야생 동물 사업을 보호해 주는 효과가 있기 때문은 아닐까? 브라이스는 두 가지 설명 모두에 대해 회의적인 태도를 보였다. 그리고 비록 그 설명들이 어느 정도는 맞다 하더라도, 근본적으로는 포경은 국제적 관리 감독 없이 어업과 식량 안보를 재정비하기 위한 일본 정부의 권리를 고집하는 수단일 가능성이 더 크다고 말했다. 한때 포경이 일본 자급자족의 상징이었다면, 이제는 일본의 포경을 멈추게 하겠다는 문화적 패권주의에 대해 저항하는 것을 대변하게 되었다고 했다.

대화가 끝날 무렵, 브라이스 교수에게 처음 시드니에 자리 잡았을 때, 호주인의 음식에 대해서 어떻게 생각했는지를 물어보았다. 그녀는 동네 슈퍼마켓의 그 '소름 끼치는' 고기 코너와 조제 식품 판매대에 대해서 말했다. 지금도 믿을 수 없다는 듯 손사래를 치며 그녀가 말했다. '껍질만 벗긴 통닭, 통째로 구운 치킨, 그런 것을 일본에서는 볼 수 없거든요. 나에게는 끔찍했어요. 이따금 토끼도 봤어요. 뼈가 있는 양고기. 역시 뼈가 붙은 고깃덩이, 그건 공포였어요. 동물의 모양이 그대로 남아 있잖아요!' 만약 고기의 모습이 남아 있다는 것이, 양과 토끼가 혹은 치킨이 적절히 해체되어 처리되지 않았음을 보여 주는 것이며, 그 사실이 혐오감을 불러일으켰다면, 해산물에 대해서는 뭐라고 생각하는지 물어보았다. 그러나 약속된 시간이 거의 다 가 버렸기 때문에 브라이스는 다른 일화를 말해 주면서 그 질문에 대한 답변을 피해 갔다. '내 남편은 여전히 새우를 먹지 못해요.' 그녀는 왕새우 바비큐를 대접하는 호주의 여름 풍습에 진저리를 치며 말했다. '눈알이 너무 많대요. 그 작은 눈알들이 한 그릇 가득하다는 거예요.'

도쿄에 도착해 열차로 시모노세키를 향했다. 혼슈의 남서쪽 끝 야마구치현의 최서단에 있는 항구 도시이다. 역사적으로 정치적 막후 공작의 도시이며, 독이 있는 복어를 특별한 음식으로 만든 곳이다. 4월에 단 하루 동안, 작살을 단 선박 유신마루호와 제2 유신마루호가, 거대한 공장식 선박 닛신마루호와 나란히 항구에 정박해 공개된다. 시모노세키는 이 세 척의 포경선을 위한 귀향 도크이다. 이곳에서 포경선을 수리하고 북반구의 여름을 견디도록 오염 방지용 도료를 다시 바른다. 남극해의 거센 파도 때문에 생긴, 거대 고래를 사냥하느라 찢기고 긁힌, 그리고 드물지만 국제 해양 생물 보호 행동 조직인 시셰퍼드의 방해 활동으로 배끼리 부딪쳐 생긴 손상을 수리하기 위해 유지 관리를 한다. 일본 고래업자들과 선원들, 고래 과학자들, 그리고 그들을 도우는 정부 관료들이 선박 근처에서 행진을 하고, 천막에 모여서 고래 사냥 시즌 동안 이뤄 낸 자신들의 업적을 자찬하는 잔치를 벌일 계획이다.

이 행사는 널리 홍보되지 않았다. 원래는 포경선 귀환을 요란스럽게 축하했다. 2011년 전만 해도, (그해 토호쿠 지방의 지진, 쓰나미, 그리고 후쿠시마 핵발전소 붕괴가 있었다) 배가 돌아오는 날이면 지역 전체가 축제 분위기였다. 온몸에 반짝이는 밍크고래 스티커를 붙인 아이들이 고래 풍선 아래서 까불거렸다. 큰 마당에서는 이쑤시개에 꽂은 고래고기 간식이 제공되었다. 포장마차에서는 오코노미야키 식의 고래 핫케이크를 팔았다. 그러나 자연 재해와 그로 인한 일련의 기반 시설의 붕괴를 겪은 후에 전국적인 행사 수준의 축제와 볼거리는 축소되었다. 귀환 축하의 취지도 또한 무색해졌다. 일본 수산청의 발표에 따르면 이번 고래 사냥에서 겨우 103마리의 밍크고래를 잡으면서 1987년 이래 최저 수확을 기록했기 때문이었다.

덧없는 봄이 오면

시모노세키로 열차 창밖으로, 마치 높은 천장의 들창으로 길게 햇살이 쏟아지듯, 햇빛이 녹색 들판을 비추었다. 만발했던 벚꽃과 자두 꽃이 지는 중이었다. 언덕 쪽으로 난 골짜기에 자리 잡은 나무들이 마지막 분홍 꽃을 흩뿌리고 있었다. 일본인들이 봄을 맞는 정서는 덧없음이다. 십여 명의 승객들이 소형 라디오에 귀를 모으고 있다. 무슨 일이냐고 물었더니 프로야구 중계를 듣고 있노라는 대답이 왔다. 그 대답에 맞추기라도 하듯 빌딩 사이로 보이는 경기장이 열차 창으로 쏜살같이 지나간다. 다이요 웨일스가 원래 이 지역 야구팀의 이름이었다. 이제는 요코하마 베이스타스가 되었는데, 1990년대 초반에 미신을 믿는 팬들이 웨일스(고래) 이름을 바꾸라고 성화를 부렸다. 해산물 기업인 팀의 모회사가 사냥한 고래의 저주로 승리를 할 수 없었다고 믿었기 때문이다.

열차는 여섯 시간 반을 쉬지 않고 달려 드디어 도착했다. 터미널로 나오며 자판기에서 커피 한 캔을 뽑았는데, 무심코 캔을 들었다가 너무 뜨거워서 놀랐다. 버스를 타고 부두로 갔다. 나는 고래잡이들과의 만남에 대해 사전 동의를 얻지 못한 채로 무작정 왔다. 그런 사무적인 일은 성사시키는 데는 시간이 걸리고 흔히 중재자가 필요한데, 외국인인 나로서는 중재자를 구한다는 것이 언감생심이었다. 지난 5년간 ABC 방송 수석 기자인 마크 윌러시는 호주 기자들이 현직 고래잡이들에 대한 인터뷰를 요청했을 때, 화면에서 정체를 알 수 없게끔 처리한다는 그들의 조건에 응하고서야 가능했다고 전했다. 고래잡이들은 보복, 협박 메일과 트롤링의 대상이 될까 두려웠을 것이다. 아마도 그런 이유로 나의 거듭된 요청에 대해서도 지금까지 처리 중이라는 답변만 주었으리라.

버스는 잡다한 건축적 양식을 골고루 보여 주는 도시를 꼬불꼬불 가로질렀다. 버스는 역 근처에서 바로크식의 둥근 지붕과 박공, 망사르드 지붕(2단 경사 지붕의 서양 근세 건축 양식—옮긴이), 그리고 그 아래로 팔라초(이탈리아 궁전)식 기둥을 세운 사암 색깔의 저택을 지났다.

꼭대기에 공 모양의 전망대가 설치된 150미터 높이의 카이쿄 유메 타워가 시모노세키 하늘에 우뚝했다. 볼을 부풀려 주둥이를 삐죽 내민 특대형 복어가 모든 공중전화 부스의 지붕을 장식했다. 내가 염두에 둔 랜드마크는 따로 있었다. 한때 일본 고래 연구원의 고위 관료였던 이가 운영하는, 부두 가까이에 위치한 가이쿄칸 해양 박물관이다. 박물관은 한층 전체를 '세계의 복어'로 채워 놓기도 했지만, 또한 많은 고래 골격을 보유하고 있다. 버스는 전면이 유리로 된 건물 근처에서 바다 쪽으로 방향을 틀었다. 건물이 햇빛을 반사해 주변 거리를 햇살로 수놓았다. 건물 자동문 위의 간판에는 '꿈의 선박'이라는 이름이 적혔다. 유람선 여행사 사무실일 거라고 지레짐작했다. (알고 봤더니, 공공 서비스 센터였다.) 여전히 열차 여행의 여독이 가시지 않은 상태에서, 노트에 '꿈의 선박이라고?'를 적은 뒤, 멍하니 고개를 들었는데, 길 저쪽 끝에 정박해 있는 **닛신마루**의 솟구친 선체가 눈에 들어왔다.

길이만 거의 130미터에 달하는 닛신마루는 전 세계에서 마지막 남은 공장식 포경선이다─현재, 일본 수산청은 닛신마루를 대신할 선박을 한 척 더 건조할 계획인 것으로 보도되었다. '마루'는 일본 상선의 이름에 흔히 붙이는 접미어인데, 그 뜻은 '동그라미'이다. 동그라미는 선박의 무사 귀환과 둥글게 에워싼 군건한 바다의 성채로 불렸던 선박들의 역사를 상징한다. 닛신마루의 선체는 검정색이다. 그 위로 정방형의 노란 돛대가 쌍둥이 등대처럼 두텁게 솟아 있다. 부두에서 보면 그것은 공장이라기보다는 성채처럼 보인다. 작은 긁힘과 패인 자국은 전투의 흔적이 아니라 빙산과 부딪혀 그런 것이다. 시셰퍼드의 배는 너무 작아서 닛신마루와 직접 접촉할 수는 없다. 하지만 시셰퍼드가 닛신마루와 재급유 선박 사이에서 방해 작업을 했다고 한다. 과거에는 해상의 활동가들이 목표 선박의 갑판으로 구토물 냄새가 나는 뷰티르산을 넣은 악취탄을 던지기도 했다. 닛신마루의 설비 장치 시설물에는 전 세계로 원거리 통신이 가능한 장비가 우후죽순 솟아 있고, 뱃머리에는 물대포가 위용을 자랑한다. 2미터 크기의 영어 단어 RESEARCH(연구)가 배 좌현에 부두 선상을 따라 적혀 있다. 얼핏 갑판에서 안전모를 쓰고 짙은 색깔의 작업복을 입은 고래잡이들을 보았다. 그 순간 버스가 보도 아래로 지나갔고 배는 줄지어 선 부두의 건물 뒤로 사라졌다.

버스에서 맨 먼저 내렸다. 시모노세키의 비는, 비파나무 가지의 열매가 떨리듯 갑작스럽게 몰아치는 도쿄의 비와는 달랐다. 시모노세키의 비는 콕콕 찌른다. 빗방울이 텅 빈 대기를 뚫고 포도에 가늘게 꽂히며 물웅덩이는 만들지 않는다. 하늘은 하얗게 멈춰 있다. 칸몬 해협은 까맣다. 그곳에는 안개가 없다, 바다 습기가 부드럽게 하늘로 오르지 않는다. 지금 시모노세키는 도쿄 우에노 공원 계단에 줄지어 선 일본 필선도(선종 수행자의 서도 또는 서예—옮긴이) 예술가들이 그리는 먹물의 역동적인 선처럼 날카롭고도 초지일관하다.

눅눅한 날씨에 앞마당의 큰 천막 안에서 취주악단이 연습을 겸한 연주를 시작했다. 두 척의 더 작은 유신마루와 제2 유신마루가 닛신마루 앞에 정박해 있다. 깔끔한 파란 바탕에 흰 글씨로 써놓은 배 이름은 '의기양양한勇'라는 좀 유치한 뜻의 형용사이다. 가까이 다가가면 그 심각하며 무시무시한 실체가 유치한 느낌을 압도해 버린다. 그 두 척의 배는 닛신마루에 비하면 작은 공성 망치처럼 보이지만, 길이로 치면 밍크고래보다는 예닐곱 배나 된다. 배에는 작살은 보이지 않지만 날카로운 뱃머리와 정렬된 레이더들은 정확히 그 배의 목적이 무엇인지 보여 준다. 빠르고 흉포한 배다. 배의 산뜻한 색깔은 군함처럼 해양에서 휘두르는 권한 따위를 과시하려는 것이 아니다. 페인트칠의 목적은 잘 안 보이게 하는 것이다. 두 척의 배는 시모노세키의 암회색 하늘을 뒤로 하면 눈에 잘 뜨이지만, 얼음과 진눈깨비를 배경으로 삼게 되면 배다리 위로 하얗게 높이 솟은 시설물들은 보이지 않는다, 그리고 뱃머리는 바다에서는 그저 불룩한 곳처럼 보일 뿐이다. 그 배의 정체를 알게 되었을 때는 이미 위험할 정도로 접근한 상태일 것이다.

　제2 유신마루 갑판 상부를 보았더니, 어떤 가족이 요란하게 제복을 차려입은 사내의 안내를 받으며 돌아다니고 있었다. 배로 오르는 트랩을 지키는 선원에게 미소를 지으며 인사를 건넸고 배를 구경하고 싶다고 허락을 구한 뒤, 배에 올랐다. 밖에서 본 정연하고 깨끗한 외관과는 대조적으로, 작은 숙소는 심하게 어질러져 있었다. 구명조끼, 항해 일지, 케이블 타이, 아무렇게나 뭉쳐 놓은 의복. 거기다 온갖 장비들이 구석구석에 끼어 있었는데, 마치 모든 선원들이 회항 중에 점점 게을러져서, 하선의 순간이 오자 얼른 내리고 싶은 마음에 모든 정리정돈은 육지의 직원들에게 맡겨 버린 것 같다. 함교 쪽으로 가다가 나는 다른 선원을 만났고 그에게 인사를 했다. 작살을 좀 구경할 수 있겠느냐고 물었다. 그 순간 또 퍼스의 고래가 떠올랐다. 고래를 안락사시킬 방법에 대한 고민은 얼마나 미묘한 방법과 다양한 논의의 문제였던가? 그는 내 뒤에 있던 민간인 복장의 여성에게 손짓을 했고, 나는 좁은 통로에서 두 사람 사이에서 포위당한 꼴이 되었다. 일종의 심문을 받는 분위기가 되었다. 물론 겁을 주는 정도는 아니었다. 누구의 의뢰로 오셨나요? 개인적 호기심으로 왔습니다. 누구랑 왔냐구요? 혼자 왔어요. 일행은 없나요. 혼자예요, 나는 작가입니다. 내 책을 낸

출판사의 이름입니다. 아니요, 환경 운동이나 어떤 단체의 소속이 아닙니다. 예, 호주인입니다. 분위기가 나쁘지는 않았지만, 누군가 서둘러 함교로 향하는 문을 닫는 것을 보았다.

배를 구경하기 위해서는 선장의 허락이 필요한데 그는 지금 배에 없으며, **제2 유신마루**는 행사가 시작될 예정이어서 곧 폐쇄한다는 답변을 들었다. 나는 목적을 설명하고 내 이름을 말해 주고 명함을 정중히 두 손으로 건넸다. 잠시 예의를 지킬 것인가 말 것인가를 놓고 어색하게 망설이다가 그들은 결국 자신들의 명함을 주지는 않았다. 일본에서는 메이시(명함)를 받고서 답례로 자신의 것을 주지 않는 것은 큰 결례다. 그들은 본능적으로 망설이면서 무안해하는 표정을 지었고 나는 그 순간을 기회로 고래잡이와 선장을 인터뷰하고 싶으며, 축하 행사를 구경하고 싶다고 부탁했다. 이런 식의 부탁은 자체로 무례한 일이어서, 비록 정중하게 보이려 애썼지만, 나는 그들에게 건방진 사람으로 비쳤을 것이다. 일본에 도착한 첫날, 번역가들과 몇 명의 학생들과 술을 함께 했는데, 모두가 똑같이 말했다. "그들이 당신을 상대해 주지 않을 거예요."

우리는 밧줄을 밟으며 함께 배에서 내렸고, 천막을 향해 가면서 계속 얘기를 나눴다. 비가 오기 시작했는데, 나는 깜빡하고 소형 우산을 챙겨오지 못했지만, 다행히 **제2 유신마루**에 있었던 그 여성이 자신의 우산 한쪽을 씌워 주었다. 그녀는 자신의 이름을 말해 주면서 별로 아는 것이 없어서 공식 인터뷰는 의미가 없을 것이라고 말했다. 하지만 우리는 서로 호감 가는 대화를 나눴고, 내가 기록을 하면 한두 단어의 철자를 일부러 말해 주기도 했다. 그녀는 영어를 잘했다. 캐나다와 미국에서 교육을 받았단다. **닛신마루**에서 해양 과학자로서 고래에 대해

5년째 연구를 하고 있다고 했다. 이제는 물고기 연구를 하는데 대상은 주로 정어리와 고등어라고 한다. 우리 뒤로 손짓을 하면서, 그녀는 닛신을 '이 배'라고 말했다─영어라는 언어의 애매함, 이 배는 여기입니다, 혹은 저 배는 저기입니다. 이 상황에서 '이 배'와 '저 배' 사이에 무슨 차이가 있을까? 그런 생각을 하다 보니 한 언어가 대상과 화자 사이의 멀거나 가까운 정도를 표현하는 방식이 참 미묘하다는 생각이 들었다. 그녀는 고래에 관한 내 질문에는 어떤 것도 대답하려 들지 않았다. 그러나 우리는 과학계에서 일하는 여성, 일본의 과학 교육, 장기적인 바다 여행, 그리고 그녀의 호주 여행에 대해 공통의 관심사를 얘기했다. 의도한 것은 아니지만 그녀가 나를 안내해 주는 모양이 되어서 다른 선원들의 간섭을 피할 수 있었다. 호주의 태즈메이니아를 마지막으로 들렀을 때 캥거루 가죽을 샀다고 그녀가 한쪽 눈썹을 치켜세우며 말했다. '별로 비싸지도 않았거든요.'

고래잡이 뱃사람과의 만남

밴드가 신나게 곡을 연주하기 시작했고, 고래잡이들이 닛신마루에서 내려오며 행진을 했다. 좀 더 상세히 말하면, 그들은 발을 질질 끌며 내려왔고, 이를 드러내며 환히 웃었고, 군중을 향해 말을 건네기도 하고, 아이의 머리를 쓰다듬기도 했다. 몇몇은 내 옆의 과학자를 향해, 육지에서 만나 더 반갑다는 듯 기쁘게 웃으며 알은체했다. 햇살과 강풍에 찌든 모습이었고, 이빨이 몇 개씩이나 빠져 버린 사람도 보였다. 그들은 뱃사람들이다─해군이 아니라 노련한 뱃사람들. 그들에게 제복을 입으라는 건 지나친 요구다. 그들은 암록색의 전신 작업복과 고무 장화를 신고 있었다—몇 명은 바람이 차가운지 푸른색 혹은 회색 재킷을 더해 입었다. 모두 주황색 안전모를 썼고, 그들 뒷주머니 밖으로 질긴 하늘색 장갑의 손가락이 고개를 내밀고 있다. 고래잡이들은 하루 일과를 보내고, 햇살에 눈을 찌푸리고 껌을 질겅대며, 점심시간에 회사 밖으로 발을 질질 끌며 나오는 공장 노동자들과 닮았다. 그러나 그들의 부츠에 그리고 전신 작업복에 튀어 있는 것은 엔진 오일이 아니라 기름이었다. 죽은 밍크고래에서 튄 진주색 기름이었다. 이 사내들은 허벅지 깊이로 빠지는 고래를 헤쳐 나가며 작업을 했다.

군중들 앞에 고래잡이들이 정렬을 하고 멈추자, 사회자가 시모노세키 시장과 다른 내빈을 소개했다. 부모들이 아이들에게 똑바로 앉으라고, 발을 떨지 말라고 야단쳤다. 일본 농림수산성의 하야시 요시마사 대신이 군중들에게 시셰퍼드의 포경선에 대한 방해 책동을 '해적 행위와 다를 바가 없습니다. 왜냐면 국제 포경 위원회가 일본의 연구 목적 포경을 적법하다고 인정했기 때문입니다'고 말했다. 그의 연설로 분위기가 달아올랐다. 같이 있던 여성 과학자가 즉석 통역을 해준 덕분에 무슨 소린지 이해했다. (사실을 말하면, 국제 포경 위원회 전문가들은 일본의 포경 행위가 과학적 목적에 부합하는 것인지 판단을 유보한다고 말했을 뿐이다. 완전한 승인이 아니라 그저 으쓱한 정도였다.) 큰 박수 소리가 천막을 때리는 빗소리와 시끄럽게 어우러졌다. 이어서 꽃다발 증정식이 있었는데, 고래잡이들은 시큰둥하게 받은 꽃을 거꾸로 잡거나 한쪽 팔에 끼운 채로 서 있었다.

공식 행사가 끝나갈 즈음 흥겨운 분위기가 천막을 채웠다. 오랜만에 재회한 가족들은 포경이 중요한 국가적 산업이라는 식의 추켜세우는 소리에 크게 고무된 표정이었다. 아무도 고래 수확이 적어서, 그리고 오늘날 뱃사람이 되겠다는 사람이 없어서 우울해하는 사람은 없어 보인다. 천막 안 큰 탁자에는 고래 고기 통조림과 진공 포장된 고래 고기가 가득 쌓여 있고 그 옆에는 현금 박스가 놓였다. 고래잡이들이 열렬한 구매자 역할을 맡아, 한 아름씩 사들고 뒤로 물러났다. 한 사내는 큰 마당에서 고래 고기 박스를 감당하지 못해 비틀대고 있었다. 그의 팔은 힘겨워 보였지만 얼굴은 행복감으로 충만했다. 한 청년이 급히 와서 그를 도왔다.

이제 비가 본격적으로 내리기 시작했고 추워졌다, 사람들이 텐트 아래에 옹기종기 모여들었다. 너무 많은 사람들이 뒤죽박죽 놓인 의자와 마이크와 카메라 주변에 서 있어서 서로 밀착한 상태로 자리를 함께 했다. 나는 한 늙은 고래잡이와 어깨를 맞대고 서 있었지만, 아무도 나가 달라는 사람은 없었다. 코듀로이 드레스를 똑같이 입은 두 소녀가 수줍은 얼굴로 고래잡이의 굵은 다리 사이로 나를 훔쳐봤다. 그들과 시선이 마주치자 나는 혀를 내밀었고, 둘은 배를 잡고 얼굴을 씰룩대며 낄낄거렸다. 뜨거운 수프를 담은 쟁반이 주변을 돌았고, 같이 있던 과학자가 두 그릇을 재빨리 챙겨서는 나에게 하나를 건네고는, 옆의 고래잡이에게 뭐라 빠르게 말했다. 그는 웃더니 나에게 물었다. 두 번 이상을 '비건?' 하며 물었다. '아니요'라고 답하고 '영어 할 줄 아세요?'라고 물었다. '못해요, 못해'라고 그가 말하며 오만상을 찌푸렸다. 수프가 든 플라스틱 그릇은 따뜻했다, 고래잡이는 젓가락으로 '먹을 거야?'라고 묻는 동작을 했다. 국물 속에 루이스 캐럴의 숲에서 캔 듯한 작은 버섯, 부추, (파슬리인가?), 맑은 향내 나는 기름 방울이 둥둥 떠 있었다.

그리고 밍크고래가 있었다. 몇 조각의 얇은 밍크고래 고기가 그릇 바닥에 가을 이파리처럼 떨어져 있었다. 혓바닥 고기로는 보이지 않고 베이컨처럼 보인다.

'원치 않으면 안 먹어도 돼요.' 과학자가 말했다.

두 소녀가 각각 자신의 고래 수프 그릇을 들고, 고기를 오물오물 씹으며 나를 본다. 나는 박물관의 대왕고래가 생각났다. 내가 처음 만났던 고래, 그 주변을 끝없이 맴돌았지. 고래 턱뼈에 몰래 올려놓았던 내 동생의 젖니가 반짝거렸지. 반짝이는 골동품 의자 색감이 나는 소스에 절인 밍크고래 조각은 코코아색으로도, 붉은 벽돌색으로도 보였다. 먹을 용기가 나지 않아 머뭇거리며 과학자에게 조리법을 물었더니, 전통적인 방식이란 짤막한 답변이 돌아왔다. 분명히 해 두겠다. 일본 방문에서 고래 고기를 먹을 계획은 결코 없었다. 하지만 조사가 진행되면서 고래 고기가 어느 정도로 인간의 입맛을 당기는지 궁금했다. 그리고 비건이냐고 질문한 것에는 단순한 나의 식습관에 대한 궁금증을 넘은 책망을 담고 있었고, 나는 옆에 서 있는 고래잡이에게 여전히 묻고 싶은 것이 있었다. 우선 먹어 보자는 즉흥적 결정을 했다.

맨 처음 씹었을 때 느낌은 풍부한 맛인데, 고기보다는 고기를 절인 마리네이드 맛을 더 느꼈다. 강하고, 물기가 없어서 오리나 오래된 소고기 같았다—기억에 얼마 안 남은 고기 맛을 총동원해서 내린 결론이다. 소녀들이 놀란 눈을 하며 웃음을 지었다. 소스를 국으로 씻어 낸 뒤 고기를 한 조각 더 먹었다. 거기에는 작살의 흔적도 피의 흔적도 없었다. 마리네이드에 절이기 전에 먼저 보존 처리되었던 것일까? 혀로 그 조각의 정체에 대해 생각하는 동안 머리가 뒤집히고 있었다. 음식에 고래가 있다. 고래가 내 입속에 있다. 내가 고래를 삼켰다. 이 카리스마 넘치고 인격화되기까지 한 존재를 말이다. 하지만 동시에 나는 지금 이 순간 내 속에 이는 감정이 고래잡이와 그의 딸들이 고래 수프를 먹으며 느끼는 것과는 거리가—천문학적으로—멀다는 것을 알고 있다. 그들에게는 귀향과 재회를 뜻하는 식사이다.

몇몇 인류학자들은 먹거리를 구해 사냥을 시작하면서 인간이 동물의 마음을 짐작해 보고자 하는 의인관이 출발했다고 주장한다. 동물을 중심에 놓는 동정적 접근은 진화적 오류로 보인다. 자신이 죽여 먹어 치우는 동물에 대해 양심의 가책을 느껴서, 혹은 먹잇감의 두려움과 고통을 자신의 일처럼 느껴서, 선사 시대의 사냥꾼들이 얻을 건 없었다. 반면에 동물 마음의 작동 방식과 동물이 주변을 인식하는 방식, 즉 '외부 관찰' 방식을 이해하는 사냥꾼은 이득을 얻었다. 고고학자인 스티븐 미슨은 인간은 동물이 인간과 유사한 정신 작용과 감각적 능력을 가진다는 생각을 바탕으로 인간 고유의 의식에 대한 논리를 만들었다고 말했다.

이런 심리적 특성과 능력은 세대를 이어 전승되었을 것이다. 그런 능력이 그 보유자에게 이익을 주었기 때문이다. 그들이 더 유능한 사냥꾼이었다. 동물의 인식적 능력을 파악하는 것은, 지금은 그런 생각이 동물 섭취를 불편하게 만들었지만, (영리하며 사회적인 생물이라고 역사적으로 치켜세웠던 동물은 특히) 그다지 멀지 않은 과거에는 다른 종을 음식물로 삼으려는 인간의 심리적 성향으로서 시작되었을지도 모른다.

더 이상 그것을 쥐고 있을 수가 없었다. 허둥대다가 거의 나무젓가락을 떨어뜨릴 뻔하면서 고래잡이에게 그릇을 건네며 말했다. '**정말 죄송합니다. 내 입맛에 너무 맞지 않아요, 먹을 수가 없어요.**' 그가 웃으면서 그릇을 아이들에게 건네주었다. 그들이 게걸스럽게 먹어 치울 때, 고래잡이는 해양 과학자에게 아이들이 튼튼하게 클 거라고 했다.

사람들은 더 이상 동물처럼 먹지 않는다. 그래서 우리도 카리스마 있는 혹은 위기에 처한 생물을 섭취하는 것에 부여했던 감정과 이별할 방법을 강구하고 있다. 하지만 오늘날 동물들조차 과연 '동물답게' 먹고 있을까? 어떤 야생 동물에게 먹이는 역사적으로 현대화되었다. 일상적인 먹잇감이 부족해서 해초를 먹게 된 귀신고래부터, 물개, 수달 그리고 물고기를 먹어 치운 뒤 블러버에 살충제를 축적한 범고래까지—먹이 사슬의 최고 밑바닥까지 그리고 섬유 유리처럼 반짝이는 미세 플라스틱 조각이 든 단각류의 내장까지 현대화했다. 심지어 야생에서 서식하는 가축화되지 않은 동물의 '음식 환경'조차 변하고 있다.

많은 해양 플라스틱은 음식물 포장에서 비롯되었고, 고래가 갖고 다니는 독성 축적물은 농업 경작지에서 유출된 것이다. 해양의 생태는 탄소 배출의 세계적인 증가로 인해 변해 왔다. 배출의 일부는 산업적 고기 생산으로 유발되었다. 하지만 음식물 쓰레기—팔리지도 않고 쓰레기가 되는 농산물을 포함해서 먹지도 않고 버리는 음식이 천지다—가 기후 변화의 또 다른 중대한 요인이다.

전 세계적으로 운송과정 중에 썩어 버린 것, 가정에서 버린 것과 사소한 흠 때문에 식료품점에서 안 팔린 것을 합하면 대략 8퍼센트 정도의 배출량이 버린 음식에서 나온 것이다. (약 2.5퍼센트의 배출량을 차지하는 항공기 여행과 비교해 보라.) 수경 재배와 장거리 운송으로 과즙이 넘치는 열대 과일들조차 원래의 섭취 지역과 계절과는 무관한 장소와 시기에 아무 식료품 통로에 자리 잡게 되었다. 흔히 화석 연료를 태워 얻은 전기를 사용하는 냉장 기술과 포장 기술이 이런 경향을 촉진하였다. 많은 잎사귀 식물이 일 년 내내 단일 작물을 키우는, 스페인의 온실과 같은 창고 환경에서—땅에 뿌리를 내리지 않는, 그러나 펄라이트, 모래, 그리고 암면을 넣은 위생적인 그로백(발코니 따위에서 토마토·피망 등등을 기르기 위한 배합토가 든 비닐 백—옮긴이)에서 싹을 틔우는, 그리고 태양의 직접적 접촉이 없는 환경에서—재배된다.

비록 식료품 생산과 농업에서 발생한 포장 쓰레기가 해양 쓰레기에 합류했지만, 음식 쓰레기와 포장 쓰레기의 상충 효과는 복잡하다. 썩기 쉬운 농산물을 보존하기 위한 플라스틱의 폐해가 쓰레기가 된 농산물이 가스를 배출하는 비용보다는 덜할 것이다. 어느 쪽이든 슈퍼마켓—거기서는 상하기 전에 팔릴 가능성보다 늘 더 많은 음식이 진열된다—에서 매우 많은 음식이 필요한 것보다 더 많이 비닐 포장된다. 그리고 더 많이 포장된 정제 음식이, 이전보다 더 많이 구매된다. 이것이 어떤 식으로 더 광범위한 생태계에 영향을 미칠까 하는 우려가 점점 커지고 있다. 우리가 먹고 있는 것이 이 세상을 먹어 치울지도 모르는 것으로 드러났다. 일본인의 식습관이 21세기에 고래에게 닥친 최대의 도전도 아니다. 그리고, 아마도 기쁘게, 훨씬 더 쉽게, 그리고 더 정확하게, 우리가 문제 해결을 하기 시작한 관심사가 있다.

도쿄를 떠나기 전날 오후 나는 정처 없이, 주방용 칼과 음식 샘플로 유명한 부엌용품 전문 상가인 아사쿠사 지역을 돌아다니고 있었다. 음식 샘플로 가득한 가게 앞에 서서 플라스틱이 풍기는 화학 물질의 냄새를 맡는 기분은 기이했다—눈이 코를 배반하는 상황이다. 하지만 이상하게 위로도 되었다. 장난감 가게의 냄새는 전 세계 공통의 사랑스러운 냄새다. 나는 인형의 집에서 놀이를 위해 음식을 고를 책임을 떠맡은 인형이 된 기분이 들었다—누군가를 기쁘게 하기 위한 도구가 된 느낌이다. 맨 위에 반들반들한 계란이 놓인 변질 불가 라면, 녹색 셀로판지로 잔가지 장식을 넣은 플라스틱 사시미, 수지로 만든 맥주잔 속에 든 마실 수 없는 맥주. 플라스틱 고래 고기는 보이지 않았다. 문득 수족관에 갇혀 돌덩이를 먹은 고래가 생각났고, 독극물 그린 드림으로 안락사당한 혹등고래 고기를 먹은 개가 생각났다. '과연 그것이 음식인가?'라는 가장 심각한 진화적 질문 또한 갈피를 잡기 힘든 문제로 보였다.

수에즈리(さえずり, 지지배배, 새의 지저귐). 고래 혓바닥 요리; 도자기 가게가 즐비한 아사쿠사의 상가에서 한 점원이 나의 질문에 이렇게 말해 주었다. 수에즈리라는 이름은 의성어라 했다. 옛날 한 일본인 주방장이 처음 기름진 고래 고기를 씹었을 때 지지배배 새소리가 났다고 붙인 이름이라 한다. 주방장에게는 그 소리가 작은 새 울음 같았단다. 나는 동물이 우리에게 전하는 모든 소리, 우리가 동물에 부여하는 모든 소리에 대해 생각했다―그리고 인간이 바다의 포경에서 벗어나, 그것이 음식이란 사실 또한 넘어서서, 우리가 고래와 공유하는 친근함을 귀하게 생각한다면, 그럼 어떤 일이 생길까를 생각해 보았다.

나는 셰프와 견습 셰프를 지나서, 자줏빛으로 물든 뒷골목을 미끄러지듯 통과해 갔다. 그들은 이름 모를 해산물 한 꾸러미의 무게를 달고 나서, 라텍스 장갑을 끼고는, 잠시 돌아서 쿵쿵대며 신선도를 점검했다. 그리고는 물고기를 건넸다. 담배를 물고 잠시 휴식을 취하는 주방장들이 투명한 종 모양의 파라솔 아래에서 인사를 받는다. 파라솔은 담배 연기가 자욱하다. 그 자욱함 속으로 이따금 담뱃불이 깜박인다. 미약한 빨간 점들. 그 점은 엉뚱한 상상이 되어 한 무리의 해파리 같은 담배 연기 구름을 뚫고 간다. 횡단보도 주변에는 아무도 없었고 신호등 소리만 찌르륵거리는 와중에 그런 그들의 모습을 보며 나는 잠시 멍하니 서 있었다.

7장

키치스러운 내부

북극서 발견된 아이스박스

농구공에 붙은 따개비

피부가 변했어요

광기를 부르는 식물 플랑크톤

마지막 바이지 돌고래 키키

영원히 새로운 것

무덤 혹은 타임캡슐

기름 유출 대 플라스틱

버려진 욕망

그리고 희망

북극해의 플라스틱

오늘 아침에 이런 뉴스가 있었다. 영국 주도의 한 탐사 연구진이 '북극해 중앙의 얼어붙은 부빙 위에서 거대한 스티로폼 덩어리를 발견'한 것이다. 과학자들은 육지에서 수백 킬로미터나 떨어진 곳에서, 그것도 온난화로 얼음이 녹아서 최근에야 접근 가능해진 지역에서 발포플라스틱 덩어리가 발견되었다는 사실에 경악했다. '그 폐기물은 최북단에서 목격된 환경 쓰레기에 속합니다'라고 그들이 전했다. 아마도 수십 년 전에 차가운 강물이 스티로폼—상품의 완충제로 주로 쓰이는 잘 부스러지고 값싼 절연재—을 느릿느릿 북극의 해저 분지로 운반했으리라. 그곳에서 스티로폼은 동결기 부빙의 요동에 휩쓸려 점점 더 깊이 들어가며, 더 서서히, 더 단단한 얼음이 되었다가 이제 온난화로 세상이 녹아들자 모습을 드러낸 것이다.

그 기사에는 프레이질(차가운 대기 수면의 열이 방출되면서 표면의 물 분자가 얼어붙으면서 형성된 부유물—옮긴이) 덩어리 속에서 떠다니던 직사각형 스티로폼의 사진도 함께 있었다. 가만 보니 알겠다. 저건 **아이스박스** 뚜껑이야. 거의 확실해, 그래, 아이스박스 뚜껑이야. 오래되어 여기저기 패였군. 그렇다면 더 깊은 얼음층 어딘가에 저 뚜껑을 달고 있던 아이스박스 본채가 텅빈 채로 있을 거란 말이잖아.

지구 온난화로 빙하에서 녹아내린 융빙수는, 역사가 선형 아닌 나선형으로 진행한다는 것을 말해 주듯, 계속 이런 온난화 징후를 토해 내고 있다. 시인 토마스 트란스트뢰메르는 시간을 미로라 불렀고, 우리가 벽에 귀를 대면 일찍이 자신이 다른 쪽을 오가며 냈던 발소리를 듣기도 한다고 썼다. 잃어버린 거나 잊어버린 것은, 다시 나선형을 그리며 돌아 그것을 지나칠 때(안으로 혹은 밖으로, 위로 혹은 아래로—그게 어느 쪽일지 누가 알리요?), 예기치 못했던 상황에서 다시 모습을 드러내며 우리 삶의 중심에서 불가해한 지점을 툭 건드린다. 아이스박스는 그것이 있지 말아야 할 곳에서 불쑥 나타났다. 얼마나 많이 그런 부-조리out-of-place-ness가 발생해야 우리는 이 조리in-place-ness가 사라진 상황을 인정하게 될까? 그런 드림의 사용을 놓고 고민을 거듭했지만, 우리와 야생 간의 관계는 이전으로 회복되지 않고 있다. 우리 모두는 인간과 비인간 할 것 없이, 멀고 가깝고를 막론하고 심하게 비틀린 채로 서로 뒤엉켜서 이런 급변하는 상황 속에서 살고 있다.

사람이 살지도 않고 접근 또한 용이하지 않은 오지—북극과 남극의 텅 빈 곳, 깊은 바다, 그리고 반짝이는 고산의 정상—를 향했던 사람들은 자신들이 도착하기도 전에 이미 와서 흐트러진 채 인간을 맞이하는 이들 폐기물에 대해 경악과 함께 격한 고통을 느낀다. 지형 곳곳에 박혀 있는 포장지. 시든 히비스커스 같은 일회용 물티슈로 얼룩진 빙산. 면봉을 붙들고 있는 작은 해마('쓰레기 서퍼' 미국 사진가 저스틴

호프만이 찍은 사진이 모티프가 된 표현으로 이 사진은 2017년 '올해의 야생 동물 사진가상' 최종 후보작에 올랐다. 인도네시아 해안에서 해마가 면봉을 자신의 꼬리로 감아쥐고 있는 장면을 담았다—옮긴이). 자신의 반쪽에 무성하게 달라붙은 따개비로, 반짝이는 샹들리에를 만들어 달고서 온 세상을 항해 중인 농구공. 고래 배 속에든 비닐하우스. 그리고 물밑 10킬로미터, 까마득히 깊은 마리아나 해구에서 발견된 뜻지도 않은 스팸. (죽어서든 살아서든 이렇게 깊은 곳까지 돼지가 온 적은 없다. 스팸 돼지는 돼지 종의 우주 비행사인 셈이다.)

한편, 휘발하더라도 없어지지는 않는 화학 물질이 '메뚜기 효과'로 남극, 북극의 만년설까지 폴짝폴짝 도달한다. 따뜻한 지역에서 증발했던 오염 물질은 유해한 입자가 되어 바람에 실려 다닌다. 그 독성 물질이 더 차가운 위도에 이르면 응축되어 비가 되거나 더러운 눈이 되어 떨어진다. 그런 식으로 추운 지역은 다른 먼 곳에서 사용되었던 화학 물질의 집합지가 된다. 이런 반半휘발성 오염 물질들(대부분 벤젠족이거나 유기 염소제인 폴리염화 바이페닐(PCB)과 살충제)은 고드름이 되어 녹아떨어지거나 고산 지대의 얇은 나무껍질, 이끼, 그리고 사초 속에 자리 잡거나, 산꼭대기를 가로질러 폴쩍폴쩍 뛰어서 극지방으로 갈 것이다. P-C-B. 폴짝, 폴짝, 폴쩍. 이런 물질은 이합집산을 반복하면서 몇 년씩 걸려 오염 물질이 더 많이 쌓인 곳으로 옮겨간다. 반 고흐의 〈아를의 별이 빛나는 밤〉처럼, 그 화학 물질들은 점묘화의 분위기를 내며 휘돌며 움직이고 있다.

우리가 알고 있었던 과거의 세계는 사라졌다. 이제 또한 조용히, 우리가 미처 알지도 못했던 세계—우리가 채 만나지도 못했던 자연—마저도 살며시 사라지고 있다.

귀신고래 (미성숙, 길이 1미터)

2010년, 미국 퓨젓만

추리닝 바지. 다수의 골프공. 수술용 장갑 여러 켤레. 스무 장의 포
장지.

작은 수건 여러 장. 정체불명의 낡아빠진 플라스틱 시트.

온라인의 바다에서, 장식품 고래를 찾아 그물을 던지듯 훑었다. 그
곳은 전 세계에서 폴리에스테르, 폴리에틸렌, 폴리에틸렌 수지PET, 폴
리비닐, 플라스틱으로 만든 엄청난 양의 스퀴시, 덮개, 고래 장식품으
로 넘쳐 났다. (홍콩) '레이저로 돌고래 세 마리를 하트 모양으로 새긴
선물용 수정 철야등' (시드니) "라인석과 '에나멜'로 만든 혹등고래 펜
던트" (상트페테르부르크) '보풀이 부드러운 3D 어미 고래 누비 이불보'
(덴파사르) '고래를 새긴 플라스틱 빗' (상하이) '다채롭게 발광하는 아
기 고래 워터볼' 그리고 등등, 등등. 수많은 고래가 디지털 조류를 타
고 떠다닌다. 각각의 상품은 이베이식 글로벌 영어로 저마다의 광고
문안을 읊고 있다. 물건은 사지 않고, 말초 신경을 자극하며 번쩍대는
이 화려한 고래 상품에 멍하니 빠져서 아래위로 화면을 스크롤했다.
나선형 계단을 도는 듯 어지럽다.

망망대해의 쓰레기 식당

최근에 소위 환류란 것을 접하면서 이 나선형 움직임에 관심이 생겼
다. 바다에서 이는 플라스틱 환류. 몇 가지 다른 이름으로도 불린다.

'쓰레기 섬' '쓰레기 소용돌이' 그리고 '백색 오염.' (일회용 식기, 스티로 폼, 얇은 쇼핑 백 따위의 색깔이 희니까.) 이제 소지품들이 갈 곳이 없어진 것이다. 플라스틱 환류는 해류가 합류하며 느릿하게 회전하면서 소용 돌이를 만드는 곳에서 생긴다. 한때 '말위도'라 불렸던 그곳은 환류가 교차하는 곳이어서 비가 거의 오지 않는 무풍지대이다. 신세계를 찾아가던 선원들이 이곳에서 자신들의 식수 확보를 위해 목말라 애타는 말을 배 밖으로 버렸다.

나는 한때 환류가 인공 섬을 만든다고 생각했다. 어업 쓰레기의 집 적물들, 투하된 화물, 쓰나미와 거센 바람이 바다로 몰아온 온갖 부 스러기들, 그리고 태풍이 부른 물 폭탄이 땅을 쓸면서 끌고 온 쓰레 기로 생긴 섬. 나는 폐기물로 뒤범벅이 된 상황을 상상한다—언어 없 는 바다 위에 부드럽게 삐걱대며 떠다니는 폰툰(밑이 평평한 작은 배)처 럼 떠 있는 폐기물 덩어리에는 언어가 있다. 코카콜라, 스프라이트, 게 토레이, 슈웹스, 썬키스트, 마운틴듀, 네슬레. 그 폐기 부유물의 표면 은 흡사 말레이시아 항공 MH370기—바다에서 추락했고 여전히 행방 이 묘연한—의 날개가 할퀴고 지나간 것처럼 보인다. 혹은 심지어 뭐 든 빨아들이는 끔찍한 깔때기 같기도 하다. 그것의 점점 가늘어진 부 분을 보고 나는 눈을 감았고, 그랬더니 끊임없이 선회하는 환류의 힘 으로 북적거리며 똘똘 뭉치며 생성된, 다시 언어가 사라진 컴컴한 구 球를 보았다. 망망대해에 아무것도 없으리라 짐작하겠지만, 인간이 만 든 끔찍한 식당이 하나 있다. 부유하는 폐기물 식당. 그곳 음식을 먹 는 동물이 있다.

하지만 환류는 대부분 안 보이는 것으로 드러났다. 그것은 구체 적 외양을 갖춘 것이 아니고 명확한 범위도 없다. 환류는, 이 의도하지 않았던 결과물을 맞이하는 시대가 만든 거대한 복합 인공물이라기보다는 차라리 어떤 힘에 가깝다. 환류의 깊은 소용돌이 속에서, 주로 낚싯줄처럼 질긴 모노필라멘트(인조 섬유인 한 올의 굵은 단섬유를 말한다. 낚싯줄, 어망, 부인용 양말 등에 쓰인다—옮긴이)와 미세 플라스틱으로 그물처럼 뒤죽박죽 엉긴 것이 조류에 따라 무리를 지어 움직인다. 전 세계에서 배출된 플라스틱 중에서 대략 60퍼센트가 바닷물보다 밀도가 낮아 부유한다. 그리고 약 800만 톤이 매년 바다로 흘러온다. 기자의 피라미드보다 더 무겁다. (그럼 재활용되는 것은 어느 정도일까? 2015년에 약 63억 톤의 플라스틱 폐기물을 버렸는데, 그중 9퍼센트를 재활용했고, 12퍼센트는 소각 처리했다.)

육지에서 바다로 온, 혹은 선박에서 버려진 플라스틱은 결국 가라앉거나 다시 바람에 실려 해안에 쓰레기로 모습을 드러내거나 아니면 떠다니거나, 그것도 아니면 짐승의 입으로 들어간다. 더 시간이 지나 파도가 때리고 자외선이 작렬하면서 플라스틱은 바스러져 미세한 파편이 되고 표백된다—크기는 고래 뼈에 붙은 삿갓조개나 크릴보다 작다. 대부분의 플라스틱 중합체가 물과 미생물에 잘 견디기 때문에, 그것이 사라지려면 수백 년 아니 수천 년이 걸릴지도 모른다. 과연 사라지기는 할까? 플라스틱이 최악인 이유 중에 한 가지는 그것이 더 잘게 쪼개지기는 해도 궁극적으로 분해되지는 않는다는 점이다. 플라스틱은 모든 바다와 강과 호수에서, 그리고 육지에서는 더 널리 흩어져서 세계적인 골칫거리가 되었지만, 우리는 현미경으로만 그 전모를 볼 수 있을 뿐이다. 플라스틱은 먼지에 들어 있다. 그것은 상하이 농토의 흙 알갱이 속에 있고, 비가 되어 피레네 산맥을 적신다. 플라스틱은 기후의 변수가 되었다. 현재의 추정으로는 캘리포니아와 하와이 사이의 태평양 아열대 바다에서 발견된 최대 환류 중 하나에서, 약 1.8조 개의 플라스틱 조각 중에 94퍼센트가 미세 플라스틱이라고 한다. 160만 평방킬로미터의 범위에서 적게 잡아도 7만 9천 톤의 중합체 파편이 있다.

고래 속 지방이 오염 물질을 끌어와 저장하듯이, 이런 플라스틱 조각들도 바다 표면에 고여 있는 최악의 화학 물질—살충제로 이름이 쟁쟁한 헥사클로르벤젠과 DDT 따위—을 채집한다. 그런 화학 물질은 소수성이어서 물에는 반발하지만, 지방질이나 기름과 접촉하면 쉽게 스며든다. 자체로 오염 물질인 미세 플라스틱은 작은 부유물이 되어 다른 화학적 오염물을 끌어모은다. 해양에 눈이 내리면 그중 얼마간의 미세 플라스틱은 해저로 가라앉지만, 더 많이는 바다 표면 또는 그 아래에서 그저 표류할 뿐이다. 5밀리미터에서 100나노미터에 이르는 해양 미세 플라스틱은, 그것을 물벌레의 알이라 생각한 물고기가 먹어 치우면서, 혹은 홍합과 굴과 같은 여과 섭식 동물이 멋모르고 흡수하면서 먹이 사슬에 동참한다. 단각류는 미세 플라스틱을 게걸스러울 정도로 먹어 치운다. 가장 깊은 곳에 있는 여섯 개의 해구를 연구하는 영국 과학자들은 그들이 채집한 단각류 중 80퍼센트의 소화 기관에서 미세 플라스틱을 발견했다. 수염고래아목에 속하는 북극고래, 혹등고래, 밍크고래 등은 특히 치사량에 가까운 미세 플라스틱의 영향에 노출된다. 그들이 바다 표면에서 엄청난 양의 물을 빨아들인 후 걸러 내면서 그 속의 먹이를 섭취하기 때문이다. 고래와 같은 거대 해양 포유류에게 미세 플라스틱이 얼마나 많은 피해를 입히는지는 아직 명확히 규명되지는 않았다, 하지만 이런 오염원은 크기는 미세하지만 씻을 수 없는 잔재를 남긴다. 이탈리아 해안 근처에서 죽은 참고래의 블러버에서 플라스틱이 남기는 미량의 화학 물질인 프탈레이트가 발견되었다. 그것이 고래가 미세 플라스틱을 축적한다는 사실을 입증할지도 모른다.

더 큰 플라스틱 조각(거대 플라스틱은 5~50센티미터이고, 메가 플라스틱은 그보다 크다)은 해양 생물에게 더 심각한 근심거리이다. 태평양에서 최대의 환류 속 메가 플라스틱의 86퍼센트(4만 2천 톤)가 그물인 것으로 드러났다. 그것은 작은 해양 수족관 탱크보다 더 잔인하고 더 옥죄는 감금 장치이다—그물과 플라스틱은 야외 교도소이다. 해양 포유류 전문가인 마이클 J. 무어는 버려진 어망에 걸려서 버둥대다 블러버가 일부 패어 나간 긴수염고래에 관해 말해 주었다. '북대서양의 긴수염고래는 동물원에 감금된 동물보다 더 지독하게 반복적으로 갇혀 있는 셈이다.'

까맣게 빛나는 흑요석의 색깔을 타고났던 이 고래들이 이제는 예외가 없을 정도로 하얀 흉터투성이가 되어 무시무시하다. 최초에 타고난 색이 있었으나, 나중에 폐기물에 긁혀 그 위에 흠집이 났고, 이제 고래의 외양은 물려받은 모습과는 거리가 멀다. 환류 속 어떤 그물은 햇빛을 받아 노후화된 흔적과 여기저기 수선 자국이 있는 것으로 보아 이 그물이 어업 행위 중 강한 비바람에 찢겨 나간 것이 아니라, 임의로 폐기된 것임을 알 수 있다. 만약 망사형 어망인 틀이 바다에 떨어지고, 고래가 그 속에 얽히면 먹이를 쫓아 물속으로 다이빙을 할 수 없게 된다—만약 그런 최악의 사태는 피했다 하더라도, 전지 가위가 가지 치기를 하듯, 나일론 어망이 틀림없이 어린 고래의 살과 뼈를 파고든다. 밧줄에 묶인 이들 고래는 무리에서 버려지고 만다. 밧줄에 얽혔지만 살아남았다 하더라도, 심지어 낚시 도구가 입힌 상처로 인한 감염을 이겨 내더라도, 이들 고래는 굶주리게 된다. 때때로 죽기 전에 뼈가 가죽을 뚫고 나올 정도로 굶주린다.

전 세계적으로 다섯 개의 환류가 인간이 버린 폐기물을 나선형으로 돌리면서 각각 몇 킬로씩 뻗쳐 있다. 고래는 그것을 피하는 방법을 알고 있을까? 2016년 10월에 낮게 날아가는 C-130 허큘리스 수송기를 타고 태평양 환류를 가로지르던 과학자들은 네 마리의 향고래(어미 한 마리와 새끼 두 마리 포함), 세 마리의 부리고래, 두 마리의 수염고래, 그리고 적어도 다섯 마리 이상의 다른 고래가 환류를 가로질러 이주하는 것을 목격하고 사진도 남겼다.

향고래 (네 마리 동반 표류)
2016년, 독일, 슐레스비히-홀슈타인주
게 양식장에서 쓰던 13미터 길이의 그물, 플라스틱 양동이 조각, 11만 개 이상의 소화 안 된 오징어 부리 (고래의 먹이), 그리고 차 엔진 커버.

얼마나 심한 부조리함인가. 고래 배 속에 차의 부품, 북극의 아이스박스 뚜껑 그리고 2018년 크리스마스 동안에 영국 켄트주 그레이브젠드를 지나는 템스강에 먹이를 구해 나타난, 사람들이 '베니'란 애칭으로 불렀던 흰고래. 오늘날 개별 고래가 과학자들이 생각했던 그들의 전통적 서식처나 이주 경로를 벗어난 곳에 등장하는 일이 일어나고 있다. 그것은 생태계에 또는 고래 자체에 어떤 변화를 시사하는지도 모른다. '우리는 베니가 어디서 왔는지 모르기 때문에 어디로 갔는지도 모릅니다' 라고 영국 다이버 해양 생물 구조대의 대변인이 수중 청음기에 고래 소리가 끊기자 〈텔레그래프〉에 말했다.

해빙과 고래의 이동

최근에 북극고래가 원래의 서식처에서 1600킬로미터나 떨어진 영국 콘월에 나타났다. 그리고 북극해에서 서식하는 외뿔고래가 벨기에의 바다에서 50킬로미터나 떨어진 강에 나타났다. 이전에는 해빙이 가로 막아서 못 가던 북극해 지역으로 범고래가 북극고래를 쫓아 뛰어들고 있다. 캐나다 연안의 흰고래는 외뿔고래를 그들의 무리로 받아들였다. ('이것은 다른 종에 공감하면서, 생긴 것도 다르고 행동도 다른 고래를 개방적 태도로 환대함을 뜻한다'고 하버드 대학의 한 연구자가 은근히 인간 세상이 이민자를 혐오하는 것에 빗대어 말했다.) 귀신고래도 자신들의 긴 이주 경로를 바꾸고 있다. 귀신고래는 북태평양을 떠나서 얼음이 없는 북서항로를 지나 지구의 꼭대기를 가로질러 대서양에 나타난다. 이제는 그들이 한 번도 나타난 적이 없었던 이스라엘, 스페인, 나미비아의 해안에 나타난다. 어떤 사람들은 이 고래들이 재등장한 것일 뿐이라고 말한다―과거 고래가 전설의 보고였을 때 노래로 뱃사람을 유혹해 파선시킨 사이렌 이야기의 다른 버전이라는 것이다. 혹은 빙하기 동안 대서양에 귀신고래가 새끼를 양육하는 곳이 있었을지도 모른다는 의견도 있다. 시간의 범위를 충분히 길게 잡아서 본다면 새로운 서식처로 이주한 것이 아니라, 그냥 귀환한 경우라는 해명이다.

민부리고래

2017년, 노르웨이 베르겐

플라스틱 찌꺼기 조각 서른 개. 2미터가 넘는 얇은 비닐 조각. 우크라이나에서는 한때 통닭을, 그리고 덴마크에서는 아이스크림을 운반했던 쇼핑 백(로고가 고래 배 속 위산에도 완전히 용해되지 않았다). 삼각형 재활용 심벌이 여전히 선명한, 영국 감자칩 워커스크리스프 포장지.

노르웨이인들은 그것을 **플라스트발룬**이라 불렀다. 지역 박물관의 골학에 관한 전시 기획자인 한네케 메이예 박사는 스카이 뉴스에 다음과 같이 말했다. '(고래 속에서 플라스틱 조각을 발견했을 때) 우리는 문득 그런 생각이 들었어요. 이건 플라스틱 고래잖아.'

그 모든 무차별적 사냥에도 불구하고 어떤 고래 종도 포경으로 멸종에 이르진 않았다—하지만 환경 오염은 이미 고래를 이 행성에서 멸종시키고 있다. 2002년 포획되어서 죽은, 중국 양쯔강의 마지막 바이지 돌고래 키키Qi Qi. 그 이후로 바이지가 발견되었다는 미확인 보도가 꾸준히 이어졌지만, '사실상' 멸종이라는 사실을 뒤집을 수는 없었다. 어쩌다 몇 마리가 양쯔강의 후미진 곳에서 발견될 수는 있겠지만, 종으로서 회복할 가능성은 없을 것이다. 바이지는 중금속, 서식처 파괴, 전기어로법, 그리고 선박과의 충돌 같은 환경적 요인으로 멸종된 최초의 고래목 동물이다. 그것의 학명은 리포테스 벡실리페르이다. 리포테스는 '(모두 떠났어도) 남은 것'이란 뜻이고, 벡실리페르는 '기수flag bearer'를 말한다. 여기서 '기flag'는 고래의 페넌트처럼 생긴 등지느러미를 암시한다. 그래서 흰 깃발 돌고래라는 속명이 붙었다. 이름대로라면 마지막까지 남은 흰 깃발이었어야 할 키키는 항복을 의미하게 되었다.

바키타는 지구상에서 가장 희귀한 쇠돌고래이다. (이미 사라지지 않았더라도 이 글을 쓰고 있는 동안 사라질지도 모른다.) 까만 눈에 사자코를 한 생물인데 와인 병만 한 크기이며, 캘리포니아만에서 북쪽으로 움푹 들어간 은밀한 곳에서 사는데, 이제 겨우 12마리 정도 남았을라나 모르겠다. 자망 쓰레기가 바키타를 거의 멸종시켰지만, 그들은 기계 소음에도 대단히 취약하고 심장 박동은 빠르다. ('바키타는 해양 포유류 세계의 벌새라고 생각합니다'라고 한 선임 과학자가 말했다.) 2018년에 베네수엘라 산 펠리페의 한 어부는 벤 골드팝이라는 기자에게 현지인들은 바키타의 존재가 날조되었거나 신화 같은 거라고 믿는다고 했다. '이곳 사람 대부분은 애초에 없었다고 생각해요'라고 그가 말했다. 종하나가 소멸할 때가 되면 돌이킬 수 없는 상황이 닥치고, 그래서 진짜였던 것이 없어진다 싶을 때, 사람들은 그 동물이 처음부터 없었던 건 아닌지 의심하게 된다.

향고래
2019년, 스코틀랜드 해리스섬
100킬로그램이 넘는 '작은 공' 모양으로 둘둘 말려 있던 것 속에. 뒤엉킨 합성 섬유 그물, 밧줄 (빨간색, 푸른색, 녹색, 갈색. 어떤 밧줄은 어른 팔뚝 굵기), 포장 테이프, 아이 생일파티에서 썼을 법한 플라스틱 음료 컵.

새로운 고래 종이 변방에서 나타났다. 발견되었지만 또한 어떤 의미에선, 창조되었다. 네오준들(어떤 지역에서 원래는 없었지만, 의도했든 하

지 않았든, 혹은 직접적이든 간접적이든, 인간의 영향으로 나타난 생물—옮긴이)
2010년 과학 학술지 〈네이처〉의 비평에, 북극의 극지 가까운 곳에서 해빙이 사라지고 빙상이 줄어들면서 그곳에서 서식하는 동물들 사이에서 잡종 교배의 가능성이 있다고 경고했다. 북극 빙권(지구나 해양 표면 위와 아래가 모두 눈·얼음 및 영구동토층으로 구성된 영역을 말한다. 평균적으로 지표 면적의 5퍼센트를 덮고 있다—옮긴이)이 축소되면서 동토 지형에서 번성하던 생물의 서식처가 사라졌을 뿐 아니라, 오랫동안 서로 격리되어 있었던 동물 개체 간에 물리적 그리고 기후적 격벽이 붕괴했다. 결과적으로 어떤 종들은 이종 교배가 가능해졌다, 그중 일부는 유전적으로 대를 이을 수 있는 후손을 낳았다.

혼란스러운 교배종들

얼음이 녹고 툰드라의 모습이 드러나면 희귀종인 피즐리곰이 그곳을 가로질러 으슬렁거린다—북극곰과 회색곰의 교배종이다. 곰의 하얀 털은 조금씩 변해서 발에 이르면 갈색이 된다. 물개를 잡기 위한 발톱은 여전히 길지만, 머리는 알래스카 회색곰이 그렇듯 이중 턱이며, 군살로 통통해진 어깨가 둥글다. 겨우 몇 마리의 피즐리곰(그롤라곰이라고도 하는데, 둘 다 두루 쓰인다)만이 DNA 검사를 통해 이종 교배 되었음이 입증되었을 뿐이지만, 곰이 새끼를 두 마리에서 세 마리를 낳기 때문에 더 있을 가능성이 매우 높다. 바다에서도 그린란드 서쪽 연안에서 날루가—외뿔고래와 흰고래의 잡종 교배종—가 목격되었다. 흰고래와 외뿔고래는 해빙의 벽으로 서로 분리되어 있었지만, 이제 그 벽은 온난화가 진행되면서 계절에 따라 얼다 녹다 하는데 이제 곧 영원히 사라질 것이다.

비슷한 경우로 두 종류의 밍크고래―밍크고래와 남극밍크고래―가 둘 다 겨울이 오면 더 따뜻한 바다로 먹이를 구해 이주한다. 그러나 그 시기는 서로 다르다. (이들은 유전적으로 크기와 색깔로 구별된다.) 이들 서로 다른 밍크의 적도 방문은 시차가 있었으나, 이제 그 시간이 겹치기 시작한 것으로 보인다. 서로 멀리 떨어져 살았던 부모에게서 난, 적어도 두 마리의 잡종 밍크를 유전학자들이 발견했다. 대략 만 년 동안 태평양과 대서양에서 서로 떨어져 살았던 북극고래가 만나고 있다. 캐나다 브리티시컬럼비아주 연안을 따라 까치돌고래가 쇠돌고래와 짝짓기를 하고 있다. 많은 물개 종들이 나뉘는가 하면 결합한다―점박이물범이 잔점박이물범과, 거문고바다표범이 두건물범과, 흰띠박이바다표범이 점박이물범과. 현재 하와이에는 사로잡힌 홀핀 한 마리(과거에도 그런 적이 여러 번 있었다)가 있다. 절반은 흑범고래이고 절반은 큰돌고래이다. (고래whale-돌고래dolphin, 그래서 홀핀wolphin) 서로 다른 종을 같은 우리에 넣어 짝짓기를 유도했으니, 홀핀은 더 직접적인 인간 개입의 산물이다. 야생에서 큰돌고래와 흑범고래는 서로 만날 일이 거의 없다.

〈네이처〉 기고자들에 따르면 이종 교배 자체는 본질적으로 부정적인 현상은 아니다. 1886년까지 거슬러 가 보면, 미국 수산 위원회의 공지에 '잡종 고래'에 관한 언급이 있다. 잡종 교배는 비록 변화하는 상황 속에 더 그럴 가능성이 커지지만, 별난 일은 아니다. 진화적 관점에서 동물을 교잡하는 것은 새로운 변종을 탄생시켜서 종이 외부적 압박과 변화에 적응하도록 만든다. 그러나 고래의 경우 교잡은 시간이 지나면 종 내에서 유전적 다양성을 감소시켜서 고래가 전체적 환경 변화에 대해 취약한 대응을 하게 만든다. (변화가 빠르고 극심할수록 더욱 그러하다.) 아니면, 만약 잡종을 매개하는 유전자형이 생태적 상호작용의 메커니즘을 멋대로 바꿔서 생명 자체에 해를 가하게 되면, 이종 교배는 종 전체를 위태롭게 만든다. 예를 들면, 홀핀은 이빨이 돌고래보다는 더 많고, 범고래보다는 적다. 홀핀의 선조가 사는 서식처에 그런 어중간한 이빨로 쉽게 잡을 수 있는 중간 크기의 물고기가 없다면 큰 문제가 된다. (교잡으로 인해 후손이 겪는 상대적 불이익을 생물학자들은 '이계 교배 기능 저하'라고 표현했다.) 다른 멸종 위기종들은 유전자 오염(이종 교배에 의해 야기되는 새로운 형태의 환경 오염—옮긴이)—근친 유전자에 의해서 완전히 압도되는—의 위험에 처할 가능성도 있다고 과학자들이 경고했다. 북방긴수염고래가 한 예가 되겠다. 비록 아직은 드물지만 북방긴수염고래는 점점 더 많은 북극고래를 만난다—그리고 그들이 좋아하는 차가운 바다가 북극으로 집중될수록 더욱더 많이 만나게 될 것이다. 북극고래가 '긴수염고래의 사촌과 키스'를 하고 있다고 한 미국인 생물학자가 말했을 정도다. 북극고래와 북방긴수염고래 사이의 이종 교배는 머지않아 후자의 멸종을 초래할지도 모른다.

한때 지도 외곽의 미지의 땅에 자리 잡아 중세의 항해가들을 공포에 떨게 했던 드롤러리의 소재가 되었던 괴수들처럼, 이들 이종 교배된 동물들은 지구상에 가장 특이한 생물체에 속할 것이다. 그러나 그들이 공식적으로 기록된 생명이 아니기 때문에 국제적 환경 보존에 관한 규약과 강제적 집행의 영역에서 배제된다. 생명 체계에서 애매한 자리를 차지하기 때문에 그들의 지위는 불안하다. 한번은 피즐리곰 한 마리가, 북극곰 사냥 허가를 받은 아이다호주의 한 트로피 헌터

(과시 또는 레저를 목적으로 사냥하는 사람. 동물을 사냥해 박제를 하여 집안 또는 다른 공간에 전시하거나 그런 과정에 찍은 사진을 SNS에 올리거나 한다―옮긴이)에게 사살되었는데, 아무 문제 없었다. (만약 회색곰이었다면 그는 교도소 신세를 졌을지도 모른다.) 2018년에 크리스티얀 로프트슨 소유의 아이슬란드 포경 회사가 대왕고래와 참고래의 이종 교배종을 포획했지만, 그 고기를 일본에 팔지는 못했다―음식 규약에 따르면 등록되지 않은 '이상한 고기'는 수입을 금지했기 때문이다. (포경 회사는 차라리 히말라야 설인을 잡아서 고기로 팔아넘길 생각을 하는 것이 나았을지도 모른다.) 결국 아이슬란드 고래잡이들은 세상에서 가장 크고 희귀한 동물을 죽이기만 하고 아무런 이득을 못 본 꼴이 되었다. 그들은 그 잡종 고래를 부두 위에 놓고 호스로 푸른 몸뚱이를 씻어 내렸다. 환경 운동가들의 분노에도 불구하고 그들에게 어떤 법률적 제재도 없었다. 죽은 대왕-참고래는 회색지대로 사라졌다.

2012년 이래로 또 다른 대왕-참고래 이종 교배종이 아이슬란드의 스캴판디만으로 매년 돌아오고 있다. 어느 세상에도 속하지 못한 생명체는 아이슬란드 고래 관찰자들에게 인기 있는 구경거리다.

뱀머리고래 (새끼)
2019년, 플로리다, 포트마이어스
비닐봉지 둘, 찢어진 풍선 하나.

글을 쓰고 있지 않을 때, 이따금 나는―호주 글레베의 아파트 지붕 창 밖으로―피어몬트의 스카이라인 위로 올라가고 있는 건물을 본다. 오늘 긴긴 시간을 내 눈은 콘크리트 자갈 부대, 전선 두루마리 그리고 온갖 필요한 자재를 싣고서, 그 고층 건물을 오르락내리락하는 화물 엘리베이터를 쫓았다. 외벽 마감재 공사가 끝나지 않아서 여전히 내부가 보인다. 외관은 일부만 올라가서 나머지는 여전히 철골 새장처럼 보였다. 뚫린 지붕 위로 검은 기둥들이 들쭉날쭉 올라 크레인을 향했다. 매주 나는 블랙와틀만의 맞은편에서 하늘로 솟는 마천루의 꼭대기에 맞춰, 창문 유리 안쪽에다 유성펜으로 체크 표시를 했다. 그런 식으로 매번, 건물이 이전에 그어 놓은 선보다 조금씩 올라가는 걸 확인했다.

이날 오후 15분 정도를 미동도 않고 이 화물 엘리베이터가 천천히 움직이는 것을 보고 있었다. 그때 갑자기 회색 하늘에서 거대한 빨간 풍선 다발이 한쪽 눈으로 들어왔다. 그림책에 나오는 풍선, 스티커 풍선, 온통 빨간! 문자 그대로 중국의 춘절 맞이 홍등 색깔이다. 풍선은 수산 시장 위로 떠올랐다. 내가 보고 있는 동안 바람을 타고 창문 없는 마천루 속으로 쏙 들어갔다. 의자에서 일어나며 중얼거렸다. 멋진 선물이네. 나는 나중에 방수 시트를 한 아름 들고서 풍선을 보겠다고 엘리베이터 문을 급히 여는 건설 노동자의 사진을 찍었다. 어둠 속에 불붙은 나무 같은 풍선 다발.

향고래 (같은 달에 두 마리가 표류했다)

2008년, 북부 캘리포니아

16평방미터에 달하는 한 개의 그물을 포함, 총 97킬로그램(건조 중량)의 쓰레기. 인도네시아 수산 회사의 상표가 찍힌 줄과 그물. 확인된 그물의 유형들은 투망, 자망, 새우와 저인망. 다 합쳐서 134개의 그물을 기록함. 폴리우레탄과 나일론.

결코 가라앉지 않는 것

바다에서의 쓰레기 확산을 모형화한 해양학자 커티스 에버스마이어는 말했다. '떠다니는 것 중에는 결코 가라앉지 않는 것이 있다.'

나는 생각했다. **결코**라고? 나는 결코를 전제하면 사고가 정지된다. 환류 속에서 시간은 어떻게 흐를까? 문학과 신화에서 소용돌이는 사건의 지평선Event Horizon이다. 시간이 존재하지 않는 곳, 혹은 시간이 멈춘 곳.(블랙홀에서처럼.) 단테의 《신곡》에 따르면 나선형으로 난 길을 따라 내려가면 지옥에 도달하고, 거꾸로 연옥 산의 나선형 길을 따라 오르면 천국에 도달한다. 아즈텍 창조 신화에 따르면, 바람의 신 케찰코아틀이 뼈 무더기를 놓고 소라 고동을 불자 뼈가 일어나 사람이 되었다(시간이 있기 전에 소용돌이가 있었다)면서, 엘리엇 와인버그 작가는 이렇게 덧붙였다. '소라고동은 우리가 손에 쥔 소용돌이(시간과 생명의 시작)이다.'

서호주 박물관의 대왕고래가 나에게 과거에 대해 생각하는 기회를 주었다면, 고래 배 속의 플라스틱은 심원한 미래를 생각하게 했다. 플라스틱은 유기적이고 비영구적인 것을 아득히 먼 지평선으로 연장해 준다. (타파웨어 플라스틱 용기와 성형 수술을 생각해 보라.) 플라스틱은 모양을 바꾼다. 위생적이며 변하지 않는다. 플라스틱은 늘 미래 산업을 위한 소재로 여겨졌다. 우주 시대에 걸맞는 반짝이는 원지原紙(1차 가공을 하기 위한 재료로 사용되는 종이—옮긴이), 신기술의 보호막. 플라스틱과 함께 사람들은 수많은 불가능한 꿈을 이뤄 냈다. 인공 심장이라니! 달에다 꽂은 나일론 국기! 대서양을 가로지른 케이블, 슈퍼 컴퓨터, 점보 제트기. 대척지조차 연결해 주면서 플라스틱은 세상을 세상답게 만들었다—그것은 거기서 가능한 것이 여기서 가능하도록, 그리고 여기가 거기가 되도록 해 주었다.

그러나 플라스틱은 또한 조악한 것에 대한, 금방 버리는 것에 대한, 일상의 기분 전환에 대한 욕구를 불러일으킨다—제2차 세계대전 후 시작된 이른바 '장식품에 대한 탐닉'의 유행. 그 모든 잠시 쓰고 버리는 것들, 번지르르 잡다한 장식물들. 1950년대 중반에 벌써 〈모던패키징〉이란 잡지의 사설은 '플라스틱의 미래는 쓰레기통 속이다'라고 선언하면서, 수요가 많고, 값싼 일회성 상품의 원료가 되는 플라스틱 중합체의 시장 점유율 증가를 예언했다. 대중들에게 빠르게 쓰고 버리는 '플라스틱'은 일회용을 상징하게 되었다.

맨 처음 플라스틱은 '실재하는 것'의 부족을 메워 주며 산업을 진전시켰다고 여겨졌다. 뿔, 거북딱지, 진주, 그리고 나무가 최초의 플라스틱 합성수지인 베이클라이트와 셀룰로이드, 래미네이트 그리고 호마이카로 대체되었다. 자연을 모방한 것이 그것을 대체했다. 자연의 물질은 결국 쪼개지고, 흠이 생기고, 빛바래고, 까다로웠다. 그런 자연은 광택제, 방부제 그리고 크레오소트와 같은 냄새가 독한 보존제로 처리를 해야 했다. 자연은 용도에 맞춰 광택제와 왁스를 발라 관리해야 했다. 그런 수고를 덜어 주면서 대용품이 자신의 흠 없음, 깔끔함, 허울 좋음을 초현대적인 것이라고 자찬하는 세상이 왔다. 최초의 플라스틱 소모품은 내구적이고 딱딱한 물건이었다. 폴리에틸렌은 1930년대에 합성되었다. 테플론, PVC와 폴리에스테르 천은 전쟁의 필요로 탄생한 발명품이었지만, 나중에 마요네즈 병, 벨크로 찍찍이, 레고, 스판덱스, 다림질이 필요 없는 천의 재료가 되었고, 플라스틱 가방, 바비 인형, 실리콘 유방이 되었다.

이런 식으로 더 부드러워진 플라스틱은 인간의 삶을 편리하게 해 주었다. 가정에서 노동 강도를 낮춰 주었고, 독한 청소 용품에 덜 노출되게 했고, 가정용품의 안전성을 높여 주었다. 가벼워진 차는 기름값을 줄였다. 의료용 플라스틱은 생명을 구했다. 한편, 플라스틱 산업은 사람들에게 삶의 방식을 값싸지만 풍요롭게, 그리고 손쉽게 바꿀 수 있다는 환상을 심었다. 테이크아웃 용기에 담긴 즉석 식품. 철 따라 바뀌는 패션, 철이 한창일 때의 패션, 앞선 패션. 영원히 새로워지려는 욕망. 플라스틱은 인간이 하루에 한 가지 존재가 되도록 해 주었다. 그리고 다음 날엔 탈바꿈을 한다. 더 멋진 것은 플라스틱은 쓰고 잊어버려도 그만이라는 점이었다.

그러나 잔디밭에 두는 장식용 플라밍고가 살아 있는 플라밍고보다 더 많아졌을 때 뭔가 잘못됐다는 생각이 들기 시작했다. 50여 년 전에 바다는 사실상 플라스틱 청정 지역이었다. 겨우 고래 한 마리의 생의 주기 동안에, 고래가 사는 곳은 수많은 플라스틱 쓰레기로 채워졌다—그중 많은 것이 상품이 아니라 상품 포장물이었다.

2017년에 미국 환경 과학자 세 명이 공동으로 펴낸 〈현재까지 제조된 모든 플라스틱의 생산, 사용과 운명〉이라는 논문에서 저자들은 플라스틱 생산이 1950년 200만 톤에서 2015년 3억 8천만 톤으로 증가했다고 밝혔다. 이 중에서 30퍼센트가 여전히 사용 중이다.

플라스틱은 자기 모순적 물질이다. 매우 가변적이고 부드럽다. 모양 빚기도 좋고, 쓰고 버리기도 좋다. 그러나 어째서인지 인간의 한평생 동안에도 그것은 썩지 않는다. 흔하고 값 싸다는 점을 고려하면, 세상에서 플라스틱보다 더 빨리 사라져 버릴 것은 없어 보인다. 그러나 플라스틱은 인간보다 오래 살 것이다. 그것은 우리의 영향력을 벗어났다. 플라스틱은 원래의 상태로 보면 유구한 지질학적 존재이다. 폴리비닐은 석탄에서 나왔다. 폴리에틸렌의 원료는 원유이다. 다른 플라스틱들은 천연가스와 그 부산물에서 비롯했다. 모두 화석 연료가 그 원천이다.

바다는 유출된 기름을 오랜 세월을 거치며 자신의 일부로 받아들일 것이다, 그러나 플라스틱을 그렇게 하지는 못한다. 역사상 최악의 원유 유출 사고였던 딥워터 호라이즌(2010년 4월 20일 영국 에너지회사 BP가 운영하던 멕시코만의 석유 시추선 딥워터 호라이즌호가 폭발하면서 생긴 원유 유출 사고—옮긴이) 재앙에도 불구하고, 지난 45년간 유조선으로 인한 원유 유출은 현저하게 감소했다. 1970년대에 매년 평균 24.5건에 700톤 이상의 유출이 있었지만 2010년대에는 평균 1.7건으로 줄었다. (하지만 바다를 통한 석유 제품의 거래는 증가했다.) 원유 유출 사건은 즉각적으로 사람들의 분노를 유발하고, 엄격한 규제로 이어진다. 바다를 검게 물들이고 때로 화염으로 솟구치기도 할 뿐 아니라, 유출된 기름은 해양 생물과 바닷새를 덮쳐서 몸을 겨우 질질 끌고 다니게 만들거나 질식시킨다. 시각적으로 경각심을 주는 사건이어서, (불타는 바다, 까맣게 뒤덮인 거대한 오염지대) 원유 유출의 해악은 적나라하다. 하지만 플라스틱은 심지어 예뻐 보일 정도다—미세 플라스틱은 그저 가는 색종이 조각을 연상시킨다—그리고, 더 작은 플라스틱은 동물이 삼켜버리면 더욱 그 모습을 알 수 없다. 그러나 플라스틱은 한번 버려지면 기름 유출과 마찬가지다. 기름 유출인데 변조되고 더 많은 대상으로 분산되어서, 더욱 끈질기게 버티고, 포획하기 어렵고, 개선 가능성은 더욱 막막하다.

그러나 플라스틱이 없어지지 않을 것이란 예상은, 그것을 직접 겪어 보지 못했다는 점에서는 아직 가정에 불과하다. 많은 종류의 플라스틱이 예상된 분해 속도보다 더 빨리 분해되었다. 그래서 플라스틱의 소멸에 대한 명확한 자료는 여전히 미래의 환경에서 입증되어야 할 과제다. 플라스틱 덕분에 미래에 대한 예측에 힘쓰게 되었으니 불행 중 다행인가? 덕분에 인간은 자신의 생애 주기를 뛰어넘어서 미래 세대의 세상에까지 시야를 넓히게 되었다. 그것이 현재 많은 사람들이 하고 있는 것이다. 지금 버린 플라스틱 쓰레기 때문에 후손들이 사는 세상—그리고 동물의 왕국-이 어떨지를 미리 내다보고서, 빠르게 쓰고 버리는 일회용 플라스틱의 사용을 끝내자고 요구하고 있다.

모든 지구 생명체들은 지금 벌어지고 있는 상황 변화에 따라 그들의 삶의 방식을 조정하고, 행동 방식을 바꾸도록 요구된다. 그러나 인간만이 미래의 상황까지 예측하고 그에 맞춰 조정할 능력을 갖추고 있다. 프레온 가스가 오존층에 미치는 해악을 입증해 노벨 화학상을 수상한 셔우드 롤런드 박사는, 1989년 〈뉴요커〉에 '우리가 구경꾼처럼 가만히 보면서 과학자들의 예언이 실현되는 것을 기다리기만 한다면, 과학이 미래를 예측할 수 있을 정도로 발전한 것이 무슨 의미가 있겠소'라고 말했다.

보리고래 (거의 다 자란 고래. 길이 14미터)

2014년, 체서피크만, 엘리자베스강

깨진 DVD 케이스 하나, 식도와 위장 내벽에서 DVD 조각 검출.

플라스틱 오염에 노출되어도 괜찮은 동물이 있을까? 그것은 먹이 사슬에 어떤 식으로 영향을 미칠까? 어디선가 본 기억이 났는데, 아르헨티나에서는 죽지도 않은 남방긴수염고래를 갈매기가 먹었다고 한다. 그 이야기는 여러 번 보도되었다. 고래가 숨을 쉬러 물 표면으로 오르자, 갈매기가 덮쳐서 고래 껍질을 찢어내고 그 속에 블러버를 먹었다는 얘기다. 갈매기는 새끼 고래를 표적으로 삼았는데, 새끼는 덜 민첩하고 작아서 폐에 공기를 채우기 위해 더 자주 표면으로 올라와야 했다. 새끼와 어미 고래가 갈매기들이 무리 지어 둥지를 튼 험준한 섬 돌출부와 해안 가까이에서 발견되었다. 그들은 지역에서 남방큰재갈매기라 불리는 대형 갈매기다. 머리가 소프트 볼만 하고 날개 너비가 1미터에 달한다. 부리는 노랗고 아래쪽 부리 끝부분만 붉다. 고래 가죽을 찢어 놓고 먹어야 하기에 갈매기들은 기회가 생기면 무리를 지어 선회하며 쇄도한다. 한번 공격하면 네 시간 정도 걸린다.

30년 전까지만 해도, 이런 행동은 예외적이었다. 1970년대에 최초로 연구자들이 갈매기가 어른 고래가 탈피를 하느라 벗어 버린 껍질을 물고 있는 것을 보았다고 보고했다. 남방긴수염고래는 자연적으로 과일 껍질 벗겨 내듯 외피를 벗는다. 고래 몸에 붙어 살았던 따개비 유충, 이, 조류, 그리고 다른 끈적하게 달라붙었던 미세한 수생 식물과 동물도 함께 떨어져 나간다. 육지에 틀어 놓은 둥지를 향하던 남방큰재갈매기 무리가 바다 표면을 떠다니며 반들거리던 허물을 물어뜯었다. 어쩌다 갈매기들이 고래 등에 올라 벗겨지지도 않은 허물을 서둘러 찍어 대는 것도 목격되었다. 어떻게 그들의 습성이 바뀌었는지는 알지 못한다. 그러나 1980년대와 1990년대를 거치면서 갈매기는 난폭하게 고래의 껍질을 찢고 파고들어 블러버를 노리기 시작했다. 점점 능숙한 공습을 감행했다. 그리고 새끼에게도 그 수법을 전수한 것으로 여겨진다.

때 이른 죽음에 관하여

오늘날 파타고니아 해안을 따라, 갈매기의 공습은 더욱 공격적이고 전방위적이어서 과학자들의 추정으로는 그 지역 남방긴수염고래 99퍼센트의 등에 갈매기가 할퀴고 뚫은 자국이 있고, 심한 경우 흰 지방 조직이 드러난 경우도 있다고 한다. 찢긴 상처가 외상으로 남는데 어떤 것은 큰 접시만 하다. 피부가 손상을 입으면 탈수증이 생기고, 고래가 체온 조절에 애를 먹는다. 그리고 병원균과 기생충이 피부 속으로 들어온다. 그 순간 감염의 위험에 노출된다. 고래가 병이 난다. 새끼를 양육하는 고래는 갈매기를 피하느라 너무 고생을 해서 이전에 축적했던 지방의 상당 부분을 소모한다. 낮 시간의 4분의 1 가까이를 갈매기의 괴롭힘을 받으며 지내다 보니, 스트레스를 못 견디는 어미 고래가 새끼 양육을 포기하는 경우도 생긴다. 어린 고래가 엄마 고래와 어울리는 시간도 이전보다 줄어들었다. 그래서 성숙기에 접어든 암컷이 새끼 고래를 양육하는 방식을 익힐 기회도 줄어들었다고 여겨진다. 젊은 고래와 늙은 고래가 함께 헐떡거리며 은밀하게 숨 쉬는 것을 배우는 일도 생겼다. 어미 고래는 숨을 쉬어야 할 때, 연구자들이 '갈레온 모양(15~18세기에 사용되던 스페인의 대형 범선. 선미와 선두가 불쑥 나왔고 중앙이 움푹 들어갔다―옮긴이)'이라고 부르는 방어적 포즈를 취한다. 척추를 아치형을 그리며 아래로 구부려 머리와 꼬리 끝만 물 표면으로 노출시킨다. 그럼에도 갈매기는 공중을 가로질러 후려치듯 내려와 벼락같이 공격한다.

남방큰재갈매기는 고래 새끼의 때 이른 죽음을 초래한 여러 가능한 원인 중 하나일 뿐이다. 다른 가능성에는 **사슴등침돌말**이라 불리는,

농업 유출수로 넘쳐 나는 물에서 번창하는 식물 플랑크톤이 있을지도 모른다. 거대한 지역에 **사슬등침돌말**이 빽빽하게 들어섰을 때와 남방긴수염고래 새끼가 떼로 죽은 시기가 일치한다. **사슬등침돌말**은 신경독을 방출한다. 무심코 사람이 이런 독에 노출된 게나 조개를 섭취하면 몸이 마비되기도 하고 눈동자가 풀리고 회복 불가능한 기억 상실로 이어지기도 한다. 그래서 '기억 상실성 패류독ASP'이라고도 부른다. 알츠하이머병과 마찬가지로, 가까운 기억은 상실되고 더 먼 기억은 얽히고설킨다. 어떤 가설에 따르면 임신 중인 남방긴수염고래가 물고기를 무더기로 잡아먹을 때 그 독도 흡입되어, 자궁 안에서 발달 중이던 고래에게 해를 끼쳐서 그렇다고 한다. (이 경우 어미고래는 너무 커서 그 정도의 독에는 문제가 없다.) 또한 그 식물 플랑크톤은 바닷새의 이상한 행동의 원인일지도 모른다. 1961년 8월 18일, 캘리포니아 몬트레이만에서 **사슬등침돌말**에 중독된 거무스름한 슴새 한 무리가 멸치를 토해 놓으며 미친 듯이 돌진하여 차와 빌딩을 처박았다. 앨프리드 히치콕 감독의 영화 〈새〉(1963)는 히치콕이 이 사건에서 영감을 얻어―대프니 듀 모리에가 쓴 단편 소설에서 구한 힌트를 더해―만들었다.

아르헨티나 연안에서 어린 남방긴수염고래가 죽은 이유는 여러 가지 요인이 복합적으로 작용했을 가능성도 있다. 아직 우리가 모르는 방식으로 갈매기와 독성 플랑크톤이 동시에 영향을 주었을지도 모른다. 대부분 석 달도 못 넘긴 새끼 고래의 사체가 해변에 밀려왔다. 갈매기들이 그들을 공격해 입부터 꼬리까지 갈가리 헤쳐 놓았다.

뉴욕의 작가 다이앤 애커먼이 1990년에 발데스 반도를 방문했을 때, 그이는 해변 가까이에서 남방긴수염고래가 뛰노는 광경을 보고 '정원에서 공룡을 발견한 것 같은 놀라운 일'이라고 묘사했다. 그 지역은 3300평방킬로미터에 달하는 자연 보호 구역 중에서도 은밀한 곳일 뿐 아니라, 해안 대부분이 거의 10킬로미터까지 해양 생물 보호 지역으로 지정되어 있다. 애커먼은 자신의 에세이 《고래에 비친 달》에서 유명한 고래 연구자이며 고래 노래 마니아인 로저 페인에 대한 인물평을 하고는, 남방긴수염고래의 '꼬리 항해'를 설명했다—미풍을 받아 꼬리를 물 밖으로 똑바로 내밀고는 만을 가로질러 유유히 표류하는데, 페인에 따르면, 단지 스스로에게 기뻐서가 아니라면 달리 이유가 없는 놀이라 했다. 애커먼은 밤에 텐트 안에서 고래의 코골이와 콧소리를 듣는다. 고래가 들숨과 날숨을 쉬는 모든 일상적 행위의 포근함이 바다 밖으로 가뿐히 날아와 애커먼의 따뜻한 글 속으로 스며든다.

《고래에 비친 달》이 출간된 후에, 발데스 반도의 자연 보호 구역을 찾는 사람들이 꾸준히 늘었다. 휴가차 그리고 생태 관광차(고래 관찰자도 포함해서) 반도를 방문하는 방문객들의 계절적 유입은 지역의 인구도 증가시켰다—특히 남방긴수염고래가 아르헨티나의 바다로 이주해 올 때 증가했다. 남방큰재갈매기는 도살장의 유출물, 하수 배출물, 그리고 산마티아스만으로 흘러가는, 수산물 가게에서 은빛을 내며 쏟아져 나오는 해산물 찌꺼기에서 늘 풍부한 식량을 찾아낸다. 이런 풍족한 먹을거리가 많은 개체 수를 불러들인다. 갈매기의 또 다른 음식물 찌꺼기의 원천인 야외 매립지도 같은 이유로 북적거린다. 남방큰재갈매기의 둥지 주변에서는 소화되지 않아서 토해 놓은 쓰레기 덩어리가 흔히 발견된다. 먹다 버린 갈매기 정크 푸드. 쓰레기가 더 생기면 갈매기도 더 나타난다.

곤란한 문제 하나. 해양 생물학 분야의 한 논문은, 몇십 년 동안 도시 쓰레기로 갈매기 떼를 먹여 살리다가, 재활용의 활성화로 폐기물을 줄이려고 시도했더니 더 많은 갈매기가 남방긴수염고래를 공격했다고 밝혔다. 육지에서 쓰레기 문제를 해결하려는 시도가 단기적으로는 바다의 고래들에게 나쁜 결과를 초래한 사례였다.

현재 아르헨티나의 3500킬로미터에 달하는 해안을 따라 7만 5천 쌍의 갈매기가 둥지를 틀고 있다. 10년 전에 아르헨티나 정부는 고래 보호 지역에서 고래를 공격하는 갈매기만을 골라서 제거하는 작전을 폈다. 관찰자들은 소수의 '나쁜' 갈매기가 갈매기 공격 무리를 이끈다고 생각했다―그러나 남방큰재갈매기를 표적 사살을 했음에도, 상처를 입은 남방긴수염고래의 수는 줄어들지 않았다. 쓰레기 더미의 증가와 갈매기 숫자의 인과 관계가 입증되지는 않았지만 나는, 갈매기가 쓰레기통에서 믿을 수 없을 정도로 크고 더러운 것을 먹는 것을 본 적이 있기 때문에, 그런 관계가 타당하다고 생각한다. 블러버는 사체 찌꺼기 같은 것에 비하면 영양가 있는 음식이지만, 고래의 지방을 얻기가 매립지의 찌꺼기를 구하기보다 더 어렵다는 사실을 생각해 보라.

브라이드고래
2000년, 호주 케언스
6 평방미터 너비에 달하는 플라스틱 봉지, 그중에는 약국 상표가 보이는 비닐봉지도 있다. 그리고 일회용 라이터 몇 개.

나는 때로 이런 의문이 든다. 햇빛에 물든 광활하고 뒤죽박죽이 된 민다리의 쓰레기 매립장으로 실려 간, 퍼스에서 몇 년 전에 표류했다가 죽은 혹등고래의 사체에서 이제 무엇이 남아 있을까? 어떤 동물이 무엇을 골라 먹었을까ㅡ어떤 야생 고양이가 그리고 어떤 후벼 파는 벌레가, 어떤 곰팡이가, 어떤 파리의 애벌레가? 어떤 새가 한낮에 고래의 심장을 톡톡 쪼아서 반쪽을 냈을까? 새는 고래의 간에서 나온 분비액으로 깃털을 매끄럽게 다듬었을까? 새는 고래 내장으로 깔개 삼은 둥지에서 새끼의 응석을 받아주었을까? 냄새는 끔찍했겠다. 아니면 냄새가 다른 쓰레기 냄새에 섞이기도, 바람이 불기도 해서 구분조차 못하게 변했을까? 어쩌면 아무것도 남지 않았을지도 모른다. 고래 낙하와는 정반대로. 한 조각 한 조각 갈매기가 하늘로 물고 갔을 테니까.

하지만 그런 장면은 상상하고 싶지 않다. 고래가 해체되어 온갖 것의 먹이가 되는 그런 상상. 내가 즐겨 상상하는 바는 좀 더 원천적으로 서서히 변하는 모습이다ㅡ혹등고래의 뼈가 천천히 지긋이 눌려 화석으로 변했으면. 나는 이것이 화학적으로 가능한지 어떤지도, 고래가 버려진 장소가 죽은 생물의 뼈를 보존하기 위해 필요한, 낮은 산소 퇴적물을 가진 적절한 지질 구조의 토양인지 아닌지도 모른다. 유기체가 매립지에 파묻혀서 광물 또는 화석이 되는 일이 가능하기나 할까? 선사 시대의 타르 구덩이와 석탄기의 숲이 홍적세의 포유류를 화석화했듯이 말이다. 나는 먼 미래에 고-생물학자가 아니라, 고古-중합체-학자와 화석학자, 즉 고대의 쓰레기 봉지를 연구하는 학자들이 함께 쓰레기 매립지로 오는 광경을 그린다. 여성과 남성 학자들이 꾸러미 포장의 뻣뻣한 표면을 벗겨 내고, 과일 망을 핀셋으로 집어내고, 고래 주위로 뒤섞인, 애글리트(신발 끈을 구멍에 쉽게 넣도록 신발 끈 끝에 달린 단단한 쇠나 플라스틱ㅡ옮긴이)와 버튼, 부서진 일회용 식기 조각과 플라스틱 빨래집게를 집어낸다. 역사적으로 유명한 비닐랩으로 에워싸인 혹등고래 미라. 문명의 기념물이 모두 닳고 삭아 없어졌지만, 문명의 쓰레기 더미는 살아남았다. 매립지가 무덤이 될 줄, 그리고 타임캡슐이 될 줄 누가 알았으랴.

민부리고래
2019년, 필리핀, 시티오 아시난
40킬로그램의 빈 쌀부대

많은 종류의 갈매기는 플라스틱을 게걸스럽게 먹어 치운다—앨버트로스, 슴새, 바다쇠오리와 페트렐 같은 다른 바닷새들도 마찬가지다. 인간이 버리는 합성 쓰레기에 새가 필요로 하는 영양소는 없다. 하지만 많은 경우 플라스틱에 발린 혹은 조금씩 쌓인 먹기 좋은 자양분이 있다. 끈적대는 비닐 쓰레기 틈에서 곤충의 애벌레가 농익으면, 딱정벌레가 뜯어 먹는다. 음식이 씻기지 않은 용기 속에 낀 채 남거나, 혹은 음식이 썩지 않는 쓰레기를 가로질러 흩뿌려지고 흠뻑 젖어들기도 한다.

바다로 표류해 온 플라스틱에 생물오손(선박의 밑부분 등에 미생물이 부착해 생물막을 형성하고, 이어서 다양한 생물종이 부착하며 구조물에 영향을 미치는 현상—옮긴이)이 형성되면—해조류의 부드러운 녹색 외피로 플라스틱을 친친 감는 경우—새가 먹잇감의 신호로 여기는 황 냄새를 풍기게 된다. (우리도 이 블래더랙(뜸부기과의 갈색 바닷새—옮긴이)과 참그물바탕말 같은 묽은 수프 냄새를 맡을 수 있다.) 물고기 알이 떠다니는 쓰레기에 달라붙고 미끼용 작은 물고기가 그 그늘 아래 모여들어 그 아래서 자란 식물을 쪼아 먹는다. 바다의 플리스틱은 수생 생물에게 서식처를 제공하니 이런 횡재가 없다. 조류는 플라스틱을 타고 다른 곳에서 이식의 기회를 찾고, 고착성 유기체인 따개비와 말미잘은 그걸 뗏목 삼아 타고서 바다를 가로질러 새로운 해안의 환경으로 이동한다. 한편 새들이 쓰레기를 먹는 것은 늘 다른 것으로 착각하기 때문이 아니라, 음식 냄새가 나기도 하고 실제로 음식이 그 주변에 붙어 있기 때문이기도 하다.

상관없는 유기체의 삶

호주 근해의 섬에서, 어떤 새는 몸무게의 8퍼센트가 플라스틱이었다—62킬로그램이 나가는 사람의 배 속에 5킬로그램 되는 플라스틱 덩어리가 있다고 생각해 보라. 미드웨이 환초에 서식하는 앨버트로스는 플라스틱이 속에 꽉 차서 죽었는데, 사체를 해부해 보니 그 속에서 리본과 빨대가 나왔다. 마술사가 몸에 숨기는 무대용 소품이라 해도 믿을 지경이다. 이들 새의 뼈는 마침내 부패하여 사라지겠지만, 새는 내장 속에 꾹꾹 다져 넣은, 밝은 총천연색 빛깔의 작은 원추형 돌무덤 같은 플라스틱 유적을 남긴다. 한편 북해의 풀머갈매기는 물 표면에 떠다니는 쓰레기를 너무 잘 먹어 치워서 과학자들이 이 갈매기를 해양의 폐기물을 측정하는 도구로 쓸 정도다. 그들의 위장 속 내용물을 측정해서 조사하기 힘든 거친 바다에서 플라스틱 오염의 규모와 범위를 추정한다.

갈매기는 그들의 둥지로 사람들이 한때 필요로 했다가 혹은 필요하다고 여겼다가 버린 물건을 갖다 놓는다. 이 갈매기의 둥지는 우리에게 단지 그 물건이 무엇이며 어떤 욕망이 그것을 구입하도록 부추겼는가 하는 사실뿐만 아니라, 버리는 행위가 얼마나 무의식중에 이루어졌는지 상기시켜 준다. 우리는 지금까지 얼마나 편리하게 쓰레기통에 내버리는 것들이, 해 질 무렵 구역질 나는 매립지에 파묻히거나, 연기가 되어 하늘로 사라지거나, 혹은 너무 작아서 어떤 맛도 알지 못하는, 혹은 너무 야생적이어서 그들에게 무슨 일이 일어나도 우리와는 상관없는 유기체가 먹어 치우는 식으로 잘 처리될 것이라고 믿었던가.

특별한 기분이 일면, 나는 갈매기가 뱉어 낸 뭉친 덩어리를 뜻하는 네덜란드 단어 **푸썰몬스터스**를 혼자 속삭이듯 말해 본다. 조각 단어를 이어 붙여서 영어 단어 monster(괴물)로 끝맺은, ㄱ 자체로 복합어인 고딕풍의 단어이다. (하지만 번역하면 '표본 추출한 음식'이란 뜻이다.) 2008년에 네덜란드 북부 테설섬에서 푸썰몬스터스를 검사하고 연구 결과를 공개했다. 병뚜껑, 고무줄 조각, 인형 다리, 장난감 병정 다수, 리본에 매달린 메달 ('우승자'가 찍힌), 그리고 작은 소니 에릭슨 휴대폰. 그이후로 다른 여러 곳에서 오리 속에서는 알루미늄 조각이, 살아 있는 앨버트로스에게서는 칫솔이, 슴새에게서는 야광봉이 통째로 나왔다. 푸썰몬스터스의 쓰레기 목록을 보면 대기업 하나로는 부족할 정도의 물품이 나왔다. 새가 토해 낸 덩어리진 것 속에 우리가 버린 욕망이 쌓여 있었다.

민부리고래

1999년, 프랑스 비스꺄호쓰

378개의 서로 다른 썩지 않는 물품.

나는 이 책의 주제인 아직 낙관의 여지가 남았는가, 희망의 근거가 있는가와 관련해서 헤아릴 수 없을 정도로 많은 질문을 받았다. 당신은 어떻게 이 끔찍한 슬픈 뉴스를 매일 대면할 용기를 내는가? 그래서 나는 이번 기회에 마치 질문자가 옆에 앉아 있는 것처럼 가정하고 직접 명확하게 답변해 보고자 한다.

희망은 있다.

고래는 지구 최대의 생물체여서가 아니라, 그것이 우리의 도덕적 능력을 증대하기 때문에 경이로운 것이다. 고래는 우리 행동의 즉각적 영역 밖에 있더라도 우리 영향력이 미치는 것을 우리가 돌보는 게 가능함을 보여 준다—당신과 나, 우리는 고래가 멀리 있기 때문에 깊은 관심을 가진다. 고래가 우리가 가지 못할 곳에 대해 말해 주기 때문이다. 고래가 인간성이 미치는 한계를 확장해 주었고, 우리에게 서로를 통제하는 집단적 능력이 있음을, 그리고 이 지구의 생태에 대한 우리 역할을 상기시켜 주기 때문이다. 고래는 경이와 겸허를 불러일으키는 존재이기 때문이다. 당신은 플라스틱 공해와 관련한 캠페인으로부터 희망을 품을지도 모른다—비닐봉지 금지 운동, 빨대 사용 반대 운동—그러나 나는 이런 운동이 그리 대단하다고 생각지는 않는다. 내 뜻은 당장 가까이 있지는 않아도, 다가올 장래에 우리가 동정심을 발휘해야 할 이유가 있는 많은 존재가 있음을 생각해 보자는 말이다. 미래 세대, 바다 건너서 곤란을 겪는 인간들, 온갖 생명들, 그러면 당신은 이렇게 묻게 될지도 모른다. 내가 어떻게 알지도 못하고 결코 만난 적도 없는 존재를 염려하고 배려한단 말인가?

당신은 고래를 염려하는가?

고래를 위해 행동할 수 있는가?

유용해지면 희망도 따라온다. 이건 나의 경험론이다, 그리고 유용해지기 위해서 자신이 가진 재능과 자원을 동원해 변화의 가능성이 있는 문제의 일부가 무엇인지 파악하는 것은 중요하다. 희망은 함께 하는 것이다. 희망은 실천 속에 있다. 우리는 다른 생명과 만나는 경이로움을 박탈당할지도 모르는 미래에 대해 상상하는 유일한 존재이다. 이 상상력이 결국 우리가 실천해야 할 이유이다.

나는 컵을 가지러 갔다. 차를 한잔 마셨고 컵을 씻고, 그리고 돌아왔는데, 뭔가가 내 시선을 건설 중인 고층 건물로 던지게 했다. 믿기지 않게도, 바로 그 순간 풍선이 건물의 다른 쪽으로 나오더니 날아갔다. 시드니의 하늘을 가로지르며 계속 붉게 날아간다. 겨울 곰의 입속처럼 붉다. 이걸 본 사람이 나 말고도 있었을까? 놀란 마음으로 또 한편 기쁜 마음으로 자리에 앉았더니, 머릿속 잡념이 사라졌다.

눈을 감았지만, 여전히 붉은 풍선이 일렉트릭 블루로 눈앞에 일렁댄다. 손바닥이 위를 향한 채 무릎에 손을 놓았다. 아무도 없는 곳에 있다는 이 느낌, 기분이 나쁘지 않다. 땅거미가 지기 시작하더니 곧 깜깜해졌다. 불을 켜지 않은 채로 두었다. 그 고층 건물이 생각났다. 눈을 뜨고 봤더니 건물의 윗부분은 어둠에 잠겨 사라졌다. 아랫부분만 전기가 들어와 빛나고 있었다.

마침내 고무 냄새를 맡았다, 풍선이 세상으로 가는 길에 나를 뚫고 지나가 버린 걸까. 내가 풍선이 뚫고 다니는 세상의 일부란 말인가.

8장

미지의 표본들

죽은 괴수 목격담들

알과 눈

산호, 그것은 동물인가?

고래가 섬으로 위장하다

크라켄과 괴물 올빼미

냉수 분출공 생물군

작게 무리 지어 은밀하게 사는 괴물들

개체 감소

기생충과 숙주의 번성

죽은 괴물 이야기

인터넷 속 불쾌감을 일으키는 음침한 어떤 사이트에는, 죽은 괴물을 발견했노라는 사람들의 이야기가 뜬다. 그들은 꼭 자정을 전후해 뜬금없는 시간에 일어나 개를 동반하거나 아님 혼자서 집을 나선다. 이들은 음모론에 경도된 사람은 아니지만, 흔히—사람들이 외출을 꺼리는 시간에 다니는 것으로 보아—이주민이거나 떠돌이, 교대 근무자, 막사는 사람, 실패한 예술가일 가능성이 있다. 그러니까 상심한 사람들일 가능성이 높다. 이런 사람에게 이미 세상은 이상한 곳이다. 더구나 세상이 더 이상해지는 것도 대수롭지 않다. 이런 사람에게는 그들의 의도에 반해 음모론이 잘 붙어 다닌다.

나는 멀리서 그런 영혼들을 본 적이 있다. 하지만 나 또한 그런 부류의 사람이었다. 한쪽 눈을 감고 엄지손톱을 세워 보면 보이지 않을 정도로 떨어진 곳에 서서 근심에 차 있는 잠 못 드는 존재. 당신이 어디에 살건, 바닷가에서 괴물을 찾고 있는 나를, 아니면 나 같은 사람을 보았다고 상상해 보라. 그 사람만 아니면 아무도 없는 해변. 흐린 달빛이 모래사장의 패인 곳에 그림자를 드리우고 사방의 시계도 흐릿하다. 뭔가가 있을 것 같은 분위기. 그러나 발가락 끝으로 탐색을 하며 발끝에 뭔가 걸리는 게 없나 촉각을 세우지만 특별한 것이 없다. 해초만 어지러이 흩어져 있을 뿐. 바위틈 작은 웅덩이는 밤이 되면 어떤 형상도 비추지 않는다. 그 속에 문어가 있다 하여도 이미 주변의 돌과 구분할 수 없는 상태일 것이다; 그놈의 피부는 어떤 생물학자가 말했듯이, 문어 '뜻대로' 변한다. 흐느적거리는 외우산을 후광처럼 씌운 해파리도 없고, 해초의 흡착 기관에 달라붙은 삿갓조개도 없고, 그 흔한 불가사리 한 마리도 없다. 해안은 파도가 물러설 때 여기저기 기포가 보글거린다, 그러나 그 달리 감지되는 것은 없다. 단지 중력만이 사방을 내리누른다.

시간. 시간도 중력의 무게를 견디기 힘든 지금.

잠깐. 거기 누구요? 대체 뭐요? 아니 난데없이. 해변에 뭔가 큰 덩어리진 것이 있어. 내겐 그게 느껴져. 시체라도 만날까 봐 두렵지만 이미 발걸음은 그쪽으로 한 걸음씩 이끌리고 있어. 뚜렷하지 않은 덩어리가 점점 커진다. 사체라면 환장을 하는 바다 벼룩 무리가 벌써 도착해서 그 덩어리를 뒤덮고 있다. 그것의 몸뚱이가 파도의 흐름에 맞춰 흔들거린다.

그럼 도대체 이건 뭔가. 분명, 당황스럽다. 몸뚱이가 어설피 만든 커다란 집채 같다. 집채 밖으로 기둥과 대들보와 서까래 같은 뼈대가 비죽비죽 튀어나와 있다. 괴상하게 걸쳐 놓은 거대한 양모 코트 같기도 하다—야만인들이 입었다 벗어 놓았는가. 거대한 골격은 믿기지 않을 정도로 크다. 베헤못(《구약성경》의 〈욥기〉에 등장하는 거대 괴수. 소처럼 풀을 먹고, 꼬리를 백향목처럼 움직이며, 뼈는 구리 관, 다리는 쇠기둥같이 단단한 동물이라고 묘사되어 있다—옮긴이), 타이탄, 트롤, 그 모든 거대 괴수들의 뼈는 인간의 끝 모르는 상상력을 만족시키기 위한 것인지도 모른다. 인간의 부풀린 상상력이 만든 웅장한 존재들. 아니면, 바닷속으로 내던져졌다가 혹은 파선한 배에서 굴러 나와 다른 정체불명의 쓰레기 덩어리와 엉켜서 해변으로 밀려온 상자 속에 재어 놓았던 밀렵한 엄니들인가? 정크, 한때 향고래의 머릿속 지방질을 뜻했던 단어. 이 부패한 덩어리는 알인가, 혹은 눈알인가? 안구와 알을 구별하는 것은 인간의 선천적 능력에 속하지 않는가? 그러나 지금 이 상황에서 안구와 알을 분별하기란 얼마나 어려운가?

괴물은 형체가 불분명하다. 만약 거기 개가 있었다면 그 개는 미친 듯 짖어 댈 것이다.

믿기지 않은 괴생명체

칼 폰 린네가 지구 생명 분류 체계(현대 생물학 분류의 기본인 '린네의 분류학')를 세울 무렵, 두 가지 이유로 생명체를 인식하고 체계화하는 보편적 접근법에 대한 요구가 생겼다. 첫째로 린네는 식물학과 동물학 용어를 정리할 필요를 느꼈다. 18세기에 흔한 식물과 동물은 여러 가지 이름으로 불렸고, 그중 어떤 것은 잡다한 현지어를 조잡하게 결합한 것이었다. 그게 아니면 생물의 특징을 길게 서술하거나 혹은 명명자가 후원자 또는 친분 있는 자를 기쁘게 할 목적으로 이름을 지어 터무니없이 장황했다. 린네는 이 문제를 라틴어와 희랍어 학명에 우선

순위를 주어서 해결했다. 주로 라틴어로 종명과 속명을 부여하는 이명법으로 학명을 결정하여 언어적 기원 속에 유기체 사이의 유사성을 드러냈다. 두 번째는 식민지 개척과 관련이 있다. 유럽의 제국들이 무역과 자원 확보를 위해 해외 식민지를 개척하면서, 식민지의 과학자들은 기존의 범주를 벗어난, 그들이 이해하는 생명 질서와는 다른 동식물을 만나게 되었다. 예를 들면 열대 산호는 살아 있는 돌인가, 동물의 외골격을 갖고 있지만 실은 식물인가, 아니면 식물처럼 가지를 뻗어 자라는 것으로 보이지만 실은 동물인가?

적도의 열대 우림의 땅에 그렇게 많은 새롭고 희한한 버섯이 만발한 것을 보니, 무엇을 버섯의 핵심적 특징으로 정의해야 할까? 그리고 왜 고래는 거대한 물고기가 아니란 말인가? 새로 만난 생명체를 기존 체계와의 연관성 속에서 설명하기 위해서는 확고한 규칙이 필요했다.

린네는 표준화를 주도한 사람이었지만, 입증 불가능한 생명체를 위한 여지도 열어 놓았다. 그중 많은 것은 비록 확고히 입증된 적은 없었지만, 민간 설화 따위에 등장했다. 공식 분류학 서적《자연의 체계》(1735)의 말미에, 린네는 '믿기지 않는 동물들'이란 제목으로 그런 생명체를 기록했다. 그런 동물에는 증거가 미흡해서 있다고 말하기 힘든 동물뿐만 아니라 일각수, 사티로스, 피닉스, 사이렌 같은 초자연적 생물체도 포함되었다. 19세기 초에 접어들면서, 이런 괴생물체는 논의에서 사라졌다. 그때까지 발견된 진짜 괴수는 이구아노돈('이구아나의 이빨'이라는 뜻으로, 1822년 영국인 의사 기디온 멘텔이 자신의 부인이 발견한 이빨 화석을 연구하다가 이구아나의 이빨과 비슷해 붙인 이름—옮긴이), 장경룡 그리고 어룡인데, 모두 화석이어서 꼼짝 못하는 신세가 된 것들이었다. 다윈의《종의 기원》(1859)이 나온 뒤, 동물의 육체적 특징과 습성은, 그것들이 (린네의 믿기지 않는 동물들의 근거가 되었던 동물 우화집이나 신화에서 그랬듯이) 인간의 운명에 대해 도덕적으로 혹은 비유적으로 어떤 뜻을 담고 있어서가 아니라, 그 동물의 진화를 설명해 주기 때문에 중요한 것으로 여겨졌다. 거의 예외 없이, 심지어 지구상에서 가장 카리스마 있고 화제가 되었던 괴수 신화도 발굴 현장에서 땀 흘리는 동물학자들의 노력으로 그 허구가 드러났다. 그러나 린네의 믿기지 않는 동물들의 범주에 속한 괴수들은 1800년대가 한창일 때까지도 끈질기게 사람들의 기억에 남았다. 1800년대 중반에 자연사 연구의 전문화와 함께 괴수에 대한 관심이 밀려왔다. 그리고ㅡ고대 희랍인들이 고래를 향해 한계 밖의 공허를 에워싼 공포스런 존재로 여겼듯이ㅡ고래도 다시 상상의 동물 목록에 올랐다.

신화적 괴수의 악명을 이용해서 칙칙한 선술집과 뒷골목의 사기꾼들은 고래 몸의 일부를 더욱 괴이한 동물에서 온 것처럼 허풍을 떨었다. 거대한 갈비뼈, 외뿔고래의 뾰족한 뿔, 귀신고래의 눈알, 혹등고래의 턱뼈에서 떼어낸 고래수염의 뻣뻣한 털, 혹은 두루마리처럼 말아 놓은 한 아름되는 고래의 기나긴 혀ㅡ생전에 고래를 본 적이 없는 사람들에게 이 포경선 폐기물들이 얼마나 무시무시하게 보였을까. 포경선의 갑판에서 구한 폐기물들, 혹은 약삭빠른 사람이 주워 판 해안의 표류물들은 신화적 짐승을 소환하는 믿음직한 소품이 되었다. 나머지는 그럴싸한 이야기만 붙이면 그만이었다. 보라구, 이게 인어, 바다 지네, 바다 돼지, 그리고 바다 불도마뱀의 몸에서 나온 거야. 이건 집채만 한 거북이 남긴 거라네, 그리고 이건 옛날에 북반구에서 선박을 기습했다는 바다 올빼미에게서 얻은 거네. 이야기에 홀린 청중들

앞에, 향고래의 생식기(무의 덩이줄기만큼 희고 거대한)는 상상의 괴수 크라켄의 촉수로 변했다. 고래 몸의 일부를 통해 사람들은 상상의 동물원을 지어서 그 울타리 속에 인간이 본 적은 없지만 여전히 상상 가능한 동물을 잡아 가두었다.

황당한 이야기일수록 감염병이 퍼지듯 번진다. 미국과 유럽에서 바다 괴물에 대한 대중의 관심이 광풍처럼 불붙었다. 괴물은 다른 괴물을 부르고 미국 매사추세츠에서는 글로스터 바다 괴물과 대서양 혹부리 뱀을 보았다는 사람들이 속출했고, 목격담이 인쇄물과 팸플릿으로 돌아다니자, 뉴잉글랜드의 린네 학회는 정확한 보고서 작성을 위해 위원회를 구성했다. 영국 큐 가든(세계 문화 유산에 등재된 런던 교외에 소재한 영국 왕립 식물원—옮긴이)의 원장이었던 윌리엄 후커는 '세상에서 가장 의심 많은 사람'이라 해도 더 이상 바다 괴물의 존재를 부인하지는 못할 것이라 쓰기도 했다. 1817~1819년 사이에 300명 이상의 사람들이 매사추세츠주 북동부 앤곶 연안의 바다에서 대가리는 말, 몸은 뱀처럼 생긴 괴물이 꿈틀대는 것을 목격했다고 주장했다. 해변에서 괴물의 새끼를 발견했다고도 했다. 한 박물학자가 몇 군데에 종양을 달고 죽은 검은 뱀일 뿐이라고 밝혔지만, 그런 발표에도 아랑곳없이 사람들은 계속해서 바다 괴물의 알을 찾아 인근의 모래 언덕을 들쑤시고 다녔다.

1832년에 루이지애나주 워시타강의 강둑에서 28개의 거대한 등뼈가 물에 씻겨 나왔다. 현지인들은 궁금했다. '도대체 이게 무슨 짐승인가? 어떻게 여기까지 왔나? 살아 있는 생물 중에 이와 비슷한 것이 있는가?' 어떤 감식사가 화석 하나를 보따리에 싸서 필라델피아의 미국 철학 학회로 보내서 과학자들의 의견을 구했다. 뛰어난 해부학자이자

《미국 동물지》(1825)의 저자 리차드 할런은 더 많은 등뼈(어떤 뼈는 철제 장작 받침으로 재활용되고 있었다)를 구하려고 남부로 와서는, 이런 척추를 가졌다면 고대의 거대한 해양 파충류 '바다 괴물'일지도 모른다고 말했다. 할런은 이것을 **바실로사우루스**라고 명명했다—**바실레우스**는 '왕', **사우루스**는 '도마뱀'이다. 그러나 이 동물은 파충류도, 엄밀히 말해 공룡도 아니었지만, 잘못 붙인 접미어 '-**사우루스**'는 그냥 남았다. (그것은 원시 시대의 말과 거대한 새가 땅을 뛰어다녔던 에오세 말기를 살았다.) **바실로사우루스**는 지금 고래의 여러 고대 선조 중의 하나로 밝혀졌다. 동물 역사상 무는 힘이 가장 강력했던 **바실로사우루스**는 톱니 이빨을 한 아가리 뒤로, 몸뚱이가 뱀장어 모양으로 20미터 길이로 뻗어 있었다. 할런은 그것이 멸종됐다고 똑바로 밝혔지만, 발견 초기에 워낙 많은 상상을 불렀고 그 상상이 또 꼬리를 물면서 전해져서 바다 괴수의 이야기는 끊일 줄을 몰랐다.

1840년대에, 어떤 이가 발굴된 **바실로사우루스** 뼈를 이것저것 섞어 붙여서 하이드라코스 실리마니라는 믿기 힘들 정도로 거대한 가짜를 만들어 바다 괴수 사기극에 동원하면서, 그 고대의 고래는 즉각 가짜뉴스의 원천이 되었고 악명을 얻었다. 그는 독일 태생의 흥행사이자 화석 수집가인 알베르트 C. 코흐였는데, 클라크, 촉토, 그리고 워싱턴 카운티에서 발굴된 여섯 마리의 다른 바실로사우루스의 뼈를 뒤섞어 34미터에 달하는 '하이드라코스'를 만들었다. 어떤 뼈는 시골의 토지 관리인으로부터 구했고, 다른 뼈는 사거나 직접 발굴했다. 구불구불한 괴수의 형상을 완성한 후에, 이 사기꾼은 배배 꼬인 암모나이트 몇 마리와 앵무조개 몇 마리를 보태서 최초의 바이오 아트(생명체를 다루는 생물학과 예술을 융합한 예술 장르—옮긴이) 작업의 대미를 장식했다.

코흐는 광고지에다 그 동물이 과거에 '가장 포악하고 잔인하며 누구도 덤빌 엄두를 내지 못했던 대마왕으로 군림'했을 것이라고 장광설을 늘어놓았다. 그 골격은 미국 전역을 돌며 대형 홀에서 전시되었고('화석이 된 괴수의 거대한 덩어리'라고 〈서던 페이트리오트〉가 공치사를 했다), 독일의 드레스덴과 베를린까지 진출했다. 하이드라코스는 가는 곳마다 과도한 찬사를 받았고, 그런 만큼 과학계의 분노를 끓어오르게 했다. 그걸로도 모자라 코흐는 같은 것을 하나 더 만들었다. 최초의 하이드라코스는, 1847년 프러시아의 왕립 동물학 자문단이 구입한 뒤, 해체되어 상자에 나눠 담긴 후 독일의 베를린 자연사 박물관의 지하실에 안식을 얻었다. 그것은 제2차 세계대전 중 잦은 공습으로 큰 손상을 입었다—나중에 만든 놈은 1871년 시카고 대화재 때 일찌감치 전소되었다. 코흐의 사기극으로 판명된 이 괴수 이야기는 사기와 협잡에 관한 모든 책에서 빠지지 않고 소개된다.

코흐의 하이드라코스 전시 행사는 끝났지만, 바실로사우루스의 탄생과 멸종에 대한 과학자들의 궁금증은 이어졌다. 그 동물은 오랫동안 미지의 영역으로 남아 있었다. 명사(미지, 경이)로든 동사(궁금하다)로든. 특히 다음과 같은 점에서 두드러진다. '머리 길이만 1.2미터, 몸은 3미터, 그리고 꼬리는 12미터.' 20세기로 접어들 무렵 미국 동물학자 프레데릭 아우구스투스 루카스가 **바실로사우루스**에 관해 쓴 글에서 한 말이다. 루카스는 계속해서 바실로사우루스의 멸종에 대한 새로운 설명에 설득력을 더하고자 했다. 그 생물은 거대한 꼬리 유지를 위해 필요한 많은 음식을 획득하고 섭취하기에는 주둥이가 너무 작아서 멸종했다고 그가 설명했다. 당시의 유력한 설명에 따르면 선사 시대 동물들은 실패로 끝난 자연의 실험이었다는 것이다. 적응력도 부족했고, 못생겼고 그리고 지능도 낮아서 더 우월한 종에 대체되었다고 했다. 오늘날은 대략 3400만 년 전에 지구 기온의 저하 탓으로 **바실로사우루스**의 멸종을 설명한다―지각 변동으로 이 고대의 고래가 살던 곳의 해류의 흐름이 변화하면서 먹잇감을 구하는 데 애로가 생겼다는 것이다. 빙하기의 엄습으로 맘모스와 동굴 사자 같은, 오늘날 우리에게 더 친숙한 새로운 거대 동물이 출현했다.

그럴싸하고 허황된 소문들

사기꾼이 고래의 일부를 상상의 괴수에 맞춰 멋대로 짜 맞추고, 늙은 선원이 황당한 이야기를 그럴싸하게 풀어놓는 동안에도 동물 분류학에서는 고래를 최종적으로 포유류로 분류하고, 다시 설명하고, 토론했다. 그러거나 말거나 허위 정보는 더 많이 나돌았다.

1808년, 스코틀랜드 오크니 제도의 스트론세이섬. 몸길이 17미터에 작은 머리, 긴 갈기, 그리고 다리가 세 쌍인, 뱀처럼 구불구불한 정체를 알 수 없는 동물 사체. 각각의 발에는 다섯 (혹은 여섯) 개의 발톱이 있었다. 발이었던 부분이 날개 같기도, 새의 발 같기도 했다고 소문이 났다. 밤에 사체로부터 빛이 났다. 위장 속 내용물은 선홍색이었다. 만져 본 사람은 '비단처럼 매끈하다'고 했다. 척추뼈는 실패를 닮았다. 발인지 날개인지 새 발인가 달린 그 동물은 그 지역 자연사를 기록하기에 힘썼던 한 스칸디나비아의 주교 에릭 폰토피단의 이름을 따서 **할시드루스 폰토피다니―폰토피단의 바다뱀**이라 명명했다. 하지만 이 바다뱀은 존재하지 않았다. 존재를 입증할 만한 것이 남지 않았다.

그림 두 장과 얼마 안 되는 몸의 일부가 남았을 뿐이다. 뼈 몇 개가 개인 소장품으로 돌아다닌다. 나머지는 스코틀랜드 왕립 박물관에 보관되어 있다.

1890년, 호주 퀸즐랜드주 그레이트 샌디섬. '꼬리지느러미가 반쯤 투명했다'고 학교 선생이었던 목격자가 얕은 물에서 보았던 '괴물 거북 물고기'을 묘사했다. '태양이 꼬리를 훤히 비추어 Y자 모양으로 갈라진 뼈가 보일 정도였다.' 그녀는 30여 분을 그것과 함께 있었다. 그 주장을 어떻게 생각하느냐는 질문에 한 벨기에계 프랑스인 과학자는 '신빙성이 떨어진다'고 말했다. '모순되고 터무니없는 소리가 뒤범벅' 되었다던 그는 심지어 선생의 설명을 '동물학적인 사실에 대한 증언이라기보다는 공상 허언증의 증상'이라고까지 했다. (이런 습관적 거짓말, 즉 공상 허언증은 흔히 여성의 증언을 무력화하기 위해 사용되었다.) '흑인 선주민들은 그 생명체를 모하-모하라 부르고 그것을 즐겨 먹는데, 그것은 발과 손가락도 있다고 말했다'고 선생은 주장했다. 그것이 손가락이 아니라 실은 지느러미였는데 출렁이는 물속에서 보았더니 초콜릿 브라운 색깔이었다고도 했다. 비늘도 있었는데, 은빛을 띠다가 조금씩 변해서 몸통 쪽에서는 흰색을 띠었다고 한다.

1896년, 미국 플로리다주의 세인트 어거스틴. 질긴 분홍색 덩어리, 길이는 6미터에 '팔'이 몇 개 달려 있었다. '문어일 리가 없다'고 예일 대학의 전문가는 말했다. (하지만 국립 자연사 박물관의 연체동물 전시 기획자는 동의하지 않았다.) 구덩이 속에서 그것을 펼치는데 말 네 마리와 6명의 사내가 동원되었다―'부리도 머리도 눈도 남아 있지 않았다' 라고 그들이 말했다. 몇 년 후에, 두 명의 생물학자가 스미소니언 박물관으로부터 보관되었던 표본을 얻었다. '비누처럼 흰 … 연결 부위의 조직을 자르다가 칼날 네 개를 망가뜨렸고, 질기고 단단해서 공기 중에 노출되었을 때 도끼로 쳤지만 거의 손상이 가지 않을 정도였다'고 한 명이 말했다. 근육이 화석화되어 무엇으로든 손상을 입히기 힘든 상태가 된 것이다.

1922년, 남아프리카 공화국 콰줄루-나탈주의 마게이트. 해안 가까운 곳에서 고래 두 마리가 몸 전체가 흰털로 덮였고 몸통은 코끼리를 닮은 '거대한 바다 괴물' 한 마리와 '싸우고' 있는 것이 목격되었다. '처음에는 북극곰이라고 생각했어요. 하지만 크기가 맘모스만 했어요'라고 한 목격자가 언론에 전했다. 길이가 14미터나 되는 흰털로 덮힌 그 놈을 파도가 해변으로 밀고 왔는데, 결국 죽었고 해체되었다. 그 정체불명의 사체는 과학적으로 검증할 만한 표본을 남기지는 않았다.

1938년, 영국 스코틀랜드의 네스호(자연스럽게 네스호 괴물이라 불렸다). 소설가 버지니아 울프가 자매 바네사에게 보낸 서신에서, 그 괴물과 '접촉'을 했던 한 아일랜드 부부를 통해 들은 얘기를 했다. '그것은 몇 개의 망가진 전봇대를 모아 놓은 것 같고, 엄청난 속도로 움직인데. 머리가 없대. 목격자는 자꾸 는다고 해.' 울프는 자매에게 유명한 골프 선수였던 한 귀족 여성이 고속정을 타고 호수를 건너가다 사고로 배가 화염에 싸여 죽었고 보험 회사는 다이버를 고용해서 시신 수색을 했는데, 그 이유가 '그녀가 3천 파운드 가치의 진주가 달린 머리띠'를 두르고 있었기 때문이라는 사연도 전했다. '다이버들이 다이빙을 해서 거대 동굴의 입구까지 갔는데 거기서 뜨거운 물이 쏟아져 나왔다지 뭐야. 그런데 물살이 너무 세서 그들이 큰 공포를 느꼈다는군.'

1942년, 스코틀랜드 서쪽, 그룩의 클라이드강에서 평소와 다름없던 어느 날, 바다에서 길이가 8.5미터나 되며 끈적대는 덩어리가 나타났다. 군인들은 사진을 찍으려는 민간인들을 저지했다. (세상은 세계대전 중이었다—찍었더라도 누가 관심을 보이겠는가?) 최초 발견자이자 지방의회 의원이었던 찰스 랜킨은 그 사체를 '큰 도마뱀 같았고, 척추를 제외하면 다른 뼈는 보이지 않았다. 피부는 매끈했고 털은 굵어서 뜨개질바늘 같았다'고 설명했다. 랜킨은 지느러미에서 뻣뻣한 털을 몇 개 뽑아서 책상 서랍 속에 넣어 두었는데, 나중에 봤더니 말라서 침대 스프링처럼 배배 꼬여 있더라고 덧붙였다. 그 정체불명의 존재가 무엇이었든 간에 사람들은 그것을 토막 내어 마을 축구장에 묻었다.

1959년, 스코틀랜드 소이섬. 두 명의 상어 낚시꾼이 바다에서 어떤 것의 머리가 솟아오르더니 자기들을 봤다고 보고했다. '코는 없었고 입 같은 건 보였는데, 머리 중앙을 가로로 길게 베어 놓은 듯했고 입술은 두터웠다.' 괴물에게 '두 개의 사과 모양의 둥글고 거대한 눈'이 달려 있었다. 두 사내는 그것의 숨소리를 들었다. (숨소리를 들었다니. 얼마나 무시무시했겠는가!) 그놈이 입을 열었을 때 입천장으로 덩굴손 같은 것이 매달려 있는 게 보였다. 그리고는 그만 선박 아래로 내려갔는가 싶더니 이내 사라졌다.

1960년, 태즈메이니아 서쪽 인터뷰강. 길이가 5.5미터나 되는, 검은 혹이 솟은 털북숭이 괴물. '몸뚱이에서 자동차 배터리 냄새 같은, 지독하게 코를 찌르는 악취가 났다'고 소 축사의 잡역부가 〈머큐리〉지에 말했다. 18개월 이상을 '윤곽은 대략 거대한 거북 같은' 이 거대 덩어리는 썩지도 분해되지도 않아 보였다. 호주 연방 정부는, 나중에 호주 총리가 될 존 고튼을 팀장으로 탐사단을 꾸려 보냈다. 조사를 끝낸 뒤에 제출된 탐사 보고서는 '괴물'은 아니라고 반박했지만 확고한 결론도 내리지 못해 논란의 여지를 남겼다.

1988년, 버뮤다. (누가 버뮤다를 모르겠는가?) '거의 젖은 양모 같았다. 매우 단단하고 속은 전체가 하얗다, 그리고 세포는 벌집처럼 생겼으나 규칙적이지는 않다'—한 역사가이자 해난 구조 다이버의 기록이다.

1990년, 벤베큘라섬. (다시 스코틀랜드 웨스턴아일스주). '한쪽 끝에 머리 같은 게 보였어요 … 구부정한 등도 있는데, 그것이 먹어 치운 살덩이나 모피 가죽 같은 것으로 덮어 놓은 것 같았어요. 길이는 3.5미터 정도였어요 … 등을 따라 공룡처럼 지느러미 같은 것이 나 있었어요'라는 한 보모의 증언이 있었다.

1997년, 뉴질랜드 오토토카 해변. '그것은 빨랫줄에서 떨어진 침대보처럼 보였어요.'

'지느러미를 퍼덕거렸어요.'

'고양이처럼 가르릉거렸어요.'

'방갈로 비치Bungalow Beach에 나타난 부리 달린 괴수.'

'거북 몸에 뱀이 든 것 같은 형상.'

'외피가 바닷가재처럼 딱딱했어요.'

'현지인들이 대가리를 잘라서 팔려고 해요.'

'파리가 수없이 들끓었어요.'

'물속에서 무엇인가에 공격당했어요.'

'아래턱에 이빨 같은 것이 두 개 보였어요.'

'이빨, 온통 이빨만 보이던걸요.'

'사람들이 총을 쐈고, 그것이 신음 소리를 냈어요.'

'몸뚱이 일부가 몇 달을 해변에 나와 있었지만 아무도 감히 접근하
지 않았어요.'

'그것' '저것' '그것' '그 무엇'

'캐나다 뉴펀들랜드 연안에'

'뉴질랜드 연안에'

'일본 연안에'

'칠레 연안에'

그리고, 마침내. '그 모든 게 망상이었다는군.'

주립 도서관에서 과학 문헌들을 살펴보면서, 나는 2004년에 나온
한 논문을 찾아 학술 저널 〈생물학 회보〉를 훑어보았다. '칠레서 발견
된 정체불명의 생물에 대한 미세하며 생화학적인 그리고 분자적인 특
징들, 그리고 다른 바다 괴물 사체와의 비교—실은 전부 고래밖에 없
었다.' 이 솔직한 제목, ('전부 고래밖에 없었다'!) 그리고 건조하게 사실
만을 설명하는 그 회보의 방법론—그것이 새삼 얼마나 신선하게 느껴
지던지. 나는 일인칭 복수 시점의 편안함과, 이 통일적이며 명확한 '우
리' 또는 '실험실'이 내놓은 연구 결과들에 질투를 느낄 정도였다. 그
리고 그것으로 모든 개별적 불확실함, 논쟁의 여지가 붕괴되었다.

오늘날까지 바다 괴수에 대한 많은 목격자들의 증언이 입증된 적
이 없었지만, 바다에는 사람들이 모르는 은밀한 동물이 여전히 무수
하다는 널리 퍼진 확신에 대해 그것이 시사하는 바는 적지 않다. 그들
이 어떤 괴물에 대해서 했던 자신들의 증언을 믿은 것은 사실이지만,
그러나 그 괴물이 실재한 것은 아니었다. 바다는 전례 없을 정도로 샅
샅이 조사되고 있고 목격된 바다 괴수 대부분이 부패한 고래였거나

그것의 일부임이 밝혀졌다. 어떤 명성 높은 박물관에서도 이 이상한 존재를 전시하지 않는다. 그들은 단지 공공 기록물 보관소의 구석에서, 자비 출판된 책에서 그리고 온갖 웹 사이트에서 버티고 있을 뿐이다—특히 신뢰성 있는 연구나 공적 집단에 거부감을 보이는 커뮤니티에서 유난히 득세하고 있다.

신비로움을 향한 욕구

나는 온라인에서 이들 여러 단체에 잠깐씩 들렀다. 단체 이름이 이런 식이다, '템즈강에 있는 그것' 그리고 'UMO. 미확인 해양 물체들'. 어떤 회원은 자신을 신비 동물학자cryptozoologist라 칭했다—독학했다고 했다. 그룹의 토론 분위기는 반권위적 냉소주의와 근거 없는 신뢰 사이를 오락가락했다. 대화는 전문적인 경향을 띠지만, 냉정하고 오만한 실용주의도 자주 내비친다. 학구적 지식보다는 감각을 더 신뢰하는 변방 개척자의 마음가짐이다. 의혹을 부르는 변방의 존재가 신비 동물학자를 탐사로 내몬다. 알려진 곳의 구석진 곳에 있는 생명체. 아득한 곳이어서 카메라도 닿지 못하는 곳에 사는 생명체. 디지털 세상에서 이런 음모론은 정보의 부족이 아니라, 알고리즘이 빨아들이고 당사자의 입맛에 맞도록 취사 선택된 정보의 과잉과 전문가에 대한 불신 때문에 번성한다. 이미지는 밝게 하거나, 색상을 바꾸거나, 픽셀화 처리를 한 뒤에 게시하거나, 은밀하고 모호한 곳은 화살표를 추가한 뒤 게시했다. 사냥꾼, 추적자, 노련한 낚시꾼은 찬사를 받는다. 어떤 회원은, 만약 사람들이 자연과 이렇게까지 멀어지지 않았더라면—만약 도시인들이 자연에 대해 조금만 관심을 가졌더라면—사람들이 '괴물'이라 여기는 것이 잘 알려진 동물이 되었을지도 모른다고도 했다.

언제 그리고 어디서 바다 괴수가 등장하는가를 보면 뭔가 공통점이 있다. 버뮤다, 스코틀랜드의 여러 섬, 태즈메이니아, 뉴질랜드. 섬에 치중되는 경향이 있다—고립된 곳이어서 첫 목격자의 언급만이 크게 다루어지고 공고해져서, 전문 과학자나 기자 그리고 사진작가의 입증은 지체되거나 부재하거나 (혹은 불신받는다).《7/10: 바다와 그 경계》(1992)에서 제임스 해밀턴-패터슨은 이렇게 썼다. '섬의 효과는 거의 전적으로 퇴행적인 점에 있다.' 서양인의 상상 속에서 섬은 원시적 에너지로 충만한 공간이다. '유토피아와 이상적 공동체'가 숨어 있는 지역. (하지만 자립과 은둔의 환상을 충족시키는 지역이라면, 해밀턴-패터슨이 지적했듯이, 그곳은 언제든 교도소 같은 감금의 장소가 될 수 있다.) 정확히 어떤 이유로 그런지는 모르지만, 환상적이며 이국적인 인상을 주는 이유는 치외법권적이고 법률적 지배를 받지 않는 섬의 속성에 의해 유발된다. 그렇다면 육지에 존재하지 않으면서도 우리처럼 공기를 마시고 따뜻한 붉은 피가 흐르는 고래보다 더 이국적인 것이 어디 있겠는가?

심지어 고래는 종종 섬으로 오인되었다.《동물 우화집》—중세에 널리 유포되었고 여러 나라 언어로 번역된 기독교 동물 우화집—에는 '늙고 머리가 하얗게 센' 고래가 자기가 섬인 것처럼 보이게 선원들을 속여서 고래 등에 상륙하도록 기만할지도 모른다고 경고하는 이야기가 있다. 클론퍼트 수도원의 성 브렌다노는 그런 식으로 땅으로 둔갑한 고래 재스코니어스 위에 올랐다. 그 고래는 해변 모래를 등위로 끌어올리고는 녹색의 풀을 흩뿌려 위장했다. 등에 오른 성인과 동반자들이 불을 피웠고, 놀란 재스코니어스가 물속으로 잠수하는 바람에 성인은 거의 익사할 뻔했다.《천일야화》(1704)의 첫 번째 책에는 섬이 된 고래가 요동을 쳐서 엄청난 재앙을 일으켰다는 얘기가 나온다. 한 장군이 알렉산더 대왕에게 보낸 유명한 편지 속에도, 세빌랴의 성 이 시도루스를 포함한 여러 성인들의 편지에도, 바빌로니아 탈무드에도, J.R.R. 톨킨의 거대한 바다거북에 관한 시 〈파스티토칼론〉 안에도, 크로아티아와 칠레의 전설에도 (칠레는 고래 이주가 많은 곳과 인접해 있다) 섬이 된 고래의 이야기가 등장한다. 때로 그 섬은 거북, 문어 혹은 미드가드 뱀이라 불리는 괴수였으나, 실은 대부분 고래였다.

오늘날 연구자들은 이런 바다 괴물과 땅으로 위장해 사람들을 기만했던 고래의 이야기를 되살펴 보고 있다. 오지의 호수나 황폐한 바다에서 살아남은 신화적 존재나 진화적 유물을 찾으려는 것이 아니다. 많은 사람들이 근심하는 미래―플라스틱이 바다를 덮는 사태―와 관련된 과거의 경위를 찾아보려는 것이다. 사람들이 19세기와 20세기 초엽에 이들 신비한 괴수들을 보고 증언했을 때, 그들이 보았던 것은 '일련의 떠오른' 괴수들이었다. 현대 이전의 낚시 도구에 포박되어, 숨이 붙어 있었거나 죽었거나 그리고 부패한 채로 발견된 동물. 이런 증언은 해양 생물이 낚시 도구에 얽혀 죽음에 이르는 일이 최근의 비극이라고 보는 널리 퍼진 추정과 배치된다.

1950년대 이전에, 어업 장비는 자연 섬유가 원료였고 자연 분해되었다―버리거나 던져 넣더라도 닳아 없어지거나 바닷물이 처리했다. 꼰 대마 밧줄은 가장 중요한 도구였다. 리넨이나 면으로 만든 낚시 그물은 송진을 발라 질기게 만들었다. (배는 몇 킬로미터나 되는 이런 그물을 싣고 다녔고, 보수를 위한 비상 그물을 추가로 실었다.) 어망의 찌는 요즘처럼 공기주입 발포 고무나 단단한 플라스틱이 아니라, 코르크, 가벼운 유리 공 혹은 공기를 불어 넣은 돼지 가죽으로 만들었다. 그리고 나무 기둥으로 해저에 설치했던 어망의 위치를 표시했다. 돛의 천이 거친 날씨에 찢겨서 수리가 불가하거나 아예 산산조각이 났을 때 배 밖으로 버렸는데, 그것은 천연 섬유인 면이나 대마 혹은 아마로 만든 천에 왁스를 바른 것이었다. 21세기처럼 폴리에스터나 다른 폴리에스터계 섬유 데이크론으로 만든 것이 아니었다.

그러나 이런 더 단순한 자연 소재가 현재의 합성 소재 도구보다 더 빨리 분해된다 하더라도, 그것이 분해되는 데 걸리는 시간이 낚시 도구에 걸린 생물이 쇠약해져서 죽는 것보다 더 오래 걸렸다. 대마 섬유는, 특히 그것에 파인 타르(소나무를 (숯을 만들 듯이) 건류하여 채취함—옮긴이)나 매염 염료(섬유에 직접 염색이 되지 않아 염색을 매개하는 매염제를 사용해야 하는 염료로 천연 염료 대부분이 여기에 속한다. 색조가 풍부하고 견실해서 과거에 널리 사용되었으나 염색법이 복잡해 오늘날 별로 사용되지 않는다—옮긴이)를 발라 뻣뻣해지게 만들거나, 또는 계류삭(교통 선박 따위를 일정한 곳에 붙들어 매는 데 쓰는 밧줄—옮긴이)의 경우처럼 그것을 철사와 함께 꼬아서 만들면, 물에서 붇기는 해도 잘 썩지는 않았다. 오늘날 어업 도중에 버리거나 잃어버리는 형광 밧줄, 망이 가는 그물, 굴 양식 그물, 바닷가재 상자, 그리고 물고기 덫 따위와 비교하면 옛날의 장비는 눈에 띄지 않는 황갈색의 물건이고 시간이 오래 지나면 해져서 북실북실하고 괴상한 것이 되었다. 그런 인간이 버린 폐기물을 먹지 못할 것으로 식별하기는 쉽지 않다. 그런 쓰레기가 동물의 살에 걸려서 질질 끌려다니면 죽어 가는 생명체의 신체의 일부—긴 꼬리나 촉수, 몸의 돌출부—로 오인되기도 한다. 물 표면에 빛나는 유리

공은 속이 텅 빈 떠다니는 눈으로 보일지도 모른다.

20세기 중반까지도 산호초 주변에서 찢겨서 못 쓰는 혹은 달리 못 쓰게 된 그물이나 장비의 투기를 금지한 해양법과 규약은 무력하고 실효성도 없었다. 산호초에 유기된 이 그물들은 지나는 선박에는 해가 없었지만, 버려진 채로 환초 전역을 굴러다니면서 온갖 잡다한 거북, 큰 자리돔, 오징어와 불가사리 따위를 포획한다. 돌고래 두 마리가 그런 전율스러운 해양 쓰레기에 씌워지면 대가리가 두 개인 기형적인 괴수가 물에 떠다니는 것으로, 혹은 해변으로 표류한 것처럼 보였을지도 모른다. 죽은 고래는 그것의 뱀을 닮은 선조로 보이지는 않았을까? 그럴 가능성이 분명히 있다. 19세기에 유행했던 괴물과 바다 괴수 목격담들이 실은 해양 탐험의 가속화로 잉태된, 인간이 투기한 폐기물이 부린 조화였단 말인가? 바다 괴수와의 직접적인 경험담에서 이런 주장을 뒷받침할 증거는 없을까? 만약 있다면, 해양 폐기물이 바다 생태계에 미친 영향에 관한 역사는 플라스틱 이전의 시대도 포함하게 된다. 그리고 바다 오염이 해양 생명체에 끼친 해악은 우리가 추정한 시기보다 더 먼 과거까지 거슬러 간다.

나에게 더 흥미로운 지점은 현재의 해양 세계에 인간이 가한 끔찍한 충격과 지금도 계속 밝혀지는 해악의 규모에 대해 느끼는 우리의 두려움이 19세기에 폐기물에 포획된 동물을 괴물로 인식했던 것과 긴밀한 관계에 있다는 사실이다. 1800년대 중반 내내, 깨끗했던 대서양 바다 밑으로 전신 케이블이 어지럽게 놓이기 시작했다. 어업의 규모는 확장되었지만, 어획고는 이미 큰 규모로 떨어지기 시작했다. 1880년에서 1902년 사이에 미국의 총어획량은 10퍼센트나 감소했다—만약 이전보다 훨씬 더 철저히 바다 물고기까지 쓸어 담는 트롤 증기선이 없었더라면 하락치는 더 커졌을지도 모른다. (그러면서 팔지도 못할 치어와 알까지 무차별 싹쓸이했다.) 희귀하고 신비스런 생명체를 봤다는 증언이 늘어난 것은 바다가 비었다는 혹은 비워지고 있다는 불길한 두려움을 채우기 위함은 아니었을까? 괴물 목격담은 분명 그 시대의 긴급한 근심을 대변한다. 그러나 우리 시대의 근심은 이전 어느 때보다 복합적이다.

본 적도 없는 존재

오늘날 인터넷의 구석진 곳에는 환경 오염 때문에 바다 괴수가 희귀해졌다고 주장하는 몇몇 비주류 박물학자와 신비 동물학자들을 찾을 수 있다. 그들은 이 동물들이 환경 오염 때문에, 물고기 남획으로 먹이를 빼앗겨서 그리고 사방에 흩뿌려진 해양 플라스틱을 먹다가 멸종되었다고 말한다. 존재의 증거를 입증하지도 못한 채로 멸종이 되었다. 그게 아니면, 아마도 소리에 민감한 동물이어서, 해군의 수중 음향 탐지기, 트롤선과 디젤 동력선의 소음을 벗어나 바닷속 해구로 피신해서 거기서 서성대고 있지는 않을까?

이런 주장의 심층에는 본 적도, 확인된 적도, 기록된 적도 없는 생물체를 보호하기 위해 대안을 마련해 보자는, 그리고 아직 발견되지 않았지만 어렴풋이 짐작은 되는 생명체에게도 동정심을 발휘해 보자는 간절함이 있다. 신비감이 점점 희귀해지는 세상에서, 인간의 활동을 제약하는 한이 있더라도 신비 동물 보호 구역을 만들어 보자고 권유하는 것이다. 놀랍게도 알지도 못하며 통제권 밖에 있는 존재를 위해서도 책임을 져 보자는 도발적 제안이 드디어 등장했다. 미지의 것은 **미지의 것으로 머물게 하자**는 요구이다. 이 제안은 세상의 감춰진 질서를 부정하고, 비밀스런 혹은 금지된 정보를 인정하지 않는다는 점에서 뒤집어 놓은 음모론inverted conspiracy theory이다. 그것은 자연의 근본적인 혼돈을 그대로 두자고 요구한다. 이런 제안의 근원에는, 나는 이제야 이해가 되는데, 어떤 환경적 원칙이 아니라, 사적 자유를 폭넓게 허용해야 한다는 윤리가 자리 잡고 있다. 그들이 아니면 누가 오지의 야생 생물을 모르는 채로 그냥 두자고 하겠는가? 누가 야생을 **우리로부터** 벗어나게 하는 구원자가 되겠는가? 얼핏 보면, 이런 질문들은 과학 기술의 감시와 지나친 정부의 간섭으로부터 벗어나고자 한다는 취지에서 폭넓은 보수주의-자유 지상주의적 주장과 일맥상통한다.

거대한 미지 동물의 존재를 계속 믿겠다는 것은 자연의 풍요로움과 자연이 갖는 경이-이 따분한 환경적 재앙의 시대에 한 줄기 환상의 빛 같은-의 공간을 복원하자는 말이다. 자연을 탐사의 대상으로만 여기지 않으면, 지구는 더욱 야생적이며, 서로 긴밀하고 신비스럽게 작용하도록 직조되어 있다. 인간은 더 겸손해질 것이고 다 알아야 한다는 강박에서도 벗어나게 된다. 나는 이런 관점에 전적으로 공감한다. 지구의 경이로운 동물의 존재를 모두 밝혀냈다고 가정해 보라, 이 무슨 피곤한 헛고생인가! 나는 존재가 입증된 신화적 생명체였던 고래보다 인간이 만들어 낸 괴물-낚시 폐기물을 뒤집어쓰고 해저를 휘젓는 괴물체 덩어리-을 상상하는 것이 더 쉬워진 상황이 주는 그 수치심과 비관주의를 떠나보내기를 갈망한다.

생각하면 할수록 바다 괴수의 존재 가능성을 인정하는 것이 겸손함의 발로인지 아니면 교만함의 발로인지 구별하기 힘들었다. 그러나 나는 상상의 공간으로서 야생의 보존이 중요하다는 사실을 안다. 그리고 우리가 '야생'이라 부르는 것이 유구하며 귀중한 생각이기 때문에 그런 것만도 아니라는 사실도 안다. 길들이지 않은 자연의 세계와의 연관을 잃게 되면 우리는 우리 자신의 진화적 뿌리와 언어가 없던 시절의 유아기적 본능과도 멀어지게 된다. 우리 **내부의** 동물, 모닥불 너머로 움직이는 것에 전율하던 생명체, 그 동물도 또한 보호해야 한다. 과학이 헤아릴 수 없는 영역이 사라지면, 야생이 남김없이 다 밝혀지면, 우리의 인간성에 내재된 어떤 것도 또한 사라진다. 우리는 본래 야생에 속했던 우리 안의 동물을 죽여 없애고 있다. 경이로움을 아는 존재를 소멸시키고 있다.

결론적으로 나는 보이지 않는 존재일지라도 보호해야 한다는 신비 동물학자의 생각에도, 혹은 사라질 위험에 처한 존재를 보호해야 한다는 환경 보존론자의 생각에도, 어느 쪽의 생각에도 전적으로 동의할 수는 없었다. 그러나 내가 괴수 보호에 대한 신념을 함께 하지는 못하더라도, 여전히 그 생각에서 유용한 점이 있다고 믿는다. 혹은 그 생각이 음모론자, 과학자, 그리고 환경 운동가 사이를 이어 주는 가냘픈 다리의 시발점이 될지도 모른다고 믿는다. 본 적도 없는 존재를 어떻게 지킬까 하는 문제는 이 정치적 순간에 핵심적 질문으로 보인다.

깊은 남색 바닷속에서, 심해 협곡 서식처에서, 차가운 대륙붕 사면의 능선 아래로―그리고 미세 생명으로 자욱한, 더 따뜻한 온대의 바다에서―한 번도 본 적이 없는 고래가 존재한다. 최초 파악된 부채이빨고래(심지어 완전한 골격도 아니다. 몇 안 되는 독특한 뼈뿐이다)는 140년간 과학계에 보고된 유일한 것이었다. 그런데 2010년에 뉴질랜드의 플렌티만의 해변으로 한 쌍이 표류했다. 오랜 DNA 테스트를 거친 후에, 사체가 동일 종임을 확인했다. 하지만 그 이후로도 다른 부채이빨고래를 봤다는 사람은 아무도 없다. 한편 셰퍼드부리고래는 2017년에 물속에서 한번 목격되었을 뿐이다. 이들 고래와 친척격인 은행이빨부리고래는 아래턱에 이빨이 두 개뿐이었다. 이빨이 색은 노랗고 모양은 은행잎 같아서 그것이 고래 이름이 되었다. 이빨이 하도 이상하게 생겨서 먹기 위한 것으로 보이지는 않는다─싸우는 데 쓴 걸까, 하지만 싸우는 데 썼건 먹는 데 썼건 그걸 본 사람이 없다. 몇 마리의 은행이빨부리고래가 주낙어업 중에, 또는 수직으로 친 자망에 걸려든 적이 있다, 그리고 20마리가 못 되는 정도가 사람들이 목격 가능한 곳에 떠밀려왔다. 차가운 곳을 좋아하고 심해에 살기 때문에 이 고래는 육지에서 멀리 떨어진 곳에서 머문다. 피부색은 사망 후에 노출이 부족한 필름처럼 탁해지기 때문에 살아 있는 은행이빨부리고래의 색깔은 알 길이 없다.

일본 뱃사람에게 **카라수**, 혹은 '큰까마귀'로 알려진 새까만 부리고래는 2016년에 공식적으로 확인되었다. 이 고래를 미국의 과학자들은 오랫동안 '큰 물고기 이야기'로, 혹은 다른 종으로 오인된 어린 고래로 여겼다. 과학자들이 여러 마리의 부패한 고래에 대해 피부 유전자 분석을 거친 후에, 그리고 한 알래스카 고등학교의 체육관에 매달린 고래 뼈에 대해 테스트를 거친 후에 내린 결론이었다. ('그것이 우리가 아는 어떤 고래도 아님을 알았다'라고 그 연구에 참석했던 한 생태학자가 말했다─그러나 그 고래는 예전부터 어떤 지역 팀의 마스코트였다.) 이 길이가 7.5미터가 넘는 검은 고래는 아직 이름이 없다, 심지어 노멘 누둠─생물학의 공식적 기록에서 불완전하게 묘사된 생물에 부여하는 '불완전한 이름'─도 없다. '우리는 그들이 몇 마리나 되는지, 어디에 서식하는지,

아무것도 모릅니다'고 미국 해양 대기국의 선임 연구원 필립 A. 모린이 〈워싱턴포스트〉에 말해 주었다. '이제 막 그런 것을 찾아보려 합니다.' 그가 덧붙여 말했다.

세상에는 적어도 22종의 부리고래가 있다. 아직 모르는 것이 너무 많고, 알기가 쉽지 않은 고래다. (알기 쉽지 않다는 말은 우리의 추적 기술로는 그렇다는 말이다.) 그들은 파악된 고래 종의 대략 25퍼센트를 차지한다. 아마도 오징어를 주식으로 삼고, 대략 30마리 정도가 무리 지어 다닌다고 짐작된다. 이 동물에 대한 가장 믿을 만한 데이터는 단 한 개의 위성으로 연결된 해저 원격 추적 장치로부터 얻었다. 그 장치 덕분에 민부리고래가 먹잇감을 쫓아 거의 3킬로미터 깊이까지 잠수한다는 사실을 확인했다—게다가 거기서 두 시간 이상을 머물렀다. 몸매는 어뢰 모양이다. 두드러진 특징은 주둥이가 갈수록 좁아 들다가 끝은 돌고래의 부리처럼 튀어나왔고, 아래턱이 위턱보다 앞으로 나와 있다는 점이다. 트루부리고래는 가슴지느러미 아래로 움푹한 부분이 있는데, 다이빙을 할 때나 돌진할 때 그곳에 지느러미를 집어넣는다. 수컷 흰어깨부리고래는, 판다처럼 검고 흰 반점이 있고, 주둥이 양쪽으로 납작한 엄니가 튀어나왔는데, 시간이 지나며 그것이 점점 커져 주둥이 윗부분을 감싸고 고래는 갈수록 더 입을 크게 벌리는 데 제약을 받는다. 나이가 들면 마치 사람이 국수를 들이키듯 겨우 벌린 부리 끝으로 오징어를 빨아들이는데, 섭취 가능한 오징어 크기는 점점 더 작아진다. 그래서 흰어깨부리고래는 성년이 되면 더욱 굶주린 상태가 되고, 더 작고 빠른 오징어류를 잡는 데 더욱 애로를 겪는다. (동물학자들의 말에 따르면 그들의 작아진 입으로는 거대한 몸에 충분한 영양을 공급할 길이 없어 결국 멸종했다.)

부리고래의 개체 수가 감소할지 증가할지 혹은 완전히 사라질지 아무도 모른다, 그리고 그 변화의 규모를 결코 확인하거나 수치화하지 못할 것이다. 지구 생명의 상대적 개체 수에 대한 데이터를 축적하는 국제 자연 보전 연맹의 발표에 따르면 그들에 대한 '데이터가 부족하'기 때문이다. 많은 경우에 길이가 버스만 한 이들 고래는 자연사 기록에서 표본을 놓고 추정하는 정도에 머물러 있을 뿐이다. 박물관 수장고에 보관된 화석으로부터 얻은 부리고래의 선조에 대한 지식이 살아 있는 그들에 대한 지식보다 훨씬 많은 실정이다. 그들은 '지구상의 거대 동물 중에서 알려진 것이 가장 적은 무리'라 불려왔다.

'종species'이란 단어는 보다는 뜻의 라틴어 스뻬께레specere에서 비롯되었다. 종은 그것을 자세히 보고서 개개의 다른 범주의 것과 구별되는 공통의 특징을 가진 개체를 특정한 이름 속에 분류하면서 결정된다. 일반적으로 실험실에서 혹은 현장 조사에서 생물학자들은 먼저 자신의 감각에 의존해서, 그다음은 명확한 기술을 사용해서 어떤 동물을 다른 동물과 구분한다. 카메라, 잠수정, 현미경, 원격 추적 장치와 DNA 염기 서열 분석기와 같은 도구는 개별 동물과 종을 분류하는 데에 모두 유용함을 입증했다. 그러나 우리 지각의 한계가 종을 확인하는 것에도 제약을 가하지만, 어떤 종의 개체 수가 감소하면서 멸종으로 향할 때 그것을 알아채는 것도 어렵게 한다. 우리가 볼 수 없는 것, 또는 파악을 위한 장비를 아직 갖추지 못한 것들이 아무런 경보도 발하지 못한 채, 관찰의 한계 너머에서 아무도 모르게 사라지고 있다. 기록도 남기지 못하고 이 세상을 뜨고 있다.

아무도 모르는 멸종

1985년 이전의 산업적 포경의 영향을 조사하던 과학자들은 포경을 통해 그렇게 많은 고래를 제거하면서 우리가 알지도 못하고 분류도 못해 본 홍합 같은 쌍각류 조개와 부패 유기물을 먹고 사는 벌레들(극히 작은 바다뱀)이 죽어 나간 것이 거의 확실하다고 주장했다. 왜냐면 그들의 해저 오아시스였던 고래 낙하가 줄어들었고, 그 결과 어떤 고래 낙하와 다른 고래 낙하 사이의 거리가 멀어지면서 그들의 작고 때로 반짝이는 애벌레가 살아남지 못했기 때문이다. 산업적 포경의 결과로 바다에서 고래의 수도 줄었지만, 포경선들이 큰 고래뿐 아니라 자연사가 멀지 않은 늙고 느려진 고래를 선택적으로 포획했기 때문에 고래를 심해의 생태 순환에서 제거해 버린 결과를 낳고 말았다. 당시 인간의 방문이 없었던 깊은 바다에서 포경의 결과로 아무도 모르게 사라진, 고도로 정밀하게 '고래 뼈에 서식하던 동물군'과 화려한 '냉수 분출공 생물군'은 인간의 행위로 최초 멸종을 맞은 종에 속할지도 모른다. 아무도 이것을 목격하지 못했지만 생태학자들은 이런 일이 있었다고 확신한다. 발견해 보기도 되기 전에 멸종된 생물이 있었다.

우리가 본 적도 없고, 이름도 불러본 적도 없는 것들이 그럼에도 불구하고 우리와 만나지 못하고 사라졌을지도 모른다.

비록 그 이후로도 많은 카리스마 있는 생물들이 사라졌지만, 이 눈 치채기도 전에 벌어진 멸종에서 우리가 배워야 할 교훈은 사라지지 않았다. 개체 감소—이 경우는 고래라는 거대한 동물의 생물 자원을 고갈시키고 추방하는 것—는 아직 인간이 만나 본 적도 없는 눈에 잘

안 뜨이는 생명체에게는 서식 환경의 변화와 서식처의 상실을 의미했다. 인간이 아직 기록 못 한 생명들은 측정이 불가능할 정도로 많을 것으로 추정된다. 특히 곤충의 세계와 미생물 군집과 해저를 살금살금 기어 다니는 것들에서 그러하다. 오늘도 어떤 지역에서 기존의 종이 멸종되는 규모보다 새로운 종이 훨씬 많이 발견되고 명명되고 있다. 그래서 사람들은 단지 이름의 목록과 데이터베이스의 규모가 늘어날 뿐인데도, 생명 다양성이 증가하고 있다고 오인한다. 심지어 동물 확인 과정이 다른 동물을 위험에 빠뜨리는 결과를 낳기도 한다. 야생으로 바다 깊은 곳으로 개발이 확장되면서 과거에 몰랐던 생물들을 드러내는 작업이 그들을 서식처 파괴, 자원 착취 혹은 새로운 병원균과 오염원에 노출시키는 결과를 낳았다.

심각한 반전. 18세기에 린네는 선제적으로 미확인 괴수를 그의 분류학에 기꺼이 포함시켰다—그들을 포함한 것은 린네가 살았던 시대와 그 시대의 사람들이 여전히 발견하지 못하고 있는 것이 많다는 사실을 확신했음을 입증한다. 오늘날 국제 자연 보전 연맹이 보유한 종에 관한 넘치는 데이터 속에 더 이상 존재하지 않는다고 확인된 동식물의 숫자가 점점 늘어나고 있다. 오늘날 우리의 환경적 상황을 보여주는 생명 다양성의 손실을 근심스럽게 집계하고 있는 것이다.

이런 사실이 우리를 더욱 심란하게 하는 이유는 죽은 뒤 사체 처분을 위한 향연뿐 아니라, 살아 있는 동안에도, 각각의 동물은 하나의 생태계이고 누군가의 안식처이기 때문이다. 고래 내부에는 작게 무리 지어 은밀하게 사는 괴물들이 근근이 생존한다. 예를 들면 길이가 8미터에 달하는 고래 안에 사는 벌레인 플라센토네마 기간티시마. 고상하면서도 공포스러운 라틴 이름으로 알려진 이 존재는 우리의 상상을 초월하는 곳에 산다. 희고, 못 보고, 부드러우며, 연필만큼 굵은 플라센토네마 기간티시마는 향고래 암컷의 자궁 속에서 몸을 둘둘 말고 틀어박혀서 은둔자처럼 산다. 심장도, 피도, 폐도 없지만 씰룩대면서 엄연히 살아 있는 존재다. 다 자란 그놈이 몸을 뻗치면 특대형 매트리스 네 개를 세로로 이어 놓은 길이와 맞먹고 향고래 길이의 5분의 3이 넘는다. 그것이 어떻게 생식을 하는지, 처음 어디에서 왔는지 아무도 모른다. 고래 몸에 기생하는 다른 기생충은 숙주의 조직에 있는 중금속을 흡수하면서 동물의 몸 안에서 오염원 저장고를 만든다. 그래서 그들은 바닷속 생물에게 증가하는 오염 물질에 대한 생물학적 '표지'일지도 모른다고 여겨진다. 오염 물질의 실태를 미리 알려 주는 조기 경보기의 역할을 할 수도 있다.

구역질이 나서 나는 더 이상 그놈을 상상하지 않으려 했다―하지만 불가능했다. 고래의 어두운 내부에 기생하는 그 벌레가 고래의 카리스마를 완전히 뒤집어 버려서 더욱 그 생각에만 몰두하게 되었다. 끈적끈적하게 자신의 분비물을 뒤집어쓰고 있는 그놈. 혐오스러운 도깨비 상자. 그 벌레를 생각하면 소름이 끼쳤다. 종일 그놈은 나의 뇌리를 떠나지 않았다. 그 모습을 생각할 때마다 욕지기가 치밀었다.

고래와 돌고래의 피부에 달라붙는 스카프만 한 길이의 농어목 물고기인 대빨판이는 거머리처럼 피를 빨아먹지는 않는다. (나도 처음에는 그렇게 생각했다.) 대신 대빨판이는 숙주의 피부에 붙은 물벼룩 같은 요각류와 단각류를 청소한다. 또한 고래의 온갖 배설물을 샅샅이 먹어 치운다. 대빨판이는 누군가에게 밟힌 뱀장어처럼 생겼다―머리에 신발 자국이 나 있다. 아무도 이것이 어디에서 와서 고래 몸에 붙어 유람을 즐기는지 모른다. 그들이 산란을 하고 거기서 부화한 새끼들이 고래수염 속에서 살 것이라고 추정할 뿐이다. 대빨판이는 따듯한 물을 좋아해서 그런 곳에서 더 번성한다. 그래서 어떤 과학자들은 그들이 해양 기온 상승의 지표일 가능성에 대해 연구 중이다. 태평양 동쪽에 가장 많이 산다.

대빨판이보다 훨씬 작지만 여전히 육안으로 식별 가능한 고래 이 whale lice도 있다. 고래 이는 갑각류에 속하고, 털 많은 육지 포유류에 더부살이하는 이보다는 새우에 더 가깝다. 콧구멍, 생식기, 상처, 턱과 목구멍 아래, 그리고 고래의 거대한 주둥이 구석에 기생한다. 이런 곳에 붙어 있어야 씻겨 나갈 가능성이 적다. 이가 뭉쳐 있으면 오렌지나 핑크빛을 띠는데 때때로 잘못 닦아서 번진 립스틱 같아서 기분 나쁜 인상을 준다. 긴수염고래에 기생하는 이는 따개비나 소위 굳은 살(못) 주변에 몰려든다. 못은 각질이 작은 혹이 된 것으로 독특한 모양을 띠는데, 심지어 긴수염고래의 자궁에도 있다. 고래 이는 그것을 더욱 울퉁불퉁하게 만들고 시간이 지나면 그 꼴이 더욱 두드러지게 한다. 고래의 피부는 이의 먹이가 된다. 피부를 얇게 일어나게 해서 조금씩 갉아 먹는다. 그것 때문에 고래가 성가실까? 아무도 모른다. 이 한 마리 정도가 고래 위에 앉았다고 고래가 신경을 쓸까? 이 한 마리에게 고래 한 마리는 상상할 수 없을 정도로 큰 먹이이다. 온 지구의 이가 평생 만찬을 즐겨도 된다. 고래 피부를 먹는 이는 대빨판이가 먹이로 삼는다, 다시 대빨판이는 상어와 참치가 먹어 치운다. (그놈들은 인간이 섭취한다.) 그래서 고래의 피부는 많은 포식자를 위한 먹이 사슬의 출발선이다.

파란 비존재의 기운

고래가 가는 곳이면 고래 이도 간다. 이가 없는 고래는 발견된 적이 없다. 이는 없는 곳이 없다. 고래 한 마리에 7천 마리의 이가 산다고 추정된다. 학자들은 고래를 이를 위한 '살아 있는 섬'이라 말하기도 한다. 고래 이의 종류는 수염고래의 종에 따라 다르다—혹등고래와 귀신고래의 고래 이는 각각 종이 다르다. 어떤 고래 종이 위기에 처하면 그 종의 고유한 이도 같은 처지가 된다. 심지어 고래마다 이의 성별이 달라지기도 한다. (황소향고래에 살고 있던 한 종류의 이는 암컷과 함께 살지 않는 것이 확인되었다. 그런가 하면 암컷과 수컷이 같이 살면서, 특정 향고래 이와 공생하는 경우도 있다.) 그러므로 사막의 사구 사이의 해곡에 다양한 식물들이 온갖 틈새에서 번창하듯이, 다양한 종류의 고래 이가 단일 고래의 다양한 틈새를 서로 나누어 살기도 한다.

고래 이는 자유로이 수영하는 애벌레 시기가 없다. 그래서 부화, 수유, 교미와 다른 접촉을 할 때 고래와 고래 사이를 옮겨 가야 한다. 때때로 한 종의 고래에 살던 고래 이가 머지않아 다른 종류의 고래에 나타날 때도 있다. 그것은 이들 고래 종이 정말 가까이에서 서로 소통할 가능성을 말해 준다. 예를 들어 주로 혹등고래에 사는 한 종류의 이가 남방긴수염고래 새끼에게서 발견되었다면—이런 일이 실제로 벌어진 적은 없었지만—연구자들은 어미 혹등고래가 브라질의 남동 해안 근처에서 어린 남방긴수염고래를 돌보았기 때문이라고 추정할 것이다.

20세기 원양 포경 시대 이전에, 위기에 처한 고래 개체 수의 규모를 좀 더 정확히 추정하려고 애쓰다가, 고래 이의 유전적 특질에 대한 귀중한 데이터 세트를 발견했다. 채집 경위는 다음과 같다. 손잡이가 긴 집게를 써서 물 위로 올라온 고래의 피부에서 이를 채집하거나, 표류 고래나 부패 중인 고래를 탈출해 모래 위로 재빨리 움직이는 것을 채집했다. (때로 이가 채집가들 몰래 셔츠 소맷부리 아래로 들어가기도 했다. 하지만 다른 고래 숙주를 찾지 않으면 오래 살지 못한다.) 수명이 2~3개월인 고래 이는 그보다 훨씬 오래 사는 고래 한 마리 위에서 대대손손 살아가게 된다. 이의 유전적 차이를 조사하면 얼마나 자주 숙주 고래의 조상들이 다른 고래를 만났는지를 보여 줄지도 모른다. (고래의 사회성이라는 관점에서 전체 개체 수의 규모도 보여 줄 수도 있다.)

긴수염고래 개체 수의 규모를 알기 위해 고래 이의 미토콘드리아를 연구했더니, 과거 고래의 번성도를 측정하도록 도움 주었을 뿐 아니라, 남방, 북대서양, 그리고 북방긴수염고래가 진화의 시간표에서 서로 분화하여 세 종으로 나뉘었던 시기를 정확히 파악하게 해 주었다. (그리고 시간이 지나면서 각각의 긴수염고래는 그들만의 고유한 이의 종을 갖게 되었다.) 이런 식으로 고래 기생충은 그들의 움직이는 숙주의 긴 역사에 대한 색인 카드의 역할을 한다. 유타 대학의 연구자는 고래 이의 유전자 서열을 조사했더니 '과거 100만~200만 년 사이에 적어도 한 마리의 긴수염고래가 태평양의 적도를 가로질렀고, 그 과정에서 다른 반구로 기생충을 전했다는 사실을 보여 준다고 발표했다. 오늘날 긴수염고래는 너무 뜨거워서 적도를 피한다.

이 종종걸음으로 허겁지겁 다니는 고래 이를 조사해서 100만 년도 더 전에 단일 고래의 이주 기록을 찾아낸 것은 놀라운 일이다.

내가 이 모든 것—해양 기생충과 스캐빈저들의 괴기스러운 미학이라고 생각했던—을 찾아보기 전에, 나는 왜 인간이 고래 기생충, 흉측스러운 고래 벌레, 혹은 이름도 모르는 냉수 분출공을 기어 다니는 것 따위에 신경 써야 하는지를 이해할 수 없었다. 이 빌붙어 사는, 접근도 힘든, 생각이 있을 리 없는, 솔직히 못생긴 것을 왜?—그들은 나에게 야생과 애완 또는 가축이라는 더 사랑스러운 동물 집단의 중간에 낀 미운 오리 같은 무리에 속했다. 어느 범주에도 끼지 못하고 냉혈동물에다 머리칼이 쭈뼛 서게 하는, 고래에 기생하는 그 수많은 존재는 그들의 숙주가 그런 존재의 기생에도 불구하고 매력적인 만큼이나 인간에게 혐오감을 줄 뿐이었다. 숙주의 카리스마와 이들 기생적이고 의존적인 존재의 괴이함과 거부감은 상호 도착적 관계로 보였다.

비록 내가 기생충과 해양의 잔사식생물이 야생에서 존재함을 알았지만 그들에게는 야생이라고 불릴 만한 자질이 부족해 보였다. 자생적이며 거친 야생 동물의 특징이 도무지 없다. 물을 접촉해 본 적도 없고 알지도 못하는데도 단지 고래 안에 있다는 이유로 고래 기생충을 과연 바다 생물이라 부를 수 있을까? 고래 이가 한 종의 고래에 평생 붙어산다는 것은 오히려 가축에 가까워 보이지 않는가? '자연'이라고 말할 때 사람들이 '환경'이나 '배경'을 떠올리게 된다면, 기생충은 자연이라는 느낌이 조금도 없다. 그것은 숙주의 분투 덕택으로 그들의 몸속에서 먹고 산다. 그들은 너무 작아서, 너무 깊이 박혀 있어서 혹은 분산되어 있어서 숙주가 그들을 제거할 수 없다는 점을 이용해, 큰 동물을 착취한다. 그들에게 끈질긴 점이 있다 하더라도, 기생충은 극단적일 정도로 수동적이다. 그들의 활동은 자유를 위한 것이 아니다. 기생충은 박테리아나 미생물이 아니라면 자존심 때문에라도 살고 싶지 않을 몸속 틈새를 파고들어, 기생을 위해 의지하거나 무릎을 꿇고 사는 것이다. 어쨌거나 생존을 위해, 고래 벌레는 큰 동물의 공간에 스스로를 마지못해 가두고 평생을 포로처럼 산다. 고래의 몸을 벗어나면 곧 무기력하게 죽는다. 기생충을 탄생시킨 배경에는 뭔가 불순한 동기가 엿보인다. 마치 진화의 창의성이 너무나 강력하게, 괴이하게, 가혹하게 진행되자, 제멋에 겨워 일탈을 감행해서는 제 살 속을 파고드는 사고를 쳐 버린 것 같다. 거대 생물의 속에다 이런 생명이라고 보기도 힘든 변덕의 결과물을 심어 놓은 것이다.

내 생각은 또 고래 낙하로 돌아갔다. 심해에서 죽은 고래 몸뚱이로 무시무시한 해체의 융단을 짜는 그 작은 생명체들에게로. 그들의 삶이 고래 낙하라는 그런 자신의 의지와 무관한 우연의 상황 속에서 영위되기에, 비록 기생충과 비교하면 더 야생적이라 하더라도, 골수에서 영양을 얻는 지렁이 같은 환형동물, 쥐며느리처럼 생긴 등각류, 조개, 바다달팽이 따위를 독립적 생물로 여기기는 역시 힘들었다. 그것들은 비 온 뒤 솟아난 독버섯이 만든 균륜fairy ring(초원이나 숲속의 나무 밑에 버섯이 둥글게 줄지어 돋아난 모양을 말한다. 요정fairy들이 춤춘 자국이라고 믿었다―옮긴이) 같다. 그들은 동굴을 덮은 수정이나 들판에 무성한 풀이 갖는 목적 없는 끈질김을 보인다. 그들은 잠깐 반짝이다 사라지는 데 있어서 적수가 없다.

오랜 시간 동안 〈국제 기생충학 저널〉 과월호를 훑어보다가, 무심코 애니 딜러드의 말이 떠올랐다. 그것은 목소리처럼 들려왔다. '어떤 것이 모든 것에 있고, 그리고 늘 잘못되어 있다.' 나는 딜러드의 초기 저작 중에서 너덜너덜해진 한 권에서 그 부분을 찾아냈다. 그리고 기생충 저널은 옆으로 치우고 그 부분을 읽었다.

'어떤 것이 모든 것에 있으며, 그리고 그것은 늘 잘못된 것이다 …

그것은 마치 각각의 생명의 진흙 토기를 구우면서, 그것을 불길 속에 태우면서, 그 속에 파란 비존재nonbeing의 기운을 함께 넣어 구운 것 같다.' 여기서 딜러드가 말하고자 한 것은 파란 죽음의 기운를 뜻한 것이다. 그러나 거대한 존재인 고래를 터전으로 삼아 태어나고 먹이를 구하고 생식을 하며 사는 고래 벌레, 고래 이, 대빨판이도 또한 비존재들이다. 왜냐면 그 삶이란 것이 죽음과 다를 게 없기 때문이다. 어디든 주름이 꼭꼭 잡혀서 빛도 들지 않는 곳을 살 곳으로 정하고 사는, 모든 곳에 있지만 뭔가 잘못된 얼굴 없는 존재. 예전부터 병, 발광, 쇠약함을 나타낸다고 여겨졌던 그 기생충이 가진 더욱 기겁할 특징은 그것의 다산성과 끈질긴 생명력에 있다, 자궁 속에서 꿈틀댐, 가려움증을 유발하기, 떨어질 줄 모르는 고착성, 게걸스러움, 엄청난 번식력. 유령보다 더 끔찍할지도 모르는 존재. 기생충은 숙주보다 대부분 더 빨리 번식하고 훨씬 더 많은 개체로 살아간다. 수없이 많은 괴수들. 이런 측면에서는 숙주보다 더욱 생생한 존재인 기생충은 더 큰 숙주가 허깨비 같고 보잘것없어 보이게 만든다─왜냐면 숙주보다 못한 것이 숙주를 구성하기 때문이다.

오, 하지만 그 엄청난 개체들! 고래 이는, 특별히, 기계 같지 않은가? 그들은 번식하고 다시 번식한다, 작은 유전자 코드 조각들이 자기 복제를 하듯, 가래떡을 뽑듯 계속 뽑아낸다. 그들의 다산성이 내게는 또한 혐오스러웠다. 그들의 자연스런 증식이 실은 컴퓨터 처리 과정과 얼마나 비슷한가? 당신에게는 고래의 피부 전역을 얇게 거물망을 치듯 자리 잡은 이가 **부차적 동물**로 보이는가? 물론 아닐 것이다. 어떤 이도 일부가 아니다, 각각은 자체로 온전한 생물이다. 하지만 모든 이가 '숙주 한 마리도 다 먹어 치우지 못한다.' (E.O. 윌슨이 한 기생충에 관한 유명한 언급이다.)

이 주제와 관련해 내 마음속에 생태적 다산성에 관한 생각이 떠올랐다. 나는 실용적 관점에서도 고래 벌레가 고래에게, 혹은 다른 어떤 유기물에게도 유용하다고 생각지 않는다. 아마도 그 벌레가 과학적 연구 대상으로는 의미가 있을지도 모른다. 오염원인 미량의 구리를 추적하기 위해 (미래 예측을 위해 창자로 점을 치는 창자점관처럼) 벌레의 내장을 샅샅이 훑어야 하는 과제를 맡은 연구원에게는 그럴지도 모른다. 또한 고래 진화에 대한 우리의 이해를 넓혀 주기도 했다. 심지어 과학자들은 고래 이를 통해 인간이 고래에 가했던 해악을 더 정확히 측정할 수 있었다. 대빨판이는 그 피해 규모가 더 광범위함을 입증해 주었다. (그 피해는 어느 정도까지는 바다 수온의 증가 때문이기는 하다.) 그러나 고래에게 기생충은 분명 짐 덩어리일 뿐이다. 야만성, 다산성, 음습한 구석 지향성, 무의미함. 나는 그 끔찍한 목록을 적어 보았다.

나는 오랫동안 자연이 조화롭게 작동한다고 믿어 왔다—나중에도 결국 그렇게 보게 되었지만. 기생충이 보여 주는 현실은 그 믿음에 의문을 품게 했다. 포경 산업 이후에 고래 개체 수의 복원을 축하하기, 또는 바다 괴수에 대한 가설에 공감을 표하기와 같은 감정들은, 내가 이해하기로는, 조화로운 자연에 대한 긍정적 전망을 지켜 준다. 고래가 되돌아왔다—자연의 복원력의 증거이다. 자연은 치유하고 복구한다. 바다 괴수는 존재한다—자연은 경외와 겸허의 원천이다. 그러나 내가 써놓은 기생충의 특성 목록(원시성, 다산성, 음습한 구석 지향성, 무의미함)을 보았을 때, 나는 이런 것도 또한 자연임을 부인할 할 수 없다. 전체적으로 야생을 봤을 때 바람직하지 않은 이면이다. 과거에 게리 스나이더는 '심층 생태론'에서 다음과 같은 자신만의 목록을 제시했다―'진저리나는, 잔인한' '고약한' '부적절한, 불화를 일으키는' 그리고 '사실상 접근 불가능한' 그러나 필요한.

어떤 생물학자들은 기생충과 그 숙주를 총체적 한 몸으로 보아야 한다고 주장한다. 왜냐면 모든 동물의 진화와 건강은 그들의 외부와 내부의 환경, 둘 다의 상호작용으로 이루어지기 때문이다. 기생충과 숙주 사이에서 서로에게 도움을 주는 관계를 '공생'이라 한다, 그리고 모든 기생충이 숙주에게 이익이 되는 것은 아니지만, 최근에 면밀한 연구를 통해 공생적 상호작용이 한때 생각되었던 것보다 훨씬 흔하다는 사실이 확인되었다. 예를 들면, 몇몇 동물의 경우 내장 기생충들은 면역 활동을 돕는다. 어떤 기생충은 잠재적으로 해로운 미세 유기체와 박테리아를 막아 준다. 비록 대빨판이가 고래에 붙어서 물의 저항을 증가시켜, 고래가 더 많은 에너지를 쓰게 하지만, 고래의 피부에서 그리고 상처 주변에서 번창하는 더 작은 기생충의 과다 번식을 막아 주면서 고래를 이롭게 한다.

심지어 기생하는 종이 특정 숙주를 괴롭히고 손상을 가하는 경우에도, 전체적으로 개체 수를 조절하고 유익한 먹이 사슬을 만드는 효과가 발생한다―그러나 이런 효과의 규모는 이제야 파악하기 시작한 정도이다. 몇몇 육지의 기생충들은 숙주의 행태를 바꾸고 생태계를 변화시키기 때문에 '생태학적 인형조정자'라 불린다. 예를 들면, 냇물 속으로 귀뚜라미가 뛰어들도록 부추겨서 곤충을 잡아먹는 물고기가 바글거리게 만든다든지, 혹은 말코손바닥사슴을 허약하게 만들어, 늑대 무리를 도와준다든지 하는 식으로. 더 장기적인 관점에서 보면, 진화의 과학은 경쟁을 통해서도 그렇지만 기생 생태를 통해서도 은밀하게 새로운 유전자 변이가 일어나도록 만든다. 기생충을 가진 유성생식을 하는 동물은 더 다양한 후손을 본다. 어쩌면 그들을 착취하는 기생충보다 진화에서 앞서기 위해서일지도 모른다. 유전적 재조합은 종 안에 다양성을 촉진한다. 그래서 그 종은, 새로운 상황에서 더 광범위하면서도 다양한 적응력을 제공함으로써, 환경적 충격(예를 들면, 빙판의 축소, 혹은 갑작스러운 먹잇감의 감소)에 더욱 유연하게 대응한다. 산성화가 진행되고 따뜻해지는 바다에서 이런 충격은 더 자주 도달할 가능성이 있다. 기생충이 그럴 의도가 없었음에도 어떤 동물을 어떤 생태적 충격에 적응하도록 만드는 경우에 관한 문제에 대해서는 아직 연구가 미흡하다.

어떤 위기 종이 시시각각 멸종으로 향할 때, 그 집단은 쪼개져서 피해를 보지 않은 지역으로, 접근이 어려운 장소로, 혹은 동선이 가능한 한 짧은 환경으로 가게 된다. 줄어든 혹은 분할된 영역 안에서 살아가기 때문에, 혹은 병원체와 사라지는 먹잇감 때문에 생식 능력이 있는 성체 수컷과 암컷이 서로 만날 가능성은 더욱 줄어든다. 성체가 되어 홀로 된 적이 있는 동물일수록, 혹은 많은 거대한 고래들이 그런 것처럼, 성장 중에 어떤 기간을 무리에서 떨어져 살아 본 적이 있는 동물일수록 짝을 찾지 못할 가능성이 특히 더 높다. 산림 남벌, 오염, 그리고 도로 건설이 거대 생명체 사이에 벽을 세워서 그들의 멸종을 가속화시키는 것과 마찬가지로, 거대 생명체의 개체 감소는 기생충에게도 또한 생존 가능한 영역이 쪼개지는 것을 뜻한다. 기생충 숙주 종의 개체 수가 변한다면, 특히 숙주가 조금씩 위기종으로 향하고 있다면, 기생충이 새로운 숙주로 옮아가면서 번식할 기회가 그만큼 감소한다.

어떤 기생충이 동물 사이의 접촉 부족으로 이주하지 못했을 때, 생존의 위험에 처할지도 모른다. 예를 들어, 고래 벌레의 생의 주기는 다양한 숙주 종의 성체 속으로 이전하는 것에 모든 것이 달려 있다. 많은 기생충은 숙주를 벗어나 자유로이 살 수 없기 때문에 숙주가 생을 마칠 때 함께 죽는다. 만약 숙주의 개체 수가 줄어들고 그래서 그들끼리의 접촉도 감소함에 따라 고래 벌레 한 종이 사라진다면—연구 결과에 따르면 이 벌레는 '원시적인' 것이 아니라 동물 속의 특정한 틈에 기생하도록, 고도로 섬세하게 적응한 종이었다는 사실이 드러났다—그 사라진 틈 속에 다른 유독한 것이 기생할 기회가 생기거나 기생충이 사라진 공간으로 남기도 한다. 이것은 또 다른 방식으로 고래에게서 야생성이 제거됨을 뜻한다—왜냐하면 숙주가 멸종하는 사태까지는 가지 않았다 하더라도, 거기 사는 기생충이 사라졌다는 사실은 숙주 속 기생물의 다양성이 감소했음을 뜻하기 때문이다. 이런 경우에 전체 생태계가 어떤 영향을 받는지에 대해 우리는 거의 알지 못한다. 기생충의 중요성을 인식하게 되면서, 환경 보존론자와 기생충학자들 중에 복원 프로그램에 속한 멸종 위기 동물에게서 기생충을 제거하지 말아야 한다고 주장하는 사람들이 생겼다. 한 종의 멸종을 막아 보겠다고 애쓰다가 다른 위기종을 멸종시키게 될까 봐 걱정되었기 때문이다.

기생충은 우리가 만나고 싶지 않은 괴물이다. 숙주의 육체적 온전함(순수함)을 저해하기 때문에 더욱 그러하다. 기생충의 존재는 생명체에게는 늘 허술한 구멍이 있으며, 그 틈으로 온갖 존재가 오간다는 사실을 명확히 보여 준다. 이들은 자신의 의지가 이끄는 대로 모든 동물 속으로 밖으로 너머로 옮겨 다닌다. 이 의존적 유기체의 왕국을 면밀히 조사하면서, 나는 나 자신의 감각을 벗어나 인간적 관점 밖에 있는 어떤 으스스한 사고의 영역에서 세상을 보는 경험을 했다. 이 왕국은 인식 가능한 세계의 회색 지대에 존재하는 수많은 개체들의 세상이다. 그중에 다수는 육안으로는 도무지 보이지 않는다. 그들은 고래 내부의 장기와 틈새 공간을 점유한다. 이들은 인간의 능력으로는 알기도 어렵고, 상상하기도 쉽지 않다. (고래 속에 둘둘 말린 채 있는 길이가 8미터인 벌레?) 그러나 고래가 오염 물질과 산업 폐기물을 축적한다는 사실을 발견한 것과 비슷한 방식으로, 기생충을 조사하면서 나는 조금씩 동물을—자연환경 속에 사는 일련의 살아 있는 존재가 아니라—그 자체로서 환경으로, 그리고 진행형의 자연이라 생각하는 쪽으로 바뀌었다. 넌더리 나고 짜증 나는 존재들. 그 바글거림, 그 꿈틀거림, 짝 달라붙기, 배배 비틀기. 그들은 이 지구를 더 이상 같은 방식으로 보지 못하도록 만든다. 가장자리를 흐릿하게 만들고 안과 밖을 전복한다.

결국 나는 고래 몸뚱이를 클로즈업으로 보면서, 기생충 배양기 또는 동물원으로 보게 되었다. 다양한 존재가 고래 몸을 거처로 삼는다. 어떻게 생각하면 환상적이고 또 어떤 점에서는 으스스하다. 만약 우리가 기생충을 통해 보이는 것만이 실체가 아니란 사실, 그리고 결코 그런 적도 없었다는 사실을 배우게 된다면, 그리고 각각의 생명체 속에 죽음과 함께 활력이, 그리고 다양함과 약탈이, 밀어붙이기와 몸부림이 있다는 사실을 배우게 된다면, 우리는 비로소 카리스마의 마력에서 풀려나, 더 큰 배려와 더 넓은 관점으로 자연에 접근할지도 모른다. 우리는 심지어 우리의 인식과 통제 밖에 있는 저런 것조차도 귀하게 여기고 그것에 대해 책임감을 느끼게 될지도 모른다.

우리의 식견이 미치지 못해

고대 희랍의 철학자 헤라클레이토스—그의 우울증은 유명해서 사람들이 그를 '울고 있는 철학자'라 불렀다—가 긴 여행을 앞두고 서로 이를 잡아 주던 몇 명의 소년에 관해 말했다. 헤라클레이토스는 아이들이 나눈 자기들 몸속의 이를 가지고 수수께끼 문제로 만들어 전했다. 그의 말에 의하면 아이들은 이렇게 소리쳤다.

> 우리가 잡아 죽인 것은 우리 뒤에 남겠지. 하지만 우리를 피했던 것은 우리와 함께 여행하겠지.

오랫동안 21세기의 7대양에서 고래 이의 서식처였던 고래는 포경선을 피해 눈에 안 띄이도록 다니며 후손을 이어 가도록 애써야 했다. 신비 동물학자의 확신이 고래의 이런 역사에 시사점을 준다. 배려의 영역이란 그 통로 덕분에 미지의 동물들이 피해 다니고 미래에 나타날 수 있는 곳이다. (우리는 우리의 시대에 살아남으려 애쓰고 있습니다. 그래서 우리가 그대의 시대까지 살아남아서 만날 수 있도록 말입니다.) 인간 행위의 간접적 여파에까지 우리 상상이 미치지 못할 때, 그리고 우리 관점이 편협할 때, 우리는 인간이 아직 만나지 못했던 그리고 깊이 생각해보지 못했던 동물들의 삶을 위험에 빠뜨린다. 만약 오늘날 환경을 지금 그대로 더 손상하지 않은 채 남겨 두는 자제력을 발휘한다면, 우리는 우리의 식견이 미치지 못해 미처 알지 못했던 훨씬 더 많은 생명의 미래까지 보존할 것이다.

우리의 식견이 미치지 못해beyond our ken란 부분; 내가 글을 쓰는 이유는 바로 그 부분을 설명해 보고 싶어서다.

지난여름 나는 일단의 예술가와 학자 들과 함께 시드니 외곽의 블루마운틴 산맥에 있는 잉가댐 근처 야영장에서 캠핑을 했다. 우리는 호주의 기후에 대해서 글을 써 볼 예정이었다—최근에 호주를 강타한 일련의 열파(여름철 수일 또는 수 주간 계속되는 이상 고온 현상—옮긴이)로 인해 우리 모두 신경과민에 걸릴 지경이 되었다. 도시 삶의 답답함을 벗어나 크고 시원스러운 달이 손 뻗으면 거의 닿을 것처럼 떠 있는 곳으로 가서 자연을 느껴 보려 한 것은 현명한 생각이었다.

며칠 후에 다들 일상으로 돌아갔다. 참석자 중의 한 사람—걷기의 이론을 학문적으로 연구한다던 온타리오주에서 온 여성—이 전화로 놀라운 뉴스를 전했다. 돌아가는 길에 미생물 손님이 자기와 함께 비행기를 탔다고 했다. **이핵아메바**로 불리는 기생충인데 필시 댐에서 달라붙었던 모양이다. 그다음 주까지 우리 모두가 이 단세포 기생충을 달고 왔음을 확인했다. 모두 복통에 시달렸고 검진을 받았으며, 강력한 항생제를 처방받았다—항생제의 독성을 완화하기 위해 우리는 프로바이오틱스와 여러 약초를 배합한 용액을 휘저어 짠맛 나는 거품으로 만든 뒤 자기 전에 재빨리 삼켰다. 캠핑 동료 중에 산모가 있었는데, 그이는 자신의 몸속에 오직 하나의 심장만 뛰고 있으며 하나의 유기체로 살고 있음을 확인받고서야 처방을 받았다고 전했다.

내면성에 대해 내게 가장 친숙한 느낌은 소설로부터 왔다—소설 속에 한 인물의 목소리를 통해 내부 의식을 발동시켜 말하게 하는 것. 그러나 나는 문학이 중요하게 다루는 이 내면성—손에 잡히지 않는 정신적 영역—이, 우리가 예민한 주의를 기울여야 하는 진실되고 중요한, 비록 이성적이지는 않지만, 내면의 생명을 너무 외면한다는 생각이 들기 시작했다. 기생충과 미세 오염 물질, 미세 플라스틱과 미생물로 구성된 내면의 생명 말이다. 우리가 만든 세상 흐름이 또한 우리를 만들었다. 그 흐름이 우리의 몸을 뚫고 와서 깊숙이 안착했다. 인간도 또한 고래처럼 다른 종의 동물원이다. ('자아의 동물원에 온 것을 환영합니다' 캠핑 여행 후에 한 사람이 보낸 이메일에서 썼던 말이다.) 이 정체를 알기 힘든 미세 식물과 미세 동물이 우리의 분위기, 취향, 관점, 그리고 아마도 우리의 생각을 형성하는지도 모른다. 그러나 그들이 어쩌다 죽지 않으면 우리는 그들을 식별하지도 못한다. 자기 중심성 egocentrism은 자세히 봤더니 동물원 중심성zoo-centrism인 것으로 드러났다. (스위스의 심리학자 J. 피아제가 어린이 심성의 특징으로 제시한 용어다. 아동은 외부를 인식할 때 자신의 입장에서만 보고, 그 밖에 다른 방법이 있다는 것을 인지하지 못한다. 인간 속에 수많은 기생충이 있음을 감안해서 인간의 몸을 여러 개체가 머무는 동물원에 빗댔다─옮긴이)

'1990년대 말에 시드니에 살았던 사람이라면 크립토스포리듐(원생동물 기생충. 척추동물의 창자 관에서 발견된다─옮긴이), 지아르디아(편모형 원생동물. 동물 배설물에 오염된 물을 통해 사람에게 전염된다─옮긴이)를 기억할 거예요'라고 시인이자 에세이스트이자 내 이웃인 아덴 롤프가 어느 날 밤 같이 와인 한 잔을 했을 때 나에게 말했다. '물을 끓여야 했지요, 안 그러면 그 모든 기생충과 살아야 했으니까. 그들은 저수지에 있었고, 우리 친구에게 있었고, 모든 사람의 안에 있었지요.' 일종의 공동체적 일치의 상태. 한 도시 전체 시민의 몸속이 어떤 다른 존재의 거처가 되었다. 항생제의 영향에다 술기운까지 퍼져 어지러운 상태로, 나는 내가 항생제로 죽인 내 속의 기생충을 생각했고, 그들의 유전자 속에 어떤 환경에 대해 무슨 이야기가 기록되어 있었을지 궁금했다.

고래를 보러 온 사람들

또 밀려온 고래

뉴포트 해변의 모래는 오래된 케이크 부스러기처럼 굵었고 붉은색을 띠었다. 모래성 쌓기에는 안 좋은 모래임에도 사람들은 성을 쌓았다. 파도가 사람들이 애써 만든 것을 흩뜨리고는 어느새 매끈한 모래사장으로 돌려놓았다. 견장이 달린 푸른 유니폼 차림의 한 택시 기사가 내 앞에서 몸을 구부렸다. 밑창이 두꺼운 신발 끈을 풀더니, 신발 혀가 위로 올라간 채로 신발을 둔 채 몽유병자처럼 빠져나갔다. 접힌 바짓 단에 모래가 들어찼다. 몇 걸음 더 성큼성큼 가더니 양말을 벗고 공처럼 돌돌 말아 주머니 속에 넣는다. 그녀가 신발을 벗어 놓은 곳에 더 많은 학생용 단화, 슬립온, 하이힐, 그리고 끈이 느슨한 부츠가 함께 놓여 있었다. 백여 명의 다른 일행들과 함께 택시 기사와 나는 파도가 이는 해안을 따라 걸어, 바닷가를 보고 있는 여러 채의 집을 지나쳐 갔다. 늦은 오후였다. 갯완두(콩과의 여러해살이풀. 바닷가 모래땅에 난다—옮긴이)가 바람에 불려 정신없이 날아다니며 모래사장에 흔적을 남겼다. 해와 함께 하늘 저쪽에 희미한 달이 떠 있었다.

아침 일찍 친구 버드 치즘이 전화를 해서 시드니 바닷가의 한 풀장으로 죽은 지 며칠 된 혹등고래가 바닷물에 휩쓸려 왔다고 전해 주었다. 아침 수영객들이 라디오 방송국에 신고했고 아나운서들은 이렇게 방송했다고 했다, '이 위대한 생명이 지금 바다 밖 빛의 세상으로 왔습니다.' 소식을 전한 것으로 성이 차지 않았는지 버드가 직접 찾아 왔다. 나는 타이츠가 터져 허벅지 살이 보이는 데를 까만 마크로 칠하고 있었다. 내가 마저 칠하는 동안 우리는 고래 얘기를 했다.

시드니의 해안가에 설치된 작은 풀장과 공공 풀장은 밤에 조류가 들어와 자동으로 물을 바꾼다. 이따금 큰 파도가 해안의 생물을 풀장 안으로 던져 넣는다. 거북, 문어, 해파리, 때때로 작은 수염상어 Wobbegong Shark. ('워비곤woe-be-gone, 슬픔에 잠긴'과 비슷한 발음이어서, 그 이름이 이 무해한 산호 거주자의 수심 가득한 일그러진 얼굴과 잘 어울린다.) 하지만 대개의 경우 파도는 풀장 장벽 너머로 짙은 색의 해초를 쓸어 넣는다—풀장 안에서 눈을 아래로 두고 반쯤 가다 보면 그 해초 덤불이 참수당한 머리처럼 나타나서 무시무시한 느낌이 들 때가 있다. 나는 고래처럼 거대한 것이 조류에 밀려 풀장의 벽을 넘었다는 얘기는 들어 본 적이 없다.

저녁에 폭풍 해일이 닥칠 기미가 있으면 새들은 시끄럽게 소리 지르며 날아다닌다. 메마른 번개가 우리가 사는 지역을 때렸다. 하늘이 반복적으로 조명을 번쩍인다, 짜증 난 듯, 불만을 터뜨리듯. 천둥소리가 잔디밭을 밀고 나간다. 바다에는 어디선가 늘 비가 온다, 그러나 밤 동안 교외 쪽으로 비가 오지는 않았다. 도시에는 구름만 잔뜩 찌푸리듯 끼어, 폭풍이라도 몰아칠 것 같아 거주자들을 불안하게 하고 지치게 했다.

나는 혼자서 고래를 보고 싶다는 생각이 들었다. 시드니 반대쪽까지 가려면 몇 시간은 걸릴 것이다. 두통을 핑계 삼아 친구에게 찾아와 줘서 고맙다고 작별 인사를 하고, 몰래 떠날 생각을 했다.

뉴포트의 능선 도로로 되돌아간 사람들 중에 몇 명 이상은 살짝 눈가에 이슬이 맺힌 것으로 보였다. (왜 안 그러겠는가.) 한두 사람이 해변으로 향하는 접근 도로에서, 더 가기도 망설여지고 그렇다고 당장 떠날 생각도 없는 표정으로 팔짱을 낀 채 서 있다. 내가 그곳에 도착하니 사람들이 줄지어 서 있고 어디선가 레치타티브(오페라나 오라토리오에서 대사를 말하듯이 노래하는 형식─옮긴이)가 울려 퍼지듯 들리는 것 같다. '오는 거니 아니며 가는 거니?' 멀리 바다 돌출부의 삐죽한 바위들이 풀장을 압도하며 솟았다. 풀장은 50미터 길이에 직사각형 모양이고 주변으로 쇠사슬 난간을 쳐 놓았다. 물가의 바람이 능선으로 불어 넘치며 염습지의 소금기 먹은 풀을 뿌리째 흔들고 모래 언덕 하단을 집적거리자, 바다를 향한 경사진 땅 표면은 떨고 있는 듯도 떠 있는 듯도 하다. 그래서 굳은 땅이라기보다는 차라리 바다의 물결처럼 출렁대는 듯하다. 머리를 드니 하늘에는 조각해 놓은 듯한 적운이 떠 있다. 구름은 지상에 몰아치는 바람과는 딴 판으로 미동도 하지 않는다. 나는 당나라 시대의 중국 산수화가 생각났다. 투명한 안개 혹은 텅 빈 호수 속에 유유히 떠 있는 산.

퍼스에서 어린 혹등고래가 숨을 거두고 그의 눈이 거무칙칙해졌을 때, 군중들은 고개를 돌렸다. (뉴포터의 군중보다 숫자는 적었다.) 누군가 '끝!'이라고 호루라기라도 분 것처럼 행동했다. 빠르게 그들의 물건을 챙기기 시작했다. 해변의 풀을 짓밟으며 달려가, 주차장 입구의 아카시아 나무 밑에서 잠깐 멈추더니 허겁지겁 고무 샌들을 신고 수건을 탈탈 털고는 차를 향해 달렸다. 뺑소니, 집단적 철수, 내빼기. 헤어지면서 눈도 맞추지 않고 말 한마디도 없다. 아마도 죄책감 때문이리라. 그러나 그 단어로 모든 설명이 되지는 않는다. 일종의 굴욕감. 아니, 더 정확히. 당황. 구경거리 좇기에 너무 몰입해 있었다는 당황스러움.

그러고 나서 우리는 그 놀라움으로부터 놓여난 것에 대해 안도했다. 놀라운 구경거리는 이제 그만. 놀라움은 유한한 것임을 입증했을 뿐 아니라 그 끝에는 권태가 기다린다. 공포와 경이를 뒤로 남겨 두고 우리는 등을 돌렸다.

그러나 비록 뉴포트 풀장의 혹등고래가 이미 죽었다지만(며칠 되었다), 사람들은 아침부터 뭔가에 홀린 듯, 넋 나간 듯, 마음을 뺏긴 듯, 그리고 충격받은 듯 몰려들기 시작했다. 나는 이런 고래 관찰자들을 관찰하는 것에서 내가 뭘 배울 수 있는지 궁금했다. 고래-사체 구경꾼들. 이 고독한 고래에게 희망은 없다, 그렇다면 죽은 고래를 지켜보는 행위에는 어떤 희망이 될 만한 싹수가 있을까? 죽은 혹등고래가 생태 관광이 주는 생명 사랑을 느끼게 해줄까, 아니면 부패하는 고래는 생명 공포, 혹은 역겨움의 대상이 될 뿐일까?

열차, 버스, 또 버스, 더 작은 버스—뉴포트 해변까지 오는 데 세 시간이 걸렸고 세 가지 이동 수단을 갈아탔다. 갈아타느라고 기다리는 시간도 만만찮았다. 까만 마크로 칠한 타이츠를 입고 바닷가에 도착했는데, 곧 축축하고 차가운 모래에 젖었다. 어떤 사람들은 사무실에서 바로 나온 복장이었다. 해변으로 진입하기 위해 사람들은 모나베일, 클레어빌, 그리고 뉴포트로부터 난 세 개의 큰길로 들어왔다. 세

동네 모두 시드니 교외 동네이며 잔디밭이 바로 도로변으로 연결되고 아이들이 이른 저녁에 현관 앞에서 크리켓 공을 때리는 곳이다. 급경사면에 집이 있고 높은 담장이 쳐져 있다. 담장 안의 집은 육지로 올라온 유람선처럼 하얗다.

오늘은 무르익은 봄날이라 할 만하다. 오후 내내 내가 길을 따라, 길 안쪽으로, 그리고 길 밖으로 가고 있을 때, 내가 가는 쪽으로 능소화의 농익은 냄새가 따뜻한 공기에 실려 왔다. 마치 내 등 뒤로 꽃향기가 어떤 빛나는 성찬식 의복처럼 머물러 있는 듯했다. 잎이 무성한 담장에 매달린 품종 견본 조각을 뒤집어 봤더니 '강력한 버터 향'이라 씌어 있다. 뉴포트 풀장의 고래. 나는 그것이 혹시 터지면 어쩌나 하는 걱정이 앞섰다. 아니면 상황이 최악으로 치닫기 전에 바다로 끌어낼까? 미국에서는 고래가 해변에서 죽었을 때, 다음과 같이 했다고 나는 읽었다. '고래 몸뚱이 빈 곳을 무거운 물질로 채웠다. 금속 폐기물, 무거운 쇠사슬, 그리고 열차 바퀴 따위'. 고래 사체가 상어 떼를 몰고 올까 봐 그랬다고 한다. 그렇다면 먼 미래의 학자들이 고래 뼈와 금속 덩어리들이 함께 쌓여 있는 고래 낙하 지점을 발견하면 무슨 생각을 할까? 우리 시대의 고래는 인간 폐기물 야적장에서 먹잇감을 구했다고 생각할까? 아니면 미국인들이 기계를 신성시해서 의식을 치른 후에 지구상에서 가장 큰 동물의 사체 속에다 그 기계를 묻은 것이라 생각할까?

뉴포트 해변으로 접근하는 길에 TV 방송국 로고가 붙은 승합차들이 이중으로 주차되어 있었다. 몇 대의 차량에는 거대한 위성 파라볼라 안테나와 그냥 안테나가 사방으로 튀어나와 있다. 기자도 카메라맨도 보이지 않고, 문은 그냥 열린 채 내버려 두었다. 전력선은 아스팔트에 테이프로 고정시켜 놓았다. 몇몇 주민들이 고래 보러 온 사람들이 자기 집 잔디밭을 밟고 지나갈까 봐 스프링클러를 틀어 놓았다. 그런 걱정에 아랑곳없이 외지인들은 계속 늘어났다.

보고 싶은 고래 사체

《야생의 존재들: 미국에서 동물을 보는 사람을 보는 것에 관한, 때로 낙담하다가도, 이상하게 기운 나는 이야기》(2015)의 저자 존 무알렘은 1985년에 어쩌다 잘못해서 새크라멘토강으로 들어온 혹등고래를 돕겠다고 몰려온 사람들이 어떻게 하다가 멸종 위기종인 나비의 서식처를 무심코 짓밟았는지 설명했다. 이미 멸종을 향해 곤두박질치던 랑게의 메탈마크 나비는 나중에 더욱 감소해서 250마리가 채 못 되는 정도로 집계되었다―(팬들에게는 '험프리'라 불린) 그 고래가 일단의 선박들의 안내로 강을 떠나 태평양으로 돌아간 뒤 한참이 지난 후의 일이다. 무알렘은 다음과 같이 썼다. '카리스마가 부른 비극. 사람들이 단 한 마리 유명한 고래에 대한 애정 때문에, 이름 없는 나비 종 전체를 위태하게 만들었다.' 우리가 뉴포트의 정원과 모래 언덕을 활보하면서 어떤 생물을 무심코 짓밟지는 않았을까? 그것이 위기종이면 안 되고 위기종이 아니면 문제가 없는가? 문제가 있다면 어느 정도일까? 고래는 이 행성에서 우리가 아는 최대 생물이다. 그러나 더 작고 미묘한 생명체들에게, 인간의 발바닥은 상상을 초월한 거대한 것이 아니었을까. 한 세계를 짓뭉개는 존재.

뉴포트에서 군중들의 걸음걸이 그리고 그 속에서 개인들이 보인

태도를 보면, 당신은 그것이 일종의 순례 분위기였으리라 평가할 것이다. 맨발의 외지인들끼리 겨우 들리는 인사말을 중얼거리듯 주고받았다. 줄지어 서서 맨발로 조금씩 앞으로 가는 사람들에게는 애타는 애원의 분위기가 있었다. 어떤 이는 무릎을 꿇거나, 또 어떤 이는 모래를 한 움큼 집어 들어서는 손아귀 사이로 모래를 흘리면서 멍하니 바다를 바라보았다.

앞줄에 선 사람들이 마침내 고래를 잘 볼 수 있게 된 후에, 일정 시간만 보고 뒷줄의 사람에게 자리를 양보하도록 강제할 방법은 없을까? 40분이 지나고 나는 짜증이 나서 모래사장에 발을 끌다가 주변 사람들에게 괜히 화가 났다. 앞자리에 있는 사람들은 풀장 옆에 서서 일 분이든 한 시간이든, 뒤에서 밀면서 재촉하는 다른 구경꾼에 대한 예의만큼 혹은 자신이 고래에 느끼는 애틋한 마음만큼 고래를 지켜볼 터이다. 바닷물이 들어와서 고래를 데리고 갈 수 있을까―만약 그렇다면 얼마나 걸릴까? 내가 앞줄에 도달하기도 전에 고래가 떠나 버리면 어떡하지?

택시 기사가 누구에게라 할 것도 없이 혼잣말로 기다린 시간을 메우려면 밤새 운전해야 할 거 같다고 중얼거렸다. 그녀는 40대로 보였다. 그녀의 목 뒤로부터 턱까지 습진이 점묘화처럼 번져 있었고 나는 괜히 대꾸할 마음이 생겼다. 오늘을 보충하려면 주말에도 일해야 할 것 같고 그 생각을 하니 골치가 아프다고 공연한 말을 보탰다. 고래가 왔다는 소식에 호기심과 동정심 때문에 비록 일상을 잠시 보류하고 모두 이 자리에 모여 구경꾼이 되었지만 다들 일상을 완전히 놓지는 못한 것이다.

뉴포트 해변에서 길게 줄을 이뤄 기다리면서, 역사적으로 유리관에 안치되었던 유명 인물들을 속으로 호명했다. 스탈린, 여러 교황들, 김정일, 만델라, 아야툴라 루홀라 호메이니(이란의 종교인, 정치가 (1902~1989). 부패한 이란 국왕 팔레비에 반대하였다가 터키로 망명하여 이란 혁명을 주도했다—옮긴이), 카스트로. 다른 불가해한 인물들과 정치인들. 이곳의 장면은 유리관 참배를 위해 길게 줄 선 군중을 떠올리게 한다. 폭동은 진압되었고 아이들은 짓밟혔다. 지도자나 명망가의 주검에 절하는 것은 죽음을 확인하는 것이고 표면적일지라도 음모론을 분쇄할 뿐 아니라 세상 떠난 지도자를 신화로 만드는 일이다. 하지만 고래는 지속적 카리스마를 온존하기 위해 추모 장례 행렬을 필요로 하지 않는다.

어떻게 그 동물이 종말을 맞는가는 여전히 추측할 따름이다. 한동안 나는 줄을 따라가며 여기저기 들리는 고래에 관한 종알거리는 잡담을 들었다. '40톤이래, 아 적어도 30은 될 거야, 난간 일부를 떼어 냈어, 큰 파도가 고래를 들어 올릴 거야. 그런데 고래는 뭘 먹어—바다벌레라고? 범고래가 혹등고래의 천적이야. 죽을 때까지 싸우지. 유출된 기름, 그런데, 혹등고래가 모르고 그걸 삼켰다네. 아니 바이러스래. 아침이 가기 전에 가 버리지 않을까? 봐, 저 꼬맹이 스노클을 갖고 왔네.' 늘어선 줄을 따라 정보가 움직일 때 주목할 만한 사실이 있다. 항의를 위해 모인 군중들, 혹은 공연장에 모인 군중들에서처럼 사방으로 퍼지지 않고, 일정한 방향으로 흐른다. 직접적으로 흐르면서 정보에 살이 붙는다. 모인 사람들이 질서 정연할수록 전해지는 정보는 더 왜곡되고 비뚤어질 가능성도 커진다. 음모론을 배양하는 것은 유리관에 안치된 성직자나 정치 집단이 아니다—줄이다. 줄은 음모론의 인큐베이터이다.

과학자가 아니면서 생태학을 공부하게 되면 세상이 얼른 눈에 띄

426

지 않지만 거미줄처럼 은밀하고 긴밀하게 연결된 왕국임을 알게 된다. 고래와 같은 생명체가 나타났고 우리가 그가 오염되었음을 확인했을 때, 인간은 이전에 생각지 못했던 서로에게 영향을 미치는 연결망 체계를 보게 된다. 때로 이 시스템은 그 아름다움으로, 그 기이함으로 우리를 놀라게 한다. 밤하늘에 영롱한 오로라가 고래 표류를 암시하기도 한다. 또 그 연결망의 거대함이 우리를 압도한다. 고래 배 속 가득 우크라이나, 덴마크, 그리고 영국에서 식료품 쇼핑으로 생긴 비닐봉지가 들어 있다. 그러나 이 시스템의 가장 불편한 진실은 우리의 삶이 고래의 운명과 밀접하게 연결되어 있다는 사실이다—한때 여성들이 착용했던 고래 뼈 코르셋이 그랬던 것처럼. 오늘날 독성 블러버를 온몸에 두른 고래를 발견하고 그랬던 것처럼. (산업 혁명의 화학적 유산) 이런 정도의 긴밀함은 우리를 고통스럽게 할지도 모르지만, 우리의 삶이 그 외딴곳의 야생 동물과 연결되었음을 인식하고 나면, 인간의 미래 또한 이런 관계로 연결되어 있음을 깨닫게 된다. 우리가 비록 수많은 먼 곳의 존재와 구체적으로 연결된 현실을 믿는다 하더라도, 그 연결이 붕괴했다는 것을 직접 듣고서야 그것이 사실임을 확인하게 된다. 그것이 이 모든 이야기의 궁극적 가치이다. 인간의 삶이 일상의 더할 수 없이 쩨쩨한 역할의 틈 속에 끼어서 때로 아무리 작고 하찮은 것으로 보일지라도 그 삶은 너무나 거대한 것과 연결되어 있다. 바다는 한때 우리가 상상했던 것처럼 영원하며 불변한 것이 아니다. 그러나 인간 또한 변화하지 못할 운명에 처한 존재가 아니다. 결국 우리의 영향력이 지구 전체에 미친다고 믿게 되면, 인간은 그 영향력을 긍정적 변화를 향해 발휘할 것이고 그 혜택 역시 전 지구로 퍼질 것이다.

에필로그

삶은 또한 밤이다

그 택시 기사가 맥주잔을 들고 오는 사내들을 가리켰다. 술집에서 바로 나와 해변의 어수선한 대열 말미로 가고 있었다. 기분이 좋아 보였다. 아이들은 이스턴 교외 지역 사립학교 학생임을 알리는 맥고 모자와 매듭 넥타이를 벗고 풀었다. 죽은 상태로 사나흘을 휩쓸려온 고래가 우리 모두를 불러 모았다. 호주 고래류 구조 및 연구단체ORRCA의 회원들은 밀려드는 파도와 풀장 옆의 바위 사이로 길이 좁아지는 곳에서 구경꾼들이 더 촘촘히 줄을 서게 하려고 애썼다. 군중과 바다 사이에 장애물들을 놓고 형광 그물을 둘러 임시 펜스를 세웠다. 군중들은 장애물을 자꾸 넘어뜨렸고 그럴 때마다 다시 세웠지만, 세우는 사람은 자기가 구경하기 좋도록 조금씩 바꿔 세웠다. 줄은 좁아 드는 곳에서 훨씬 더 빨리 움직였다.

기본적으로는 우발적인 사건으로 모였지만, 줄을 선 사람들은 어떤 일관성을 보이기 시작했다. 보이지 않는 무엇인가가 그것을 인지하고 집단적 동력으로 전환한 것처럼 보였다. 사람들이 고래를 향해 몰렸다가 물러섰다를 반복했다. 부대 자루를 주머니칼로 잘라낸 후 쏟아져 나오는 곡물처럼 우리는 다 같이 움직였다. 우리는 본능, 각인, 그리고 집단적 기억을 바탕으로, 지구 자기장을 GPS 삼아서, 벌처럼 편광(진행 방향에 수직한 임의의 평면에서 전기장의 방향이 일정한 빛. 입체영화를 볼 때 쓰는 안경도 편광 안경이다—옮긴이)을 이용해 방향을 잡아서, 그리고 옛날 강바닥 돌의 화학적 냄새를 쫓아서, 여물지도 못한 대가리를 들고 상류를 향해 가는 연어 새끼들—스몰트smolt라고 부른다—처럼 움직였다. '순례'라 알려진 것은 아마도 망설이다가도 결국 유랑을 선택하는 뇌 속에 심어진 충동일지도 모른다. 인간은 도대체 왜 신성에 대한 믿음을 가지는가? 무리를 지어 움직이고자 하는 우리의 동물적 본능이 그 이유를 해명해 준다. 줄을 서고자 하는 본능.

여기저기서 사람들이 스마트폰으로 뭔가를 하고 있고, 몇몇 삼발이가 달린 비디오카메라가 작동했고 구경거리를 쫓아서 사람들이 그 주변으로 몰려들었다. 기자증을 목에 두른 사진사들은 뉴포트 풀장 탈의실 지붕에 올라가 있었다. 내 앞에 있는 두 청소년은 아이패드를 들고 있는데, 바다 풀장 속의 실제 고래에 관심을 보이기보다는, 자신들의 전자기기 속에 담긴 고래에 더 관심이 있는 듯 보였다. 한 번의 터치 때마다 이미지가 변한다. 고래는 엄지손톱만 한 크기로 축소되어, 집어내고 쓸어넘기는 존재가 되었다. 누군가가 조명을 머리 위로 흔들었다. 하얀 둥근 등이 달린 장비다. 나는 조명의 '루멘'이 빛의 세기의 척도로서 향고래의 경뇌유로 만든 초를 사용하던 19세기에 최초로 표준화되었다고 말해 주고 싶었다. 얼마나 많은 빛이 거기 있는가 하는, 빛의 양을 측정하는 기술적 단위는 인간이 이 표류한 고래와 다르지 않은 고래를 이용해 온 역사 속에서 생긴 것이다.

해변의 황금빛 모래사장에 해그림자가 길어졌다. 조금만 있으면 사진을 찍기에는 너무 어두워질 것이다. 사람들의 마음이 더 바빠졌다. 나도 좀 더 앞사람들을 밀어붙였다. 드디어 사람들 사이로 고래가 일부라도 보이기 시작했다. 지는 해가 물보라를 구릿빛으로 비추었다. 소년들의 태블릿 화면이 뒤에 선 사람들이 맨눈으로 보는 것보다 좀 더 멀리 볼 수 있게 해 주었다. 그들이 태블릿을 보기 좋게 더 높이 들어 주었다. 전조등 몇 개가 켜지면서 고래가 더 잘 보였고, 사람들이 고래의 죽은 모습을 찍기도 좋아졌다.

ORRCA의 회원이 지나가는 어린이들에게 혹등고래에 관한 전단을 나눠주었다. 고래는 우리처럼 포유류입니다. 이 고래는 수컷 혹등고래이다. 다 자란 것은 아니지만 길이가 20미터에 달하며, ORRCA의 설명에 따르면, 무게가 30톤이 넘을 것이라 했다. 전단의 고래 그림은 스핑크스와 비슷한 호의적이면서도 야릇한 분위기의 미소를 띠고 있었다. 나는 누구든 좋으니 스노클을 갖고 온 소년에게 그가 죽은 고래와 함께 수영할 수는 없을 거라는 슬픈 소식을 한시라도 빨리 전해 주기를 바랐다.

고래 모습보다 그의 냄새가 먼저 도달했다. 동물의 몸에서 휘발된 분자가 우리 코를 자극했다. 고래가 이미 우리 안에 들어왔다. 고약한 냄새다. 식초 냄새와 피 냄새가 어우러진 악취. '생선가게 생선을 통째로 길에 쏟아 놓은 것 같았다'고 한 구경꾼이 기자에게 말했다. 파도가 연이어 치면서 바다 풀장을 휩쓸자 지방과 피가 유화되면서 유황빛 노란 거품이 일어났고 악취가 진동했다. 담배 연기가 번지기 시작했다. 악취를 지우고 싶었나 보다. 아무도 담배 냄새에 투덜대지 않았다.

이 대목에서 기생충 전문가인 게리 스나이더의 말을 언급할 필요가 있다. '낮만이 삶은 아니다. 그리고 크고 흥미로운 척추동물의 생태만이 삶은 아니다. 삶은 또한 밤이며, 서로 잡아먹으며, 미세하며, 미생물의 소화와 발효에 관한 것이기도 하다. 따뜻한 어둠 속에서 벌어지는 일이다.' 고래 기생충을 돌이켜 보자. 기생충 없는 동물을 상상할 수 없다면 어떤 동물이 한 번이라도 저 자신일 수 있었는가? 살아 있지 않은 고래가 미세 생물의 관점에서 보면 더욱 살아 있는 것이 된다.

무엇이, 저기서 새로운 식욕으로 충만한지 나는 궁금하다. 무엇이

고래 속에서 삶을 얻는가?

아마 나처럼 당신도, 생각을 살아 있는 존재처럼 느끼는 이유가 생각이 몇 가지 사건을 통해 이전의 이야기를 계속 재해석하기 때문이라 생각할지도 모른다. 생각은 스스로 근원으로 되돌아가는 경향이 있다. 그리고 아마도 나처럼 당신도, 멋대로 움푹 패었다가, 가팔라졌다가, 매끈해졌다 하는 한밤의 해변처럼 자신의 내면이 끝없이 변하고 있다는 사실을 느꼈을지도 모른다. 생각지 못했던 당신의 다른 모습이 불청객처럼 나타난다. 그리고 그런 당신의 새로운 모습을 이해하고 말고는 당신의 몫이 된다. 하지만 당신 속의 어떤 생각이 당신보다 더 오래 살아남을까? 죽은 후에도 살아남을 어떤 생각에 우리가 불을 붙일 수 있을까?

시야가 더 이상 가리지 않게 되었을 때, 나는 고래로부터 대략 20미터 거리에 있었다. 고래의 모습에 충격을 받지는 않았다. 그는 이미 내 머릿속에 미래의 현실로 몇 시간 전부터 있었다. 죽은 물고기가 배를 드러내듯이 뒤집힌 채, 바다와 풀장을 가르는 금속 난간에 바짝 붙어 있었다. 백러쉬backrush(파도가 치기 직전에 해안가에서 물결이 뒤로 밀리며 일어나는 모습—옮긴이) 너머로 파도가 일어난다. 파도가 가장 높고 바람이 세찰 때다. 갈매기는 바람을 이기지 못한다. 그들은 바위틈 사이로 끼어 있다시피 움츠리고 있다. 다시 보았더니 그중에는 몇몇은 갈매기가 아니라 비닐봉지였다.

고래의 모습은 대단했다. 대리석으로 마무리를 지은 듯, 당장이라도 우드득 소리를 내며 힘자랑을 할 듯했다. 부패가 진행되어 내부는 상하고 있을 텐데도 웅장하고 견고한 겉모습은 여전하다. 그것은 까마득한 지하에서 끌려 나온 것처럼도 보였고, 하필이면 우리 뒷마당에 떨어진 운석 같기도 했다. 고래 목의 주름은 시드니 해안을 싸고 있는 이판암처럼 조밀하게 층층이 나 있었다. 내부 장기의 일부가 입 밖으로 비죽이 나와 있다. 바윗덩이 같은 몸뚱이가 굴러들어 오면서 난간 일부를 뜯어 놓았다. 국립 공원 야생 관리국 직원들과 시의회 공무원들이 난간 레일을 더 많이 제거해 놓았다. 혹시라도 죽은 고래가 몰려오는 파도에 다시 밀려 나가기를 바라는 모양이다.

밀려온 큰 파도가 고래를 돌려놓았다. 거대하며 꼿꼿한 지느러미가 로봇처럼 뻣뻣하게 흔들거린다. 악취가 여전한 상황에서, 요정 복장의 어린 여자애가 칭얼거리기 시작했다. 고래를 보겠다고 오래 참았던 아이는 ORRCA 회원들이 풀장 속 고래에게 직접 접근하는 것을 막는다는 사실을 알고 말았다. 아이는 지금도 죽어 있고, 몇 시간 전에 줄을 설 때부터 죽어 있었던 고래에 왜 그렇게 신경을 써야 하는지 모르겠다고 생떼를 썼다. 고래의 지느러미가 다시 위로 솟았다 철썩 내려앉았다. 그 요정은 임시 펜스의 오렌지 그물망에 몸을 감고는 모래성을 짓밟았다.

뉴포트에 고래가 나타나기 며칠 전 글레베에 있는 한 일식집에서 데이트를 했다. 나는 맑은 일본 쌀 발효주인 사케 샘플러를 주문했다. 석 잔에 한 세트로 여러 세트가 나왔다—어떤 잔은 따뜻하고 어떤 잔은 매우 찼다. 우리는 사케를 음미했다. 식사가 끝날 무렵 술기운과 서로에 대한 새로운 호감으로 얼굴이 달아올랐다. 서로 무릎이 닿았다. 다른 자리의 손님들이 나가자 조명은 더 어두워졌고, 직원이 매실주 우메슈 한 병을 들고 다가왔다. 그가 석 잔의 유리잔에 마지막 술을 부어 주었다. 잔이 조금 넘쳤다. 빈 병을 치우고는 그가 잔이 넘실거릴 정도로 찼을 때는 손가락 끝으로 잔을 어떻게 잡고 마시면 되는

지 보여 주었다.

술은 맛있었다, 그러나 직원은 그래서 슬프다고 했다. 이 술이 업소에 저장해 두었던 후쿠시마 지역에서 온 마지막 매실주라고 했다― 핵 발전소 사고가 터지기 전에 증류한 우메슈였던 것이다. 그때 이후로 일본 농민들은 고압 호스로 과수원을 벗겨 내다시피 하고, 나무껍질을 벗겨 내고, 수입한 흙을 트럭째 부어 그 위를 덮었다. 그러나 일식집 주인과 직원은 이미 마음을 결정했다. 핵 발전소 사고의 흔적을 지우기 위해 그곳에서 어떤 노력을 기울이더라도 절대로 후쿠시마산 술을 사거나 마시지 않겠다고. 단지 방사능의 위험 때문이 아니었다. 후쿠시마라 불리던 장소와 후쿠시마 매실이란 품종은 더 이상 존재한다고 볼 수 없기 때문이었다. 우리가 마신 우메슈는 사라진 환경의 공포를 담고 있었다. 앞으로 오랜 시간이 지나도록 오염을 벗겨 내고 덮어 버린 세상에서 길러 낸 후쿠시마의 과일은 내가 마신 것과는 전혀 다를 것이다.

탁자가 치워졌을 때, 나는 생각했다. 방금, 바로 직전에, 우리가 어떤 것을 마셔서 멸종시켰구나. 엔들링 하나를 사라지게 했어. 그 순간 나는 그 직원의 호의에 감사를 표해야 한다는 생각이 들었다. 그 많은 손님 중에서 우리를 선택해 준 것에 대해서, 시드니에서 마지막 후쿠시마산 매실주를 맛볼 특별한 기회를 준 것에 대해서. 우리는 팁을 듬뿍 드리는 것으로 감사했다.

당신은 나를 용서해 주겠는가? 내가 역겨워하지 않은 것에 대해서, 내가 수치스러워하지 않은 것에 대해서. 나는 내 연인과 내가 그 찬란하고 퇴락한 선물의 수혜자가 될 자격이 있다고 생각했다, 그리고 그의 입안에 우메슈의 달콤한 맛이 희미하게라도 여전히 남아 있을 때, 그에게 키스하고 싶다는 생각이 일어났다.

현대 문명과 고래의 공생

모래사장에 어둠이 내리자 나는 뉴포트를 떠났다. 바다는 검은색과 자주색이 섞인 쓰라린 자수정 빛이 났다. 고래가 죽은 원인은 나중에 부검을 통해 밝혀지리라. 큰 파도가 마침내 고래를 풀장 밖으로 들어 내 가더라도 사체는 해안에서 0.5킬로미터 정도 떨어진 곳으로 다시 돌아올 것이다. 국립 공원 야생 관리국 직원들—고속도로에 쓰러진 나무를 치우기 위해 긴급 대기 중이었던—이 하얀 바이오해저드(세균, 곰팡이, 바이러스 등 미생물 취급과 관련해 발생하는 감염 재해. 생물 재해라고도 한다—옮긴이)복을 입고, 전기톱을 신고 트럭을 몰고 올 것이다. 조직 샘플과 DNA 채취를 위해 생물학자도 함께 오리라. 사체는 조각조각 날 것이다. 조각을 처리하는 것은 또 다른 어려운 뒤처리일 것이다.

뉴포트의 고래 사체는 루카스하이츠로 운송될 것이다. 웹 사이트 의 설명에 따르면, 그곳에 유기물 폐기장이 있고 바이오해저드 오염 물질을 위한 시설도 있었다. 나는 목재 공장의 톱밥과 축사에서 나온 야채 쓰레기 덩어리와 와인 공장의 포도 폐기물로 에워싸인 루카스하 이츠의 유기물 폐기장에 고래가 놓이는 장면을 그린다. 그것이 태양 빛을 받으며 사람들이 정원 화단에 뿌리는 혈분과 골분비료 가루가 되는 장면을 떠올린다. 하지만 뉴포트의 혹등고래는 '유기성 폐기물' 이 아니다. 그것은 '바이오해저드 폐기물'이어서 소각된다.

비록 뉴포트의 고래가 가지는 못했지만, 뉴사우스웨일스주 주변에 몇 군데의 비밀스러운 장소에는 고래 공동묘지가 있다. 그중 가장 큰 것은 1990년대 중반에 가리갈 국립 공원의 빽빽한 숲속에 조성되었다. 장소가 공개되지 못하는 이유는 트로피 헌터와 반달이 훼손할지도 모르기 때문이었다. 이곳에 묻힌 고래들은 과학자들의 특별한 관심을 끈다. 박물관 수집 목록에서 소외된 희귀종이고 흥미롭거나 알 수 없는 이유로 죽은 종이다. 그런 고래는 해체해서 매립지로 보내지 않는다. 모슬린으로 싸고 닭장용 철망에 감아서 숲으로 보낸다. 그중 한 곳은 거의 30마리의 고래가 잠들어 있다. 지금도 묻혀서 부패가 진행 중인 고래들은 호주 국립 박물관이 각각 부여한 공식 등록 번호가 적힌 작은 표지로 겨우 식별 가능하다. 연구 기금이 넉넉하면 이따금 고래를 파내어 조사하기도 한다. 그러지 않은 고래는 질소를 듬뿍 머금고 지하 수면으로 숲으로 흘러 들어가 숲을 더욱 푸르고 환하게 만들 것이다.

부검 후에도 뉴포트 고래의 사인은 특정되지 못했다. 하지만 고래의 블러버를 통해 그것이 나이와 크기의 평균치에 비해 3분의 1 정도에 불과할 정도로 야윈 상태였다고 했다. 뉴포트의 풀장은 며칠에 걸쳐 고래 피부와 살덩어리를 체로 걸러 냈고, 새 바닷물이 풀장의 물을 교체하도록 일주일간 폐장했다.

9월 어느 흐린 날 아침 풀장에 가서 수영을 했다. 물은 차가웠다. 한 걸음씩 깊이 들어갈 때마다 움찔했다. 따개비와 파래가 발아래로 우두둑거리고 물컹거렸다. 노즈클립을 한 여성이 알아들을 수 없는 소리를 하면서 나를 보고 웃었다. 나는 숨을 들이키고 물속으로 들어가 익숙했던 스트로크를 시작했다.

풀장을 세 번째 왕복하던 중 숨이 차 고개를 돌렸을 때, 물에 붉은 고래 내장의 일부가 언뜻 보였다고 생각했다. 부패 중인 고래 간일지도 몰라, 바닥을 따라 부딪으며 굴러다녔겠지. 그러나 내가 다시 보았을 때, 그것은 사라졌다, 모래뿐이었다.

고래는 광활한 곳에 사는 동물이다. 고래의 진화적 역사는 5천만 년을 거슬러 올라간다. 오늘날 지구의 육지와 바다를 통틀어서 최대 동물일 뿐 아니라, 어떤 고래는 매년 열대와 극지를 오가는가 하면, 다른 고래는 수천 킬로 떨어진 곳으로 소리를 전하거나, 혹은 우주로 울려 퍼지는 태양 폭풍에 의해 진동하는 자기권을 감지하고 활용한다. 먼 곳의 현상에 예민하기 때문에 고래는 전 지구적 규모의 변화에도 영향을 미친다. 거대 고래는 공기의 화학적 구성도 변화시켰다. 혹등고래의 소리는 해저의 지형을 쓸고 지나가면서 깊숙한 어둠 속으로도 들어가 그들이 알지도 못하는 먼 곳에 있는 다른 고래에게까지 가서, 그 고래가 다시 소리를 전하게 한다. 고래가 중앙 해령midocean에서 죽으면 괴이하고 매혹적인 심해 동물 우화집의 첫 페이지를 장식할 정도여서 설사 칼 린네가 갑자기 바보가 되었다 하더라도 그런 것이 존재한다고 믿지는 않았을 것이다.

나는 고래가 우리와 만난다는 것이 무엇인지를 탐색하러 나섰다. 내 삶이 끝나기도 전에 고래 서식 환경의 악화로 고래 개체 수의 복원이라는 쾌거의 의미가 퇴색할지도 모르게 된 사정을 알고 싶었기 때문이다. 그래서 기계 문명의 세상과 고래 삶의 편치 않은 동거를 탐색하고 싶었다. 그 과정에서 처음부터 인간 영향력의 영역을 넘어서서, 미지의 해양에 존재하는 최고 야생 동물의 시선과 만나기를 원했다.

그러나 내가 기대하지 못했던 것은 고래가 그에 대한 나의 경이보다 훨씬 더 거대했다는 사실이다. 자신들의 광범위한 생태적 연결망을 내보이면서 고래는 인간에게 위기가 진행 중인 인간의 서식처를 넘어, 어떤 식으로 우리가 볼 수 없는 환경까지 의식해야 하는지 보여주지 않았는가?—말하자면 대기에 대해, 만년설에 대해, 먼바다에 대해, 그리고 동물 몸에 대해. 이 책을 쓰는 과정에서 나는 자연 보존이 얼마나 가까이 있는지를 깨달았다. 인간이 다른 종에 책임을 다하는 것이 야생에 있다기보다는 먹고 쇼핑하고 이동하는 되풀이되는 일상의 삶에 있음을. 야생 동물을 보호하고 싶다면, 지금 그들을 찾아 나서는 것이 아니라 그들이 무엇에 기대어 사는지를 생각해야 한다. 먹을 것과 서식처와 이주 경로는 적정한지, 생물음과 해양의 화학적 구성은 온전한지, 그리고 온도는 우리 아닌 종이 견딜 수 있는 범위 안에 있는지를 살펴야 한다. 오염으로 생태계에서 축출되는 일은 없어야 한다. 동물을 위해 우리가 지켜야 하는 현실은 무엇인지, 그리고 우리가 무엇을 보존해야 그들을 지킬 수 있을지 고민해야 한다. 카리스마로 질식사를 부르는 사랑이나, 찾아내어 명명하고 라벨을 붙이는 분류 프로젝트보다 생태적 의무감이 우선시되어야 한다. 그리고 그 책임은 야생에 대해서 뿐만이 아니라 서로에 대한 것이기도 하다. 왜냐면 우리가 동물을 멸종에 이르게 할 때, 우리는 우리가 경험하는 것보다 더 거대한 이 세상을 상상하는 방법 또한 잃어버리기 때문이다.

인간은 파괴적 목적으로 그리고 공감적 목적으로 고래의 거대함을 이용해 왔다. 최초의 글로벌 채취산업이었던 포경은 소비 사회의 여명을 예고했고, 심지어 최초의 에너지 산업인 포경을 지탱했던 시장의 규모가 축소되었음에도 그 산업이 얼마나 완강히 버틸 수 있는지를 보여 주었다. 포경의 역사를 되돌아보면서, 나는 고래가 우리의 거처를, 산업을, 예술을 형성시켰다는 것을 알게 되었다, 하지만 우리는 그들을 멸종의 문턱으로 몰고 갔다. 그들이 우리의 영향 속에서 살 듯이, 우리도 그들의 영향 아래 산다. 반포경 운동으로 전 세계를 아우르는 환경 보존의 서사에 도덕적 기반을 확립했을 뿐 아니라, 국경을 초월해 자연을 지키겠다는 환경적 세계 시민 의식의 초석을 놓았다. 나는 처음에는 희망을 '외부'적 요인에서만 찾으려 했다. 희망이 무엇 때문에 희망을 품어도 좋은가가 아니라, 무엇에 대해서 희망을 가져야 하는가에 달려 있다고 생각했기 때문이다. 나는 이제 묘지에서가 아니라 자연에서 해결책을 찾아낼 힘이 우리 '안'에 있다고 믿는다. 야생 동물도 주인공이 되는 미래를 지켜 내기 위해 우리 자신의 선한 힘을 끌어낼 능력이 우리 '안'에 있다고 믿는다.

하지만 인간 또한 세상에서 예외적 존재가 아니다. 퍼스에 표류했던 고래는 문자 그대로 속이 타서 죽었다—그때 우리는 그가 겪는 그 뜨거운 고통을 볼 수 없었다. 이제 우리가 새로운 전 세계적 동물 재난에 직면하면서 그 불길은 섬찟할 정도로 선명해졌다. 내가 이 책의 마지막 마무리를 하고 있을 때, 에덴의 시민들에게 대피령이 내려졌다. 호주 동부 해안에서 역사상 최악으로 기록된 산불이 번지고 있었기 때문이다. 평년보다 기온이 높았고 산불 위험 요소 제거(타기 쉬운 키 작은 잡풀을 통제된 환경에서 미리 태워 큰 산불에 대비하는 작업) 기간도 짧았던 탓으로 그 피해는 더욱 커졌다. 많은 시민들이, 몇몇은 반려 동물과 함께, 집을 나와 캣발루 고래 관찰 투어가 시작되는 선창으로 피했다. 그들은 예인선으로 대피했다. 선상의 소화기를 챙겼고, 마른 양모 담요로 얼굴을 감싸 화재 연기를 차단했다. 하늘은 시뻘겋게 불타오르다, 한낮의 햇빛이 힘을 잃는 순간 갑자기 새까매졌다. 최초의 드센 산불이 지나가자, 그 지역의 날씨가 변했다. 추측하건대 동부 쪽

숲에서만 10억 마리의 동물이 산 채로 타죽었다. 코알라, 캥거루, 오리너구리, 웜뱃, 그리고 국제적으로 덜 알려진 많은 생명들. 주머니 고양이, 덤불월러비, 포토루, 앤티카이너스, 더나트, 반디쿠트, 빌비, 여러 박쥐들, 토종 쥐, 생쥐, 그리고 몇몇 매우 아름답고 수많은 여러 종의 나방들. 삼백만 마리의 고래를 없애는 데 100년 남짓 걸렸는데, 이번 대규모 개체 감소에는 몇 주도 채 걸리지 않았다. **1억 마리**의 동물이 사라졌다.

내가 캣발루의 갑판에서 보았던 어미 혹등고래가 에덴으로부터 떠났을 때, 나는 고래가 어디로 가는지 그리고 다가올 수십 년 안에 대서양 바다가 고래에게 우호적으로 변할지 적대적으로 변할지에 대해서 자문했다. 에덴의 바다를 다시 보기 위해 돌아가 보기도 전에 호주의 이쪽 해안에서 야생 동물이 이 정도로 무참하게 환경 재해의 제물이 될 줄은 생각지도 못했다. 비록 불이 남반구에서 호주의 여름을 태웠지만, 그것은 전 세계적 기후 변동으로 예고된 재해였다─그 힘은 포경선단보다는 덜 차별적이고 덜 두드러졌지만 시간적으로는 순식간에 발휘되었다. 우리는 그 힘을 우리의 에너지 정책으로, 소비로, 선택으로 지속시키거나 또는 저지하거나 할 것이다.

두 종류의 환경적 강박이 있다. 적어도 지금 나는 이런 생각이 든다─그리고 우리가 지금 내리는 결정이 앞으로 몇십 년 안에 우리가 이 두 가지 강박 중에 어떤 것 속에서 살게 될 것인지를 결정할 것이다. 한 가지는 후회 때문에 비롯된 강박이 있다. 말하지 못하고 담아두었던 주장, 연대를 잠재운 내부적 의심, 혹은 우리가 놓쳤던 아까운 기회와 같은 것은 우리를 우리 이웃에게 타인이 되도록 만든다. 이런 후회로 고통을 겪는다면 우리가 일상을 살더라도 그 느낌은 삶이 아니라 죽음에 가까운 것이다―왜냐면 아무것도 하지 않았기 때문에 강박에 시달리게 되면 그것이 정말 우리의 능력이 부족했기 때문인지 아니면 단지 우리의 능력을 불신했기 때문인지, 그 이유를 결코 알 수 없다는 낭패감의 구렁텅이를 벗어날 수 없기 때문이다. 그런 강박 관념에 휩싸이면 어쩌면 번성시킬 수 있을지도 모를 자연에 눈을 돌리지 못하게 된다―그리고 그런 강박에 빠지면 우리가 이미 잃어버린 것을 되돌리려 애쓰기보다는 차라리 그것을 에워싼 환경을 세심히 보살펴서 우리의 책임을 다했을 때 얼마나 많은 것이 되살아날 수 있는지를 상상하지 못하게 만든다. 여기에 좀 더 생산적인 두 번째 강박의 시발점이 있다―그것은 지금의 위기가 돌이키기 힘들 정도로 심각함에도 불구하고 동물과 그들의 세계를 그런 처지에 있도록 그냥 내버려 두지 못하는 마음에서 유발된 것이다. 강박에 시달리는 것이 늘 잘못된 것은 아니다. 왜냐면 이런 강박 관념은 우리를 반대의 방향으로 내몰기 때문이다. 우리가 아무것도 하지 않을 때 미래에 무엇이 없어질 운명에 처했는지, 무엇이 돌이킬 수 없게 될 것인지를 예측하도록 내몰기 때문이다. 이런 강박이 과거에 고래를 복원시킨 힘이다. 이 강박이 희망의 원천을 만들고 지킨다. 만약 사람들이 무엇보다 사랑하는 자연이 고작 기억으로만, 이미지로만 그리고 이야기로만 남게 될지도 모른다면, 그 강박은 과거에 대해 후회하는 것을 벗어나 앞으로 겪을 비통한 감정에 집중하게 한다. 그 강박만이 우리를 우유부단함에서 끌어내어 실천의 길로 이끈다.

잿빛 소용돌이가 까맣게 탄 나무 사이로 지나간다, 그리고 에덴의 안팎이 결코 전과 같지 않으리라는 것은 명확하다. 그러나 오늘 우리의 처지가 미래의 경우보다 더 난감한 것도 사실이다. 우리들 각각은 바다의 미래, 기후의 미래, 고래와 고래 동족의 미래에 더 세심하게 초점을 맞추어야 한다.

뉴포트 해변에 대해서 한 가지 더 말해 주고 싶은 것이 있다. 그날의 마지막에 나는 택시 기사를 놓치고 말았다. 그녀는 줄곧 내 뒤에 서 있었다. 그러나 드디어 우리가 바다 풀장에 도착했을 때, 혹등고래에게 다가갈 수 있는 최단거리에 도달했을 때, 그녀를 돌아봤지만 더이상 보이지 않았다. 고래를 일 분도 채 안 보고는 내게 한마디 인사도 없이 발길을 돌린 것이다. 고래의 처참한 모습에 견딜 수 없어서 그랬을까, 아니면 별것도 아니라고 그랬을까? 묻고 싶지만 그녀는 떠나고 없었다. 지금쯤 차를 몰고 있을 텐데, 고래 때문에 생긴, 아직도 몇 시간은 지나야 풀릴 교통 체증과 씨름하고 있을 것이다.

나는 다시 해변으로 하릴없이 걸어갔다. ORRCA 회원과 시의회 공무원들이 조개와 해초가 밀려와 만든 래크라인wrack-line을 따라 경광등을 달았다. 도로로 향하던 사람들이 행여 길을 잃거나, 장애물에 걸려 넘어져 발을 삐지 않도록 배려한 조치였다. 해초가 뒤섞인 곳 사이에서 나는 그런 곳이 늘 그렇듯 쓰레기도 보고 보물도 찾았다. 꾸겨버린 미끼 봉지. 이 정도면 바이오해저드 아닌가. 나는 거기서 늘 비닐이나 현상 안 된 필름으로 착각하기 좋은 가오리의 알을 찾곤 했었다. 한 쓰레기 더미 앞에 무릎을 굽혀 앉았다. 수십 마리의 작고 투명한 물고기가 바글댔다. 작은 물고기 모양의 소이 소스 용기였다. 한마리를 들어 올려 경광등에 비추어 보았다. 빨간 주둥이 끝이 꼭 잠겨있었지만, 속에는 아무것도 없었다. 텅 비어 있었다.

물에서 튀어나와 점프를 하는 혹등고래 © Nico Faramaz

부서진 배에서 떨어져 나와 떠다니는 것은

잡동사니 화물flotsam이다, 그리고 내던져져

떠다니는 것은 투하 화물jetsam이다.

가라앉는 것은 부표가 달린 투하 화물이다.

해안으로 밀려온 것은

당신의 것이다.

셰본 쿨리Shevaun Cooley

시집《귀소본능Homing》(2017)에 수록된 시 '수심水深'에서

감사의 말

드렌카 안젤리크Drenka Andjelic, 제임스 브래들리James Bradley, 줄리아 카를로마그노Julia Carlomagno, 크리스티나 차우Christina Chau, 사라 치즘Sarah Chisholm, 샘 쿠니Sam Cooney, 벤 커비Ben Cubby, 클레어 하그리브Claire Hargreave, 엘모 킵Elmo Keep, 캐시 린치Cassie Lynch, 로버트 무어Robert Moor, 아덴 롤프Aden Rolfe, 아비바 터필드Aviva Tuffield, 샘 트위포드-무어Sam Twyford-Moore, 조디 윌리암슨Geordie Williamson, 피오나 라이트Fiona Wright. 제니퍼 메이 해밀턴Jennifer Mae Hamilton, 아스트리다 네이마니스Astrida Neimanis, 그리고 기후 공동 협력the Weathering Collective(리베카 긱스가 참여한 단체. 기후 위기가 닥쳤다고 말하지만 정작 사람들에게 기후가 너무 막연하게 수용된다는 문제의식에 동의하는 작가, 예술가, 학자들이 모여 만든 단체—옮긴이). 포니 익스프레스Pony Express, 호의와 자연에 대한 나의 생각을 이끌어 준 것에 대해. 나를 아낌없이 사랑해 준 가족들. 데이빗 피니건David Finnigan—내가 더 과감한 작가가 되도록 용기를 주었고 더 나은 인간이 되도록 이끌어 주었다—에게 격하게 내 온 마음을 드린다.

서호주 박물관의 브렛 짐머Brett Zimmer, 매쿼리 대학 생물학과 로버트 하코트Robert Harcourt, 팀 와터스Tim Watters, 미오 브라이스Mio Bryce, 마사유키 코마츠Masayuki Komatsu, 제프 로스Geoff Ross, 에드 쿠젠스Ed Couzens, 그리고 고래와 포경과 바다에 대해 얘기를 나누도록 시간을 내어 준 모든 이에게 감사드린다. 초기에 데이빗 마David Marr의 조언이 나중에야 귀한 의미가 있었음을 깨달았다, 그 점 감사드린다. 소피 커닝햄—그의 글은 늘 나의 길잡이였다—은 마무리 지점에 조언을 주셨다. 이 책의 서문은 〈그란타Granta〉에 축약된 형태로 실렸던 글이다—나는 〈그란타〉의 편집진에, 특히 엘리너 챈들러Eleanor Chandler에게 이 부분을 실어 준 것에 대해 감사드린다.

도움 주신 분들

나의 친구이자 첫 독자인 닉 태퍼Nick Tapper, 흔들릴 때마다 끝까지 나를 지지해 준 사람이다. 스크라이브Scribe 출판사의 마리카 웹-풀먼 Marika Webb-Pullman. 이보다 더 인내심 있고 세심한 편집자를 만나기는 앞으로도 쉽지 않을 것이다—감사합니다, 마리카; 그리고 헨리 로젠블룸Henry Rosenbloom, 코라 로버츠Cora Roberts, 아담 하워드Adam Howard, 콜린 미슨Colin Midson, 크리스 기어슨Chris Grierson, 사리나 게일Sarina Gale, 크리스 블랙Chris Black 그리고 스크라이브Scribe 출판과 스크라이브 영국 지사의 모든 분에게 지속적 도움을 주신 것에 대해 감사드린다. 힐 나델 출판사Hill Nadell Literary Agency의 보니 나델Bonnie Nadell에게도, 그가 이 작업을 눈여겨 봐 주고 미국 사이먼 앤 슈스터Simon &

Schuster 출판사에서 출판이 가능하게 해 준 것에 대해 감사드린다. 그리고 같은 출판사의 두 편집인 존 콕스Jon Cox와 에밀리 시몬슨Simonson에게도 감사드린다. 그들이 보여 준 통찰이 없었더라면 나는 또 다른 시행착오를 겪었을 것이다.

도움받은 곳들

아시아링크AsiaLink와 문학과 환경 연구 협회Association for the Study of Environmental Literature(일본). 호주 예술 위원회Australia Council for the Arts의 점프 이니셔티브JUMP initiative. 매쿼리 대학교. 바루나. 국립 작가의 집 Varuna. the National Writers' House.

이 책은 뉴사우스웨일스주의 다룩 부족 국가와 에오라 부족 국가의 가디걸 민족의 양도된 적이 없는 주권 영토에서 쓴 책이다. 그리고 서호주의 능아 부족 국가에서도 썼다. 편집 장소는 멜버른과 쿨린 부족 국가의 우룬드제리Wurundjeri족과 분우릉Boonwurrung족의 영토였다. 나는 땅과 공동체를 살찌우는 지식의 연속성을 잘 알게 되었고, 내가 조사했던 땅과 바다를 지키는 이들에게 존경을 바친다.

호주 선주민의 언어는 철자 표기가 다양하다. 원서는 가능한 범위에서 매리뱅크Marribank 철자법(능아족)과 매쿼리 토착어 사전Macquarie Aboriginal Words dictionary(1994)을 따랐다.

참고문헌

이 책을 쓰는 과정에 특히 흥미를 주었던 텍스트뿐만 아니라 책을 쓰는데 각별한 도움을 받은 텍스트는 별표 처리해 두었다. 어떤 텍스트는 여러 장에 걸쳐 도움이 되었다.

프롤로그 | 낙하하는 고래의 몸

Altman, Rebecca. 'How the Benzene Tree Polluted the World.' *The Atlantic*, October 2017.

Anon. ABC Radio, Perth. 'WA Fisheries Department Refuses to Pay for Whale Carcass Removal as They Are "Mammals, Not Fish", Mayor says.' 20 November, 2014. [Audio]

Beeley, Fergus (prod.). *Planet Earth: The Future*. BBC: United Kingdom, 2006.

Bischoff, Karyn et al. 'An Unusual Case of Relay Pentobarbital Toxicosis in a Dog.' *Journal of Medical Toxicology*, 7:3 (2011), 236 – 239.

*Carson, Rachel. *The Sea Around Us*. London: Staples Press, 1952.

———. *The Edge of the Sea*. London: Staples Press, 1955.

Chen, Tânia Li et al. 'Cytotoxicity and Genotoxicity of Hexavalent Chromium in Human and North Atlantic Right Whale (*Eubalaena glacialis*) Lung Cells.' *Comparative Biochemistry and Physiology Part C: Toxicology & Pharmacology*, 150:4 (2009), 487 – 494.

*Clough, Brent (prod.). ABC Radio National, Sydney. 'The Night Air: Whales.' 10 May 2009. [Audio]

Das, Krishna et al. 'Linking Pollutant Exposure of Humpback Whales Breeding in the Indian Ocean to their Feeding Habits and Feeding Areas off Antarctica.' *Environmental Pollution*,

220 (2017), 1090 – 1099.

*de Stephanis, Renaud et al. 'As a Main Meal for Sperm Whales: Plastics Debris.' *Marine Pollution Bulletin*, 69:1 – 2 (2013), 206 – 14.

Demchenko, Natalia et al. 'Life History and Production of the Western Gray Whale's Prey, Ampelisca eschrichtii Kroyer (*Amphipoda, Ampeliscidae*).' *PLoS One*, 11:1 (2016).

Desforges, Jean-Pierre et al. 'Predicting Global Killer Whale Population Collapse from PCB Pollution.' *Science*, 361:6409 (2018).

Dietz, Rune. 'Contaminants in Marine Mammals in Greenland' [Doctoral Dissertation] Department of Arctic Environment, National Environmental Research Institute, University of Aarhus (Denmark, 2008).

Earle, Sylvia. *Sea Change: A Message of the Oceans*. New York: Ballantine Books, 1995.

――――. *The World Is Blue: How Our Fate and the Ocean's Are One*. National Geographic (Reprint) 2010.

Ford, John; Ellis, Graeme; Balcomb, Kenneth. *Killer Whales: The Natural History and Genealogy of Orcinus Orca in British Columbia and Washington*. Vancouver: University of British Columbia Press, 2000.

Geraci, Joseph; Lounsbury, Valerie. *Marine Mammals Shore: A Field Guide for Strandings* (2nd Edition). Baltimore: National Aquarium in Baltimore Publication, 2005.

Goffredi, Shana et al. 'Unusual Benthic Fauna Associated with a Whale Fall in Monterey Canyon, California.' *Deep-Sea Research I*, 51 (2004), 1295 – 1306.

Hammond, Philip; Heinrich, Sonja. *Whales: Their Past, Present and Future*. London: Natural History Museum UK, 2017.

Hewson, Ian et al. 'Perspective: Something Old, Something New? Review of Wasting and Other Mortality in Asteroidea (Echinodermata).' *Frontiers in Marine Science*, 6 (2019), 406.

Highsmith, Raymond et al. 'Productivity of Arctic Amphipods Relative to Gray Whale Energy Requirements.' *Marine Ecology Progress Series*, 83 (1992), 141 – 150.

Holyoake, Carly et al. 'Collection of Baseline Data on Humpback Whale (*Megaptera novaeangliae*) Health and Causes of Mortality for Long-Term Monitoring in Western Australia: Final Report.' Department of Environment (DEC) Animal Ethics Committee (AEC), January 2012.

Iverson, Sara. 'Blubber,' in *Encyclopaedia of Marine Mammals*. Perrin, William; Würsig, Bernd; Thewissen, Johannes (eds). San Diego: Academic Press, 2002.

Kraus, Scott; Rolland, Rosalind (eds). *Urban Whale: The North Atlantic Right Whale at a Crossroads*. Cambridge, Mass.: Harvard University Press, 2007.

Lacy, Robert et al. 'Evaluating Anthropogenic Threats to Endangered Killer Whales to Inform Effective Recovery Plans.' *Scientific Reports*, 7:1 (2017).

참고문헌

Le Roux, Mariëtte. '"Stinky Whale" Whiff Wafts Over Whaling Talks.' *Phy. Org*, October (2016).

Lertzman, Renee. *Environmental Melancholia: Psychoanalytic Dimensions of Engagement (Psychoanalytic Explorations)*. New York: Routledge, 2015.

Little, Crispin T. S. 'Life at the Bottom: The Pro-life Afterlife of Whales.' *Scientific American*, February (2010).

McFarling, Usha Lee; Weiss, Kenneth. 'A Whale of a Food Shortage.' *Los Angeles Times*, June (2002).

Meyer, Wynn et al. 'Ancient Convergent Losses of Paraoxonase 1 Yield Potential Risks for Modern Marine Mammals.' *Science*, 361:6402 (2018) 591−594.

Milton, Kay. *Loving Nature: Towards an Ecology of Emotion*. Oxon and New York: Routledge, 2002.

*Moore, Michael J. 'How We All Kill Whales.' *ICES Journal of Marine Science*, 71:4 (2014), 760−763.

Motluk, Alison. 'Deadlier than the Harpoon?' *New Scientist*, 1984 (1995).

Rauber, Paul. 'What's Killing the Whales?' *Sierra: The National Magazine of the Sierra Club*, June (2019).

*Roberts, Callum. *Oceans of Life: How Our Seas are Changing*. London: Penguin, 2013.

———. *The Unnatural History of the Sea*. Washington, DC: Island Press/Shearwater Books, 2007.

Ross, Peter et al. 'Southern Resident Killer Whales at Risk: Toxic Chemicals in the British Columbia and Washington Environment.' *Canadian Technical Report of Fisheries and Aquatic Sciences*, 2412 (2002).

Rouse, Greg et al. 'Osedax: Bone-Eating Marine Worms with Dwarf Males.' *Science*, 305 (2004), 668−671.

Sinclair, Elizabeth; Techera, Erika. 'Dead Whales Are Expensive: Whose Job Is It to Clear Them Up?' *The Conversation*, February (2015).

Smith, Craig; Baco, Amy. 'Ecology of Whale Falls at the Deep-Sea Floor.' *Oceanography and Marine Biology: An Annual Review*, 41 (2003), 311−354.

Stewart, Brent; Clapham, Phillip; Powell, James. *National Audubon Society Guide to Marine Mammals of the World*. New York: Knopf, 2002.

Visser, Ingrid. 'Killer Whale (*Orcinus orca*) Interactions with Longline Fisheries in New Zealand Waters.' *Aquatic Mammals*, 26:3 (2000), 241−252.

Wise, Catherine et al. 'Chromium Is Elevated in Fin Whale (*Balaenoptera physalus*) Skin Tissue and Is Genotoxic to Fin Whale Skin Cells.' *Biological Trace Element Research*, 166:1 (2015), 108−117.

Wise, John Pierce et al. 'Hexavalent Chromium is Cytotoxic and Genotoxic to the North Atlantic Right Whale (*Eubalaena glacialis*) Lung and Testes fibroblasts.' *Mutation Research/*

Fundamental and Molecular Mechanisms of Mutagenesis, 650:1 (2008), 30 – 38.

Wise, John Pierce Jr et al. 'Metal Levels in Whales from the Gulf of Maine: A One Environmental Health Approach.' *Chemosphere*, 216 (2019), 653 – 660.

Yong, Ed. 'Once Again, a Massive Group of Whales Strands Itself.' *The Atlantic*, March 2018.

———. 'An Ancient Lost Gene Leaves Whales Vulnerable to Pesticides.' *The Atlantic*, August 2018.

1장 | 천년의 암각화

Aguilar, Alex. 'A Review of Old Basque Whaling and Its Effect on the Right Whales of the North Atlantic.' A Report to the International Whaling Commission, 10:10 (1986), 191 – 199.

Anon. 'A New Cure for Rheumatism.' *The New York Times/The Pall Mall Gazette*, 7 March (1896), 3.

Anon. 'Beached Dead Whales Can Alter the Ocean's Carbon Footprint.' Marine Wildlife Magazine, May (2015).

Anon. Hearings before the Subcommittee on Fisheries and Wildlife Conservation and the Environment, of the Committee on Merchant Marine and Fisheries — House of Representations, Ninety-Fourth Congress, First Session, on: Protecting Whales by Amending Fishermen's Protective Act of 1967 by Strengthening Import Restrictions; To Release Sperm Oil from National Stockpile; and Scrimshaw. Serial No. 94-7. US Government Printing Office, May/June 1975.

Anon. 'Is Whale Ban Rotting Cars?' *New Scientist*, May (1975).

Baker, Scott; Clapham, Phillip. 'Marine Mammal Exploitation: Whales and Whaling,' in *Encyclopedia of Global Environmental Change*. Douglas, Ian (ed.). Chichester: Wiley, 2002.

Bale, Martin. 'Bangudae: Petroglyph Panels in Ulsan, Korea, in the Context of World Rock Art.' Ho-tae Jeon; Jiyeon Kim (eds). *Journal of Korean Studies*, 20 (2015), 229 – 232.

Barlass, Tim. 'Bizarre Whale Treatment for Rheumatism Revealed.' *Sydney Morning Herald*, 30 March 2014.

Basberg, Bjorn; Ringstad, Jan Erik; Wexelsen, Einar (eds). *Whaling and History: Perspectives on the Evolution of the Industry*. Sandefjord, Norway: Sandefjordmuseene, 1993.

Bayet, Fabienne. 'Overturning the Doctrine: Indigenous People and Wilderness — Being Aboriginal in the Environmental Movement,' *Social Alternatives*, 19:4 (1994), 1 – 19.

Berzin, Alfred. 'The Truth About Soviet Whaling.' *Marine Fisheries Review*, 70:2 (2008), 4 – 59.

Bird Rose, Deborah; van Dooren, Thom; Chrulew, Matthew. *Extinction Studies: Stories of Time,*

Death, and Generations. New York: Columbia University Press, 2017.

———. 'Multispecies Knots of Ethical Time.' *Environmental Philosophy*, 9:1 (2012), 127 – 140.

Birnie, Patricia. 'The Role of Developing Countries in Nudging the IWC from Regulating Whales to Encouraging Non-Consumptive Uses of Whales.' *Ecology Law Quarterly*, 12:4 (1985), 937 – 974.

Boli, John; Thomas, George (eds). *Constructing World Culture: International Non-Governmental Organisations Since 1875*. Stanford: Stanford University Press, 1999.

*Burnett, Graham D. *The Sounding of the Whale: Science and Cetaceans in the Twentieth Century*. Chicago: University of Chicago Press, 2012.

Burns, John; Montague, Jerome (eds). *The Bowhead Whale*. Lawrence, Kansas: Society for Marine Mammalogy, 1993.

Chami, Ralph; Cosimano, Thomas; Fullenkamp, Connel; Oztosun, Sena. 'Nature's Solution to Climate Change: A Strategy to Protect Whales Can Limit Greenhouse Gases and Global Warming.' *Finance and Development* (IMF), (2019) 34 – 38.

Clapham, Phillip; Ivashchenko, Yulia. 'Too Much Is Never Enough: The Cautionary Tale of Soviet Illegal Whaling.' *Marine Fisheries Review*, 76 (2014), 1 – 22.

Clark, Doug Bock. *The Last Whalers: The Life of an Endangered Tribe in a Land Left Behind*. London: Hachette, 2019.

Clode, Danielle. *Killers in Eden: The Story of a Rare Partnership Between Men and Killer Whales*. Crows Nest, NSW: Allen & Unwin, 2002.

Couzens, Ed. *Whales and Elephants in International Conservation Law and Politics: A Comparative Study*. Abingdon: Routledge, 2014.

Creighton, Margaret. *Rites and Passages: The Experience of US Whaling*. Cambridge: Cambridge University Press, 1995.

———. '"Women" and Men in American Whaling, 1830 – 1870.' *International Journal of Maritime History*, 4:1 (1992), 195 – 218.

Cressey, Daniel. 'World's Whaling Slaughter Tallied at 3 Million.' *Scientific American*, March (2015).

D'Amato, Anthony; Chopra, Sudhir. 'Whales: Their Evolving Right to Life.' *American Journal of International Law*, 85:1 (1991), 21 – 62.

Darby, Andrew. *Harpoon: Into the Heart of Whaling*. Crows Nest, NSW: Allen & Unwin, 2007.

Dirzo, Rodolfo et al. 'Defaunation in the Anthropocene.' *Science*, 345:6195 (2014), 401 – 406.

Douglas, Marianne et al. 'Prehistoric Inuit Whalers Affected Arctic Freshwater Ecosystems.' *Proceedings of the National Academy of Sciences*, 101:6 (2004), 1613 – 17.

Dow, George Francis. *Whale Ships and Whaling: A Pictorial History of Whaling during Three Cen-

turies with an Account of the Whale Fishery in Colonial New England. Salem, Massachusetts: Marine Research Society, 1925.

Drew, Joshua et al. 'Collateral Damage to Marine and Terrestrial Ecosystems from Yankee Whaling in the 19th Century.' *Ecology and Evolution*, 6:22 (2016), 8181 - 8192.

Eber, Dorothy Harley. *When the Whalers Were Up North: Inuit Memories from the Eastern Arctic*. Kingston, Ontario: Queen's University Press, 1989.

Ellis, Richard. *The Book of Whales*. New York: Knopf, 1980.

――――. *Men and Whales*. London: Robert Hale, 1992.

――――. 'Whaling, Early and Aboriginal,' in *Encyclopedia of Marine Mammals*. San Diego: Perrin, 2002.

*Epstein, Charlotte. *The Power of Words in International Relations: Birth of an Anti-Whaling Discourse*. Cambridge, USA/London: The MIT Press, 2008.

Estes, James et al. 'Causes and Consequences of Marine Mammal Population Declines in Southwest Alaska: A Food-Web Perspective.' *Philosophical Transactions B, Royal Society of London, Biological Science*, 364:1524 (2009), 1647 - 1658.

――――. 'The Trophic Downgrading of Planet Earth.' *Science*, 333 (2011), 301 - 306.

――――. *Serendipity: An Ecologist's Quest to Understand Nature*. Oakland, California: University of California Press, 2016.

Fielding, Russell. *The Wake of the Whale: Hunter Societies in the Caribbean and North Atlantic*. Cambridge, Mass.: Harvard University Press, 2018.

Freeman, Milton M.R.; Kellert, Stephen R. *Public Attitudes to Whales: Results of a Six Country Survey*. Edmonton: Canadian Circumpolar Institute; New Haven, Connecticut: School of Forestry and Environmental Studies, 1992.

―――― et al (eds). *Inuit, Whaling and Sustainability*. Oxford, UK: Altamira Press, 1998.

Friedheim, Robert (ed.). *Towards a Sustainable Whaling Regime*. Seattle: University of Washington Press; Edmonton: Canadian Circumpolar Institute Press, 2001.

Gaskin, David. *The Ecology of Whales and Dolphins*. New York: Heinemann, 1982.

Gillespie, Alexander. *Whaling Diplomacy: Defining Issues in International Environmental Law*. Cheltenham, UK; Northampton, Mass.: Edward Elgar, 2005.

Hannesson, Rögnvaldur. *The Privatization of the Oceans*. Cambridge, Mass.: MIT Press, 2006.

Hayley, Nelson Cole. *Whale Hunt: The Narrative of a Voyage*. New York: Washburn, 1948.

Hess, Bill. *The Gift of the Whale: The Inupiat Bowhead Hunt: A Sacred Tradition*. Seattle: Sasquatch Books, 1999.

*Hoare, Philip. *Leviathan, or the Whale*. London: Fourth Estate, 2008.

Homans, Charles. 'The Most Senseless Environmental Crime of the Twentieth Century.' *Pacific Standard Magazine*, 12 November 2013.

Hoskins, Ian. *Sydney Harbour: A History*. Sydney: University of New South Wales Press, 2009.

Ingold, Tim. *Lines: A Brief History*. London: Routledge, 2007.

Irion, Robert. 'Whale of an Appetite.' *New Scientist*, October (1998).

Jackson, Gordon. *The British Whaling Trade (New Edition)*. London: Shoe String Press Inc., 1978.

Jarvis, Brooke. 'The Insect Apocalypse Is Here: What Does It Mean for the Rest of Life on Earth?' *New York Times*, 27 November 2018.

Johnston, Sarah. 'Te Karanga a te Huia | The Call of the Huia.' *Gauge: The Blog of New Zealand's Audiovisual Archive*, 12 May 2016.

Jopson, Debra. 'Hands Across History.' *Sydney Morning Herald*, 9 March 1996.

Kalland, Arne. 'A Concept in *Search* of Imperialism? Aboriginal Subsistence Whaling,' in *11 Essays on Whales and Man*. High North Alliance (eds). Lofoten Reine, Norway: High North Alliance, 1994.

———. 'Whose Whale Is That? Diverting the Commodity Path,' in *Elephants and Whales: Resources for Whom?* Geneva: Gordon and Breach, 1994.

Katona, Steven; Whitehead, Hal. 'Are Cetacea Ecologically Important?' *Oceanography and Marine Biology Annual Review*, 26 (1988), 553 – 568.

Keck, Margaret; Sikkink, Kathryn. *Activists Beyond Borders: Advocacy Networks in International Politics*. Ithaca and London: Cornell University Press, 1998.

Kingdon, Amorina. 'Playing Viking Chess with Whale Bones.' *Hakai Magazine*, September (2018).

Kuehls, Thom. *Beyond Sovereign Territory: The Space of Ecopolitics*. Minneapolis: University of Minneapolis Press, 1996.

Kurlansky, Mark. *The Basque History of the World: The Story of a Nation*. New York: Penguin, 2001.

Kutner, Luis. 'The Genocide of Whales: A Crime against Humanity.' *Lawyer of the Americas*, 10:3 (1978), 784 – 798.

Langlois, Krista. 'When Whales and Humans Talk.' *Hakai Magazine*, April (2018).

*Lantis, Margaret. 'The Alaskan Whale Cult and Its Affinities.' *American Anthropologist* (New Series), 40:3 (1938), 438 – 464.

Lavery, Trish et al. 'Iron Defecation by Sperm Whales Stimulates Carbon Export in the Southern Ocean.' *Proceedings of the Royal Society B: Biological Sciences*, 277:1699 (2010).

Lutz, Steven; Martin, Angela. 'Fish Carbon: Exploring Marine Vertebrate Carbon Services.' Washington, DC.: *Blue Climate Solutions Report*, The Ocean Foundation, 2014.

*Macfarlane, Robert. *Underland: A Deep Time Journey*. New York: W.W. Norton & Co., 2019.

Mackintosh, N.A. *The Stocks of Whales (The Buckland Foundation)*. London: Coward and Gerrish Ltd, 1965.

Mazzanti, Massimiliano. 'The Role of Economics in Global Management of Whales: Reforming or Re-Founding the IWC?' *Ecological Economics*, 36 (2001), 205 - 221.

McCauley, Douglas et al. 'Marine Defaunation: Animal Loss in the Global Ocean.' *Science*, 347: 6219 (2015), 247 - 254.

McDonald, Jo. *Dreamtime Superhighway — Sydney Basin Rock Art and Prehistoric Information Exchange*. Canberra: ANU E Press, 2008.

McKenna, Mark. *Looking for Blackfellas' Point: An Australian History of Place*. Sydney: UNSW Press, 2002.

Melville, Herman. *Moby-Dick*. London: Strato Publications, 1851.

M'Gonigle, Michael. 'The "Economizing" of Ecology: Why Big, Rare Whales Still Die.' *Ecology Law Quarterly*, 9:1 (1980), 119 - 237.

Miller, Gretchen (presenter). ABC Radio National. 'Hindsight: A Living Harbor: Extended Interview with Dennis Foley,' 20 June 2010. [Audio]

Miller, Robert. 'Exercising Cultural Self-Determination: The Makah Indian Tribe Goes Whaling.' *American Indian Law Review* 25 (2000 - 2001), 165 - 273.

Minteer, Ben; Gerber, Leah. 'Buying Whales to Save Them.' *Issues in Science and Technology* (2013), 58 - 68.

Mitchell, Edward. *A Bibliography of Whale Killing Techniques*. Cambridge: International Whaling Commission, 1986.

Monbiot, George. 'Why Whale Poo Matters.' *The Guardian*, 12 December 2014.

Newton, John. *A Savage History: Whaling in the Pacific and Southern Oceans*. Sydney: NewSouth Publishing, 2013.

Nicol, Steve. 'Vital Giants: Why Living Seas Need Whales.' *New Scientist*, 6 July (2011).

Nihon Kujirarui Kenkyujo (edited by The Institute of Cetacean Research). *Whaling and Anti-Whaling Movement*. Tokyo, Japan: Institute of Cetacean Research, 1999.

Oremus, Marc; Leqata, John; Baker, C. Scott. 'Resumption of Traditional Drive Hunting of Dolphins in the Solomon Islands in 2013.' *Royal Society Open Science*, 2:5 (2015).

Pash, Chris. *The Last Whale*. North Fremantle, W.A.: Fremantle Press, 2008.

*Pascoe, Bruce. *Dark Emu, Black Seeds: Agriculture or Accident?* Broome, Western Australia: Magabala Books, 2014.

*Paterson, Alistair et al. 'So Ends This Day: American Whalers in Yaburara Country, Dampier Archipelago.' *Antiquity*, 93:367 (2019), 218 - 235.

Pershing, Andrew et al. 'The Impact of Whaling on the Ocean Carbon Cycle: Why Bigger Was Better.' *PLoS One* 5:10 (2010), 1 - 9.

Pringle, Heather. 'Signs of the First Whale Hunters.' *Science*, 320:5873 (2008), 175.

Proulx, Jean Pierre. *Basque Whaling in Labrador in the 16th Century*. A Report of the National Historic Sites, Parks Service, Environment Canada (1993).

Reeves, Randall; Smith, Tom. 'A Taxonomy of World Whaling: Operations, Eras and Data Sources.' Northeast Fisheries Science Centre Reference Document 03-12: National Oceanic & Atmospheric Administration, 2003.

Rocha, Robert et al. 'Emptying the Oceans: A Summary of Industrial Whaling Catches in the 20th Century.' *Marine Fisheries Review*, 76:4 (2014), 37 – 48.

*Roman, Joe. *Whale*. London: Reaktion Books, 2006.

——— ; McCarthy, James. 'The Whale Pump: Marine Mammals Enhance Primary Productivity in a Coastal Basin.' *PLoS One*, 5:10 (2010).

*——— et al. 'Whales as Marine Ecosystem Engineers.' *Frontiers in Ecology and the Environment*, 12:7 (2014), 377 – 385.

Scarff, James. 'The International Management of Whales, Dolphins and Porpoises: An Interdisciplinary Assessment.' *Ecology Law Quarterly*, 6 (1977), 323 – 427.

Schneider, Viktoria; Pearce, David. 'What Saved the Whales? An Economic Analysis of 20th Century Whaling.' *Biodiversity and Conservation*, 13:3 (2004), 543 – 562.

Shattuck, Ben. 'There Once Was a Dildo in Nantucket: On the Wives of Whalers and Their "He's-at-Homes".' *The Common*, Issue 10 (2015).

Sheehan, Glenn. *In the Belly of the Whale: Trade and War in Eskimo Society*. Anchorage: Alaska Anthropological Association, 1997.

Sherwood, Yvonne. *A Biblical Text and Its Afterlives: The Survival of Jonah in Western Culture*. Cambridge; New York: Cambridge University Press, 2000.

Shoemaker, Nancy. *Living with Whales: Documents and Oral Histories of Native New England Whaling History*. Amherst, MA: University of Massachusetts Press, 2014.

Slijper, E.J. *Whales*. London: Hutchinson, 1982.

Smith, Laura et al. 'Preliminary Investigation into the Stimulation of Phytoplankton Photophysiology and Growth by Whale Faeces.' *Journal of Experimental Marine Biology and Ecology*, 446 (2013), 1 – 9.

Springer, Alan et al. 'Sequential Megafaunal Collapse in the North Pacific Ocean: An Ongoing Legacy of Industrial Whaling?' *Proceedings of the National Academy of Science*, 100:21 (2003), 223 – 228.

Stackpole, Edouard. *The Sea Hunters: The New England Whalemen of Two Centuries 1635-1835*. Philadelphia/New York: J.B. Lippincott Co., 1953.

Stanbury, Peter; Clegg, John. *A Field Guide to Aboriginal Rock Engravings with Special Reference to Those Around Sydney*. Sydney: Sydney University Press, 1990.

Stoett, Peter. *The International Politics of Whaling*. Vancouver: University of British Columbia Press, 1997.

Stoker, Sam; Krupnik, Igor. 'Subsistence Whaling,' in *The Bowhead Whale*. Lawrence, Kansas,

US: Society for Marine Mammalogy, 1993, 579 – 629.

Stolzenberg, Will. *Where the Wild Things Were: Life, Death, and Ecological Wreckage in a Land of Vanishing Predators.* New York: Bloomsbury, 2008.

Thompson, Derek. 'The Spectacular Rise and Fall of US Whaling: An Innovation Story.' *The Atlantic*, 22 February 2012.

Tonnessen, John; Johnsen, Arne Odd. *The History of Modern Whaling.* Berkeley: University of California Press, 1982.

*Van Dooren, Thom. *Flight Ways: Life and Loss at the Edge of Extinction.* New York: Columbia University Press, 2014.

Waterman, Thomas Talbot. *The Whaling Equipment of the Makah Indians.* Seattle, Washington: The University of Washington Press, 1920.

Watkins, Graham; Oxford, Pete. *Galapagos: Both Sides of the Coin.* Morganville: Imagine Publishing, 2009.

Williams, Heathcote. *Whale Nation.* London: Jonathan Cape, 1988.

Yablokov, Alexey. 'Validity of Whaling Data.' *Nature*, 367 (1994), 108.

*York, Richard. 'Why Petroleum Did Not Save the Whales.' *Socius: Sociological Research for a Dynamic World*, 3 (2017), 1 – 13.

2장 | 가까이 가되 만지지 마시오

Anon. British Antarctic Survey. 'El Nino Events Affect Whale Breeding.' *ScienceDaily*, January (2006).

Anon. *Friends of the Earth: Whale Manual '78.* Friends of the Earth Publication, 1978.

Anon. International Whaling Commission, 'Report of the Sub-Committee on Whalewatching.' *Journal of Cetacean Research and Management*, 3 (2003).

Anon. National Oceanic and Atmospheric Administration. 'Successful Conservation Efforts Pay Off for Humpback Whales: Division into Distinct Populations Paves the Way for Tailored Conservation Efforts.' [Media Release], 6 September 2016.

Barash, David. 'Why Did Humans Evolve to Be So Fascinated with Other Animals?' *Aeon Magazine*, May (2014).

Bartholomew, Kylie; Blackmore, Rob. 'Humpback Whale Population Increasing "Like Crazy", Say Scientists.' ABC Online, Sunshine Coast, 23 September 2016.

Bearzi, Maddalena; Stanford, Craig. *Beautiful Minds: The Parallel Lives of Great Apes and Dolphins.* Cambridge, Mass.: Harvard University Press, 2008.

Bejdera, Michelle et al. 'Embracing Conservation Success of Recovering Humpback Whale

Populations: Evaluating the Case for Down-listing their Conservation Status in Australia.' *Marine Policy*, 66 (2016), 137 – 141.

*Berger, John. 'Why Look at Animals?' in *About Looking*. New York: Pantheon Books, 1980.

Berwald, Juli. *Spineless: The Science of Jellyfish and the Art of Growing a Backbone*. New York: Riverhead Books, 2017.

Brakes, Philippa; Simmonds, Mark Peter (eds). *Whales and Dolphins: Cognition, Culture, Conservation and Human Perceptions*. New York: Routledge, 2011.

Brydon, Anne. *The Eye of the Guest: Icelandic Nationalist Discourse and the Whaling Issue*. Ottawa: *Bibliothèque nationale du Canada*, 1991. [Unpublished PhD thesis]

*Buell, Lawrence. 'Global Commons as Resource and Icon,' in *Writing for an Endangered World: Literature, Culture and Environment in the US and Beyond*. Cambridge, Mass.; London: Harvard University Press, 2001.

Cai, Wenju et al. 'Increasing Frequency of Extreme El Nino Events Due to Greenhouse Warming.' *Nature: Climate Change*, 4 (2014), 111 – 116.

Calvez, Leigh. *The Breath of a Whale: The Science and Spirit of Pacific Ocean Giants*. Seattle: Sasquatch Books, 2019.

Carter, Neil. *The Politics of the Environment: Ideas, Activism, Policies*. Cambridge; New York: Cambridge University Press, 2007.

Cawardine, Mark. *Whales, Dolphins and Porpoises*. London: Dorling Kindersley, 1995.

Cherfas, Jeremy. *The Hunting of the Whale: A Tragedy That Must End*. London: Penguin, 1988.

Cisneros-Montemayor, Andrés et al. 'The Global Potential for Whale Watching.' *Marine Policy*, 34:6 (2010), 1273 – 1278.

Clapham, Phil. *Winged Leviathan: The Story of the Humpback Whale*. Grantown-on-Spey, Scotland: Colin Baxter Photography, 2013.

Clapham, P.J.; Young, S.B.; Brownell, R.L. 'Baleen Whales: Conservation Issues and the Status of the Most Endangered Populations.' *Mammal Review*, 29 (1999), 37 – 62.

Corkeron, Peter J. 'Whale Watching, Iconography, and Marine Conservation.' *Conservation Biology*, 18:3 (2004), 847 – 849.

——. 'How Shall We Watch Whales?' in *Gaining Ground: In Pursuit of Ecological Sustainability*. Lavigne, David (ed.). Guelph, Canada: International Fund for Animal Welfare, 2006.

——; Connor, Richard. 'Why Do Baleen Whales Migrate?' *Marine Mammal Science*, 15 (1999), 1228 – 1245.

Croll, David et al. 'From Wind to Whales: Trophic Links in a Coastal Upwelling System.' *Marine Ecology Progress Series*, 289 (2005), 117 – 130.

Cronon, William (ed.). *Uncommon Ground: Rethinking the Human Place in Nature*. New York: W.W. Norton & Co., 1996.

Davidson, Anna et al. 'Drivers and Hotspots of Extinction Risk in Marine Mammals.' *Proceedings of the National Academy of Sciences*, 109:9 (2012), 3395 – 3400.

Davidson, Helen. 'Humpback Whales Make a Comeback in Australian Waters as Numbers Rebound.' *The Guardian*, 27 July 2015.

Day, David. *The Whale War*. San Francisco: Random House, 1987.

*de Waal, Frans. *Are We Smart Enough to Know How Smart Animals Are?* New York: W.W. Norton, 2016.

Despret, Vinciane. 'Thinking Like a Rat.' *Angelaki: Journal of Theoretical Humanities*. 20:2(2015), 130.

Dingle, Hugh. *Migration: The Biology of Life on the Move*. Oxford: Oxford University Press, 2014.

Donovan, Greg. 'The International Whaling Commission: Given Its Past, Does It Have a Future?' *Proceedings of a Symposium on Whales: Biology, Threat, Conservation*. Symoens J J. (ed.). Brussels: Royal Academy of Overseas Science, 1992.

Dorsey, Kurkpatrick. *Whales and Nations: Environmental Diplomacy on the High Seas*. Seattle: University of Washington Press, 2016.

Downhower, Jerry; Blumer, Lawrence. 'Calculating Just How Small a Whale Can Be.' *Nature*, 335 (1988), 675.

Dunlop, Rebecca et al. 'Non-Song Acoustic Communication in Migrating Humpback Whales (*Megaptera novaeangliae*).' *Marine Mammal Science*, 24:3 (2008), 613 – 629.

*Ehrenreich, Barbara. 'The Animal Cure.' *The Baffler*, 19 (2012).

Epstein, Charlotte. 'World Wide Whale: Globalisation and a Dialogue of Cultures?' *Cambridge Review of International Affairs*, 16:2 (2003), 309 – 322.

———. 'The Making of Global Environmental Norms: Endangered Species Protection.' *Global Environmental Politics*, 6:2 (2006) 32 – 55.

Esser-Miles, Carolin. 'King of the Children of Pride: Symbolism, Physicality, and the Old English Whale,' in Klein, Stacy; Schipper, Williams; Lewis-Simpson, Shannon (eds). *The Maritime World of the Anglo-Saxons*. Phoenix: ACMRS Arizona Center for Medieval and Renaissance, 2014.

Falk, Richard. 'Introduction: Preserving Whales in a World of Sovereign States.' *Denver Journal of International Law and Policy*, 17 (1989), 249254.

Fretwell, Peter et al. 'Using Remote Sensing to Detect Whale Strandings in Remote Areas: The Case of Sei Whales Mass Mortality in Chilean Patagonia.' *PLoS One*, 14:11 (2019).

Freud, Sigmund. *The Standard Edition of the Complete Psychological Works of Sigmund Freud. Volume 21, 1927–1931, 'The Future of an Illusion', 'Civilization and Its Discontents', and Other Works*. London: The Hogarth Press; The Institute of Psycho-Analysis, 1961.

Gallo, Rubén. *Freud's Mexico: Into the Wilds of Psychoanalysis*. Cambridge, Mass.; London: MIT

Press, 2010.

Geib, Claudia. 'Death by Killer Algae.' *Hakai Magazine*, November (2017).

Gero, Shane. 'The Lost Culture of Whales.' *New York Times*, 8 October 2016.

Goldbogen, Jeremy. 'The Ultimate Mouthful: Lunge Feeding in Rorqual Whales.' *American Scientist*, 98 (2010), 124 – 131.

———. 'How Baleen Whales Feed: The Biomechanics of Engulfment and Filtration.' *Annual Review of Marine Science*, 9 (2017), 367 – 386.

Graeber, David. 'What's the Point if We Can't Have Fun?' *The Baffler* 24 (2014).

Gulland, John. 'The Management Regime for Living Resources,' in *The Antarctic Legal Regime*, Joyner, Christopher (ed.). Dordrecht; Boston; London: Springer, 1988.

Hass, Peter; Keohane, Robert; Levy, Marc (eds). *Institutions for the Earth: Sources of Effective International Environmental Protection*. Cambridge; London: MIT Press, 1993.

Häussermann, Verena et al. 'Largest Baleen Whale Mass Mortality During Strong El Nino Event Is Likely Related to Harmful Toxic Algal Bloom.' *PeerJ* 5 (2017).

*Heise, Ursula. *Imagining Extinction: The Cultural Meanings of Endangered Species*. Chicago, Illinois: University of Chicago Press, 2016.

Hoyt, Erich; Hvengaard, Glen. 'A Review of Whale-Watching and Whaling with Applications for the Caribbean.' *Coastal Management*, 30 (2002), 381 – 399.

Hunter, Robert. *The Greenpeace Chronicles*. London: Picador, 1980.

Jackson, Jennifer et al. 'How Few Whales Were There After Whaling? Inference from Contemporary Mtdna Diversity.' *Molecular Ecology*, 17:1 (2007), 236 – 251.

Jackson, Jeremy. 'Ecological Extinction and Evolution in the Brave New Ocean.' *Proceedings of the National Academy of Sciences*, 105:1 (2008), 11458 – 11465.

Kalland, Arne. 'Management by Totemization: Whale Symbolism and the Anti-Whaling Campaign.' *Arctic*, 46:2 (1993), 124 – 133.

Kawaguchi, S. et al. 'Risk Maps for Antarctic Krill Under Projected Southern Ocean Acidification.' *Nature: Climate Change* 3 (2013), 843 – 847.

Kimmerer, Robin Wall. 'Nature Needs a New Pronoun.' *Yes! Magazine*, Spring (2015).

Klein, Emily et al. 'Impacts of Rising Sea Temperature on Krill Increase Risks for Predators in the Scotia Sea.' *PLoS One* 13:1 (2018).

Lilly, John. *Lilly on Dolphins: Humans of the Sea*. New York: Anchor Press, 1975.

*Lormier, Jamie. *Wildlife in the Anthropocene: Conservation After Nature*. Minneapolis, Minnesota: 2015.

MacLeod, Colin. 'Global Climate Change, Range Changes and Potential Implications for the Conservation of Marine Cetaceans: a Review and Synthesis.' *Endangered Species Research*, 7 (2009), 125 – 136.

Mann, Janet. *Deep Thinkers: Inside the Minds of Whales, Dolphins, and Porpoises*. Chicago: The University of Chicago Press, 2017.

Mapes, Lynda. 'Feds Propose Allowing Makah Tribe to Hunt Gray Whales Again.' *Seattle Times*, 4 April 2019.

*Mathews, Freya. 'From Biodiversity-based Conservation to an Ethic of Bio-proportionality.' *Biological Conservation*, 200 (2016), 140 – 148.

McCormick, John. *The Global Environmental Movement: Reclaiming Paradise*. London: Belhaven Press, 1989.

McIntyre, Joan. *Mind in the Waters: A Book to Celebrate the Consciousness of Whales and Dolphins*. San Francisco: Sierra Club Books, 1974.

McNally, Robert. *So Remorseless a Havoc: Of Dolphins, Whales and Men*. Boston: Little, Brown & Co., 1981.

Meynecke, Jan-Olaf et al. 'Whale Watch or No Watch: The Australian Whale Watching Tourism Industry and Climate Change.' *Regional Environmental Change*, 17:2 (2017), 477 – 488.

Moeran, Brian. 'The Cultural Construction of Value: "Subsistence", "Commercial", and Other Terms in the Debate about Whaling.' *Maritime Anthropological Studies*, 5 (1992), 1 – 15.

*Morley, Simon et al. 'Predicting Which Species Succeed in Climate-Forced Polar Seas.' *Frontiers in Marine Science*, 5 (2019), 507.

Morton, Harry. *The Whale's Wake*. Honolulu: University of Hawai'i Press, 1982.

Mowat, Farley. *A Whale for the Killing*. New York: Bantam, 1972.

——. *Sea of Slaughter*. Boston: Atlantic Monthly Press, 1984.

Moyle, B.J.; Evans, M. 'A Bioeconomic and Socio-Economic Analysis of Whale-Watching, with Attention Given to Associated Direct and Indirect Costs.' Paper Presented to the IWC Scientific Committee, 2001.

Nicol, Stephen. *The Curious Life of Krill: A Conservation Story from the Bottom of the World*. Washington, DC: Island Press, 2018.

Noad, Michael et al. 'Boom to Bust? Implications for the Continued Rapid Growth of the Eastern Australian Humpback Whale Population Despite Recovery.' *Population Ecology*, 61:2 (2019), 198 – 209.

Norris, Scott. 'Creatures of Culture: Making the Case for Cultural Systems in Whales and Dolphins.' *BioScience* 52:1 (2002).

Nowacek, Douglas. 'Super-Aggregations of Krill and Humpback Whales in Wilhelmina Bay, Antarctic Peninsula.' *PLoS One*, 6 (2011).

O'Connor, Simon et al. 'Whale Watching Worldwide: Tourism Numbers, Expenditures and Expanding Economic Benefits.' A Special Report from the International Fund for Animal

Welfare, Yarmouth, Mass.: 2009.

Palacios, Manuela. 'Inside the Whale: Configurations of An-other Female Subjectivity.' *Women's Studies*, 47:2 (2018), 160 – 172.

Parsons, Chris. 'The Negative Impacts of Whale-Watching.' *Journal of Marine Sciences Special Issue: Protecting Wild Dolphins and Whales: Current Crises, Strategies, and Future Projections* (2012).

——— et al. 'Glossary of Whalewatching Terms.' *Journal of Cetacean Research and Management*, 8 (2006), 249 – 251.

Payne, Roger. *Among Whales*. New York: Scribner, 1995.

Peace, Adrian. 'Loving Leviathan: The Discourse of Whale-Watching in Australian Ecotourism,' in Knight, John (ed.). *Animals in Person: Cultural Perspectives on Human-Animal Intimacies*. Oxford; New York: Berg, 2005.

———. 'Rhetoric to the South, Reality to the North: Realigning the Conflict Over Whaling.' *The Conversation*, 12 December 2011.

Pearce, Fred. *Green Warriors: The People and the Politics Behind the Environmental Revolution*. London: The Bodley Head, 1991.

———. 'Ghosts of Whales Past.' *New Scientist*, 205: 2746 (2010), 40 – 42.

*Peters, John Durham. 'Of Cetaceans and Ships; Or, the Moorings of Our Being,' in *The Marvellous Clouds: Towards a Philosophy of Elemental Media*. Chicago; London: Chicago University Press, 2015.

Peterson, M.J. 'Whalers, Cetologists, Environmentalists and the International Management of Whaling.' *International Organisation*, 46:1 (1992), 147 – 186.

Pulkkinen, Levi. 'A Pod of Orcas Is Starving to Death: A Tribe Has a Radical Plan to Feed Them.' *The Guardian*, 25 April 2019.

Quammen, David. *The Song of the Dodo: Island Biogeography in an Age of Extinction*. New York: Scribner, 1996.

Rasmussen, Kristin et al. 'Southern Hemisphere Humpback Whales Wintering Off Central America: Insights from Water Temperature into the Longest Mammalian Migration.' *Biology Letters*, 3 (2007), 302.

Readfearn, Graham. 'From Alaska to Australia, Anxious Observers Fear Mass Shearwater Seaths.' *The Guardian*, 23 November 2019.

Reilly, Steve et al. 'Biomass and Energy Transfer to Baleen Whales in the South Atlantic Sector of the Southern Ocean.' *Deep Sea Research Part II: Tropical Studies in Oceanography*, 51 (2004), 1397 – 1409.

Ripple, William. 'Extinction Risk Is Most Acute for the World's Largest and Smallest Vertebrates.' *Proceedings of the National Academy of Sciences of the United States of America*,

114:40 2017, 10678 – 10683.

Ris, Mats. 'Why Look at Whales? Reflections on the Meaning of Whale Watching,' in Blichfeldt, Georg (ed.). *Eleven Essays on Whales and Man*. Reine, Norway: High North Alliance, 1991.

Roman, Joe; Palumbi, Stephen. 'Whales Before Whaling in the North Atlantic.' *Science*, 301:5632 (2003), 508 – 510.

Rubenstein, Diane. 'Hate Boat: Greenpeace, National Identity and Nuclear Criticism,' in Der Derian, James; Shapiro, Michael (eds). *International/Intertextual Relations: Postmodern Readings of World Politics*. Lexington: Lexington Books, 1989.

Safina, Carl. *Beyond Words: What Animals Think and Feel*. New York: Henry Holt & Co., 2015.

Sharma, Rajnish et al. 'Qualitative Risk Assessment of Impact of *Toxoplasma gondii* on the Health of Beluga Whales, *Delphinapterus leucas*, from the Eastern Beaufort Sea, Northwest Territories.' *Arctic Science*, 4:3 2018, 321 – 337.

Siebert, Charles. 'Watching Whales Watching Us.' *New York Times Magazine*, 8 July 2009.

Siegel, Volker (ed.). *Biology and Ecology of Antarctic Krill*. Switzerland: Springer, 2016.

Silva, Santiago Piedra. 'Whales Under Threat as Climate Change Impacts Migration.' *Phys. Org*, 2 December (2015).

Simmonds, Mark; Hutchinson, Judith. *The Conservation of Whales and Dolphins: Science and Practice*. Chichester: Wiley, 1996.

Simmons, Ian. *Interpreting Nature: Cultural Constructions of the Environment*. London; New York: Routledge, 1993.

Singer, Peter. 'The Cow Who ⋯⋯' *Project Syndicate*, 5 February 2016.

Sumich, James. 'Blowing,' in Perrin, William; Würsig, Bernd; Thewissen, Johannes (eds). *Encyclopaedia of Marine Mammals*. San Diego: Academic Press, 2002.

Thorleifsson, Heimir. *The Whale*. New York: Simon and Schuster, 1968.

Tulloch, Vivitskaia J.D. et al. 'Future Recovery of Baleen Whales Is Imperilled by Climate Change.' *Global Change Biology*, 25:4 (2019), 1263 – 1281.

Van Dolah, Frances et al. 'Impacts of Algal Toxins on Marine Mammals,' in *Toxicology of Marine Mammals*. London: Taylor and Francis, 2003.

Van Duzer, Chet. *Sea Monsters on Medieval and Renaissance Maps*. London: The British Library, 2013.

*Wallace–Wells, David. 'Storytelling,' in *The Uninhabitable Earth*. New York: Tim Duggan Books, 2019.

Ware, Colin et al. 'Shallow and Deep Lunge Feeding of Humpback Whales in Fjords of the West Antarctic Peninsula.' *Marine Mammal Science*, 27 (2011), 587 – 605.

Waters, Hannah. 'The Enchanting Sea Monsters on Medieval Maps.' *Smithsonian Magazine*, 15

October, 2013.

Werth, Alexander. 'How Do Mysticetes Remove Prey Trapped in Baleen?' *Bulletin of the Museum of Comparative Zoology*, 156 (2001), 189‒203.

White, Thomas. *In Defence of Dolphins: The New Moral Frontier*. Oxford: John Wiley & Sons, 2008.

*Whitehead, Hal; Rendell, Luke. *The Cultural Life of Whales and Dolphins*. Chicago; London: University of Chicago Press, 2014.

———. *Sperm Whales: Social Evolution in the Ocean*. Chicago; London: University of Chicago Press, 2003.

———. 'Why Whales Leap.' *Scientific American*, March (1985).

Wilcove, David. 'Animal Migration: An Endangered Phenomenon?' *Issues in Science and Technology*, XXIV:3 (2008).

Wiley, David et al. 'Underwater Components of Humpback Whale Bubble‒Net Feeding Behaviour.' *Behaviour*, 148 (2011), 575‒602.

Woinarski, John; Burbidge, Andrew; Harrison, Peter. 'Ongoing Unravelling of a Continental Fauna: Decline and Extinction of Australian Mammals Since European Settlement.' *Proceedings of the National Academy of Sciences of the United States of America*, 112:15 (2015), 4531‒4540.

Worm, Boris; Paine, Robert T. 'Humans as a Hyperkeystone Species.' *Trends in Ecology & Evolution*, 31:8 (2016), 600‒607.

Wright, Franz. 'The Only Animal' (poem), in *Walking to Martha's Vineyard*. New York: Alfred A. Knopf, 2003.

Zelko, Frank. *Make It a Green Peace: The Rise of Countercultural Environmentalism*. Oxford; New York: Oxford University Press, 2013.

Zerbini, Alexandre et al. 'Assessing the Recovery of an Antarctic Predator from Historical Exploitation.' *Royal Society Open Science*, 6:10 (2019), 190368.

3장 | 이토록 경이로운 뼈대

이 장은 아래 목록에 덧붙여 서호주 박물관이 제공해 준 사진 자료와 기타 자료에, 그리고 서호주 주립 도서관에서 찾아볼 수 있었던 〈번버리헤럴드〉와 〈선데이타임즈〉의 마이크로필름 카드에 큰 도움을 받았다. 두 공공 기관에, 그리고 도서관 사서와 기록 보관 담당자들께 깊은 감사를 드린다.

Asma, Stephen. *Stuffed Animals and Pickled Heads: The Culture and Evolution of Natural History*

Museums. Oxford: Oxford University Press, 2001.

Bennett, Hywel (presenter). *Kingdom of the Ice Bear.* BBC: United Kingdom, 1985.

Berta, Annalisa. *Return to the Sea: The Life and Evolutionary Times of Marine Mammals.* Berkeley; Los Angeles: University of California Press, 2012.

――――. *The Rise of Marine Mammals: 50 Million Years of Evolution.* Baltimore: Johns Hopkins University Press, 2017.

Blunt, Wilfred. *Linnaeus: The Complete Naturalist.* Princeton: Princeton University Press, 2002.

Branch, Trevor et al. 'Abundance of Antarctic Blue Whales South of 60S from Three Complete Circumpolar Sets of Surveys.' International Whaling Commission (2007).

――――. 'Evidence for Increases in Antarctic Blue Whales Based on Bayesian Modelling.' *Marine Mammal Science,* 20:4 (2004), 726 – 754.

――――. 'Past and Present Distribution, Densities and Movements of Blue Whales Balaenoptera musculus in the Southern Hemisphere and Northern Indian Ocean.' *Mammal Review,* 37 (2007), 116 – 175.

Brown, Cecil. *Language and Living Things: Uniformities in Folk Classification and Naming.* New Brunswick, NJ: Rutgers University Press, 1984.

Burnett, Graham D. *Trying Leviathan: The Nineteenth-Century New York Court Case That Put the Whale on Trial and Challenged the Order of Nature.* Princeton, N.J.; Woodstock: Princeton University Press, 2010.

――――; Najafi, Sina. 'Cutting the World at Its Joints: An Interview with Graham D. Burnett.' *Cabinet Magazine,* Winter (2007 –2008).

de Muizon, Christian. 'Walking with Whales.' *Nature,* 413 (2001), 259 – 260.

――――. 'Walrus-like Feeding Adaptation in a New Cetacean from the Pliocene of Peru.' *Nature,* 365 (1993), 745 – 748.

DeCou, Christopher. 'When Whales Were Fish.' *Lateral Magazine,* 8 October 2018. Farber, Paul Lawrence. *Finding Order in Nature: The Naturalist Tradition from Linnaeus to E.O. Wilson.* Baltimore: Johns Hopkins University Press, 2000.

Frängsmyr, Tore et al. *Linnaeus: The Man and His Work.* Berkley, University of California Press, 1983.

Gatesy, John; O'Leary, Maureen A. 'Deciphering Whale Origins with Molecules and Fossils.' *Trends in Ecology and Evolution* (2001), 562 – 570.

George, John et al. 'Age and Growth Estimates of Bowhead Whales (*Balaena mysticetus*) via Aspartic Acid Racemization.' *Canadian Journal of Zoology,* 77:4 (1999), 571 – 580.

Gingerich, Philip. 'Evolution of Whales from Land to Sea: Fossils and a Synthesis,' in *Great Transformations: Essays in Honor of Farish A. Jenkins.* Dial, K.; Shubin, N.; Brainerd, E. (eds). Chicago: Chicago University Press, 2015.

———— et al. 'Origins of Early Whales in Epicontinental Remnant Seas: New Evidence from the Early Eocene of Pakistan.' *Science*, 220 (1983), 403–406.

————. 'Evolution of Whales from Land to Sea.' *Proceedings of the American Philosophical Society*, 156 (2012), 309–323.

Goldbogen, Jeremy et al. 'Extreme Bradycardia and Tachycardia in the World's Largest Animal.' *Proceedings of the National Academy of Sciences*, 116:50 (2019), 25329–25332.

Gould, Stephen Jay. 'Hooking Leviathan by Its Past,' in *Dinosaur in a Haystack: Reflections in Natural History*. New York: Crown Trade Paperbacks, 1997.

Greenblatt, Stephen. 'Resonance and Wonder,' in Karp, Ivan; Levine, Steven D. (eds). *Exhibiting Culture: The Poetics and Politics of Museum Display*. Washington, DC: Smithsonian Institution Press, 1991.

Grönberg, Cecilia; Magnusson Jonas J. 'The Gothenburg Leviathan,' *Cabinet Magazine*, 33 (2009).

Haag, Amanda Leigh. 'Patented Harpoon Pins Down Whale Age.' *Nature News*, June (2007).

Haraway, Donna. 'Teddy Bear Patriarchy: Taxidermy in the Garden of Eden, New York City, 1908–1936.' *Social Text* 11 (1984–1985), 20–64.

————. *When Species Meet*. Minneapolis: University of Minnesota Press, 2008.

Henning, Michelle. 'Neurath's Whale,' in Alberti, Samuel (ed.). *The Afterlives of Animals*. Charlottesville: University of Virginia Press, 2011.

Jamie, Kathleen. 'The Whale Hall,' in *Sightlines: A Conversation with the Natural World*. New York: Workman Pub. Co., 2013.

Klinkenborg, Verlyn. 'After the Great Quake, Living with Earth's Uncertainty.' *E360 Magazine*, 28 March 2011.

Linnaeus, Carl. *Systema Naturae*. Nieuwkoop: B. de Graff, 1964 (c.1735). Nguyen, Mai. 'How Scientists Preserved a 440-Pound Blue Whale Heart.' *Wired Magazine*, 7 February 2017.

Nin, Anais. *The Diary of Anais Nin, 1939–1944*. New York: Harcourt Brace Jovanovich, 1969.

*Poliquin, Rachel. *The Breathless Zoo: Taxidermy and the Cultures of Longing*. University Park, PA: Pennsylvania State University Press, 2012.

Prince, Sue Ann (ed.). *Stuffing Birds, Pressing Plants, Shaping Knowledge*. Philadelphia: American Philosophical Society, 2003.

Pyenson, Nick. 'The Ecological Rise of Whales Chronicled by the Fossil Record.' *Current Biology*, 27 (2017), 558–564.

————. 'The Rise of Ocean Giants: Maximum Body Size in Cenozoic Marine Mammals as an Indicator for Productivity in the Pacific and Atlantic Oceans.' *Biology Letters*, 12:7 (2016).

*————. *Spying on Whales: The Past, Present, and Future of Earth's Most Awesome Creatures*. New York: Penguin Books, 2018.

Romero, Aldemaro. 'When Whales Became Mammals: The Scientific Journey of Cetaceans From Fish to Mammals in the History of Science.' *Intech Open*, 7 November (2012).

Rossi, Michael. 'Modelling the Unknown: How to Make a Perfect Whale.' *Endeavour*, 32:2 (2008).

———. 'Fabricating Authenticity: Modelling a Whale at the American Museum of Natural History, 1906–1974.' *Isis*, 101 (2010).

Rudwick, Martin. *Earth's Deep History: How It Was Discovered and Why It Matters.* Chicago: University of Chicago Press, 2014.

Samaran, Flore et al. 'Seasonal and Geographic Variation of Southern Blue Whale Subspecies in the Indian Ocean.' *PloS One*, 8:8 (2013).

Small, George. *The Blue Whale.* New York; London: Columbia University Press, 1971.

*Switek, Brian. *Written in Stone: Evolution, the Fossil Record and Our Place in Nature*, New York: Bellevue Literary Press, 2010.

Thewissen, J. *The Emergence of Whales: Evolutionary Patterns in the Origin of Cetacea.* New York: Plenum Press, 1998.

———. *The Walking Whales: From Land to Water in Eight Million Years.* Berkeley: University of California Press, 2014.

———; Williams, Ellen. 'The Early Radiations of Cetacea (Mammalia): Evolutionary Pattern and Developmental Correlations.' *Annual Review of Ecology and Systematics*, 33 (2002), 73–90.

Zalasiewicz, Jan. *The Planet in a Pebble: A Journey into Earth's Deep History.* Oxford, UK: Oxford Landmark Science, 2012.

Zimmer, Carl. *At the Water's Edge: Macroevolution and the Transformation of Life.* New York: Free Press, 1998.

4장 | 동물의 카리스마

Acorn, John. 'The Windshield Anecdote.' *American Entomologist*, 62:4 (2016).

Albert, Céline et al. 'The Twenty Most Charismatic Species.' *PLoS One*, 13:7 (2018).

Andrews, Candice Gaukel. 'Your Travel Photos Are Helping Rhino Poachers.' *Outside Magazine*, July 2014.

Anon. 'Autopsy Shows Killer Whale Nami Swallowed 180 lbs of Stones Before Death.' *The Orca Project* (inc. necropsy report from the Port of Nagoya Public Aquarium), 2 February 2011.

*Anon. *Global Assessment Report on Biodiversity and Ecosystem Services.* Intergovernmental Science–Policy Platform on Biodiversity and Ecosystem Services (2019).

Aragón, Oriana R. et al. 'Dimorphous Expressions of Positive Emotion: Displays of Both Care and Aggression in Response to Cute Stimuli.' *Psychological Science*, 26:3 (2015), 259 – 273.

Austin, Bryant. *Beautiful Whale*. New York: Abrams Books, 2013.

Australian Associated Press. 'Migaloo's Red Rash Prompts Skin Cancer Fears for Albino Whale.' *The Guardian*, 25 June 2014.

Barkham, Patrick. 'Stone–Stacking: Cool for Instagram, Cruel for the Environment.' *The Guardian*, 17 August 2018.

*Bar–On, Yinon et al. 'The Biomass Distribution on Earth.' *Proceedings of the National Academy of Sciences*, 11:25 (2018), 6506 – 6511.

Becker, Elizabeth. *Overbooked: The Exploding Business of Travel and Tourism*. New York: Simon & Schuster, 2013.

Benson, Etienne. *Wired Wilderness: Technologies of Tracking and the Making of Modern Wildlife*. Baltimore: Johns Hopkins University Press, 2010.

Bousé, Derek. 'False Intimacy: Close Ups and Viewer Involvement in Wildlife Films.' *Visual Studies*, 18:2 (2003).

*Brower, Matthew. *Developing Animals: Wildlife and Early American Photography*. Minneapolis: University of Minnesota Press, 2011.

Byrld, Mette; Lykke, Nina. *Cosmodolphins: Feminist Cultural Studies of Technology, Animals and the Sacred*. London: Zed Books, 1999.

Courchamp Franck et al. 'The Paradoxical Extinction of the Most Charismatic Animals.' *PLoS Biology*, 16:4 (2018).

Cowperthwaite, Gabriela (director). *Blackfish*. CNN Films/Magnolia Pictures: United States, 2013.

Cummings, E.E. *E.E. Cummings: A Miscellany Revised*. New York: October House, 1965.

Downs, C.A. et al. 'Toxicopathological Effects of the Sunscreen UV Filter, Oxybenzone (Benzophenone–3), on Coral Planulae and Cultured Primary Cells and Its Environmental Contamination in Hawaii and the U.S. Virgin Islands.' *Archives of Environmental Contamination and Toxicology*, 2016, 70:2 (2016), 265 – 288.

Einarsson, Niels. 'All Animals Are Equal but Some Are Cetaceans,' in Milton, Kay (ed.). *Environmentalism: The View from Anthropology*. London: Routledge, 1993.

*Falconer, Delia. 'The Opposite of Glamour.' *Sydney Review of Books*, 28 July 2017.

Fletcher, Robert. 'Ecotourism After Nature: Anthropocene Tourism as a New Capitalist Fix.' *Journal of Sustainable Tourism*, 27:4 (2019).

———. *Romancing the Wild: Cultural Dimensions of Ecotourism*. Durham, NC: Duke University Press, 2014.

Foote, Andrew et al. 'Genome–culture Coevolution Promotes Rapid Divergence of Killer Whale

Ecotypes.' *Nature Communications,* 7 (2016).

Freedman, Eric. 'Extinction Is Forever: A Quest for the Last Known Survivors.' *Earth Island Journal,* Autumn (2011).

Grebowicz, Margret. *The National Park to Come.* Redwood City, CA: Stanford University Press, 2015.

Gren, Martin; Huijbens, Edward. *Tourism and the Anthropocene.* London: Routledge, 2015.

Grooten, M.; Almond, R.E.A. (eds). *Living Planet Report — 2018: Aiming Higher.* Gland, Switzerland: WWF, 2018.

Haigney, Sophie. 'How Stone Stacking Wreaks Havoc on National Parks.' *The New Yorker* [online], 2 December 2018.

Hall, C. Michael. 'Degrowing Tourism: Décroissance, Sustainable Consumption and Steady-State Tourism.' *Anatolia,* 20:1 (2009), 46 – 61.

Hallmann, Caspar et al. 'More Than 75 Percent Decline Over 27 Years in Total Flying Insect Biomass in Protected Areas.' *PLoS One,* 12:10 (2017).

Hargrove, John; Chua-Eoan, Howard. *Beneath the Surface: Killer Whales, SeaWorld, and the Truth Beyond Blackfish.* New York: Palgrave Macmillan, 2015.

Harrison, Marissa. 'Anthropomorphism, Empathy, and Perceived Communicative Ability Vary with Phylogenetic Relatedness to Humans.' *Journal of Social,* 4:1 (2010), 34.

Hecker, Bruce. 'How Do Whales and Dolphins Sleep Without Drowning?' *Scientific American,* 2 February (1998).

Hoare, Philip. 'Or the Whale.' Address to University of Sydney, *Sydney Environment Institute* [video], 26 July 2017.

Jorgensen, Dolly. 'Endling: The Power of the Last in an Extinction-Prone World.' *Environmental Philosophy* (2016).

Kalland, Arne. 'Super-Whale: The Use of Myths and Symbols in Environmentalism,' in High North Alliance (eds). *11 Essays on Whales and Man.* Lofoten Reine, Norway: High North Alliance, 1994.

*Kolbert, Elizabeth. *The Sixth Extinction: An Unnatural History.* New York: Henry Holt & Co., 2014.

Leiren-Young, Mark. *The Killer Whale Who Changed the World.* Vancouver; Berkley: Greystone Books, 2016.

Lewis, Helen. 'Sense of an Endling.' *New Statesman,* 27 June 2012.

Lippit, Akira Mizuta. *Electric Animal: Toward a Rhetoric of Wildlife.* Minneapolis: University of Minnesota Press, 2000.

Lister, Bradford; Garcia, Andres. 'Climate-Driven Declines in Arthropod Abundance Restructure a Rainforest Food Web,' *Proceedings of the National Academy of Sciences,* 115:44

(2018).

Lutts, Ralph. *The Nature Fakers: Wildlife, Science and Sentiment.* Golden, Colorado: Fulcrum, 1990.

Lynas, Mark. *The God Species: How the Planet Can Survive the Age of Humans.* London: Fourth Estate, 2011.

Madrigal, Alexis. 'You're Eye-to-Eye with a Whale in the Ocean: What Does It See?' *The Atlantic*, 28 March 2013.

Marino, Lori; McShea, Daniel. 'Origin and Evolution of Large Brains in Toothed Whales.' *Anatomical Record*, 281:2 (2004), 1247 – 1255.

McKibben, Bill. *The End of Nature.* New York: Anchor, 1989.

——. 'The Problem with Wildlife Photography.' *Doubletake* (1997), 50 – 56.

Miller, Patrick et al. 'Stereotypical Resting Behaviour of the Sperm Whale.' *Current Biology*, 18 (2008), 21 – 23.

Miralles, Aurélien et al. 'Empathy and Compassion Toward Other Species Decrease with Evolutionary Divergence Time.' *Scientific Reports*, 9 (2019).

Mormann, Florian et al. 'A Category-Specific Response to Animals in the Right Human Amygdala.' *Nature Neuroscience*, 14 (2011), 1247 – 1249.

Murzyn, Eva. 'Do We Only Dream in Colour? A Comparison of Reported Dream Colour in Younger and Older Adults with Different Experiences of Black and White Media.' *Consciousness and Cognition*, 17:4 (2008), 1228 – 1237.

*Ngai, Sianne. 'The Cuteness of the Avant-Garde.' *Critical Inquiry*, 31:4 (2005), 811 – 847.

Paine, Stefani. *The World of the Arctic Whales: Belugas, Bowheads and Narwhals.* San Francisco: Sierra Club Books, 1995.

Passarello, Elena. *Animals Strike Curious Poses: Essays.* London: Jonathan Cape, 2017.

Pearce, Fred. 'Global Extinction Rates: Why Do Estimates Vary So Wildly?' *Yale e360*, August (2015).

Peichl, Leo et al. 'For Whales and Seals the Ocean is Not Blue: A Visual Pigment Loss in Marine Mammals.' *European Journal of Neuroscience*, 13:8 (2001), 1520 – 1528.

Reardon, Sara. 'Do Dolphins Speak Whale in Their Sleep?' *Science*, 20 January (2012).

Régnier, Claire et al. 'Mass Extinction in Poorly Known Taxa.' *Proceedings of the National Academy of Sciences*, 112:25 (2015), 7761 – 7766.

Reinert, Hugo. 'The Care of Migrants: Telemetry and the Fragile Wild.' *Environmental Humanities*, 3 (2013), 1 – 24.

*——. 'Face of a Dead Bird: Notes on Grief, Spectrality and Wildlife Photography.' *Rhizomes: Cultural Studies in Emerging Knowledge*, 23 (2012).

Richards, Morgan. 'Greening Wildlife Documentary,' in Lester, Libby; Hutchins, Brett (eds).

Environmental Conflict and the Media. New York: Peter Lang, 2013.

Safina, Carl. 'Woo-woo; Whale Magic?' *National Geographic*, 31 August 2016.

Skibins, Jeffrey et al. 'Charisma and Conservation: Charismatic Megafauna's Influence on Safari and Zoo Tourists' Pro-Conservation Behaviours.' *Biodiversity and Conservation*, 22 (2013), 959–982.

Siebert, Charles. 'The Story of One Whale Who Tried to Bridge the Linguistic Divide Between Animals and Humans.' *Smithsonian*, June (2014).

Silko, Leslie Marmon. 'Landscape, History, and the Pueblo Imagination.' *Antaeus*, 57 (1986), 882–894.

*Simmonds, Charlotte; McGivney, Annette et al. 'This Land is Your Land — Crisis in Our National Parks, How Tourists Are Loving Nature to Death.' *The Guardian*, 20 November 2018.

Stenger, Richard. 'New Moby Dick? Boat Crasher a Rare White Whale.' *CNN* [online], 23 August 2003.

Stien, Didier et al. 'Metabolomics Reveal That Octocrylene Accumulates in Pocillopora damicornis Tissues as Fatty Acid Conjugates and Triggers Coral Cell Mitochondrial Dysfunction.' *Analytical Chemistry*, 91:1 (2018).

Trigger, David. 'Whales, Whitefellas, and the Ambiguity of "Nativeness": Reflections on the Emplacement of Australian Identities.' *Island*, 107 (2006).

Vidal, John. 'Stop Scattering Ashes, Families are Told,' *The Guardian*, 18 January 2009.

Walter, Benjamin. 'Gloves,' in *One Way Street and Other Writings*. London: NLB, 1979.

Webster, Robert; Erickson, Bruce. 'The Last Word?' *Nature (Correspondence)*, 380 (1996), 386.

*Wilson, Edward O. *Biophilia: The Human Bond with Other Species*. Cambridge, Mass.; London: Harvard University Press, 1984.

———. *Half-Earth: Our Planet's Fight for Life*. New York: Liveright Publishing Corporation, 2016.

Yoon, Carol Kaesuk. *Naming Nature: The Clash Between Instinct and Science*. New York: W.W. Norton & Co., 2009.

Yong, Ed. 'The Last of Its Kind.' *The Atlantic*, July 2019.

5장 | 고래 사운드

'사운드sound'의 정의는 웹스터 사전 1828년 판과 1913년 판에서 취했다. 명료함과 일관성을 위해 조금 수정했다.

Allen, Jenny; Garland, Ellen; Dunlop, Rebecca; Noad, Michael. 'Cultural Revolutions Reduce Complexity in the Songs of Humpback Whales.' *Proceedings of the Royal Society B: Biological Sciences*, 285:1891 (2018).

Anon. 'Boat Noise Impacts Development, Survival of Sea Hares.' *ScienceDaily*, with the University of Bristol, 31 July (2014).

Anon. 'Breaking the Silence: How Our Noise Pollution is Harming Whales.' International Fund for Animal Welfare Publication, 2013.

Anon. 'Recordings That Made Waves: The Songs That Saved the Whales.' *All Things Considered*, NPR, 26 December 2014. [Audio]

Balcomb, K.C.; Claridge, Diane. 'A Mass Stranding of Cetaceans Caused by Naval Sonar in the Bahamas.' *Bahamas Journal of Science*, 8 (2001), 2 – 12.

Bataille, Georges. *The Unfinished System of Knowledge*. Minneapolis: University of Minnesota Press, 2001.

Bateson, Gregory. *Steps to an Ecology of Mind: Collected Essays in Anthropology, Psychiatry, Evolution, and Epistemology*. St Albans, Herts: Paladin, 1972.

Biguenet, John. *Object Lesson: Silence*. London; New York: Bloomsbury Academic, 2015.

Bosker, Bianca. 'Why Is the World So Loud?' *The Atlantic*, 8 October 2019.

*Carson, Rachel. *Silent Spring*. London: Hamish Hamilton, 1962.

Cholewiak, Danielle M. et al. 'Humpback Whale Song Hierarchical Structure: Historical Context and Discussion of Current Classification Issues.' *Marine Mammal Science*, 29:3 (2013), 312 – 332.

Clark, Christopher Willes. 'Acoustic Monitoring on a Humpback Whale (*Megaptera novaeangliae*) Feeding Ground Shows Continual Singing Into Late Spring.' *Proceedings of the Royal Society B: Biological Sciences*, 271:1543 (2004), 1051 – 1057.

Cousteau, Jacques (director). *Le Monde du Silence (The Silent World)*. France: FSJYC Productions, 1956.

Crane, Adam; Ferrari, Maud. 'The Fishy Problem of Underwater Noise Pollution.' *The Conversation*, 9 April 2018.

Darling, Jim D. 'Humpback Whale Calls Detected in Tropical Ocean Basin Between Known Mexico and Hawaii Breeding Assemblies.' *The Journal of the Acoustical Society of America*, 145 (2019).

——. 'Low Frequency, ca. 40 Hz, Pulse Trains Recorded in the Humpback Whale Assembly in Hawaii.' *Journal of the Acoustic Society of America*, 138:5 (2015), 452 – 458.

—— et al. 'Convergence and Divergence of Songs Suggests Ongoing, but Annually Variable, Mixing of Humpback Whale Populations Throughout the North Pacific.' *Scientific Reports*, 9:7002 (2019).

——— et al. 'Humpback Whale Songs: Do They Organize Males During the Breeding Season?' *Behavioral Sciences*, 143 (2006), 1051 – 1101.

Day, Ryan et al. 'Exposure to Seismic Air Gun Signals Causes Physiological Harm and Alters Behaviour in the Scallop *Pecten fumatus*.' *Proceedings of the National Academy of Sciences*, 114:40 (2017), 8537 – 8546.

de Quirós, Y. Bernaldo et al. 'Advances in Research on the Impacts of Anti-Submarine Sonar on Beaked Whales.' *Proceedings of the Royal Society B*, 286:1895 (2019).

Donovan, Arthur; Bonney, Joseph. *The Box That Changed the World: Fifty Years of Container Shipping: An Illustrated History*. East Windsor, NJ: Commonwealth Business Media, 2006.

*Douglas, Mary. *Purity and Danger: An Analysis of the Concepts of Pollution and Taboo*. New York; London: Praeger, 1966.

Erbe, Christine et al. 'Review of Underwater and In-Air Sounds Emitted by Australian and Antarctic Marine Mammals.' *Acoustics Australia*, 45:2 (2017), 179 – 241.

Ferrari, Maud C.O. et al. 'School Is Out on Noisy Reefs: The Effect of Boat Noise on Predator Learning and Survival of Juvenile Coral Reef Fishes.' *Proceedings of the Royal Society B: Biological Sciences*, 285:1871 (2018).

Garland, Ellen C. et al. 'Dynamic Horizontal Cultural Transmission of the Humpback Whale Song at the Ocean Basin Scale.' *Current Biology*, 21 (2011), 687 – 691.

———. et al. 'Song Hybridization Events During Revolutionary Song Change Provide Insights into Cultural Transmission in Humpback Whales.' (Colloquium Paper.) *Proceedings of the National Academy of Sciences*, 114:30 (2017), 7822 – 7829. Gazioglu, Cem. et al. 'Connection between Ocean Acidification and Sound Propagation.' *International Journal of Environment and Geoinformatics* (IJEGEO), 2 (2015), 16 – 26.

Gene, Scott et al. 'Active Whale Avoidance by Large Ships: Components and Constraints of a Complementary Approach to Reducing Ship Strike Risk.' *Frontiers in Marine Science*, 6 (2019), 592.

Gies, Erica. 'An Ear-splitting Threat Is Endangering the World's Rarest Killer Whales.' *Take Part Magazine*, 15 December 2015.

Gol'din, Pavel. 'Antlers Inside': Are the Skull Structures of Beaked Whales (*Cetacea: Ziphiidae*) Used for Echoic Imaging and Visual Display?' *Biological Journal of the Linnean Society*, 113:2 (2014), 510 – 515.

Gray, Patricia. 'The Music of Nature and the Nature of Music.' *Science*, 291 (2001), 52 – 54.

*Grebowicz, Margret. *Object Lessons: Whale Song*. London; New York: Bloomsbury Academic, 2017.

Guinee, Linda; Payne, Katharine. 'Rhyme-like Repetitions in Songs of Humpback Whales.' *Ethology*, 79:4 (1988), 295 – 306.

Hamer, Ashley. 'Sperm Whales Are Loud Enough to Burst Your Eardrums.' *Curiosity* [online], 22 July 2016.

Jamison, Leslie. '52 Blue,' in *Make It Scream, Make It Burn: Essays*. New York: Little Brown & Co., 2019.

Juchau, Mireille. 'What Should We Send Into Space as a *New* Record of Humanity?' *Literary Hub* [online], 22 April 2019.

*Krause, Bernie. 'Anatomy of the Soundscape.' *Journal of the Audio Engineering Society*, 56:1/2 (2008).

———. *Voices of the Wild: Animal Songs, Human Din and the Call to Save Natural Soundscapes*. London: Yale University Press, 2015.

Kroll, Gary. 'Snarge,' in Mitman, Gregg; Armiero, Marco; Emmett, Robert S. *Future Remains: A Cabinet of Curiosities for the Anthropocene*. Chicago: The University of Chicago Press, 2018.

Kunc, Hansjoerg P. et al. 'Anthropogenic Noise Affects Behavior across 'Sensory Modalities.' *The American Naturalist*, 184:4 (2014), 93 – 100.

*Leroy, Emmanuelle C. et al. 'Long-Term and Seasonal Changes of Large Whale Call Frequency in the Southern Indian Ocean.' *Journal of Geophysical Research: Oceans*, 123:11 (2018), 8568 – 8580.

MacKinnon, J. B. 'It's Tough Being a Right Whale These Days.' *The Atlantic*, 30 July 2018.

McCauley, Robert et al. 'Widely Used Marine Seismic Survey Air Gun Operations Negatively Impact Zooplankton.' *Nature Ecology & Evolution*, 1 (2017).

McGregor, Peter (ed.). *Animal Communication Networks*. Cambridge UK: Cambridge University Press, 2005.

McLendon, Russell. 'Mysterious "Ping" Reported in Arctic Ocean.' *MNN*, 4 November 2016.

Menken, Alan (director). *The Little Mermaid*. Milwaukee, WI: H. Leonard Pub. Corp./Walt Disney, 1990.

Mercado III, Eduardo et al. 'Stereotypical Sound Patterns in Humpback Whale Songs: Usage and Function.' *Aquatic Mammals*, 29:1 (2003), 37 – 52.

Moe, Aaron. *Zoopoetics: Animals and the Making of Poetry*. Plymouth, UK: Lexington Books, 2013.

Monbiot, George. *Feral: Searching for Enchantment on the Frontiers of Rewilding*. London: Allen Lane, 2013.

Mosher, Dave. 'A Spacecraft Graveyard Exists in the Middle of the Ocean: Here's What's Down There.' *Business Insider*, 23 October 2017.

Noad, Michael et al. 'Cultural Revolution in Whale Songs.' *Nature*, 408:537 (2000).

Payne, Roger; McVay, Scott. 'An Open Letter to the Youth of Japan.' *Ocean Alliance* [online], 2005.

————. 'Songs of the Humpback Whales.' *Science*, 173 (1971), 585 – 597.

————; Webb, Douglas. 'Orientation by Means of Long Range Acoustic Signalling in Baleen Whales.' *New York Academy of Sciences*, 188 (1971), 110 – 41.

Pijanowski, Bryan C. et al. 'What Is Soundscape Ecology? An Introduction and Overview of an Emerging New Science.' *Landscape Ecology*, 26:9 (2011), 1213 – 1232.

Podesta, Michela. 'Beaked Whale Strandings in the Mediterranean Sea.' Proceedings of the ECS Workshop, Beaked Whale Research. *ECS Special Publication Series No. 51* (2009).

Rankin, Shannon; Barlow, Jay. 'Source of the North Pacific "Boing" Sound Attributed to Minke Whales.' *Journal of the Acoustical Society of America*, 118:5 (2005), 3346 – 3351.

Razafindrakoto, Y. et al. 'Similarity of Humpback Whale Song from Madagascar and Gabon Indicates Significant Contact between South Atlantic and Southwest Indian Ocean Populations.' *IWC Scientific Committee Paper*, SC/61/SH8, 15 (2009).

Ridgeway, Sam et al. 'Spontaneous Human Speech Mimicry by a Cetacean.' *Current Biology*, 22:20 (2012), 860 – 861.

Rockwood, R. Cotton et al. 'High Mortality of Blue, Humpback and Fin Whales from Modelling of Vessel Collisions on the U.S. West Coast Suggests Population Impacts and Insufficient Protection.' *PLOS One*, 13:7 (2018).

Rolland, R.M. et al. 'Evidence That Ship Noise Increases Stress in Right Whales.' *Proceedings Biological Sciences*, 279:1737 (2012), 2363 – 2368.

*Rothenberg, David. *Thousand Mile Song: Whale Music in a Sea of Sound*. New York: Basic Books, 2008.

*Rozwadowski, Helen. *Vast Expanses: A History of the Oceans*. London: Reaktion Books, 2018.

Sagan, Carl. *Murmurs of Earth: The Voyager Interstellar Record*. New York: Random House, 1978.

Sandoe, P. 'Do Whales Have Rights?' in High North Alliance (eds). *11 Essays on Whales and Man*. Lofoten Reine, Norway: High North Alliance, 1994.

Saxon, W. 'Christine Stevens, 84, a Friend to the Animals.' *New York Times* (obituary), 15 October 2002.

Shen, Alice. 'How Chinese Scientists Use Sperm Whale Sounds to Send Secret Messages for the Military.' *South China Morning Post*, 2 November 2018.

Stimpert, Alison K. et al. '"Megapclicks": Acoustic Click Trains and Buzzes Produced During Night-time Foraging of Humpback Whales (*Megaptera novaeangliae*).' *Biology Letters*, 3:5 (2007).

Taylor, Stephanie; Walker, Tony. 'North Atlantic Right Whales in Danger.' *Science*, 358 (2017), 730 – 731.

Tervo, Outi et al. 'Evidence for Simultaneous Sound Production in the Bowhead Whale (*Balaena mysticetus*).' *The Journal of the Acoustical Society of America*, 130:4 (2011), 2257 – 2262.

Tsujii, Koki et al. 'Change in Singing Behaviour of Humpback Whales Caused by Shipping Noise.' *PLoS One*, 13:10 (2018).

Van Cise, A.M. et al. 'Song of My People: Dialect Differences Among Sympatric Groups of Short-Finned Pilot Whales in Hawai'i.' *Behavioural Ecology and Sociobiology*, 72 (2018), 1-13.

*Vanselow, Klaus Heinrich; Jacobsen, Sven; Hall, Chris; Garthe, Stefan. 'Solar Storms May Trigger Sperm Whale Strandings: Explanation Approaches for Multiple Strandings in the North Sea in 2016.' *International Journal of Astrobiology*, 17:4 (2018), 336-344.

Vidal, John. 'Health Risks of Shipping Pollution Have Been "Underestimated".' *The Guardian*, 9 April 2009.

Walker, M. et al. 'Evidence That Fin Whales Respond to the Geomagnetic Field During Migration.' *Journal of Experimental Biology*, 171 (1992), 67-68.

Wallace, Samantha. 'Underwater Compositions: Song Sharing Between Southern Ocean Humpback Whales.' *PLoS Blog*, 26 December 2013.

Wallin, Nils Lennart; Merker, Björn; Brown, Steven (eds). *The Origins of Music*. Cambridge: MIT Press, 2000.

Williams, Rob. 'The Walrus: Secret to a Sound Ocean.' 21 September 2015. [Audio] Žižek, Slavoj. *The Pervert's Guide to Cinema*. Fiennes, Sophie (director). UK: Mischief Films, 2006.

6장 | 포크와 나이프 사이

음식물 쓰레기와 고기 섭취가 미치는 환경적 영향을 평가하기 위해, 기후 변화 전문가 단체인 프로젝트 드로다운이 정리한 연구를 근거로 삼았다.

Anon. 'Blood E-Commerce: Rakuten's Profits from the Slaughter of Elephants and Whales.' *Environmental Investigation Agency UK Publication*, 18 March 2014.

Anon. 'Sixty Percent of Japanese Support Whale Hunt.' *Phys. Org* [online], 22 April (2014).

Anon. 'Whale Meat Lunch to Boost New Food: Natural History Museum Presents War Substitute for Beef, Pork, and Mutton. Notables Try the Feast. Some Say It Tastes like Pot Roast, and Others That It Much Resembles Venison.' *New York Times*, 9 February 1918.

Anon. 'Whaling in Iceland Recommences and Byproducts Used for Medical Purposes.' *Iceland-Monitor* [online], 17 April 2018.

Arch, Jakobina; Sutter, Paul. *Bringing Whales Ashore: Oceans and the Environment of Early Modern Japan*. Seattle, Washington: University of Washington Press, 2018.

Barsh, R. 'Food Security, Food Hegemony and Charismatic Animals,' in Friedheim, Robert (ed).

Towards a Sustainable Whaling Regime. Seattle: University of Washington Press; Edmonton: Canadian Circumpolar Institute Press, 2001.

Bestor, Theodore C. *Tsukiji: The Fish Market at the Center of the World*. Berkley; Los Angeles, California: University of California Press, 2004.

Bhattacharya, Shaoni. 'Anti-Whalers Say Cruelty of Killing Requires Ban.' *New Scientist*, 9 March (2004).

Brasor, Philip; Tsubuku, Masako. 'In 2019, How Hungry Is Japan for Whale Meat?' *The Japan Times*, 11 January 2019.

de Toulouse-Lautrec, Henri; Joyant, Maurice. *The Art of Cuisine*. New York: Holt, Rinehart and Winston, 1966.

Douglas, Mary. *Food in the Social Order*. London and New York: Routledge, 2002.

Dudley, Paul. 'An Essay Upon the Natural History of Whales, with Particular Account of the Ambergris Found in the Spermaceti Whale.' *Philosophical Transactions of the Royal Society of London* (1725), 256 - 9.

*Goodyear, Dana. *Anything That Moves: Renegade Chefs, Fearless Eaters, and the Making of a New American Food Culture*. New York: Riverhead Books, 2013.

Greimel, H. 'Most Japanese Support Commercial Whaling According to Survey.' *Associated Press*, 17 March 2002.

Hiraguchi, T. 'Prehistoric and Protohistoric Whaling and Diversity in Japanese Foods,' in Institute for Cetacean Research (ed.). *Traditional Whaling Summit in Nagato*. Tokyo; Nagato: Institute for Cetacean Research, 2003.

Hirate, Keiko. 'Why Japan Supports Whaling.' *Journal of International Wildlife Law & Policy*, 8 (2005), 129 - 149.

Hurst, Daniel. 'Japanese Hunters Kill 120 Pregnant Minke Whales During Summer Months — Report.' *The Guardian*, 30 May 2018.

Institute for Cetacean Research. *Papers on Japanese Small Type Coastal Whaling Submitted by the Government of Japan to the International Whaling Commission, 1986–1995*, Institute for Cetacean Research (eds). Tokyo, Institute for Cetacean Research, 1996.

———. *Small Type Coastal Whaling in Japan: Report of an International Workshop*. Edmonton, Canada: Boreal Institute for Northern Studies, 1988.

Ishii, A; Okubo, A. 'An Alternative Explanation of Japan's Whaling Diplomacy in the Post-Moratorium Era.' *Journal of Wildlife Law and Policy*, 10 (2007), 55 - 87.

Isihara, Akiko; Yoshii, Junichi. *A Survey of the Commercial Trade in Whale Meat Products*. Traffic Report [online], 2000.

Itoh, Mayumi. *The Japanese Culture of Mourning Whales: Whale Graves and Memorial Monuments in Japan*. Princeton NJ; Palgrave Macmillan, 2018.

Kang, Sue; Phipps, Marcus. *A Survey of Whale Meat Markets Along South Korea's Coast*. Traffic Report [online], 2000.

Kalland, Arne; Moeran, Brian. 'The Anti-Whaling Campaigns and Japanese Responses,' in *Japanese Position on the Anti-Whaling Campaign*. Tokyo: Institute for Cetacean Research, 1998.

———. *Japanese Whaling: End of an Era?* London: Routledge, 2011.

Kemp, Christopher. *Floating Gold: A Natural (and Unnatural) History of Ambergris*. Chicago; London: The University of Chicago Press, 2012.

Kessler, Rebecca. 'Written in Baleen.' *Aeon*, 28 September, 2016.

Komatsu, Masayuki; Misaki, S. 'The Truth Behind the Whaling Dispute.' Tokyo: Institute for Cetacean Research, 2001.

Leonard, Abigail. 'In Japan, Few People Eat Whale Meat Anymore, But Whaling Remains Popular.' Public Radio International, 17 April 2019. [Audio]

McLeish, Todd. *Narwhals: Arctic Whales in a Melting World*. Seattle: University of Washington Press, 2014.

Misaki, S. *Whaling for the Twenty-first Century*. Tokyo: Institute for Cetacean Research, 1996.

Mithen, Steven et al. 'The Origins of Anthropomorphic Thinking.' *The Journal of the Royal Anthropological Institute*, 4:1 (1998), 129 – 132.

*Morikawa, Jun. *Whaling in Japan: Power, Politics and Diplomacy*. London: Hurst & Company, 2009.

Mozingo, Joe. 'Two Gold Standards.' *Los Angeles Times*, 1 November 2008.

Palumbi, Stephen. 'In the Market for Minke Whales.' *Nature: News and Views*, 447 (2007), 267 – 268.

Pollan, Michael. *In Defense of Food: An Eater's Manifesto*. New York: Penguin Press, 2008. Serpell, James A. 'One Man's Meat: Further Thoughts on the Evolution of Animal Food Taboos,' in *On the Human: A Project of the National Humanities Centre* [online], 27 November 2011.

Shoemaker, Nancy. 'Whale Meat in American History.' *Environmental History* (2005), 269 – 294.

Smil, Vaclav; Kobayashi, Kazuhiko. *Japan's Dietary Transition and Its Impacts*. Cambridge, Mass.: The MIT Press, 2012.

Tatar, Bradley. 'The Safety of Bycatch: South Korean Responses to the Moratorium on Commercial Whaling.' *Journal of Marine and Island Cultures*, 3:2 (2014), 89 – 97.

Vincent, Sam. *Blood and Guts: Dispatches from the Whale Wars*. Collingwood, Victoria: Black Inc., 2014.

면봉을 붙들고 있는 작은 해마 사진은 2017년 온라인에서 큰 눈길을 끌었다. 미국 사진가 저스틴 호프만이 찍은 이 사진은 나중에 '쓰레기 서퍼'라는 타이틀이 붙었고, 2017년 '올해의 야생 동물 사진가상' 최종 후보작에 올랐다.

Ackerman, Diane. *The Moon by Whale Light: And Other Adventures Among Bats, Penguins, Crocodilians, and Whales*. New York: Random House, 1993.

Alaimo, Stacey. 'Oceanic Origins, Plastic Activism, and New Materialism at Sea,' in Iovino, Serenella; Opperman, Serpil (eds). *Material Ecocriticism*. Bloomington, Indiana: Indiana University Press, 2014.

Albeck-Ripka, Livia. '30 Vaquita Porpoises Are Left Alive: One Died in a Rescue Mission.' *New York Times*, 11 November 2017.

Allen, Steve et al. 'Atmospheric Transport and Deposition of Microplastics in a Remote Mountain Catchment.' *Nature Geoscience*, 12 (2019), 339 – 344.

Anon. 'Beluga Whale Has Finally Left the Thames, Say Experts.' *The Telegraph*, 13 May 2019.

Aviad, P. Scheinin et al. 'Gray Whale (*Eschrichtius robustus*) in the Mediterranean Sea: Anomalous Event or Early Sign of Climate-Driven Distribution Change.' *Marine Biodiversity Records*, 4 (2011).

Benton, T. 'Oceans of Garbage.' *Nature*, 352:113 (1991).

Brodeur, Paul. 'In the Face of Doubt.' *The New Yorker*, 2 June 1986.

Bryant, Peter; Lafferty, Christopher; Lafferty, Susan. 'Reoccupation of Laguna Guerrero Negro, Baja California, Mexico, by Gray Whales,' in *The Gray Whale, Eschrichtius robustus*. San Diego: Academic Press, 1984.

Catarino, Ana I. et al. 'Low Levels of Microplastics (MP) in Wild Mussels Indicate that MP Ingestion by Humans is Minimal Compared to Exposure via Household Fibres Fallout During a Meal.' *Environmental Pollution*, 237 (2018), 675 – 684.

Chung, Emily. 'Beluga Whales Adopt Lost Narwhal in St Lawrence River.' CBC News [online], 13 September 2018.

Custard, Ben. 'Rare Bowhead Whale Spotted off Cornish Coast.' *Countryfile Magazine*, 19 May 2016.

D'Agostino, Valeria C. et al. 'Potentially Toxic Pseudo-Nitzschia Species in Plankton and Fecal Samples of *Eubalaena australis* from Península Valdés Calving Ground, Argentina.' *Journal of Sea Research*, 106 (2015), 39 – 43.

Doward, Jamie. 'How Did That Get There? Plastic Chunks on Arctic Ice Show How Far Pollution has Spread.' *The Guardian*, 27 September 2017.

Ellis, Richard. *The Empty Ocean*. Washington, DC: Island Press, 2003.

Eriksen, Marcus et al. 'Plastic Pollution in the World's Oceans: More than 5 Trillion Plastic Pieces Weighing over 250,000 Tons Afloat at Sea.' *PLoS One*, 9:12 (2014).

Farrier, David. *Footprints: In Search of Future Fossils*. London: Farrar, Straus and Giroux, 2020.

Fazio, A. et al. 'Kelp Gulls Attack Southern Right Whales: A Conservation Concern?' *Marine Biology*, 10 (2012).

Fossi, Maria Cristina et al. 'Are Baleen Whales Exposed to the Threat of Microplastics? A Case Study of the Mediterranean Fin Whale (*Balaenoptera physalus*).' *Marine Pollution Bulletin*, 64:11 (2012), 2374 – 2379.

Geyer, Roland et al. 'Production, Use, and Fate of all Plastics Ever Made.' *Science Advances*, 3:7 (2017).

Gibbs, Susan et al. 'Cetacean Sightings within the Great Pacific Garbage Patch.' *Marine Biodiversity*, 49 (2019), 2021 – 2027.

Goldfarb, Ben. 'The Endling: Watching a Species Disappear in Real Time.' *Pacific Standard Magazine*, 7 September 2018.

Gregory, Murray. 'Environmental Implications of Plastic Debris in Marine Settings — Entanglement, Ingestion, Smothering, Hangers-on, Hitch-Hiking and Alien Invasions.' *Philosophical Transactions of the Royal Society B*, 364 (2009).

Higdon, Jeff; Ferguson, Steven. 'Loss of Arctic Sea Ice Causing Punctuated Change in Sightings of Killer Whales (Orcinus orca) over the Past Century.' *Ecological Applications*, 19:5 (2009), 1365 – 1375.

*Hohn, Donovan. *Moby-Duck: The True Story of 28,800 Bath Toys Lost at Sea & of the Beachcombers, Oceanographers, Environmentalists & Fools Including the Author Who Went in Search of Them*. London: Viking, 2011.

Hoy, C.M. 'The "White-Flag" Dolphin of Tung Ting Lake.' *China Journal of Arts and Sciences*, 1 (1923), 154 – 157.

Jamieson, Alan J. et al. 'Bioaccumulation of Persistent Organic Pollutants in the Deepest Ocean Fauna.' *Nature Ecology Evolution*, 1 (2017).

———. 'Microplastics and Synthetic Particles Ingested by Deep-Sea Amphipods in Six of the Deepest Marine Ecosystems on Earth.' *Royal Society Open Science*, 27:6 (2019).

Keartes, Sara. 'For the First Time Ever, a Narwhal Has Stranded on Belgium's shores.' EarthTouch News Network [online], 29 April 2016.

Kelly, Brendan et al. 'The Arctic Melting Pot.' *Nature*, 468 (2010), 891.

Koehler, Angela et al. 'Sources, Fate and Effects of Microplastics in the Marine Environment: A Global Assessment.' Group of Experts on the Scientific Aspects of Marine Environmental Protection, for the International Maritime Organisation, 2015.

*Kormann, Carolyn. 'Where Does All the Plastic Go?' *The New Yorker*, 16 September 2019.

Lebreton, Laurent et al. 'Evidence That the Great Pacific Garbage Patch is Rapidly Accumulating Plastic.' *Scientific Reports*, 8 (2018).

Liu, Mengting et al. 'Microplastic and Mesoplastic Pollution in Farmland Soils in Suburbs of Shanghai, China.' *Environmental Pollution*, 242 (2018).

Marón, Carina F. et al. 'Increased Wounding of Southern Right Whale (*Eubalaena australis*) Calves by Kelp Gulls (*Larus dominicanus*) at Península Valdés, Argentina.' *PLoS One*, 10:11 (2015).

McDonnell, Tim. 'A Strange New Gene Pool of Animals Is Brewing in the Arctic.' *Nautilus Magazine*, 5 June 2014.

McGrath, Matt. 'Whale Killing: DNA Shows Iceland Whale Was Rare Hybrid.' BBC News [online], 20 July 2018.

Moore, Charles; Phillips, Cassandra. *Plastic Ocean: How a Sea Captain's Chance Discovery Launched a Determined Quest to Save the Oceans*. New York: Avery, 2011.

Moore, Thomas. 'Sky Ocean Rescue: A Plastic Whale.' Sky News UK [online], 23 June 2017.

Neilson, Alasdair. 'Considering the Importance of Metaphors for Marine Conservation.' *Marine Policy*, 97 (2018), 239–243.

Noakes, S.E.; Pyenson, Nick; McFall, G. 'Late Pleistocene Gray Whales (*Eschrichtius robustus*) Offshore Georgia USA, and the Antiquity of Gray Whale Migration in the North Atlantic Ocean.' *Palaeogeography, Palaeoclimatology, Palaeoecology*, 392 (2013), 502–509.

Orwell, George. 'Inside the Whale,' in *Inside the Whale and Other Essays*. Harmondsworth: Penguin, 1940.

Plumer, Brad. 'We Dump 8 Million Tons of Plastic into the Ocean Each Year. Where Does It All Go?' Vox [online], 21 October 2015.

Price, Jennifer. 'A Brief Natural History of the Plastic Pink Flamingo,' in *Flight Maps: Adventures with Nature in Modern America*. New York: Basic Books, 2000.

Pyenson, Nick. 'Ballad of the Last Porpoise.' *Smithsonian Magazine*, November (2017), 29–33.

Roser, Max. 'Oil Spills.' *Our World in Data* [online], April 2017.

Santora, Jarrod A. 'Habitat Compression and Ecosystem Shifts as Potential Links Between Marine Heatwave and Record Whale Entanglements.' *Nature: Communications*, 11:536 (2020). Savoca, Matthew. 'The Oceans Are Full of Plastic, But Why Do Seabirds Eat It?' *The Conversation*, 9 November 2016.

Sebille, Erik van et al. 'A Global Inventory of Small Floating Plastic Debris.' *Environmental Research Letters*, 10:12 (2015).

Semeena, Valiyaveetil S. et al. 'The Significance of the Grasshopper Effect on the Atmospheric Distribution of Persistent Organic Substances.' *Geophysical Research Letters*, 32:7 (2005).

Struzik, Ed. 'Arctic Roamers: The Move of Southern Species into Far North.' *Yale e360*, 14 February (2011).

Tranströmer, Tomas. *Selected Poems, 1954–1986*. New York: Ecco Press, 2011.

Turvey, Samuel et al. 'First Human-Caused Extinction of a Cetacean Species?' *Biology Letters*, 3:5 (2007), 537 – 540.

Weinberger, Eliot. *An Elemental Thing*. New York: New Directions Books, 2007.

Wilcox, Chris et al. 'Threat of Plastic Pollution to Seabirds Is Global, Pervasive, and Increasing.' *Proceedings of the National Academy of Sciences*, 112:38 (2015), 11899 – 11904

8장 | 미지의 표본들

Adamowsky, Natascha. *The Mysterious Science of the Sea 1775–1943*. London; New York: Routledge, 2015.

Anon. 'The Hydrarchos!! Or, Leviathan of the Antediluvian world!' Advertisement for exhibition of the hydrarchos, the skeleton of a 'sea serpent', at Niblo's Garden, New York City, 1845.

Anon. National Oceanic and Atmospheric Administration (NOAA) Marine Debris Program. *Report on the Entanglement of Marine Species in Marine Debris with an Emphasis on Species in the United States*, 2014.

Anon. University of Utah News Centre. 'Secrets of the Whale Riders: Lice Show How Endangered Cetaceans Evolved.' 14 September 2005.

Behrman, Cynthia Fansler. *Victorian Myths of the Sea*. Athens: Ohio University Press, 1977.

Brown, Chandros Michael. 'A Natural History of the Gloucester Sea Serpent: Knowledge, Power and Culture of Science in Antebellum America.' *American Quarterly*, XLII: 3 (1990), 402 – 436.

Corbin, Alain. *The Lure of the Sea: The Discovery of the Seaside in the Western World 1750–1840*. Cambridge: Penguin, 1994.

Croll, Donald et al. 'Ecosystem Impact of the Decline of Large Whales in the North Pacific (Great Whales as Consumers),' in Estes, James (ed.). *Whales, Whaling and Ocean Ecosystems*. California: University of California Press, 2007.

Darwin, Charles. *On The Origin of Species by Means of Natural Selection, or Preservation of Favoured Races in the Struggle for Life*. London: John Murray, 1859.

Dillard, Annie. *Pilgrim at Tinker Creek*. Maine: Thorndike Press, 1974.

Ellis, Richard. *Monsters of the Sea*. Westminster, Maryland: Alfred A. Knopf Inc., 1994.

Feltman, Rachel. 'Scientists Found a New Whale Species Hiding in Plain Sight — Including in a High School Gym.' *The Washington Post*, 28 July 2016.

*France, Robert. 'Historicity of Sea Turtles Misidentified as Sea Monsters: A Case for the Early Entanglement of Marine Chelonians in Pre-plastic Fishing Nets and Maritime Debris.' Coriolis: *Interdisciplinary Journal of Maritime Studies*, 6:2 (2016).

―――. 'Reinterpreting Nineteenth Century Accounts of Whales Battling Sea Serpents as an Illation of Early Entanglement in Pre-Plastic Fishing Gear or Maritime Debris.' *International Journal of Maritime History*, 28 (2016), 686 – 714.

*Hamilton-Paterson, James. *Seven Tenths: The Sea and Its Thresholds*. London: Faber, 1992.

Harlan, Richard. *Fauna Americana: Being a Description of the Mammiferous Animals Inhabiting North America*. Philadelphia: Finley, 1825.

Heuvelmans, Bernard. *In the Wake of the Sea Serpents*. New York: Hill and Wang, 1965.

Iwasa-Arai, Tammy et al. 'Life History Told by a Whale-Louse: A Possible Interaction of a Southern Right Whale *Eubalaena australis* Calf with Humpback Whales *Megaptera novaeangliae*.' *Helgoland Marine Research*, 71:6 (2017).

Kaliszewska, Zofia. et al. 'Population Histories of Right Whales (Cetacea: *Eubalaena*) Inferred from Mitochondrial Sequence Diversities and Divergences of their Whale Lice (Amphipoda: *Cyamus*).' *Molecular Ecology*, 14:11 (2005), 3439 – 3456.

Kennedy, Merrit. 'Mysterious and Known as The "Raven", Scientists Identify New Whale Species.' *The Two Way*, NPR, July 2016.

Kingdon, Amorina. 'The Stories Whale Lice Tell.' *Hakai Magazine*, January 2019.

Loxton, Daniel; Prothero, Donald R. *Abominable Science: Origins of the Yeti, Nessie, and Other Famous Cryptids*. New York: Columbia University Press, 2013.

Lucas, Frederic Augustus. *Animals of the Past: An Account of Some of the Creatures of the Ancient World*. New York: Handbook series (American Museum of Natural History), 4, 1929.

McClain, Craig R. et al. 'Sizing Ocean Giants: Patterns of Intraspecific Size Variation in Marine Megafauna.' *PeerJ*, 3 (2015).

Merwin, W.S. *The Lice: Poems*. London: Hart-Davis, 1969.

Morin, Philip et al. 'Genetic Structure of the Beaked Whale Genus *Berardius* in the North Pacific, with Genetic Evidence for a New Species.' *Marine Mammal Science*, 33 (2017), 96 – 111.

Netting, Jesse Forte. 'Whale Lice Offer Links to Past.' *Discover Magazine*, January 2006.

*Olalquiaga, Celeste. *Artificial Kingdom: A Treasury of Kitsch*. New York: Pantheon Books, 1998.

Oudemans, Anthonie Cornelis. *The Great Sea-Serpent: An Historical and Critical Treatise*. Leiden: E.J. Brill, 1892.

Pascual, Santiago; Abollo, Elvira. 'Whaleworms as a Tag to Map Zones of Heavy-Metal Pollution.' *Trends in Parasitology*, 21:5 (2005), 205 – 206.

Paxton, C.G.; Knatterud, M.E.; Hedley, S.L. 'Cetaceans, Sex and Sea Serpents: An Analysis of the Egede Accounts of "a Most Dreadful Monster" Seen off the Coast of Greenland in 1734.' *Archives of Natural History*, 32:1 (2005), 1 – 9.

Pierce, S.K. et al. 'Microscopic, Biochemical, and Molecular Characteristics of the Chilean Blob, and a Comparison with the Remains of Other Sea Monsters — Nothing but Whales.' *The Biological Bulletin*, 206:3 (2004), 125 – 33.

Rieppel, Lukas. 'Albert Koch's Hydrarchos Craze: Credibility, Identity, and Authenticity in Nineteenth-Century Natural History,' in Berkowitz, Carin; Lightman, Bernard (eds). *Science Museums in Transition: Cultures of Display in Nineteenth Century Britain and America*. Pittsburgh: University of Pittsburgh Press, 2017.

Ritvo, Harriet. *The Platypus and the Mermaid, and Other Figments of the Classifying Imagination*. Cambridge: Harvard University Press, 1997.

Rotschafer, Paula A. *Serpentine Imagery in Nineteenth-Century Prints*. (Unpublished Thesis.) University of Nebraska, School of Art, Art History and Design, 2014.

Rozwadowski, Helen M.; van Keuren, David (eds). *The Machine in Neptune's Garden: Historical Perspectives on Technology and the Marine Environment*. Canton, Mass.: Science History Publications, 2004.

Ryder, Richard D. *Animal Revolution: Changing Attitudes Towards Speciesism*. Oxford: Berg, 2000.

Schorr, Gregory et al. 'First Long-Term Behavioural Records from Cuvier's Beaked Whales (*Ziphius cavirostris*) Record-Breaking Dives.' *PLoS One*, 9 (2014).

Schulz, Kathryn. 'Fantastic Beasts and How to Rank Them.' *The New Yorker*, October 2017.

Seger, John; Rowntree, V.J. 'Whale Lice,' in Würsig, B; Thewissen, J.G.M.; Kovacs, K.M. (eds). *Encyclopedia of Marine Mammals, Third Edition*. London: Elsevier Ltd, Academic Press, 2018.

Simon, Matt. 'Kraken and Owl Whales: Take a Dip with History's Most Terrifying Sea Monsters.' *Wired Magazine*, September 2013.

Smith, Craig. 'Bigger Is Better: The Role of Whales as Detritus in Marine Ecosystems,' in Estes, James (ed.). *Whales, Whaling and Ocean Ecosystems*. California: University of California Press, 2007.

Snively, Eric. 'Bone-Breaking Bite Force of *Basilosaurus isis* (Mammalia, Cetacea) from the Late Eocene of Egypt, Estimated by Finite Element Analysis.' *PLoS One*, 10 (2015).

Snyder, Gary. *A Place in Space: Ethics, Aesthetics, and Watersheds: New and Selected Prose*. Washington, DC: Counterpoint, 1995.

Soini, Wayne. *Gloucester's Sea Serpent*. Charleston; London: History Press, 2010.

Steinberg, Philip. *The Social Construction of the Ocean*. Cambridge: Cambridge University Press, 2001.

Taylor, Larry D. et al. 'Isotopes from Fossil Coronulid Barnacle Shells Record Evidence of Migration in Multiple Pleistocene Whale Populations.' *Proceedings of the National Academy of Sciences*, 116:15 (2019), 7377 - 7381.

Thompson, Kirsten et al. 'The World's Rarest Whale.' *Current Biology*, 22 (2012).

Walker, Matt. 'Rare Whale Gathering Sighted.' BBC Earth News, 4 November 2009.

Whiting, Candace Calloway. 'Stuck on Whales and Dolphins, Remoras Are Not as Creepy as They Look.' *HuffPost*, November 2013.

Wilson, Edward O. *The Meaning of Human Existence*. New York: W.W. Norton & Co., 2014.

Wood, Chelsea; Johnson, Pieter. 'A World Without Parasites: Exploring the Hidden Ecology of Infection.' *Frontiers in Ecology and the Environment*, 13:8 (2015), 425 - 434.

*Zimmer, Carl. *Parasite Rex: Inside the Bizarre World of Nature's Most Dangerous Creatures*. New York: Free Press, 2000.

에필로그 | 고래를 보러 온 사람들

Bull, Jacob (ed). *Animal Movements — Moving Animals: Essays on Direction, Velocity and Agency in Human-Animal Encounters*. Uppsala University Press: Uppsala, 2011.

Crouch, Ian. 'What Do We Do with This Whale?' *The New Yorker*, May 2014.

Ingold, Tim. 'Life Beyond the Edge of Nature? Or, the Mirage of Society,' in Greenwood, J.D. (ed.). *The Mark of the Social: Discovery or Invention*. New York: Rowman & Littlefield, 1997.

Mooallem, Jon. *Wild Ones: A Sometimes Dismaying, Weirdly Reassuring Story About Looking at People Looking at Animals in America*. New York: Penguin Press, 2013.

약어 및 단체명

ABC 오스트레일리아 방송 협회 Australian Broadcasting Corporation

BBC 영국 방송 협회(영국 국영 방송국) British Broadcasting Corporation

BWU 대왕고래 단위 Blue Whale Unit

CITES 멸종 위기에 처한 야생 동식물의 국제무역에 관한 협약 Convention on International Trade in Endangered Species

CND 핵 철폐 캠페인 the Campaign for Nuclear Disarmament

CSIRO 호주 연방 과학 산업 연구 기구 Commonwealth Scientific and Industrial Research Organisation

EIA 환경 조사국 (영국) Environmental Investigation Agency

ICJ 국제 사법 재판소 International Court of Justice
ICR 일본 고래 연구원 Institute of Cetacean Research
IFAW 국제 동물 복지 기금 International Fund for Animal Welfare
IMF 국제 통화 기금 International Monetary Fund
IMO 국제 해사 기구 International Maritime Organization
IUCN 국제 자연 보전 연맹 International Union for Conservation of Nature
IWC 국제 포경 위원회 International Whaling Commission
NASA 미국 항공 우주국 National Aeronautics and Space Administration
NOAA 미국 해양 대기국 National Oceanic and Atmospheric Administration
ORRCA 호주 고래류 구조 및 연구 단체 (오스트레일리아) Organisation for the Rescue and
  Research of Cetaceans
SOFAR 소파(수중 측음 장치) Sound Fixing and Ranging
UN 국제 연합 United Nations
WWF 세계 자연 기금 World Wide Fund for Nature / World Wildlife Fund

5월 마지막 날 번역을 마쳤다. 5월을 생각하면 떠오르는 것을 말해 보라고 하면 화창한 봄날에 온갖 꽃이 다투어 피는 장면을 떠올리는 게 마땅하지만 올 5월은 장마로 착각할 정도로 천둥 번개를 동반한 많은 비가 내렸다.

《고래가 가는 곳》의 저자는 어린 시절 고래 박물관 단골손님이었다. 박물관을 자주 드나들었다고 하니 펜과 수첩을 들고 심각한 얼굴로 전시물을 보며 열심히 메모하는 어린이를 떠올렸다면 착각이다. 뛰어다니는 건 예사고 사람이 뜸하면 전시물 주변으로 옆 재주넘기를 할 뿐 아니라, 가끔 박물관 사람들이 알면 기겁을 할 '못된 장난'도 한다. 그런 저자가 젊은이가 되어 단편 소설을 쓰던 시절에 고향 바닷가에 혹등고래 한 마리가 표류하는 사건이 터졌고 자원봉사자로 고래 구출에 나선다. 그 일을 계기로 그이는 고래에 관해 자신이 궁금한 모든 것을 찾아 나선다. 도서관에서 책과 옛 저널의 마이크로필름을 섭렵하고, 자신의 궁금증에 대해 알고 있을 만한 사람을 찾아다니며 인터뷰를 하고, 아직도 대놓고 포경을 하는 일본의 포경 전초 기지 시모노세키에서 일 년에 한 번 벌어지는 성공적 포경 자축 행사장에 불청객의 신분으로 참가하기도 한다.

원서의 제목 '패덤fathom'에는 '미지의 것을 이해하려고 애쓰는 행위'란 뜻이 있다. 현대 영어에서는 거의 안 쓰지만 대신 부정의 접두어 un-을 앞에, 형용사 어미 -able를 뒤에 붙인 언패더머블(un·fathom·able)는 '도무지 이해할 수 없는'이란 뜻으로 고급스러운 상황과 자리에서 단골로 쓴다.

책은 고래에 대한 많은 것을 담고 있지만, 생태계 전반의 사정과 다채로운 인간사가 적잖게 들어 있다. 고래가 어떤 식으로 철저히 제 뜻과는 상관없이 자신을 바쳐 인간의 편의에 봉사했으며, 그런 편의를 좇아 인간이 어떤 식으로 지구 생태에 악영향을 미쳤는지 한편 아픈 마음으로 한편 냉정히 기록한다.

하지만 이 책은 무겁지만은 않다. 고래 이야기지만 인간이 개입되고 인간의 이야기지만 고래의 관점이어서 자신에 대한 풍자극을 보는 묘한 기분이 들고 웃을 일이 제법 생긴다. 고래가 옛 스페인 왕궁의 어릿광대 역할을 하는지도 모른다. 하지만 (한 번 더!) 고래는 그것보다 훨씬 더 큰 존재이고 인간을 포함한 현 지구 생태계의 균형에 우리가 아는 것보다 상상을 초월하는 중요한 역할을 한다. (책 속에 그 세밀한 사정이 담겨 있다.) 그런 사정을 밝힌 저자는 책의 말미에 이런 말로 인간의 사고의 전환과 분발을 촉구한다. "인간의 삶이 일상의 더할 수 없이 쩨쩨한 역할의 틈 속에 끼어서 때로 아무리 작고 하찮은 것으로 보일지라도 그 삶은 너무나 거대한 것과 연결되어 있다."

3년 전 한 스웨덴 소녀가 열다섯 나이에 더 급진적인 환경 대책을 요구하며 수업 거부에 나섰고, 이 나라에서도 청소년 환경 운동가 소식이 드문드문 들린다. 생태 감수성, 동물권과 같은 아직은 좀 낯선 단어들이 점점 주목을 받고 있다. 그런 쪽에 궁금증이 있는 사람들에게 이 책은 먼 호주에서 태평양을 건너온 반가운 '병 속에 든 편지'가 될 것 같다. '언패더머블'한 것을 조금이라도 헤쳐 보고 싶은 호기심을 가진 사람들에게도 흥미로운 책이 될 것이다.

번역을 마치고 번역자로서 저자에게 드리고 싶은 문장이 있다. 독자님들께도 드린다.

마이클 크라이튼의 책 《쥬라기 공원》의 수학자 이안 말콤이 쥬라기 공원 설립자 해먼드에게 던진 말이다.

> "...지구가 위험에 빠진 건 아니란 말이오. 위험한 건 우리요. 우리에게 지구를 파괴할 힘은 없소―마찬가지로 지구를 구할 힘도 없소. 우리 스스로를 구할 힘은 있을지 모르지만요."
> "...The planet is not in jeopardy. We are in jeopardy. We haven't got the power to destroy the planet―or to save it. But we might have the power to save ourselves."

덧붙임: 원본에는 없는 색인을 넣었다. 책을(특히 논픽션) 다시 펼쳐 볼 만한 책으로 만드는 출발점이 색인이라고 믿기에 수고를 했다. 개인적으로 전에 읽은 책을 가끔 아무 생각 없이 색인만 읽어 보는 것을 좋아하기 때문이기도 하다. 현명한 독자들께서 잘 알아서 이용해 주시리라 믿는다.

배동근

고래목 동물들

들쇠고래 pilot whale 21, 106, 181, 301

고양이고래 melon-headed whale 106

긴수염고래 right whale

　　남방긴수염고래 Southern Right Whale
　　106, 115, 134, 161, 363-367, 406

　　북방긴수염고래 northern right whale
　　237, 355, 407

까치돌고래 Dall's porpoise 354

남극밍크고래 Antarctic Minke Whale 309-
　　310, 316-317, 354

남방상괭이 finless porpoise 222

대왕고래 blue whale 88, 91, 158, 162-167,
　　170, 172-173, 176-179, 181-183,
　　185, 187, 214, 229, 246, 273-276,
　　332, 356, 358

민부리고래 cuvier's beaked whale 269, 350,
　　369, 372, 400

밍크고래 Whale Minke Whale/ Lesser Rorqual
　　88, 92, 93, 215, 231, 252, 306, 309,
　　310, 312-314, 316-317, 323, 326,
　　330, 332, 347, 354

보리고래 sei whale 88, 91, 141-142, 229,
　　317, 362

부리고래 beaked whale 253, 266-267, 315,
　　349-350, 369, 372, 400-401

부채이빨고래 Spade-toothed beaked whale
　　399

북극고래 bowhead 64, 69, 71, 96, 180-181,
　　253, 259, 347, 350, 354-355

브라이드고래 Bryde's whale 317, 367

셰퍼드부리고래 Shepherd's beaked whale 399

쇠돌고래 (알락돌고래) porpoises 14, 57, 60,
　　261, 302, 315, 352, 354

수염고래 baleen whale 86, 261, 271, 349,

406

외뿔고래 (일각돌고래) narwhal 118, 301, 350, 353, 381

은행이빨부리고래 Ginkgo-toothed beaked whale 399

쥐돌고래 harbour porpoise 222

참고래 fin whale 88, 91, 229, 274, 315, 347, 356

큰돌고래 bottle-nosed dolphin 222, 354

트루부리고래 true's beaked whale 400

피그미 대왕고래 pygmy blue whale 163, 274

향고래 sperm whales 25, 32, 36-38, 44, 55-56, 64, 67, 69, 71, 85, 96-97, 214, 216, 218, 225, 229-230, 235, 245-246, 280, 286-289, 302, 349, 352, 357, 379, 382

황소향고래 bull sperm whale 406

귀신고래 grey whale 27, 32, 41, 57, 80, 115, 124, 146, 225, 334, 344, 350, 381

흑범고래 False killer whale 354

흰고래 beluga whale 27, 33, 48, 60, 140, 216, 224-225, 225, 228, 252, 261, 277-279, 349-350, 353

흰어깨부리고래 strap-toothed whale 400

A-Z
DNA 염기서열분석기 DNA sequencer 401

ㄱ

가공할 전율 Holy shiver 145

갈레온 Galleon 364

개체 감소 Defaunation 48, 81-82, 205, 247, 402, 413, 439

거문고 바다표범 Harp seal 354

고래 낙하 Whalefall 38, 41-42, 75, 98, 368, 402, 409, 423

공상 허언증 Mythomania, habitual lying 368

공해 High seas 30, 59, 64, 87, 122, 217, 278

구아노 Guano 100

구축 환경 Built environment 263-264

귀여운 공격성 Cute aggression 206, 208, 221, 319

균륜 Fairy ring 409

그롤라 Grolar 353

극한성 생물 Extremophile 41

글린트 잡음 Glint noise 285

기억 상실성 패류독 Amnesiac shellfish poison 365

ㄴ

나노테슬라 Nanotesla 286

나뛰르 모르뜨 Nature morte 230

남방큰재갈매기 Kelp gull 363, 365-367

냉수 분출공 Cold seep 29-31, 343

네오준 Neozoon 352

노멘 누둠 Nomen nudum 399

노면 강우 유출수 Road run-off 263

놀라운 방 Wunderkammern, wonder-rooms
182

뉴트라수티컬 Nutraceutical 306

ㄷ

대빨판이 Whalesucker, suckerfish 232, 404-
405, 410-412

대양적 느낌 Oceanic feeling 129, 151

더스키 도티백 Dusky dottyback 268

데이지 체인 Daisy-chain 234

도달 불능점 The Pole of Inaccessibility 250-
251

도립상 Inverted image 117

독성 조류 대증식 Algae bloom 142

두건물범 Hooded Seal 354

드롤러리 Drollery 117, 355

딥워터 호라이즌 원유 유출 사고
Deepwater Horizon disaster 361

ㄹ

랑게의 메탈마크 나비 Lange's metalmark
butterfly 424

래미네이트 Laminate 359

레슬리 실코 Leslie Silko 205

레치타티브 Recitative 421

롤런드, 셔우드 Rowland, Sherwood 362

린네의 분류학 Linnaean taxonomy 163, 379

ㅁ

만년설 Icecap 343, 437

말위도 Horse latitudes 345

망명종 Fugitive species 40

맥아더, 더글러스 MacArthur, Douglas 320

머깅 Mugging 108, 144

메뚜기 효과 Grasshopper effect 343

멜빌, 허먼 Melville, Herman 212, 227

모비 딕 Moby-Dick 227-228, 235

모슬린 Muslin 435

무릎 반사 A knee-jerk response 192

미세 플라스틱 Microplastic 334, 346-348,
361, 418

미지의 바다 Mare incognitum 119, 130, 166

민주 소시지 Democracy sausage 298

믿기지 않는 동물들 Animalia Paradoxa 381-
382

밀도 간 혼합 Diapycnal mixing 97

ㅂ

바다눈 Marine snow 98

바르비투르산염 Barbiturate 18, 44

바이오매스 Biomass 86, 199

바이오소나 Bio-sonar 48

바이오해저드 Biohazard 434, 441

반달 Vandal 288, 435

반타블랙 Vantablack 116

반향 위치 측정 Echolocation 261, 266

방어피음 Countershading 108

백조의 노래 Swan song 245

버스크 Busk 72-73

베이클라이트 Bakelite 359

베헤못 Behemoth 378

벤야민, 발터 Benjamin, Walter 238

병목 효과 Bottleneck 165, 261

보이저 금제 음반 Voyager Golden Record
    250-252

복화술 Ventriloquism 256-258

부빙 Pack ice, floe 341

브라이스, 미오 Bryce, Mio 318

블러버 Blubber 14, 18, 26, 28-30, 33, 62,
    64, 67-71, 75, 89, 93, 145, 165, 180,
    237, 261, 307, 334, 348, 363, 367,
    427, 435

비건 Vegan 298, 331-332

빙권 Cryosphere 353

빙붕 Ice shelf 60, 138, 160

빙산 Iceberg 138-139, 325, 342

빙상 Ice sheet 170, 353

ㅅ

사건의 지평선 Event Horizon 358

사슬등침돌말 Pseudonitzschia 365

산불 위험 요소 제거 Hazard reduction 438

살파 Salpa 116

생명 공포 Biophobia 239

생명 독소 Bio-toxin 27, 142

생명 사랑 Biophilia 193-195, 197, 204-
    205, 209-210, 239, 319, 422

생명의 나무 Tree of life 166

생물 오손 Biofouling 369

생물의 소리 Biophony 247, 251-252, 272,
    280, 293

생태 관광 Ecotourism 106, 197, 366, 422

생태종 Ecotype 216-218, 225

생태학적 인형 조정자 Ecological puppeteer
    412

선택압 Selection pressure 170

성 브렌다노 Saint Brendan 392

성게 불모지 Urchin barren 96

셀룰로이드 Celluloid 359

수염상어 Wobbegong Shark 422

슈퍼 고래 Super-whale 216

슈퍼 블룸 Super-blooms 197

스캐빈저 Scavenger 201, 407

스트로마톨라이트 Stromatolite 183, 185

슴새 Shearwater 126-127, 365, 369, 371

시셰퍼드 Sea Shepherd 132, 322, 325, 330

식물 플랑크톤 Phytoplankton 97, 99, 111,
    365

신비 동물학자 Cryptozoologist 391, 396,
    416

심부 체온 Core body temperature 168

심원한 시간 Deep time 184, 186

심층 생태론 Deep ecology 411

심해 원양성 Abyssopelagic 39

쓰레기 서퍼 Sewage surfer 342

ㅇ

아우구르 Augur, 새점관 cf. 창자점관 152

앨버트로스 Albatross 369-371

어핑턴의 백마 Uffington White Horse 84

에런라이크, 바버라 Ehrenreich, Barbara 117, 204

엔들링 Endling 212-213, 221, 433

여과 섭식 동물 Filter feeder 347

연쇄 효과 Knock-on effect 82

연안 용승 Coastal upwelling 142

열수공 Hydrothermal vent 41

오나시스, 아리스토텔레스 Onassis, Aristotle 92

외부 효과 Externality 33

용연향 Ambergris 302

울프, 버지니아 Woolf, Virginia 223, 387

윌슨, 에드워드 O. Wilson, E.O. 193-195, 209-210, 239, 410

유전자 오염 Genetic pollution 355

유전자풀 Gene pool 165

육수학 Limnology 83

의인관 Anthropomorphism 333

이계 교배 Outbreeding 355

이마골로기 Imagology 122

이명식 명명 Binomial naming system 161

이식증 Pica 223

이종교배, 종간교배, 잡종교배, Hybridization, Interbreeding, Interfertility 353-356

ㅈ

자기 수용, 자각 Magnetoception 285

자민족 중심주의적 오류 Ethnocentric fallacy 61

잔사식생물 Detritivore 41, 408

잔점박이물범 Harbor Seal 354

적목 현상 Red-eye effect 232

적색 목록 REDlist 136, 316

점박이물범 Spotted Seal 354

주낙어업 Longline fisheries 26, 399

지질학적 시간 Geologic time 184-186

ㅊ

차 유리 현상 Windshield phenomenon 200, 206

차가운 얼음 조각 하나 A chip of ice in your own heart 180

척삭 동물 Chordate 171

초기화 Factory setting 194

침묵의 봄 Silent Spring 247, 262

ㅋ

카슨, 레이첼 Carson, Rachel 118, 262

카와이 かわいい 265, 318

칼 세이건 Carl Sagan 250, 252

커밍스, E. E. Cummings, E.E. 222

코로나 질량 방출(CME) Coronal mass ejection 284, 286

크레오소트 Creosote 359

크리오사이즘 Cryoseism 251

크릴 Krill 97, 109-111, 113, 116, 138-139, 218, 220, 237, 266, 268, 273, 346

ㅌ

태양폭풍 Solar storm 48, 285, 436

태양풍 Solar wind 284-287, 289

트로피 헌터 Trophy Hunter 355, 435

ㅍ

파랑벽개 Crenulation 84

파베르제의 달걀 Fabergé egg 233

파키세투스 Pakicetus 168

페인, 로저 Payne, Roger 123, 247, 280, 366

편광 Polarized light 428

포인트 니모 Point nemo 250

폴란, 마이클 Pollan, Michael 298

폴리비닐 Polyvinyl 344, 361

폴리에틸렌 Polyethylene 344, 361

폴리염화 바이페닐(PCB) Polychlorinated biphenyls 29-31, 343

표해수대 Epipelagic zone 38

푸썰몬스터스 Voedselmonsters 371

프랑켄하트 Frankenheart 177

프레이질 Frazil 341

프로바이오틱스 Probiotics 417

프로이트, 지크문트 Freud, Sigmund 129-130

프탈레이트 Phthalate 348

플라잉 폼 학살 Flying Foam Massacre 65

ㅎ

하이드라코스 실리마니 Hydrarchos sillimani 383-384

하일리거 샤우어 Heiliger Schauer 145

해구 Ocean trench 277, 343, 347, 396

해빙 Sea ice 64, 70, 261, 350, 353

해저 열수공 Hydrothermal vent 40

해파리 대증식 Kellyfish bloom 114

핵 군축 캠페인(CND) Campaign for Nuclear Disarmament 288

핵심종 Keystone species 138

헤라클레이토스 Heraclitus 416

호마이카 Formica 359

홀핀 Wolphin 354-355

환류 Gyre 344-349, 358

흰띠박이바다표범 Ribbon seal 354

히치콕, 앨프레드 Hitchcock, Alfred 36

찾아보기

옮긴이 배동근

영어 전문 번역가. 단어의 어원을 되짚으며 현재의 쓰임새를 관찰하는 것을 좋아한다. 영화
번역과 방송 번역, 학원 강의를 거쳐서, 지금은 도서 번역을 한다. 30여 년 동안 일주일에 영화
한 편, 만화 한 권 이상을 보고 있고, 책도 꾸준히 읽는데 영어책은 오디오북으로 듣기를 좋아
하고 다른 사람에게도 그렇게 해 보라고 권한다.

고래가 가는 곳

초판 1쇄 발행	2021년 8월 30일
초판 4쇄 발행	2022년 7월 29일
지은이	리베카 긱스
옮긴이	배동근
기획편집	박소현
디자인	고영선
펴낸곳	(주)바다출판사
주소	서울시 종로구 자하문로 287
전화	322-3675(편집), 322-3575(마케팅)
팩스	322-3858
E-mail	badabooks@daum.net
홈페이지	www.badabooks.co.kr
ISBN	979-11-6689-041-3 03400